工业和信息化普通高等教育“十二五”规划教材立项项目
21世纪高等学校计算机规划教材
21st Century University Planned Textbooks of Computer Science

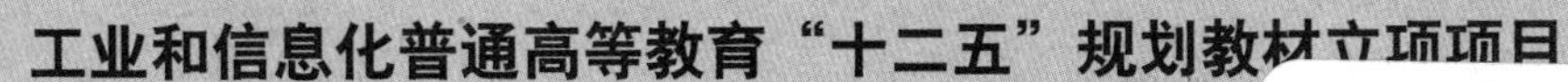

多媒体CAI课件制作技术与应用（第2版）

Technology and Application of Multimedia Courseware-Making (2nd Edition)

杨青 郑世珏 主编
陈怡 刘华咏 刘巍 阮芸星 张连发 张勇 编著

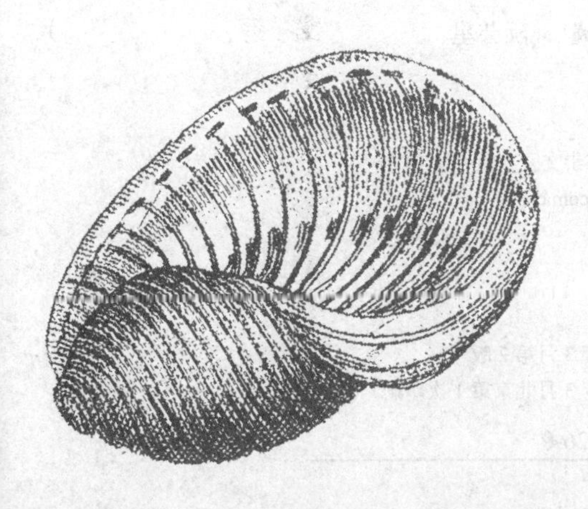

高校系列

人民邮电出版社
北京

图书在版编目（CIP）数据

多媒体CAI课件制作技术与应用 / 杨青，郑世珏主编
. -- 2版. -- 北京 : 人民邮电出版社，2012.3
21世纪高等学校计算机规划教材
ISBN 978-7-115-27326-0

Ⅰ. ①多… Ⅱ. ①杨… ②郑… Ⅲ. ①多媒体课件－制作－软件工具－高等学校－教材 Ⅳ. ①G434

中国版本图书馆CIP数据核字(2011)第273927号

内容提要

随着计算机技术的不断发展，教学手段也随之发生了巨大变化，为了改进教学手段，促进教学质量的提高，教师必须掌握多媒体 CAI 课件的设计和制作方法。本书主要介绍多媒体课件的设计方法和制作技术，主要内容包括：多媒体课件设计的相关理论；多媒体课件设计方法；多媒体课件美学知识；多媒体课件素材的采集和编辑方法；使用 PowerPoint 2010、Authorware 7.0 和 Dreamweaver 制作多媒体课件的方法等。

本书内容丰富，图文并茂，理论与实例相结合，通俗易懂，适合作为高等学校本科生和师范生教材，也可供教师和 CAI 制作人员学习参考。

工业和信息化普通高等教育“十二五”规划教材立项项目
21 世纪高等学校计算机规划教材
多媒体 CAI 课件制作技术与应用（第 2 版）

◆ 主　编　杨　青　郑世珏
编　著　陈　怡　刘华咏　刘　巍　阮芸星
张连发　张　勇
责任编辑　武恩玉

◆ 人民邮电出版社出版发行　北京市崇文区夕照寺街 14 号
邮编 100061　电子邮件 315@ptpress.com.cn
网址 http://www.ptpress.com.cn
北京鑫正大印刷有限公司印刷

◆ 开本：787×1092 1/16
印张：18　2012 年 3 月第 2 版
字数：472 千字　2012 年 3 月北京第 1 次印刷

ISBN 978-7-115-27326-0

定价：35.00 元

读者服务热线：(010)67170985　印装质量热线：(010)67129223
反盗版热线：(010)67171154

前言

计算机辅助教学（Computer Aided Instruction，CAI）是在计算机辅助下进行的各种教学活动，它克服了传统教学方式上单一、片面的缺点，能有效地缩短学习时间、提高教学质量和教学效率，实现最优化的教学目标。随着现代教育技术的不断深化和多媒体、网络技术的迅速发展，应用计算机技术进行辅助教学已经成为广大教育工作者改革教学方法、改进教学手段、提高教学质量的重要途径。广大教育工作者迫切希望能够了解和掌握 CAI 课程软件开发技术。高等学校的学生特别是师范生更是希望能够在学校里打下一个良好的 CAI 课件开发技术应用基础，增强自己在未来社会中的竞争力，掌握工作的主动权。本书以教育部计算机基础课程教学指导委员会发布的"关于进一步加强高等学校计算机基础教学的几点意见暨计算机基础课程教学基本要求"为指南编写。

CAI 课件制作是一门综合性较强的应用技术，不仅涉及教育教学理论，还涉及计算机相关技术。本书在介绍 CAI 课件的基本理论和制作方法外，还专门有一章介绍 CAI 课件制作的美学原理，希望通过这一章的学习能增强 CAI 课件制作的艺术性。本书用一个实例说明 CAI 课件从设计到制作的整个过程，使读者能将各章节的内容联系起来，并在 CAI 课件制作时实际应用。随着网络技术的发展，网络教学课件的应用越来越广泛，本书根据现代教育技术的需要，专门安排了一章介绍网络课件的制作。

本书共分 8 章。前 3 章主要讨论多媒体课件制作的基本原理和开发多媒体课件的一般方法，后 5 章介绍课件制作工具的使用方法及范例。另外，每章都安排有学习重点、本章小结、思考与习题和实验等栏目，以便读者学习和练习。

建议本书讲授 32 学时，实验课 32 学时，学生课后练习至少 32 学时。第 1 章 CAI 课件制作基础知识讲授 2 学时；第 2 章多媒体课件设计方法讲授 4 学时；第 3 章多媒体课件美学知识讲授 2 学时；第 4 章课件素材的分类及制作讲授 6 学时、实验 6 学时、课外上机 6 学时；第 5 章 PowerPoint 制作课件讲授 2 学时、实验 4 学时、课外上机 4 学时；第 6 章 Authorware 7.0 的制用课件讲授 8 学时、实验 8 学时、课外上机 10 学时；第 7 章 Dreamweaver 的使用讲授 4 学时、实验 8 学时、课外上机 8 学时；第 8 章课件制作实例讲授 2 学时、实验 4 学时、课外上机 4 学时。

本书第 1 章由郑世珏编写，第 2 章和第 3 章由张连发编写，第 4 章由杨青、陈怡、刘华咏、张勇编写，第 5 章由杨青编写，第 6 章由阮芸星编写，第 7 章由刘巍编写，第 8 章由杨青编写。全书由杨青、郑世珏统稿。

本书在编写过程中，得到兄弟院校同仁的执情帮助和支持，得到了华中师范大学计算机科学系何婷婷老师的指导和其他老师们的关心和帮助，得到了"985"项目"华中师范大学教师教育理论创新与实践研究重大招标项目"的子项目"师范生计算机技能信息素养培养教学模式研究"的支持，在此表示最诚挚的谢意。

目前，我国的课件制作技术日新月异，由于编者水平有限，书中难免存在错误之处，恳请读者批评指正。

编　者

2011 年 11 月于武昌桂子山

目 录

第1章 基础知识导论

信息时代的到来为计算机辅助教学这一新兴的教育技术的产生提出了社会要求。教育作为社会发展的产物，面临信息社会的严峻挑战，必然做出种种改革，以适应社会发展的需要。在突破传统教育模式的过程中，能否找到一条有效的、适应信息社会需要的教育手段显得至关重要。在学校教育中，教师除了对学生进行计算机教育，使学生了解和掌握计算机的应用之外，还利用计算机进行其他学科的教学，于是计算机辅助教学（Computer Assisted Instruction，CAI）这一新型的教育技术随着计算机技术的飞速发展而不断创新，不断自我完善。本章主要介绍计算机辅助教学手段与方法的发展轨迹，介绍计算机辅助教学制作的基本知识，以及制作 CAI 的基本原则与开发工具。

学习重点

- 计算机辅助教学的概念。
- 计算机辅助教学的各种方法与手段。
- CAI 制作的基本知识和分类。
- CAI 制作的基本原则。

1.1 计算机辅助教学

CAI 教学是把计算机作为工具，将计算机技术运用于课堂教学、实验课教学、学生个别化教学（人-机对话式）及教学管理等各教学环节中，以提高教学质量和教学效率的教学模式。美国是进行计算机辅助教学研究和应用最早的国家。多媒体计算机的出现，被称为计算机的一场革命，它具有综合处理文字、图像、声音、图形的能力，显示了计算机在教育方面的非凡才能，很快成为 CAI 发展的重要方向。

1.1.1 基本概念

计算机辅助教学是在计算机辅助下进行的各种教学活动，一般可分为计算机硬件、系统软件和课程软件 3 部分内容。

（1）系统硬件：包括计算机硬件及相关设备。

（2）系统软件：包括操作系统、语言处理系统、各种工具软件和写作系统。工具软件是指为了帮助和支持 CAI 课件的开发，提高 CAI 课件的质量，完成某种特定功能的专用软件，如文字处理工具、表格处理工具、图形处理工具和动画制作工具等。课件写作系统是一种为了免除教师学习程序设计语言而设计的应用软件。例如：PowerPoint、Authorware 等软件，简便实用。

（3）课程软件：是教师或程序设计人员根据教学要求，用计算机语言或课件写作系统编制的教学应用软件。课件反映了教学内容、教学目标、教学策略和教学经验。

随着科学的进步与时代的发展，计算机辅助教学已被大部分教师认可。计算机辅助教学手段的应用，以其软件多方位、立体化的开发和利用，以及存储信息量大、画面丰富、多种媒体综合运用等特点，在教学过程中为学生建立了一个动态教学环境，开阔学生的视野，丰富学生的想象力，调动学生的学习兴趣，从而大大提高了课堂教学效率。

由于采用了 CAI 教学，学生不再仅仅向教师学习，而且可以通过知识库和专家系统学习，可以通过课件光盘学习，还可以通过网络在网上学习等。教师则着重于提高学生的分析问题、解决问题的综合能力和加强他们的整体素质。同时由于知识更新速度加快，要求人们不断学习，不断更新知识，以学校为主的教育将转向终身教育，学校的教育体制和功能也将发生显著的变化。所以在这种情况下，传统的教育观念发生了根本的改变。

同时，学生由过去的被动学习在很大程度上变成了主动学习。在学习内容选择、学习进度的控制上，学生有了很大主动性。特别是在有多媒体技术和网络支持下的计算机辅助教学中，学生可共享更多的教学资源，学习方式、学习地点和学习时间安排都有很大的灵活性，更适应于个性不同的每个学生。这样，教育方式也会发生巨大的改变。

在教育中采用了以多媒体技术、网络等支持的计算机辅助教学，使教育研究中也出现了新教育模式下的认知理论及其应用研究、人-机界面的心理学研究、人的视听分配和信息综合的特征研究等一系列新的研究领域和课题。因此它对教育内容和教育研究也产生了很大的影响。

由此可见，正是因为采用了 CAI 教学，使得赋予教育以新的内容与概念，推动了教育的变革，使其适应社会的发展。它也有利于变被动教育为主动教育、变应试教育为素质教育。这不仅是教育方法和技术的更新，而且将深入地影响到教育结构、教学体制和教学管理的整体改革，从而促进教育的现代化。

1.1.2 应用现状

从 20 世纪 80 年代末开始，随着计算机技术、多媒体技术、网络技术的迅速发展，以及信息技术被引入教育科学和教育理论研究，CAI 教学发展进入了一个新的阶段。尤其是 20 世纪 90 年代人工智能、虚拟技术、超文本和超媒体技术的实用化，CAI 教学内容的组织和呈现方式也表现出多样化特点。CAI 教学在许多国家和地区得到应用、推广和普及。

我国 CAI 教学起步晚，但发展较快。从 20 世纪 70 年代末期开始，我国开始了 CAI 教学的研究和应用实践。1978 年教育部在华东师范大学和北京师范大学首先成立了现代教育技术研究所，专门从事电视和计算机等高新技术在教育领域中的应用研究。20 世纪 80 年代初期，有些高校研制了一些 CAI 教学系统，如华东师范大学的“微机辅助 BASIC 语言教学系统”。1987 年，上海成立了中国 CAI 教学学会，该学会对推动我国 CAI 教学的发展起了很大的作用。同年在国家“七五”攻关项目中，列入了两项 CAI 教学方面的专题项目，一项是面向大专院校，另一项是面向中小学。到 20 世纪 80 年代末期，已开发上千个中小学教学软件，其中通过评审发行的有 150 个。20 世纪 90 年代，我国许多师范院校成立了电化教育系或电教中心，同时，国家在“九五”科技攻关项目中，投资了两千多万元用于大中小学多媒体教学软件的开发，各学科出现了一些较为优秀的教学软件。2005 年后，我国各省市正陆续建立教育资源网，融基础教育服务、职业教育服务、高等教育服务、继续教育服务和社区教育服务的内容丰富、多层次、智能化、开放式的数字化教育教学资源库，实现优质教育资源开放共享。这些都为我国多媒体 CAI 教学的发展奠定了良好的基础。

回顾 CAI 的发展，可以看出学习理论、计算机技术对 CAI 的巨大作用，同时也应注意到社会的发展现状对它的期望和约束，这种期望集中地表现在社会对人才培养的要求上，而社会发展的不平衡，所能够提供的物质条件也存在较大的差异。基于此原因，CAI 的未来发展将会呈现出多态性。

1. 应用方式的多样化

除了能提供交互环境的 CAI 软件之外，用于课堂演示和帮助教师备课的 CAI 软件也将得到发展。

2. 多种学习资源的集成化

计算机不能说成是唯一的学习资源。重要的是各种学习资源（包括教师）的综合运用，发挥各种媒体的独特作用，从而形成各种学习资源集成的优化的学习环境。

3. 研究、使用和教师培训的互动

CAI 软件的研究和应用的根本目的在于改革教学、提高学生的培养质量，而不在于为了形式上的使用。把研究、应用和教师培训有机地结合起来，以研究促进应用，反过来又以应用促进研究，使其形成互动机制，是保证 CAI 发展的正确途径。

1.1.3　教学积件

教学积件是由教师和学生根据教学需要自己组合运用多媒体教学信息资源的教学软件系统。该系统不是在技术上把教学资源素材库和多媒体著作平台简单叠加，而是积件库与积件组合平台的有机结合，其中积件库中的多媒体资料库、微教学单元库、资料呈现方式库、教与学策略库、网上环境积件资源库，为师生利用积件组合平台制作教学软件提供了充足的素材来源和多种有效途径；灵活易用的积件组合平台则是充分发挥师生创造性的有力工具。

1. 教学积件的特征

（1）与教育思想、教学方法、学习理论的无关性。积件素材将教学信息资源与教学思想、教学方法、学习理论分离，成为教师和学生学习的工具，因而适应任何类型的教师和学生，具有高度的灵活性和可重组性。将过去课件设计者从事的教学设计回归到教师、学生自己的手中。教学设计和学习理论的运用，不是在课件开发之初，而是由师生在教学活动中进行，真正做到以不变（积件）应万变（教学实际），计算机成为课堂教学的有力工具，成为教师和学生个性与创造性充分发挥的技术保障。

（2）积件素材与教材版本之间的无关性。积件素材是以知识点为分类线索，这样，无论教材课程体系如何变化，教材版本如何变化，积件素材都可被师生应用于当前的教学活动中。

（3）基元性和可积性。教学资源素材越是基本的，附加的边界约束条件越少，其重组的可能性就越大。因此，积件素材应选取最基本事实性、过程性的内容，不进行更多的加工，以保持它的基元性。师生在教学过程中，可根据实际需要把素材进行组合，体现了可积性。

（4）开放性和自繁殖性。积件的素材资源和策略资源都是以基元方式入库供教师重组使用，因而在任何时候，任何地方，任何教师（学生）都可以将最新的信息和自己的作品添加入库。只要确立了积件的信息标准、入库规范，积件在教学活动中就自然具有开放性、自繁殖性。

（5）继承性与发展性。积件与课件的关系是继承与发展的关系。课件适用于某一具体的教学情境，但经过适当加工（去除冗余部分，规范接口标准）后，就可纳入积件的微教学单元库，为其他教师重组使用；积件经某教师组合成为适当情境的内容，也就构成了一个“临时”的课件。课件与积件可以互相转化，互相组合，互相包容，二者在教学的应用中可以起到互相促进的作用。

（6）技术标准规范性。为了实现积件的可重组性，积件的各类信息资源必须遵从当今世界主流标准和规范。文本的格式、图形的格式、声音的格式、动画的格式、视频的格式、Internet 网络接口的格式都必须与世界主流应用软件一致，否则无法实现素材资料的组合。

2. 积件库资源的格式

（1）积件：exe、com 以及 a5p、ppt、pps 等常用格式。

（2）文本：txt、rtf、doc、html 等常用格式。

（3）图片：gif、jpeg、bmp 等常用格式。

（4）声音：mp2、mp3、wav、midi 等常用格式。

（5）视频：mp、mpeg、avi、mov、rm 等常用格式。

3. 用户的培养与参与

随着计算机软件技术的高速发展，使全世界几乎所有的主流软件都向资源库、平台化、人性化方向发展，显然教育软件也应该走世界软件发展的共同方向。因此，运用积件思想，走素材资源库和制作平台相结合的新思路，是使音乐软件开发和应用走出目前困境的有效途径。积件是一种思想，它是一种关于 CAI 发展的系统思路，是针对课件的局限性而发展起来的一种新的教学软件开发和应用模式。积件提出者认为，积件由积件库和积件平台组成。积件库是教学资料和表达方式的集合，包括 5 个部分的建设：多媒体教学资料库、教学单元库、虚拟积件资源库、资料呈现方式库、教学策略库。

1.1.4 学习模式

我国当前流行的 CAI 教学形式有如下几种。

1. 人-机交互形式

这种形式包括个体化学习乃至基于人-机交互的群体学习，甚至还可以包括基于网络的人-机交互学习。这种学习显然是以“课件”概念为代表的学习，这种学习形式的存在以市场上推出的形形色色 CAI 教学课件为标志，适宜个别化学习的传统“课件”式 CAI 教学软件，积极地展示计算机的交互性能，这种辅助教学形式面向知识选择能力和自我控制能力较强的成人，在继续教育方面起到了明显的作用；对中小学生的学习也起到了一定的辅助作用。

2. CAI 授课的形式

面对面的人际交流永远是充满魅力的交流，其存在是永远不可代替的。计算机走进课堂，可以使这种交流锦上添花，更加充分地提高效率，如何使计算机进入课堂，国内也已经有了许多成功的理论探讨与实践，需要继续认真研究的是：针对不同的学习者，针对不同的教学内容，如何在传授知识中实现具体与抽象的最佳平衡教学形式，在我国当前教育改革实践中是十分重要的，通过人与人之间的直接交流而获得的知识对任何一个学习者来说都是必不可少的。

3. 基于 Internet 学习形式

Internet 学习方式的最大优点在于，它突破了传统课堂对人数及地点的限制，只要传输带宽足够，软件支持交互式操作，人们可以完成非常生动活泼的学习过程。而且，认知学徒理论、十字交叉形理论、教练理论以及支架理论等教学方法都支持这种教学模式。利用 Internet，传统的 CAI 教学功能有了非常大的拓展，真正实现了互动式教学过程。实现这种模式可分为下列方式。

（1）实时式讲授：在这种模式中，教师和学生可以不在同一地点，师生之间可以通过语音和图像进行实时交流，就如同在一个教室中一样。这种实时交互式远程教学系统将网络、多媒体及虚拟现实技术结合起来，达到双方或多方的实时交互。

（2）非实时式讲授：这种模式是由教师将教学要求、教学内容以及教学评测等材料编制成 HTML 文件，存放在 Web 服务器上，学生通过浏览这些网页来达到学习的目的。

（3）个别辅导模式：这种教学方式可通过基于 Internet 的 CAI 课件以及教师与单个学生之间的密切通信来实现，个别指导可以在学生和教师之间通过电子邮件非实时地实现，也可以通过 Internet 上的在线交谈方式实时实现。

（4）群体讨论模式：这种 Internet 教学模式适用于协同学习理论。实现群体讨论学习的方式有多种，最简单实用的是利用现有的 BBS。这种系统具有用户管理、讨论管理、文章讨论、实时交流、用户留言、电子邮件等诸多功能，因而很容易实现集群讨论模式。

（5）探索学习模式：这种 Internet 教学模式适于认知学徒理论和教练教学理论。通过 Internet 发布一些适合由特定的学生对象来解决的问题，要求学生解答。

（6）协作学习模式：在基于 Internet 的协作学习过程中，通过竞争、协同、伙伴、角色这些模式来实现。

1.1.5 应用环境

CAI 教学系统由硬件系统和软件系统组成。硬件系统的构成如图 1.1 所示。它包括：CPU（控制器和运算器）、存储器、输入设备和输出设备。常用的输入设备有：磁盘机、光盘机、磁带机、数字照相机、扫描仪、视频采集卡、声卡、MIDI 合成器、话筒、调制/解调器和网络适配器、键盘、鼠标、笔式输入器等。常用的输出设备有：磁盘机、光盘刻录机、磁带机、打印机、胶片记录仪、高亮度投影仪、显示器、声卡及放大器和扬声器、MIDI 合成器、调制/解调器和网络适配器。

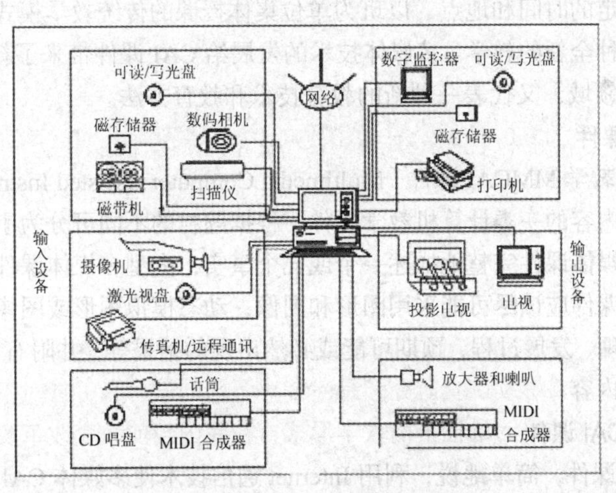

图 1.1 CAI 教学系统的硬件系统

软件系统包括：操作系统、各种形式的课件、题库、教学管理系统及其开发与支持环境软件。显然，现阶段学校 CAI 教学的重点应是课件、题库、教学管理系统等应用系统的开发、应用和研究。随着计算机硬件的技术发展和大规模生产，硬件价格日益下降，使开展 CAI 教学的硬件基础日益坚实；而日益紧迫的需求则是适应教学实际的各种形式的课件和相关的应用系统。因此，开发出高质量的各种形式的课件，将其应用于教学中，并不断地研究其中的规律与真谛，使 CAI 教学发挥更大的作用和优势，并促进本身的不断发展，是每个在教学中采用这种先进教学模式的教育工作者应努力实现的目标。

1.2 多媒体 CAI 课件

多媒体技术是当代计算机技术关注的热点之一，多媒体技术能够完成在内容上相关联的多媒体信息的处理和传送，如声音、活动图像、文本、图形、动画等；多媒体技术能够交互式工作，而不是简单地单向或双向传输，用户对正在发生的事情有某些形式的控制能力。这种“交互性”特色，具有接受用户指挥的反应能力，可以根据用户要求执行不同的工作。用户成了真正的主角，这一点是传统电子媒体所望尘莫及的；多媒体技术能够与网络联结，即各种媒体信息是通过网络传输的，而不是借助 CD-ROM 等存储载体来传递的。

1.2.1 CAI 课件及分类

1. 课件

课件一词译自英文“Courseware”，其本意是课程软件。有些 CAI 课件专家建议用“电子学习材料”代替“课件”，但从教学的角度来讲，二者在内容、结构和使用上有很大的区别。我们可以认为课件就是针对具体学科的学习内容而开发设计的教学软件。

2. CAI 课件

CAI 课件是一种教学系统，它的基本功能是教学功能，课件中的教学内容及其呈现、教学过程及其控制应由教学目的来决定。CAI 课件又是一种计算机软件，因此，它的开发、应用和维护应按照软件工程的方法去组织、管理。CAI 课件的最大优点是具有个别性、交互性、灵活性和多样性。它改变了在固定的时间和地点、以班为单位集体授课的传统教学模式和单一的教学环境，使教师和学生面临一种全新的教学。多媒体技术的发展给 CAI 课件带来了新的活力。CAI 课件既是计算机的一个应用领域，又代表一种新的教育技术和教育方法。

3. 多媒体 CAI 课件

多媒体 CAI 课件教学 MMCAI 课件（Multimedia Computer Assisted Instruction）是指能够独立地、完整地表述教学内容的一类计算机教学软件。根据题材的不同可分为小型多媒体课件和大型多媒体课件，小型多媒体课件完整地描述一个或几个事实，大型多媒体课件可以是一件事物发展的完整过程。多媒体课件应该尽可能采用图形和图像，动态模拟图形或图像等视觉媒体，揭示描述的客观事实发生机理、发展过程，预期可能或必然出现的结果等，并附有知识回顾、知识扩展、探索、辅导和习题等内容。

4. 网络多媒体 CAI 课件

网络多媒体 CAI 课件，简单地说，利用 Internet 通信技术使多媒体 CAI 课件在网上传播的某种计算机教学软件就是网络多媒体 CAI 课件。网络多媒体 CAI 课件为学生创造图文、音像并茂的全息教学信息，网络通信技术的实现将把课堂教学与广播电视教学融为一体。

（1）网络多媒体 CAI 课件的优点。

① 教育资源极为丰富。在 Internet 上几乎没有找不到的信息，网络资源丰富，任何用户不管在地球的任何地方，只要通过 Internet 进行登录，就可以得到一定的服务，小范围的教学与它是无法相提并论的。至于软件更新的速度更不必担心，因为任何人实在是不可能访问这么多的站点，即使一个站点的更新速度很慢，也大可弃之以录“新欢”。

② 便于设计和开发。Internet 上可实施课件的协同开发，各司其职，教师可以只负责开发教

学内容，而让商家去开发教学模板，这样的开发方式大大节约了人力，也大大提高了知识的更新程度，使教师专心于教学的改善而心无旁骛了。

③ 节省资金。网上的软件很多是免费的，教育也是如此，譬如 CERNET 就是免费的网络，不收任何费用。

④ 网络多媒体 CAI 课件教学可以方便地实现教育的个别性、交互性、实时性。

（2）网络课程简介。

《现代远程教育资源建设规范》指出："网络课程是通过网络进行的某门课程的教学活动，它包括按一定的教学目标、教学策略组织起来的教学内容和网络教学支撑环境。它是远程教学资源的重要组成部分，是开展远程教学的基本单元。网络课程供学生远程学习使用，也可供学生课后复习，还可供教师在课堂教学中调用。"网络课程主要包括教学内容和网络教学环境两部分。

网络课程教学环境主要包括以下几部分。

① 工作平台：采用 Internet 上常用的 Client/Server 结构，即客户/服务器结构。服务器提供学生学习所需的内容、相互交流等功能。客户部分比较简单，只要能够接通 Internet 并能与服务器相连接的微机就行了。

② 教学系统模块：将教学系统精细地分成多个模块，如：重点、难点、教学内容、教学实验、课程等。

③ 素材库：由文字、声音、图像、动画等形式的教学内容组成，并采用网状结构，符合人的知识记忆结构。

④ 意见反馈系统：把教学相关的内容呈现给学生，并根据学生的回答给予学生最佳的学习提示，需设置系统管理员以接受各方的咨询提问，并根据意见修缮教学系统，此过程通过 E-mail 来实现。

⑤ 答疑系统：设置学生通过 E-mail 向教师提问，教师以同样的方式做出回答。

⑥ 讨论系统：在教师与同学中间或学生与学生之间发生双向实时讨论，可通过白板对写或 BBS 讨论区加以实现。

⑦ 注册系统：让普通学生经过注册而成为正式学生，继而能够拥有一定的权限，如对一些教师和资料的查询等。

⑧ 学生信息库：保存学生的各方面资料，包括注册情况、学习进度、学习成绩等。

⑨ 教学资料库：涵盖了所有教学习题和考试题。

实现网络课程功能的途径有两条。一是网络课程只包括知识模块，不含远程教学功能模块，网上教学所需的环境和功能由远程教学网站提供。二是网络课程包含知识模块，又包含功能模块，功能模块是可单独安装和卸载的。

1.2.2 CAI 课件的基本结构

一个优秀的 CAI 课件应充分地发挥计算机多媒体的特点，在制作过程中应注重视听教学的特征，突出启发教学，还应注重教学过程的科学性和合理性，应做到构图合理、美观，画面清晰、稳定，色彩分明、色调悦目，动画流畅，真实感强，解说、音乐清晰动听，功能丰富，演播运行安全可靠。

CAI 课件一般应包括：片首、导航目录、知识主体、片尾。若把一个课件比作一本书，也有封面、目录、章节、页面等。其中页面是构成知识主体的基本单元，每个页面可以包括背景、文字、图形、图像、动画、视频、图标、按钮等可见信息，还有声音、背景音乐等不可见信息，这些媒体组合起来共同表现某个具体的教学内容。目录和页面之间、页面与页面之间通过“链接”连接起来，形成整体并实现跳转。

1.3 CAI 课件制作的理论依据

在教育技术领域中，计算机作为教学媒体并非自然而然地优越于其他媒体，有效的 CAI 课件课程实践离不开合理的理论指导，实践的同时也对理论的形成和发展起到极大的促进作用。正是实践和理论之间的这种互相促进的关系，使各种学习心理学理论纷纷登场。这些学习理论流派为 CAI 课件领域的研究和发展提供了极为有利的条件，就其对 CAI 课件的影响来说，行为主义、认知主义的学习理论以及正赋于新内容的建构主义理论为 CAI 课件的制作和发展奠定了理论基础。

1.3.1 行为主义程序理论与 CAI 课件设计

1. 行为主义学习原理

按经典的条件作用学说，让一个中性刺激伴随着另一个产生某一反应的刺激连续重复呈现，直至单凭那个中性刺激就能诱发这种反应。例如，在著名的巴普洛夫实验中，铃声替代了肉丸引起狗流口水。刺激替代现象在人身上也时有发生，例如讲课中当教师转向黑板时，学生就会拿起笔来准备做笔记。

比较有实际意义的是斯金纳创立的操作性条件作用学说和强化理论。他把机体由于刺激而被动引发的反应称为“应激性反应”，机体自己主动发出的反应称为“操作性反应”。操作性反应可以用来解释基于操作性行为的学习，如人们读书或写字的行为。为了促进操作性行为的发生，必须有步骤地给予一定的条件作用，这是一种“强化类的条件作用”。强化包括正强化和负强化两种类型：正强化可以理解为机体希望增加的刺激；负强化则是机体力图避开的刺激。增加正强化物或减少负强化物都能增加机体行为反应的概率。这一发现被提炼为“刺激-反应-强化”理论。按照这一理论，在学习过程中，当给予学习者一定的教学信息——“刺激”后，学习者可能会产生许多种反应。在这些反应中，只有与教学信息相关的反应才是操作性反应。在学习者做出了操作性反应后，要及时给予强化，从而促进学习者在教学信息与自身反应之间形成联系，完成对教学信息的学习。当一个刺激被重复呈现，且都能引起适当的反应，则称该反应是受刺激控制的。建立刺激控制取决于两个条件：一是积极练习，多次练习做出正确反应；二是跟随强化，练习后紧接着反应以强化。

2. 制作 CAI 课件的行为主义原则

以行为主义理论为基础的积序教学在大量实践的基础上形成了一系列设计原则，这些原则成为早期 CAI 课件设计的理论依据，并且在目前的 CAI 课件设计中仍然起着重要的作用。

（1）规定目标：将教学期望明确表示为学生所能显现的行为，保证行为主义心理学基本方面——可观测的反应成为 CAI 课件的“路标”。

（2）小步子和低错误率：CAI 课件学习材料被设计成一系列小单元，使单元间的难度变化比较小，达到较低的错误率。

（3）自定步调：允许学生自己控制学习速度。

（4）显式反应与即时反馈：CAI 课件中通常包含频繁的交互活动，尽量多地要求学生做出明显的反应，当学生做出反应时，计算机应立即给予反馈。

（5）提示与确认：包括形式提示和题意提示。前者诸如用间断下划线指示正确答案的字符数，后者诸如为学生提供语境暗示，鼓励他们利用前面呈现的信息和联系原有的知识等。确认是通过反馈对学生反应提供肯定性信息，也可看做为另一类提示。

（6）计算机控制的学习序列：在教材编列方面，计算机比其他媒体有更大的灵活性。但许多 CAI 课件设计仍以线性序列加反应条件补习分支为主，学习序列完全由计算机控制。

行为主义学习理论对 CAI 课件的形成起到了不可言喻的作用。但它的某些思想与人们的日常经验存在很大的差异，按照这一理论基础设计的 CAI 课件，往往忽视了人们认识过程的主观能动作用，因此，仅仅依靠行为主义学习理论框架设计的课件，可能会带来很大的局限性。

1.3.2　认知主义学习理论与 CAI 课件设计

1. 认知主义学习原理

认知主义学习理论认为，有意义的学习过程始终在认知结构基础上进行。先学习的知识对以后的学习总会产生各种影响。认知学习理论强调的不是刺激反应，不是环境和学习者的外部行为变化，而是学习者认知结构的变化。它把学习看做是掌握事物的意义、把握事物内部联系的意义。它认为学习的本质是在用语言符号表征的新观念和学生认知结构中原有的适当观念之间建立实质性的、非人为的联系。认知主义学习理论强调知识的获得不是对外界信息的简单接收，而是对信息的主动选择和理解。人并不是对所有作用于感官的信息兼收并蓄，而是在认知结构的控制、影响下，只对某些信息给予注意，受到注意的信息被选择接收并加工。

根据认知主义学习理论，学习过程，特别是一些高级的学习过程，是一种学习者内在的思维活动过程。下面简单描述学习过程。

（1）感觉寄存：面对外界大量的刺激，感觉寄存器应从这众多的刺激信息中选取某种所需的特定信息，通常称这个过程为注意选择。信息在感觉寄存器中的保持时间较短，约为 1/4 ~ 8s。在这一时间内，被选定的信息传至短时记忆区，未被传递的信息自动消失。

（2）短时记忆：短时记忆不仅要对信息进行保持，还要对信息进行编码等各种处理。为了延长信息在短时记忆过程中的保持时间，短时记忆过程中需要对信息不断地进行编排，用以反复地激活记忆的痕迹。短时记忆区是一个过渡性记忆缓冲器，其容量有限，只能记录 7±2 个信息组块，只能保持大约 15 ~ 30s。

（3）长期记忆：短时记忆区中的信息经过复述和编码过程转化为长时记忆，传递至长期记忆区后可长期保持。长期记忆区是一个相当持久的、容量极大的信息库。长期记忆区中对信息的记忆主要有插语记忆（Episodic Memory）和语义记忆（Semantic Memory）。

（4）控制过程：控制过程对上述各种过程中信息流进行控制，它包括感觉通道的选择、模式识别、信息的传递和处理、反应的开始等各种操作的控制。

2. 制作 CAI 课件的认知主义原则

认知主义学习理论在形成之初就与行为主义不同，从不同的角度来探讨学习过程。在它看来，环境的刺激是否受到注意或被加工，主要取决于学习者的内部心理结构。学习者在以各种方式进行学习的过程中，总是在不断地修正自己的内部结构。认知主义学习理论促进了 CAI 课件向智能教学系统的转化。人们通过对人类的思维过程和特征的研究，可以建立起人类认知思维活动的模型，使得计算机在一定程度上完成人类教学专家的工作。以认知主义学习理论为依据，专家们提出了一系列指导教学设计的原则，这些原则同样适用于 CAI 课件的设计如下所述。

（1）用直观的形式、超级链接方法向学习者显示学科内容结构，让学生了解教学内容中涉及的各类知识之间的相互关系。

（2） 学习材料的呈现应适合学习者的认知发展水平，按照由简到繁的原则来组织教学内容。这里所说的由简到繁是指由简化的整体到复杂的整体。

（3）学习并理解才能有助于知识的持久和可迁移。

（4）向学生提供反馈信息，确认他们的正确知识和纠正他们的错误学习。

（5）学习者自定目标是学习的重要促进因素。

（6）学习材料既要以归纳序列提供，又要以演绎序列提供。

（7）学习材料应体现辩证冲突，适当的矛盾有助于引发学习者的高水平思维。

1.3.3 建构主义理论与 CAI 课件设计

1. 建构主义的学习原理

行为主义的程序教学理论和认知主义的教学设计理论之间虽然存在着冲突，但有一个共同点，即以客观主义认识论为基础。进入 20 世纪 80 年代以后，客观主义认识论碰到了来自建构主义认识论的挑战。建构主义认为，学习者的知识应该是他们在与环境的交互作用中自行建构的，而不是灌输的。建构主义的学习观点可以简单地概括为以下几个方面。

（1）学习是一种建构的过程。知识来自于人们与环境的交互作用。学习者在学习新的知识单元时，不是通过教师的传授而获得知识，而是通过个体对知识单元的经验解释从而将知识转变成了自己的内部表述。知识的获得是学习个体与外部环境交互作用的结果。

（2）学习是一种活动的过程。学习过程并非是一种机械的接受过程，在知识的传递过程中，学习者是一个极活跃的因素。知识的传递者不仅肩负着“传”的使命，还肩负着调动学习者积极性的使命。教师要能让其中最适合追加新的知识单元的链活动起来，才能确保新的知识单元被建构到原有的知识结构中，形成一个新的、开放的结构。学习的发展是以人的经验为基础的。由于每一个学习者对现实世界都有自己的经验解释，因而不同的学习者对知识的理解可能会不完全一样，从而导致了有的学习者在学习中所获得的信息与真实世界不相吻合。此时，只有经过社会“协商”，经过一定时间的磨合之后才可能达成共识。

（3）学习必须处于丰富的情境中。学习发生的最佳境态（Context）不应是简单抽象的，相反，只有在真实世界的情境中才能使学习变得更为有效。学习的目的不仅仅是要学生懂得某些知识，而且要让学生能真正运用所学知识去解决现实世界中的问题。学习者如何运用自身的知识结构进行思维，是衡量学习是否成功的关键。如果学生在学校教学中对知识记得很“熟”，却不能用它来解决现实生活中的某些具体问题，这种学习应该说是失败的。

2. 制作 CAI 课件的建构主义原则

从建构主义认识论和学习观出发，教育专家们得出了一系列教学原则，用来指导教学过程设计和教学环境的设计，这些基本原则同样在制作 CAI 课件中有着重要的指导意义。

（1）所有的学习活动都应该定位在大的任务或问题中。也就是说，任何学习活动的目的对于学习者都应是明确的，以便学以致用，因为学习的目的是为了能够更有效地适应世界。CAI 课件应允许学生进行跳跃式学习。

（2）支持学习者发掘问题，作为学习活动的刺激物，使学习成为自愿的事，而不是给他们强加学习目标和以通过测试为目的。教师确定的问题应该使学生感到就是他们本人的问题。CAI 课件教学环境应开发强有力的搜索引擎。

（3）设计真实的学习环境，让学习者带着真实任务进行学习。真实的活动是建构主义学习环境的重要特征，这些真实的任务整合了多重的内容或技能，它们有助于学习者用真实的方式来应用所学的知识。所谓真实的环境并非一定是真正的物理环境（虚拟环境），但必须使学习者能够经历与实际世界中相类似的认知挑战。

（4）设计的学习情境应具有与实际情境相近的复杂度，使学习者在学习结束后，能够适应实际的复杂环境，避免降低学习者的认知要求。

（5）让学习者拥有学习过程的主动权。教师的作用不是独裁学习过程和规约学习者的思维，而应该为他们提供思维挑战，激发他们自己去解决问题，倡导学习者拥有学习过程的主动权，当他们遇到问题时应给予有效的援助。教师的作用不是提供答案，而是提供示范、教练和咨询，成为知识的导航员。

（6）鼓励学习者体验多种情境和检验不同的观点。知识是社会协商的，个人理解的质量和深度决定于一定的社会环境，人们可以互相交换想法，通过协商趋同。因此，应该鼓励各种合作的学习方法。

以上这些原则被许多 CAI 课件工作者付诸实践，创造了情境化教学、锚定式教学、随机访问教学等 CAI 课件课程制作的基本原理与制作技术。 CAI 课件理论的多样性表明这门学科日趋成熟。我们应该全面地了解上述各种理论的应用价值，在设计和制作 CAI 课件时，对它们合理综合利用。

1.3.4　思维导图与 CAI 课件设计

1. 思维导图概念

思维导图，又叫心智图，是表达发射性思维有效的图形思维工具，简单又极其有效，是一种革命性的思维工具。思维导图图文并重，把各级主题的关系用相互隶属与相关的层级图表现出来，把主题关键词与图像、颜色等建立记忆链接。思维导图充分运用左右脑的机能，利用记忆、阅读、思维的规律，协助人们在科学与艺术、逻辑与想象之间平衡发展，从而开启人类大脑的无限潜能。思维导图因此具有人类思维的强大功能，已经在全球范围得到广泛应用。

思维导图是一种将放射性思考具体化的方法。放射性思考是人类大脑的自然思考方式，每一种进入大脑的信息，不论是感觉、记忆或是想法，包括文字、数字、符码、食物、香气、线条、颜色、意象、节奏、音符等，都可以成为一个思考中心，并由此中心向外发散出成千上万的关节点，每一个关节点代表与中心主题的一个联结，而每一个联结又可以成为另一个中心主题，再向外发散出成千上万的关节点，而这些关节的联结可以视为记忆，也就是个人数据库。人类从一出生即开始累积这个庞大且复杂的数据库，除了信息累积量外，更多的是将数据依据彼此间的关联性分层、分类管理，使信息的储存、管理及应用更有系统化，从而增加大脑运作的效率。同时，思维导图最能善用左右脑的功能，借由颜色、图像、符码的使用，不但可以协助我们记忆、增进我们的创造力，也更加轻松有趣，且具有个人特色及多面性。

随着人们对思维导图的认识和掌握，它可以应用于生活和工作的各个方面，包括学习、写作、沟通、演讲、管理、会议等，它带来的学习能力和清晰的思维方式会改善人的诸多行为表现，如下所述。

（1）提高学习速度和效率，更快地学习新知识与复习整合旧知识。

（2）激发联想与创意，将各种零散的智慧、资源等融会贯通成为一个系统。

（3）形成系统的学习和思维的习惯。

掌握思维导图能打开大脑潜能的强有力的图解工具，同时运用大脑皮层的所有智能，包括词汇、图像、数字、逻辑、韵律、颜色和空间感知。

思维导图的优势在于能够清晰地体现一个问题的多个层面，以及每一个层面的不同表达形式，以丰富多彩的表达方式，体现了线性、面型、立体式各元素之间的关系，重点突出，内容全面。

2. 利用思维导图设计 CAI 课件

思维导图和传统的学习记忆方法相比有较大的优势。

（1）使用思维导图进行学习，可以成倍地提高学习效率，增进了理解和记忆能力。

（2）把学习者的主要精力集中在关键的知识点上，不需要浪费时间在那些无关紧要的内容上，节省了宝贵的学习时间。

（3）思维导图具有极大的可伸缩性，它顺应了大脑的自然思维模式，从而可以使主观意图自然地在图上表达出来。它能够将新旧知识结合起来。

学习的过程是一个由浅入深的过程，在这个过程中，将新旧知识结合起来是一件很重要的事情，因为人总是在已有知识的基础上学习新的知识，在学习新知识时，要把新知识与原有认知结构相结合，改变原有认知结构，把新知识同化到自己的知识结构中，所以能否具有建立新旧知识之间的联系是学习的关键。

在 CAI 课件设计过程中采用思维导图的方法进行学习内容的设置，可以帮助设计者在以下方面取得突破性的收获。

（1）在 CAI 课件中建立系统完整的知识框架体系，对学习的内容进行有效的资源整合，使整个教学过程和流程设计更加系统、科学有效。利用思维导图进行课件的教学设计，会促成师生形成整体的观念和在头脑中创造全景图，进一步加强对所学和所教内容的整体把握，而且可以根据教学过程和需要的实际情况做出具体的合理调整。

（2）帮助师生掌握正确有效的学习方法策略，更快更有效地进行知识的传授，促进教学的效率和质量的提高。在制作思维导图的过程中，会涉及如何快速地阅读和信息整理的内容。通过在整理和绘制思维导图的过程关键词和核心内容的查找，可以更好地帮助老师和学生们加强对所学知识的理解，并将所学内容进一步加以深化。

1.4 CAI 课件制作的设计思想

CAI 课件制作的基本原则是一般教学原则在 CAI 课件教学中的运用，也是 CAI 课件教学规律的特殊反映。CAI 课件制作的过程涉及种种复杂关系，主要表现在：CAI 课件教学与其他教学方式之间的关系；它所具有的自定步调，适应个别差异与教学大纲要求统一之间的关系；个别化的独立作业与集体化的合作学习之间的关系；人和计算机之间交流与人和人之间交流的关系；学生自主学习与教师主导作用之间的关系；分段前进与系统整体化之间的关系；教学性、科学性、技术性和艺术性之间的关系；反馈过迟与过早之间的关系；直观性与抽象性之间的关系；经济性与实用性之间的关系等。这种种关系反映了 CAI 课件设计与制作中存在的诸多矛盾。

1.4.1 明确教学目的

CAI 课件教学的目的是实现教学过程最优化，且取得最优化的教学效果。制作 CAI 课件应根据这一目的来决定是否采用和如何采用技术路线。教学性是检验教学效果的主要标准，科学性是教学性的基础，技术性是确保 CAI 课件教学有效开展的重要条件，艺术性服务于教学性和科学性。

由于 CAI 课件的学习特点，教学内容往往被分成了许多相互独立又相互联系的段落。因此，CAI 课件的每一章节都应设立学习目标，从而把整个教学过程分成许多个“步子”，上一步学习完成了，才进行下一步的学习。这样可使学生循序渐进、由易到难地学习。使学生获得 CAI 课件系统的知识和完整的认知结构。这就要求 CAI 课件制作时应列出目录、介绍学习目标、按逻辑顺序排列各单元、每完成一单元的学习都要使学生明确这一单元与相邻单元之间的关系及在整个课程中的地位。

1.4.2 注重学习过程的交互性

CAI 课件制作交互性原则是指在开发 CAI 课件时，CAI 课件–教师–学生能实现远程交互式通信，并能具备人–机或人–人对话的双向交互功能。这种交互性表现在：在 CAI 课件的组织与管理过程中，教师与管理人员能随时进行双向联系，为教学课件的开发、上网和交流提供服务，管理人员能进行系统的远程维护；在远程教学过程中，采用交互式课型，即人–机交互环节作为主要知识交流的课型。交互式课型要求管理系统能通过 Internet，自动地在教师、学生和教育资源信息之间流畅地传输信息，向学生实时地提供学习方法，并进行必要的示范；在学生学籍管理、辅导过程、考核过程和其他方面，管理系统能实现网上人–机实时性和双向性的对话。

1.4.3 实现学习方式的开放性

CAI 课件制作的开放性是指所设计的 CAI 课件应该对教育对象、教育形式、教育资源、教育内容和管理手段等方面实行开放化。允许教师、学生、管理者以及信息资源之间相互沟通。除了安全因素外，再没有其他壁垒。对教育对象的开放，表现为 CAI 课件能为各种求学者提供继续教育和终生教育的机会和条件，为他们提供 24 小时的教学服务。对教育形式方面的开放，表现为 CAI 课件能为学生提供各种网上学习的方法及学习软件。对教育资源的开放，表现为 CAI 课件能提供丰富多彩的教育信息资源和相关信息资源，使学生充分利用网上信息，提高学习效率。对教育内容的开放，表现为学生通过正当渠道注册成为远程教育学生以后，CAI 课件可以根据学生的需要自由选择学习内容。

1.4.4 直观性与抽象性相结合

CAI 课件制作直观与抽象相结合是指在 CAI 课件制作过程中采用超文本结构，这比传统线性结构的 CAI 课件使学生更容易得到想要学习的信息。教师通过编制课件、挑选课件、确定在什么情况下使用课件，以及向学生提供指导等来发挥他的主导作用。在 CAI 课件中，学生通过屏幕可以看到形象直观的图形画面，使学生获得充分的感知。在 CAI 课件中，应当尽量多地发挥多媒体的优势，大量采用声音、视频、动画和图像等直观媒体信息，并采用有效的集成技术，使软件成为集成的多媒体系统软件，而不要成为分立的散件。在软件的设计中，应当使多种媒体信息实现空间上的并置和时间上的重合，在同一屏幕上同时显示相关的文本、图像或动画，与此同时，用声音来解说或描述，从而使形式丰富多彩、引人入胜。

1.4.5 课程内容可扩充

CAI 课件制作的实时扩充性是指开发过程应该考虑到：方便修改和扩充 CAI 课件内容；能兼容市场上不断推出的 CAI 课件软件；预留新的 CAI 课件程序接口。CAI 课件的这种可扩充性设想是，将一个制作好的 CAI 课件通过在校园网上发布，供广大远程学生频繁地使用。同时，要跟踪市场上不断推出的 CAI 课件，在不侵权的前提下将其融入到已有的 CAI 课件中来。通过这种集思广益、滚雪球式的发展方式，使 CAI 课件能不断地扩充功能，达到滚动式发展的目的，以此推动我国 CAI 课件理论和实践活动不断进步，启发学生应用知识去分析问题、创造性地解决问题，其目的是要培养、提高学生的能力。

1.4.6 经济与实用相结合

进行 CAI 课件的开发与制作要花费很大的人力、财力，因此在开发某 CAI 课件时，应从国情和各地、各单位的现有条件和实际需要出发，本着讲求节约和实效的原则，根据其使用价值与投资费用的比值来决定其取舍和规格要求。一般从 3 个方面掌握经济性与实用性相结合的原则：第一，开发 CAI 课件之前认真进行查新工作，特别注意避免低水平 CAI 课件的重复开发与建设；第二，选择一个合适的多媒体制作工具为创作出一个成功的多媒体 CAI 课件软件。工具选择得好，可以大大地节省研制开发人员的人力、物力，从而把主要力量投入到软件脚本的创作中去。在选择多媒体制作工具时，要综合考虑以下几个方面：编程环境、超级链接能力、媒体输入能力、动画创作能力、易学习性、易使用性、性能价格比、服务支持、文档是否齐全等。

1.5 相关技术的基本概念

多媒体技术和网络技术是当前计算机领域最热门的话题，并正在为人们展示着美好的应用前景。随着 Internet 技术的发展。开发网络多媒体 CAI 课件教学课件，为现代教育注入了无穷的活力。本节就制作 CAI 课件教学课件和基于网络环境下的多媒体课件的名词进行简单介绍。

1.5.1 与 Internet 技术相关的基本概念

1. 共享白板工具

共享白板工具是远程教学中最简单明了的共享工作空间工具，在计算机屏幕上，它们可简单仿真实际的白板或黑板（Chalkboard）。共享白板工具，允许多个 Internet 用户在他们各自的计算机显示器上来观看同一内容的窗口，每个参与者都可以使用简单的绘图工具来标注白板或输入文本。一般地，绘图功能既包括自动绘制规则几何物体（如圆、线、箭头等），也包括徒手做图功能。

2. 音、视频会议

音、视频会议系统中的多个对话方可以用两种方法实现。第一种方法是在一个视频会议系统（作为中心集线器）与其他系统之间可以建立多个点对点连接，学生与教师实时共享教学环境。第二种方法可以在所有的局域网上和大多数分组广域网上使用多点播送技术，采用实时点播和广播的方式进行网络交互式教学。

3. 超文本标注语言（HTML）

HTML 提供了一种格式用以说明逻辑结构和超文本。并非所有的计算机文档都能被 WWW 客户机系统检索和操作。浏览器需要遵循 HTML 格式，而所有的浏览器必须理解这种格式。这一双重特点允许使用专用的一种公共格式，它可以被所有的客户机系统所理解。所以，HTML 意味着两点：特殊的 SGML 文件类型，能很好地适应于超媒体；特殊的标注语言，用 SGML 元语言定义（但这只是其内部特征）来表示文档类型的情况。

4. 超媒体链接方式

人们探索用一种类似人类联想记忆结构的非线性网状结构的方式组织信息，它没有固定的顺序，也不要求读者按照一定的顺序来提取信息。这种非线性的信息组织方式就是超媒体（Hypermedia）结构。

（1）超文本。超文本（Hypertext）是收集、存储和浏览离散信息，以及建立和表示信息之间关系的技术。它以节点作为基本单位，这种节点要比字符高出一个层次。超文本可以看做 4 个要素的组合，它们是锚、节点、链和网络。锚（Anchor）是一个所给文档部分中的一个信息段，它可以附加有链。由于超文本中只含有文本信息，因此，锚可以是字、字的组合、句子或段落。节点（Nodes）是超文本中存储数据或信息的单元，又称为“信息块”。它是围绕一个特定的主题组织起来的数据集合，是一种可激活的材料，能呈现在用户面前，还可在其中嵌入链，建立与其他节点的链接。节点的大小根据实际需要而定，没有严格的限制。

（2）超媒体。超媒体系统是一种多媒体信息综合管理系统，是将数据库系统的结构特征、再现知识的心理方法和支持人机交互作用过程的技术方法综合起来的软件系统。超媒体是“超文本”概念的推广，实际上是超文本加多媒体，即多媒体超文本。对超媒体而言，节点中包含的数据，可以是传统式的数据（字符、数字、文本等），还可以是图形、图像、声音、视频，或者是一段计算机程序，甚至是味觉、气味、触觉等。

（3）超级链接（Hyperlink）。所有的 WWW 文档都是超文本文档。超文本文档显著的特点之一就是链接，也称为超级链接。链接是对其他文档的简单索引。一个人在书写超文本文档时，可以插入到其他具有与文档中文本相关信息文档的链接。除了文档描述命令，HTML 还包含允许进行文档内部链接的命令。它们许多是超媒体文档。

1.5.2 与多媒体技术相关的基本概念

多媒体技术向着以下 6 个方向发展：高分辨化，提高显示质量；高速度化，缩短处理时间；简单化，便于操作；高维化，三维、四维或更高维；智能化，提高信息识别能力；标准化，便于信息交换和资源共享。CAI 课件制作将应用大量的多媒体技术，本书在第 4 章将详细介绍，这里先对其中的基本概念进行讲解。

1. 音频处理技术

量化的位数决定了声音的音质，采样位数越高，音质越好，但需要存储的数据量也越大。例如，CD 激光唱盘采用了双声道的 16 位采样，采样频率为 441 kHz，可以达到专业级的水平。多媒体应用中的一种重要媒体是音频，多媒体系统使用的音频技术主要包括音频的数字化和 MIDI 技术。音频的数字化就是将模拟的（连续的）声音波形数字化（离散化），以便利用数字计算机进行处理的过程。它主要包括采样和量化两个方面。音频数字化的质量相应地由采样频率和量化数据位数来决定。采样频率是指对声音进行采样单位时间的次数。它反映采样点之间间隔的大小。间隔越小，采样频率越高，声音的真实感越好，但需要存储的音频数据量也越大。目前经常使用的采样频率有 11025 kHz、2205 kHz 和 441 kHz 3 种，采用的量化级有 8 位和 16 位两种。如果使用 8 位的量化级，则只能表示 256 个不同的量化值，而 16 位的量化级则可表示 65535 个不同的量比值。

2. 视频处理技术

在多媒体系统中，视频图像处理技术包括视频图像信号的获取和视频图像信号的压缩与存储等主要技术。在多媒体系统中，视频图像信号主要是将来自外界视频设备（如录像机等）的电视信号，使用专门的视频卡采集视频信号，并把模拟视频信号进行数字化处理后进入计算机内。视频数字化的目的是将模拟视频信号经模数转换和彩色空间变换转换成数字计算机可显示和处理的数字信号。视频模拟信号的数字化过程与音频数字化过程相似，也需要以下几个步骤：取样，将连续的视频波形信号变为离散量；量化，将图像幅度信号变为离散值；视频编码，就是将数字化的视频信号经过编码成为电视信号，从而可以录制到录像带或在电视上播放。对于不同的应用环境有不同的技术可以采用。

3. 数据压缩技术

数据压缩技术是多媒体技术发展的关键之一，是计算机处理语音、静止图像和视频图像数据进行数据网络传输的重要基础。未经压缩的图像及视频信号数据量非常之大。例如，一幅分辨率为 640×480 的 256 色图像的数据量为 30KB 左右，数字化标准的电视信号的速率超过 10Mbit/s。这样大的数据量不仅超出了多媒体计算机的存储和处理能力，更是当前通信信道速率所不能及的。因此，为了使这些数据能够进行存储、处理和传输，必须进行数据压缩。由于语音的数据量较小，且基本压缩技术已成熟，目前的数据压缩研究主要集中于图像和视频信号的压缩方面。目前国际标准化组织和国际电报电话咨询委员会已经联合制定了两个压缩标准，即 JPEG 静图像和 MPEG 运动图像压缩标准。

4. 存储技术

（1）光学存储技术。多媒体应用系统存储的信息包括文本、图形、图像、动画、声音和视频等多种媒体信息。这些媒体信息的信息量特别大，经数字化处理后，要占用巨大的储存空间。传统的磁存储方式和设备无法满足这一要求，光存储技术的发展则为多媒体信息的储存提供了保证。

光存储技术是通过光学的方法读出/写入数据的一种存储技术。由于作用的光源基本上是激光，所以又称为激光存储。光存储介质可以根据存储体的外表和大小进行分类，如盘、带、卡。

（2）磁盘阵列。目前，计算机系统的 I/O 瓶颈问题日益严重，CPU 的性能每 2.25 年增加一倍，而磁盘的速度每十年才增加一倍。解决此问题的根本是采用磁盘冗余阵列（Redundant Array of Independent Disks，RAID）代替现有昂贵的单台大容量磁盘。RAID 的性能价格比很高，体积小，容错能力强，是开展远程教育存储海量网络课程多媒体数据的一种新型的理想数据外存储设备。

（3）多媒体数据库技术。数据库的性能与数据模型直接相关。数据模型先是网状模糊和层次模型，后来发展为关系模型和面向对象模型。因此也就出现了关系数据库和面向对象数据库。由于多媒体对数据库的影响，因此必须找出相应的方法来设计多媒体数据库。目前实现多媒体数据库系统的途径有两种，即扩充关系数据库方法和面向对象的方法。目前，新版本的 ORACLE、SYBASE 等大型数据库系统都能很好地处理多媒体数据记录。

1.5.3 其他相关技术的基本概念

1. 虚拟现实技术

虚拟现实指的是一个基于计算机的应用系统，这种应用系统基于这样一个人机界面：计算机及其外围设备创造一种可由用户进行动态控制的一个可感知环境，用户感觉这种环境似乎是真实的。虚拟现实的思想很清楚，即：计算机在用户输入信息后，试图创造一种真实的效果作为响应。虚拟现实的一个结果是创建了虚拟世界。虚拟世界也称为虚拟环境，计算机所产生的声音、图像、可感觉的印象等都属于感觉环境范畴。

（1）头戴式显示器（HMD）。典型的输入设备是头戴式显示器，它取代了计算机显示屏幕。首先，HMD 使微型显示器上的每只眼睛产生不同的成像，因而这种双焦距的视差现象产生了三维立体的效果。其次，HMD 配有立体声耳机，用以产生三维声音，这些都是输出信息。但是由于 HMD 同时也是一种输入设备，也可以对 HMD 的移动进行监视，以获取用户头部的空间位置及方向并传送给计算机，使计算机反过来又调节虚拟世界中图像的显示，处理三维声音的复杂系统并调节声音，反映与虚拟世界中虚拟声源有关的人头的位置及方向。

（2）手套式输入设备。手套式输入设备简称为手套或数据手套，它是一种高精度的精密而又昂贵的、能感知手的位置及其方向的设备。通过它，可以指向某一物体，在某一场景内探索和查询，或者在一定的距离之外对现实世界发生作用。虚拟物体是可以操纵的。例如，让其旋转以便更详细地查看。但是前面说对现实世界产生作用是虚拟现实的另外一个目标。通过数据手套，可以在远处移动真实的物体，用户只需监视其对应的虚拟成像。

（3）三维声音显示器。三维声音显示器是一种按照虚拟空间定位的方式输出声音的一种系统，两个立体声元件在振幅和时间上的差别产生出这样一个效果：声音是从空间中的某一位置发出来的。三维声音显示器一般是作为 HMD 的一部分。

（4）计算机立体显示设备。IHMD 通过每只眼睛成像的细微差别而形成一种立体感觉。许多现有的技术也产生了计算机立体显示效果。如使用一种能过滤红光和蓝光的玻璃，以及使用液状晶体显示玻璃等都使两只眼睛产生不同的图像。

（5）触觉反馈信息手套。这种特殊的手套可以返回手的触觉信息。所谓“触觉”是指加到手指尖的压力，通过它可以模拟出物体的形状。目前，正在进行物体组织结构方面的模拟研究工作。

2. 虚拟现实技术的应用

（1）我们已经建立了虚拟现实的景象，可以用它来观看它在网络上的潜在应用领域。第1个目标就是对虚拟世界的查询，也就是与虚拟世界发生交互作用。在超媒体中，对虚拟世界查询也叫导航。

（2）虚拟现实广告。虚拟现实广告指的是建立一个虚拟世界，从而让顾客在购买商品之前进入和查看。一般来说，虚拟现实只是一个感官上的视觉空间：顾客在三线立体空间中查看。在一些国家中，虚拟现实广告是以本地模式而存在。各种项目计划通过网络将家庭购物和虚拟现实联系起来，用计算机屏幕或电视屏幕来观看虚拟现实广告，用户陷入的程度则会很低。从远程计算机的输入设备，以一个 64kbit/s 比特率 ISDN 连接就足以观看一个简单的物体。

（3）大型科学仪器的设计研究。大型科学仪器（如天文望远镜或粒子探测器）的设计与制造过程的虚拟再现研究已经纳入计划之中了。这个系统可以通过一般局域网的控制中心来运行。

（4）模拟。在“虚拟现实”这一术语发明之前，飞行驾驶模拟器是人与复杂的虚拟世界发生交互的有效应用系统。在很多军事领域方面，陷入程度很高的系统已得到了迅速的应用。远程模拟的意义在于使系统持续支持集中模型这一需要得到满足，而用户的界面或许是一种分布式的。

3. 人工智能

智能辅助教学系统由于具有“自然语言接口”、“教学决策”模块（相当于推理机）和“学生模型”模块（用于记录学生的认知结构和认知能力），因而具有可与人类优秀教师相媲美的下述功能。

（1）了解每个学生的学习能力、认知特点和当前的知识水平。

（2）能根据学生的不同特点选择最适当的教学内容和教学方法，并可对学生进行有针对性的个别指导。

（3）允许学生用自然语言与“计算机导师”进行人机对话。

由以上分析可见，在多媒体教学系统和智能辅助教学系统之间存在性能互补关系，将二者结合起来，就可以扬长避短，从而能研制出高性能的新一代网络课程教学系统。实现智能网络课程教学系统的关键是建构适合网络课程需要的多媒体系统，并设法使多媒体系统智能化。

1.6 CAI 课件制作条件

根据目前多媒体电子出版物的开发系统组成情况看，CAI 课件制作系统存在着单机制作环境和网络制作环境两大类。CAI 课件制作系统从其网络织成形式，又可分成对等网络制作系统及客户机/服务器网络制作系统两大类。

1.6.1 硬件条件

CAI 课件制作系统所需的硬件设备必须包括以下几个部分。

1. 多媒体微型计算机

用于开发 CAI 课件的微机最低配置要求如下。

CPU：pentiumⅡ，主频 450MHz。

内存：128MB。

显示卡：1280×1024 分辨率，24 位真彩色（具备图形功能）。

显示器：17 英寸彩色显示器。

硬盘：20GB 以上。

声卡：32 位。

光盘驱动器：42 倍速。

音频输出：高保真立体声音箱。

音频输入：优质麦克风。

2. 专用板卡类

音频处理卡、文本/语音转换卡、视频采集/播放卡、VGA/TV 转换卡，视频压缩/解码卡（MPEG 卡、JPEG 卡）等。例如，视频卡是通过插入主板扩展槽中与主机相连。通过卡上的输入/输出接口可以与录像机、摄像机、影碟机和电视机等连接，使之能采集来自这些设备的模拟信号，并以数字化的形式存入计算机中进行编辑或处理，也可以在计算机中重新进行播放。

3. 外部设备类

图像扫描输入设备：分辨率为 1440×1440 dpi 的平板式彩色扫描仪、摄像头、数字照像机、数字摄像机。

图像输出设备：彩色激光打印机或高分辨率彩色喷墨打印机。

数据记录设备：光盘刻录机。

从实用角度看，在个人多媒体计算机基础上，建立 CAI 课件制作系统可添置的硬件有扫描仪、数码相机和视频采集卡等设备。其中扫描仪主要用于图形/图像的录入。数码相机主要用于图像信息的输入。视频采集卡用于将摄像机、录像机或 V-CD 机、TV 节目的模拟信号转换成数字信号。此外，还可根据实际需要配置数码相机、光刻机等专用设备。当然，如果条件许可，也可购买头盔显示器、传真机（FAX）、可视电话机等。

4. 网络通信类

电话拨号上网设备：56K 调制解调器（Modem）。

网络适配器(俗称网卡),一般使用 NE2000 的 10 兆网卡或 100M 即插即用的其他型号的网卡。

5. 其他各类媒体处理工具

关于其他各类媒体处理工具，在本书的第 4 章将有较为详细的介绍。

随着计算机技术的不断发展，计算机和各种多媒体设备也在不断地更新换代，价格也越来越便宜。为了制作高水平的 CAI 课件，上述这些设备的技术指标应随时间的变化而不断升级。

1.6.2 软件条件

1. 多媒体操作系统

多媒体操作系统又称多媒体核心系统（MultiMedia Kernel System）。它应具有实时任务调度、多媒体数据转换和同步控制机制，对多媒体设备的驱动和控制，以及具有图形和声像功能的用户接口等。一般是在已有操作系统基础上扩充和改造，或者重新设计。例如：

（1）Intel/IBM 在 DVI（数字机频交互）系统开发中推出的 AVSS（音频视频子系统）和 AVK（音频视频核心系统）。

（2）Apple 公司在 Macintosh 上推出 System 7.0 中提供 Quick Time 多媒体操纵平台。

（3）Microsoft 公司在 PC 机上推出的 Windows with Multimedia Extension 1.0 或 Multimedia Development Kit。

2. 多媒体系统开发软件工具

多媒体系统开发软件工具也称为媒体处理系统工具，或称为多媒体系统开发工具软件，是多媒体系统的重要组成部分。多媒体系统开发软件工具包括以下几类：多媒体创作软件工具，例如 Macromedia 公司的 Extreme 3D，为三维图形视觉空间的设计和创作提供了包括建模、动画、渲染以及后期制作等功能；多媒体应用软件，多媒体应用系统又称为多媒体应用软件，它是由各种应用领域的专家或开发人员利用计算机语言或多媒体创作工具制作的最终多媒体产品，是直接面向用户的（多媒体系统开发软件工具详细介绍见第 4 章）。

3. 数据库对多媒体的支持

（1）关系数据库对多媒体的支持。关系数据库（RDB）适合于处理传统商业数据，是目前中小型数据库系统中应用最多的一种数据存储方法。为了支持多媒体，关系数据库的扩展有几种，比如支持长域和可变长二进制域的存取；支持嵌套表；通过借鉴超文本中的 link 在一组表或一组记录间建立复杂的网状关系；支持用户自定义数据类型及其操作；在数据库管理系统之上再加一对象管理层，用以表示对象之间复杂关系及最终表现形式。关系数据库模型决定了它只能对多媒体提供有限的支持，难以达到完善的多媒体数据库的要求。FoxPro，Access，Paradox，Sybase，Oracle 等一批商品化的扩展关系型多媒体数据库的出现,使扩展关系数据的方法上了一个新台阶。

（2）面向对象数据库对多媒体的支持。面向对象数据库（OODB）从数据模型的角度来说，较适合多媒体应用的要求。它具有一些独特的优点，如支持“聚合”与“概括”的概念，从而更好地处理多媒体数据等复杂对象的结构语义；支持抽象数据类型和用户定义的方法，便于数据库系统支持定义新的数据类型和操作；面向对象系统的数据抽象、功能抽象与消息传送的特点，使对象在系统中是独立的，具有良好的封闭性，这就封闭了多媒体数据之间的类型及其他方面的巨大差异，并且很容易实现并行处理，也便于系统模式的扩充和修改；面向对象系统中实体独立于值存在，避免了在关系数据库中引入多媒体数据所导致的各种异常调向对象系统的查询语言通常沿着系统提供的内部固有联系进行，避免了大量的查询工作。

1.6.3 开发人员条件

CAI 课件制作涉及许多领域的各个方面，计算机专业人员不可能包揽一切，而应是各类专业人员密切配合的结果。CAI 课件制作队伍一般由专业教师编导、文字编辑、美术编辑、视频编辑、音频编辑和软件工程师组成。通常采用工作组制，每个工作组由 3～5 人组成，其中主要人员有软件工程师（可兼编导、音频编辑或视频编辑）、文字编辑和美术编辑。这种分工并不是绝对的，可以根据项目的特点和工作组成员的实际情况做适当调整，开发小组中各组成员应职责明确，同时要互相配合，共同协作。一般情况下，CAI 课件开发小组应包含以下人员。

1. 专业教师、专家和脚本设计人员

该类人员应对开发 CAI 课件的学科领域具有充分的了解，能对系统所表达的主题内容的精确性负责。这类人员还应该承担着脚本编写工作，负责完成所表达内容的组织工作。

脚本设计人员的职责是在原始讲稿的基础上，写出能够用多媒体信息表现的创作脚本，这种脚本设计应有一定的格式，对每一帧画面上出现的内容及格式有明确的说明。

2. 媒体素材制作人员

媒体素材制作人员的任务是制作 CAI 课件中需要的各种媒体数据。这类人员应能利用各种设备，如扫描仪、摄像机、录音设备和电视制作设备，制作出 CAI 课件脚本中所要求的声音、图像、文本、电视片断、动画等。同时，也可以利用市场出售的数字化媒体（如图像库、音乐库等），从中寻找出所需要的素材，经过必要的加工、编辑后在所编辑的 CAI 课件中使用。

3. 美术音乐设计人员

美术音乐设计人员用来创造在屏幕上显示的电子美术和在计算机上出现的电子音乐。虽然普通的美术音乐设计人员已可胜任这个工作，但他们还应学习计算机及多媒体的有关知识，才有可能做出切实可行的创意出来。美术音乐设计人员除了决定节目的整体外观，包括背景颜色、字体格式及使用界面的色调等外，还要决定个别区域所使用的音、视频要素，负责 CAI 课件内容讲解部分的语音对话、背景音乐、特殊音响等。

4. 交互媒体创作人员

创作人员应十分熟悉多媒体的表现手法，熟悉创作工具的性能。能将专家编写的脚本和美术音乐设计人员的创意转化成为能够在 Internet 环境下使用的交互式多媒体，确定信息表现形式和控制方法。这些工作包括 CAI 课件需求分析、网页制作任务确定、超级链接的内容组织、创作概念形成和超文本流程绘制等。如果需要编写程序，还应协助 CAI 课件软件人员完成程序的编制。

5. 计算机硬件维护和软件编程人员

软件编程人员负责 CAI 课件软件的编写、多媒体数据库的开发和整个 CAI 课件的日常维护与管理；硬件维护人员应保证 CAI 课件正常运行的网络工作环境。计算机硬件维护和软件编程人员有责任建立一个统一的工作平台，以适应 CAI 课件软件的顺利运行。

1.6.4 多媒体 CAI 课件教室

我国在运用现代教育技术手段整合教学的过程中，已取得了相当的成效。采用先进的教学手段，提供全新的教学环境，来设计教学活动，已经成为市场的趋势所在。随着现代化教学系统在各大院校的不断推进，传统的方式已经不适应现代化的需要，集多功能教室系统、多媒体教学系统、演播系统于一体的新型现代化教育体系在教育行业得到了日益广泛的运用。这里初步介绍一个多媒体 CAI 课件教学环境。

整个多媒体 CAI 课件教学环境要高效率地完成教学任务，结合各个系统，充分发挥各个系统的功能，实现现代化的教学。

1. 多媒体显示系统

多媒体显示系统由高亮度、高分辨率的液晶投影机和电动屏幕构成，完成对各种图文资料的大屏幕显示。

2. 多媒体电教室 A/V 系统

多媒体电教室 A/V 系统由计算机、DVD、VCR（录像机）、实物展台、功放、音箱等 A/V 设备构成，完成对各种图文信息的播放功能，实现多媒体电化教室的现场扩音、播音，配合大屏幕投影系统，提供优良的视听效果。其效果图如图 1.2 所示。

图 1.2　多媒体电化教室 A/V 系统

3. 多媒体电化教室的基本设备

表 1-1 描述了多媒体电化教室的基本设备配置。

表 1-1　多媒体电化教室的基本设备配置

用户设备名称	数　量	单　位	受控方式	HK 控制设备
投影机	1	台	RS232/IR	主机上的 RS232/IR 接口
电动屏幕	1	幅	Relay（继电器）	内置强电继电器
计算机	1	台	控制图像切换	控制投影机进行图像切换
影碟机	1	台	IR（红外）	IRP2
录像机	1	台	IR（红外）	IRP2
卡座	1	台	IR（红外）	IRP2
实物展台	1	台	IR（红外）	IRP2
功放	1	台	控制音量	利用主机内置音量控制模块
音箱	1	对	无需控制	
预留视频图像接口	2	个	控制图像切换	控制投影机进行图像切换
预留电脑图像接口	2	个	控制图像切换	控制投影机进行图像切换

4. 多媒体电化教室功能

通过安装以上宏控中央控制系统，能够轻松地实现智能化、人性化的现代化教学。

（1）多媒体显示系统的控制。通过主机的串口（RS232/IR 接口）控制投影机的所有功能，如开/关机、VIDEO/VGA 输入切换等，并且能够自动实现关联动作，如关闭系统时自动将投影机关闭；通过控制投影机的输入切换（VIDEO、VGA 1、VGA 2、VGA 3），实现对视频图像、计算机图像、预留计算机图像的切换；通过内置 4 路强电继电器，控制屏幕的上升、下降、停止，并且能够自动实现关联动作，如投影机开时，屏幕自动下降，投影机关时，屏幕自动上升。

（2）实现 A/V 系统的控制。通过主机后的 IR（红外）控制口和 IR（红外发射棒），控制 DVD（录影机、实物展台）的所有动作，如播放、暂停、停止、快进、快退、上一曲、下一曲、菜单、上/下/左/右等；并且可以自动将 DVD 录像机、实物展台的图像切换到投影机，投影机自动选择视频输入，自动将 DVD 录像机、实物展台的声音切换到功放；通过主机内置的音频切换模块，自动切换 DVD、VCR、计算机的音频输入；通过主机内置的音量控制模块，控制功放输出音量的大小；通过主机内置的视频切换模块，自动切换 DVD、VCR、实物展台、预留视频的图像到投影机。

（3）通过专用光纤，与控制主机连接进入学校的校园网，连通互联网，获取更多的教学资源。

1.7　多媒体 CAI 课件开发工具简介

多媒体 CAI 课件是一种带有教学属性的计算机应用程序，其创作工具是用来帮助教师或应用开发人员开发课件使用的软件。多媒体 CAI 的制作方法如果采用高级程序语言编制，如采用 Vbasic、Delphi、C++语言等，由于这些计算机语言专业性比较强，比较适用于专业程序员制作使用，不大适合广大教师学习使用。为了提高开发的工作效率，使非计算机专业的教师也能开发 CAI，产生了多媒体创作工具。

多媒体创作工具又称为多媒体写作工具（Author Tool）或多媒体编辑软件。这些创作工具是专门为制作多媒体软件而设计的。大多数都具有可视化的创作界面，并具有直观、简便、交互能力强和无需编程、简单易学的特点，非常适合于广大教育工作者学习和使用。这些创作工具大都是一些应用程序生成器，它将各种媒体素材按照超文本节点和链结构的形式进行组织，形成多媒体应用系统。目前，PowerPoint、Authorware、Director、Multimedia Tool Book 等都是常用的多媒体 CAI 创作工具，Dreamweaver 可以开发基于 Internet 的课件。

1. Authorware 简介

Authorware 操作简单，程序流程明了，开发效率高，并且能够结合其他多种开发工具，共同实现多媒体的功能。它是一个图标导向式的多媒体制作工具，使非专业人员快速开发多媒体软件成为现实，它无需传统的计算机语言编程，只通过对图标的调用来编辑一些控制程序走向的活动流程图，将文字、图形、声音、动画、视频等各种多媒体项目数据汇在一起，就可达到多媒体软件制作的目的。Authorware 这种通过图标的调用来编辑流程图用以替代传统的计算机语言编程的设计思想，是它的主要特点。

Authorware 主要功能如下。

（1）面向对象的可视化编程。在人机对话中，它提供了按键、按鼠标、限时等多种应答方式。

（2）丰富的人机交互方式。编制的软件具有强大的交互功能，可任意控制程序流程。

（3）提供大量系统变量和系统函数。提供了许多系统变量和函数，以根据用户响应的情况，执行特定的功能。

（4）丰富的媒体素材的使用方法。可以将文字、图形、声音、动画、视频等各种多媒体项目数据汇在一起。

（5）编制的软件除了能在其集成环境下运行，还可以编译成扩展名为.exe 的文件，在 Windows 系统下脱离 Authorware 制作环境运行。

2. PowerPoint 简介

PowerPoint 简称 PPT，是 Microsoft Office 套件中的一款软件。PowerPoint 使用户可以快速创建极具感染力的动态演示文稿，同时集成更为安全的工作流和方法，以轻松共享这些信息。用户可以在投影仪或者计算机上进行演示作品，也可以将演示文稿打印出来，制作成胶片，以便应用到更广泛的领域中。利用 PowerPoint 不仅可以创建演示文稿，还可以在互联网上召开面对面会议，远程会议或在网上给观众展示演示文稿。

PowerPoint 主要特点如下。

（1）使用自定义版式更快地创建演示文稿。在 PowerPoint 中，可以定义并保存自己的自定义幻灯片版式，这样便无需浪费宝贵的时间将版式剪切并粘贴到新幻灯片中，也无需从具有所需版式的幻灯片中删除内容。借助 PowerPoint 幻灯片库，可以轻松地与其他人共享这些自定义幻灯片，以使演示文稿具有一致而专业的外观。

（2）通过 Office PowerPoint 幻灯片库轻松重用内容。您是否希望有更好的方法可以在演示文稿之间重用内容？通过 PowerPoint 幻灯片库，可以在 Microsoft Office SharePoint Server 2007 所支持的网站上将演示文稿存储为单个幻灯片，以后便可从 Office PowerPoint 2007 中轻松重用该内容。这样不仅可以缩短创建演示文稿所用的时间，而且插入的所有幻灯片都可与服务器版本保持同步，从而确保内容始终是最新的。

（3）使用文档主题统一设置演示文稿格式。文档主题使用户只需单击一下即可更改整个演示文稿的外观。更改演示文稿的主题不仅可以更改背景色，而且可以更改演示文稿中图示、表格、图表、形状和文本的颜色、样式及字体。通过应用主题，可以确保整个演示文稿具有专业而一致的外观。

（4）与使用不同平台和设备的用户进行交流。通过将文件转换为 XPS 和 PDF 文件，以便与任何平台上的用户共享，有助于确保利用 PowerPoint 演示文稿进行广泛交流。

（5）PowerPoint 演示文稿的安全性。现在，可以为 PowerPoint 演示文稿添加数字签名，以帮助确保分发出去的演示文稿的内容不会被更改，或者将演示文稿标记为“最终”以防止不经意的更改。使用内容控件，可以创建和部署结构化的 PowerPoint 模板，以指导用户输入正确的信息，同时帮助保护和保留演示文稿中不应被更改的信息。

3. Director 简介

Director 是创建包含高品质图像、数字视频、音频、动画、三维模型、文本、超文本以及 Flash 文件的多媒体程序。其主要特点如下。

（1）界面方面易用。Director 提供了专业的编辑环境、高级的调试工具，以及方便使用的属性面板，使得 Director 的操作简单方便，大大提高了开发效率。

（2）支持多种媒体类型。Director 支持广泛的媒体类型，包括多种图形格式以及 QuickTime、AVI、MP3、WAV、AIFF、高级图像合成、动画、同步和声音播放效果等 40 多种媒体类型。

（3）功能强的脚本工具。新用户可以通过拖放预设的 Behavior 完成脚本的制作，而资深的用户可以通过 Lingo 制作出更炫的效果。Lingo 是 Director 中面向对象的语言，很多朋友认为 Director 难学就在于 Lingo 的使用很复杂。其实，这恰恰是 Director 的优势所在。通过 Lingo，用户可以实现一些常规方法无法实现的功能，可以无限自由地进行创作。Lingo 能帮助添加强大的交互、数据跟踪及二维和三维动画、行为及效果。如果用户使用过 JavaScript 或 Visual Basic 的话，就会发现学习 Lingo 语法非常容易。

（4）独有的三维空间。利用 Director 独有的 Shockwave 3D 引擎，可以轻松地创建互动的三维空间，制作交互的三维游戏，提供引人入胜的用户体验，让自己的网站或作品更具吸引力。

（5）创建方便可用的程序。Director 可以创建方便可用的软件，特别是伤残人士。利用 Director 可以实现键盘导航功能和语音朗读功能，无需使用专门的朗读软件。

（6）作品可运行于多种环境。只需一次性创作，就可将 Director 作品运行于多种环境之下。可以发布在 CD、DVD 上，也可以以 Shockwave 的形式发布在网络平台上。同时，Director 支持多操作系统，包括 Windows 和 Mac OS X。无论用户使用什么样的系统平台，都可以方便地浏览 Director 作品。

（7）可扩展性强。Director 采用了 Xtra 体系结构，因而消除了其他多媒体开发工具的限制。使用 Director 的扩展功能，可以为 Director 添加无限的自定义特性和功能。例如，可以在 Director 内部访问和控制其他的应用程序。目前有众多的第三方公司为 Director 开发出各种功能各异的插件。

（8）优秀的内存管理能力。Director 出色的内存管理能力，使得它能够快速处理长为几分钟或几小时的视频文件，为最终用户提供流畅的播放速度。

4. Dreamweaver 简介

Dreamweaver 是款由 Macromedia 公司所开发的著名网站开发工具。它使用所见即所得的接口，亦有 HTML 编辑的功能。它现在分别有 Mac 和 Windows 系统的版本。

Dreamweaver 是唯一提供 Roundtrip HTML、视觉化编辑与原始码编辑同步的设计工具。它包含 HomeSite 和 BBEdit 等主流文字编辑器。帧（frames）和表格的制作速度非常快；可以支持精准定位，利用可轻易转换成表格的图层以拖拉置放的方式进行版面配置。Dreamweaver 的所见即所得功能成功地整合动态式出版视觉编辑及电子商务功能，提供超强的包含 ASP、Apache、BroadVision、Cold Fusion、iCAT、Tango 与自行发展的应用软体。当使用 Dreamweaver 设计动态网页时，所见即所得的功能使所设计的网页不需要通过浏览器就能预览。

本章小结

通过本章的学习，应详细了解 CAI 课件教学的发展过程和各种基本类型，了解什么是 CAI 课件以及它的结构、发展趋势。了解 CAI 课件制作的基本原则，在制作网络课件时应该遵守哪些原则。掌握 CAI 课件制作的基本知识和基本过程，以及如何制作网络课件。

思考与习题

1．什么是多媒体 CAI 课件，它与 CAI 课件有哪些异同点？
2．什么是积件？其特征有哪些？
3．简述建构主义理论在开发 CAI 课件中的作用。
4．超文本中的 4 个要素是什么？
5．开发 CAI 课件的计算机外部设备包括哪些，各有什么作用？
6．开发 CAI 课件应该注意哪几个方面？CAI 课件制作需要哪些条件？

第2章 多媒体课件设计方法

多媒体课件就是一种利用多媒体技术设计和开发的CAI（计算机辅助教学）教学软件。从实现技术上讲，多媒体课件是采用多媒体技术交互式综合处理文、图、声、像等信息媒体以表现教学内容的一种多媒体软件；从课件内容上讲，它是以教学理论和学习理论为指导，运用系统论的方法，针对教学目标和教学对象的特点，合理地选取与设计教学信息媒体，并进行有机组合，从而形成优化的教学结构的一种教学系统。通常，多媒体课件的内容包括两个方面，其一是利用符号、语言、文字、声音、图形、图像等多种媒体描述的教学信息；其二是按照教学设计的要求，引导学习者通过人机交互作用展开学习过程的各种控制信息。通过本章的学习，学习者将掌握多媒体课件的概念、多媒体课件制作的基本原则及制作流程。

学习重点

- 掌握多媒体课件的概念。
- 掌握多媒体课件的类型。
- 掌握多媒体课件制作的基本原则。
- 理解和掌握多媒体课件的制作流程。

2.1 多媒体课件的概念

2.1.1 多媒体技术

多媒体课件是依靠多媒体技术而产生和发展的。因此在介绍多媒体课件之前，首先需要介绍多媒体技术中的相关概念。

1. 多媒体技术

多媒体技术就是利用计算机交互式综合处理多种媒体信息，使多种信息建立逻辑连接并集成为一个具有交互性能的系统的技术。这些信息媒体包括文字、声音、图形、图像、动画与视频等。形象地说，多媒体技术就是利用计算机将各种媒体信息以数字化的方式集成在一起，从而使计算机具有表现、存储和处理多种媒体信息的综合能力，它是一种跨学科的综合技术。其中，媒体就是指信息表示和传输的载体。在计算机领域中，媒体有两种含义：一是指用于存储信息的实体，例如磁盘、光盘和磁带等；二是指信息的载体，例如文字、声音、视频、图形、图像和动画等。多媒体计算机技术中的媒体指的是后者，它是应用计算机技术将各种媒体以数字化的方式集成在一起，从而使计算机具有表现、处理和存储各种媒体信息的综合能力和交互能力。人类在信息的交流中要使用各种各样的信息载体，多媒体就是指多种信息载体的表现形式和传递方式。在日常生活中，很容易找到一些多媒体的例子，如报刊杂志、画册、电视、广播、电影等。对这些媒体的本质加以详细分析，就可以发现多媒体信息的几种基本元素，它们是：文字、图形图像、视频影像、动画、声音。因此，多媒体数据的特点有：数据量大，数据类型多，数据类型之间的差别大，多媒体数据的输入输出复杂。

（1）文本。“文本”指计算机屏幕上呈现的各种文字和符号。文本在多媒体课件中承担着表意、说明、概括等作用。不同的是，多媒体课件中的文本不只是表达信息的符号系统之一，并且可以随课件设计和使用者的安排或控制呈现出非线性的状态，即文本在课件中扮演着实现课件内容变换、跳转的角色（称为热字），这是其他信息工具中文字符号所做不到的。

（2）静态图。所谓静态图是指静态的图像，是相对动态的视频图像而言的。在多媒体课件中，静态图可以说是一个主要元素。课件的界面大都由画面或图形构成。因此，对课件界面的艺术设计、图文安排等备受人们的重视。因为，与文字相比，静态图不具备对事物本质规律的描述和概括的功能，必须辅以文本的说明和解释。此外，与动态图像相比，它也有不及之处。所以对这类媒体的设计要注意发挥它们的特长。

根据计算机对图形的表达与生成的方法，静态图元素可以分成两类：一类是矢量图形，它是指以数学方法表示出来的，通过一组指令集来描述构成一幅图景的所有点、线、框、圆、弧、面等几何元素的位置、维数、大小和色彩的二维或三维的图形形状。矢量图形主要用于线型的图画、美术字、统计图和工程制图等，多以“绘制”和“创作”的方法产生。它的特点是占据存储空间较小，但不适于表现较复杂的图画。

另一类叫点位图像，简称位图，它把一幅彩色图像分解成许多的像素，每个像素用若干个二进制位来指定该像素的颜色、视度和属性。位图主要用于表示真实照片图像和包含复杂细节的绘画等。它的特点是显示速度快，但占用存储空间较大。这类图像多来源于“扫描”和“复制”。

（3）动画。动画是由一幅幅动作连贯的图画制成的动态图像，例如卡通动画、活页动画、连环图画等。动画的产生依赖于人眼的视觉暂留现象。人在观察某一对象时，当来自对象的刺激消失后，视像仍然会短时间地遗在人眼视网膜上。所以如果按一定的时间间隔，连续地、每次仅仅稍微地变化对象的位置或对象的形状，且这个间隔小于视觉暂留时间的话，就能够产生动画效果。

在教学中，动画能够引起学生的注意力。动画节目对幼儿及少年有特别的吸引力，适宜该年龄阶段学生的认知水平。另外，动画可以对不易表现的现象做模拟演示，有利于揭示复杂事物的本质和发展规律，为提高教学质量创造了条件。

（4）声音。声音是由物体振动而发生的波。它是信息交流的重要媒介。多媒体课件中的声音包括：口语（解说）、音乐和事物发出的背景声等。

课件中的声音主要起这样一些作用：解说的声音在于说明事物和现象，并进行概括和总结；对学习者给予指导、引导或启发；补充图像或文本的不足等。

音乐在于烘托特定的内容情节，对学习的节奏和氛围给予一定程度的调节。但不能不加分析、不加选择地给课件配上音乐。否则会产生让学习者分心、干扰教学的负效果。

背景声和效果声会丰富教学内容所涉及的事物和现象，增强内容的表现力，不仅让学生观其形，还能闻其声。

（5）视频图像。视频图像一般指经多媒体计算机处理过的电影、电视图像或数字化摄录制设备制作的影视图像。在多媒体课件中，活动图像所起的教学作用与电视录像类似，它能展示动态的、发展变化的事物和现象，给学习者以丰富的感性认识。多媒体计算机的视频图像与电影、电视的图像在活动成像原理上是相似的，即在单位时间内（如每秒）呈现一定数量（如24帧以上）的画面。所不同的是电影光学成像原理制作的一幅幅画面，电视是用电子模拟技术形成的一帧帧画面，而计算机则是用数字技术制成的一帧帧画面。

以上这几种元素的组合构成了平时所接触的各种信息。广义地说，由这几种基本元素组合而成的传播方式，就是多媒体。所以，多媒体技术至少能够同时获取、处理、编辑、存储和展示两种以上不同类型信息媒体。现在人们所说的多媒体技术往往与计算机联系起来，这是由于计算机的数字化及交互式处理能力，这就是计算机的多媒体技术和电影、电视的“多媒体”的本质区别。

2. 多媒体技术的特点

多媒体技术具有的特点：集成性、多样性、实时性和交互性。

（1）集成性。指媒体信息载体与媒体实体的集成。媒体信息载体是指文字（本）、图形（片）、声音、视频图像等；媒体实体是指计算机的各种输入、输出设备、摄像机、投影仪等。它们有机地结合在一起，形成一个统一的整体。

（2）多样性。信息载体的多样性是指所能处理的信息种类的多样化，这是多媒体的一个最基本的特征。多媒体技术能够处理人们一切感觉到的信息，如视觉、听觉，甚至包括触觉和嗅觉等，这是一般电视技术所不能相比的。

（3）实时性。多媒体信息中的声音、动画与视频等与时间有密切联系，对它们进行呈现、交互等集成处理是实时的。在显示某一主题内容时，其视听信息具有同步性。

（4）交互性。信息表现的交互性。所谓交互性，可以理解为对话和交往，即互相沟通或互传信息。多媒体的交互性是指用户可以与计算机的多种信息媒体进行交互式操作，为用户提供有效控制和使用信息的手段。

交互性是计算机技术最突出的特征，没有交互性的多媒体课件不能成为真正意义的多媒体课件。

2.1.2 多媒体课件

1. 多媒体课件的定义

课件是根据教学大纲的要求，经过教学目标确定、教学内容和任务分析、教学活动结构及界面设计等环节，而加以制作的课程软件。课件属于教学软件，它与课程内容有着直接联系。课件包括用于控制和进行教学活动的程序，帮助开发、维护和使用这些程序的有关文档资料，以及帮助教师、学生使用课件的课本、练习册等。只把程序当做课件是不够全面的，程序是最重要的，起决定作用的部分，程序以外的其他部分在教学活动中都是教师和学生不可缺少的重要资料，它们的质量同样影响教学活动的效果，因此不可忽视。

在教学中，随着计算机技术的发展和计算机辅助教学活动的深入，计算机不仅能够部分地替代教师与学生进行个别化的交互活动，也同样支持教师进行课堂集体化教学。还能通过网络开展远程教学活动，大大拓展了计算机辅助教学的内涵以及活动方式及作用。此外，多媒体计算机在教学中不仅是作为一种信息技术或工具形态而存在，而且融入到了整个教学系统之中，与教师、学生、教学目标、内容和文法一道构成了新的教学活动方式。因此，以计算机的教学作用来说：它不仅可以与学生交互开展教学活动，作为学生的认知工具，帮助他们探索和认识世界，去搜索、加工有关的知识内容，促进智能的发展，还能帮助教师进行课堂教学和远程教学活动。

多媒体课件是一种根据教学目标的要求和教学的需要，经过严格的教学设计，表现特定的教学内容，并以多种媒体的表现方式、超文本结构制作而成的课程软件，是反映一定教学策略的计算机教学程序。它是可以用来存储、传递和处理教学信息，能让学生进行交互操作，并对学生的学习做出评价的教学媒体。

从以上定义可以看出，多媒体课件不同于一般的多媒体计算机软件，它是一种表现特定的教学内容，适合于某类教学对象，专门用于辅助某一学科教学的教学媒体，它突出的一点是强调了教育性，所以在开发多媒体课件时，应注意教育性的体现。

2. 多媒体课件的分类

目前，人们从不同的角度对多媒体 CAI 课件进行了分类。为了让读者了解什么是多媒体 CAI 课件，这里简单论及几种分类方式。根据多媒体 CAI 课件的某种属性特征，其类别主要如下所述。

（1）按出版形式，一般分为两大类：网络和单机出版的多媒体 CAI 课件。

① 电子网络版以数据库和通信网络为基础，以计算机的硬盘或光盘为存储介质，可以提供联机数据库检索、传输出版，电子报纸、电子邮件、电子杂志等多种服务。

② 单机版的多媒体 CAI 课件则以光盘、磁盘和集成电路卡等为载体。

（2）按出版内容，一般分为 3 大类：教育类、娱乐类和工具类（含数据库）。

① 教育类课件主要是多媒体 CAI 课件软件，这类课件注重教学目标、教学策略，还包括测评和反馈信息功能，让读者动手参与，而不是被动接受。

② 娱乐类课件纯粹是训练手眼协调的游戏，开发少儿智力和娱乐，让用户在解决问题的过程中学会某些知识技能。

③ 工具类课件包括各种百科全书、字典、手册、地图集、电话号码本、年鉴、产品说明书、技术资料、零件图纸、培训维护手册等，强调运用超文本／超媒体来展现重要的内容，能进行检索，可提供尽可能多样的查找信息方式，能随时提示用户所在的位置，以免在信息海洋中迷航。

（3）按教学方式，一般分为 3 大类：堂件类、教件类和课件类。

① 堂件类采用 Powerpoint 等工具制作，教师将在课堂上难以演示或板书的图片、图表、公式推导过程等与该课程相关的内容制作成节目片段，上课时，通过大屏幕投影演示。

② 教件类主要是教师自己备课时，采用 Powerpoint、Authorware 等工具制作的一种电子教案，内容包括所授某门课程较为完整的重点、难点内容，作业题及答案等。上课时，可通过大屏幕投影演示，一般只供任课教师本人使用，同样不具备交互式功能。

③ 课件类课件是人们对多媒体 CAI 课件的简称，其涵义如上所述。

（4）按开发和研制的角度分，一般分为 4 大类：基于课堂教学策略的课件、电子作业支持系统、群件和积件。

① 基于课堂教学策略的课件的研制是将教学策略和教学模式设计寓于课件之中，或是说这类课件意在体现某种教学策略或模式。上述根据教学任务和活动来分类的课件大都属于这类课件。

② 电子作业支持系统是一种具有“及时学习”或“即求即应”学习功能的课件类型。这类课件主要由知识库、交互学习/训练支持、专家系统、在线帮助以及用户界面等部分组成。它将学习置于工作过程之中，既有利于解决工作中的实际问题，又便于学习者理论联系实际。

③ 群件是一类能支持群体或小组合作化学习的课件。这类课件是基于网络技术而产生的。学习者利用网络和电脑可进行群体或小组形式的学习。群件的结构和形式有其独到之处，主要将研制的重点放在对小组学习过程的控制、管理、学生之间的通讯，以及友好学习界面的设计等方面。

④ 积件是一类由结构化的多媒体教学素材或知识单元组合的课件。多媒体教学素材或知识单元就像一块块积木，可根据教学的需要将它们搭配组合，故称之为积件。利用某个著作工具，教师只需要简单地将部分素材元素进行组合，便会形成一个自己教学需要的课件。这种根据教师自

己的思路和教学风格来灵活组合课件的方式，正受到教育界的欢迎。由于网络在提供多媒体素材或知识单元上给予越来越大的支持，将会给积件的开发带来更大的方便。

（5）按教学任务或活动划分，一般分为六大类：课堂演示型、学生自主学习型、模拟实验型、训练复习型、教学游戏型、资料工具型。

① 课堂演示型的多媒体课件一般来说是为了解决某一学科的教学重点与教学难点而开发的，它注重对学生的启发、提示，反映问题解决的全过程，主要用于课堂演示教学。这种类型的教学软件要求画面要直观，尺寸比例较大，能按教学思路逐步深入地呈现。

课堂演示型课件是将课件表达的教学内容在课堂讲课时做演示，并与教师的讲授或其他教学媒体相配合。这种类型课件一般与学生间无直接交互作用。

这种类型的课件要求有大屏幕显示器或高亮度投影仪等硬件设备，开发时是以教师的教学流程为设计原则，应充分表现教师的教学思想，也要考虑课堂演示时的环境因素对演示效果的影响，选择可突出主题的屏幕显示属性。同时也要求使用课堂演示型课件的教师对课件内容有深入的了解。

在实际的计算机辅助教学中，往往一个课件兼有上述中的一种或多种类型特征，这样可有利于拓展课件的用途和综合教学效果。也要注意将单一类型课件用于不同的教学目的的情况下，会产生削弱课件教学效果的情况。总之，应按具体的教学内容和使用对象及环境，来选择设计开发课件的类型。

② 学生自主学习型的多媒体课件具有完整的知识结构，能反映一定的教学过程和教学策略，提供相应的形成性练习供学生进行学习评价，并设计许多友好的界面，让学习者进行人-机交互活动。利用个别化系统交互学习型多媒体课件，学生可以在个别化的教学环境下进行自主学习。

这是一种以个别化交互学习为目标的课件类型，它应具有完整的教学内容和教学策略及相应的逻辑结构。这种课件常采用选择型的程序结构，将教学内容分成若干个独立的模块，它的运行流程由学生控制，也可由计算机通过诊断性提问后再自动决定流程。它应具有友好的交互界面，让学生可进行充分的人机交互，处于个别化的教学环境中进行主动的学习。

交互学习型课件常用于辅助教授新知识，将其应用于适合采用计算机辅助教学的教学内容时，常可取得很好的教学效果。在开发这种类型的课件时，应充分正确地估计学生在学习过程中可能会出现的问题和困难，并应在课件中设计随时解决这些问题和困难的方案，同时尽可能详尽地提供联机帮助信息。要注意合理地安排课件中各模块的教学内容，充分利用计算机的技术特点。

③ 模拟实验型的多媒体课件借助计算机仿真技术，提供可更改参数的指标项，当学生输入不同的参数时，能随时真实模拟对象的状态和特征，供学生进行模拟实验或探究发现学习使用。模拟仿真型课件是用计算机来表达不易观察、不易再观或有危险的现象。如人体各系统的机理、各种超微结构的变化等。

模拟仿真型课件常分为操作模拟、状态模拟和信息模拟 3 类。这类课件开发时对内容模拟的真实性是提高其质量的关键。这类课件在表达医学教育内容时，最常用的是计算机动画、数字音频和数字视频等多媒体技术。其中动画、视频的播放在拟真时应做到实时播放，并要求声画同步等。同时依据教学策略，还应进一步提供交互性播放。

④ 训练复习型的多媒体课件主要是通过问题的形式来训练、强化学生某方面的知识和能力。这种类型的教学软件在设计时要保证具有一定比例的知识点覆盖率，以便全面地训练和考核学生的能力水平。另外，考核目标要分为不同等级，逐级上升，根据每级目标设计题目的难易程度。

练习复习型课件是利用计算机给学生提供练习的机会（刺激），在学生作出回答（反应）后，由计算机判断其正误。答错了给予提供进一步的教学措施或再次练习的机会；答对了则给予鼓励（增强），然后进一步练习。

训练复习型课件常用于复习某种规律性的知识，也可用于检测学生的学习情况或作为学生的学习效果自我评价，进而调节学习进度和内容，巩固新学的知识。这种类型课件的教学效果取决于人机交互作用的程度。练习的类型、数量和难易程度应按教学策略决定由学生控制的程度。实现练习复习型课件需建立一个相当规模的习题库，并可依实际教学内容采取随机取题、按类取题、排队取题和按难度取题等取题方法。

⑤ 教学游戏型的多媒体课件与一般的游戏软件不同，它是基于学科的知识内容，寓教于乐，通过游戏的形式，教会学生掌握学科的知识和能力，并引发学生对学习的兴趣。对于这种类型软件的设计，特别要求趣味性强，游戏规则简单。

⑥ 资料工具型教学软件包括各种电子工具书、电子字典以及各类图形库、动画库、声音库等，这种类型的教学软件只提供某种教学功能或某类教学资料，并不反映具体的教学过程。这种类型的多媒体课件可供学生在课外进行资料查阅使用，也可根据教学需要事先选定有关片断，配合教师讲解，在课堂上进行辅助教学。资料咨询型课件是通过交互界面，以人机对话的形式让学生选取要学习的内容或查询有关的资料。

这种类型的课件适用于对数据库的查询，如情报资料、文献等的检索等。它有助于启发学生的思维，培养学生独立钻研的能力；同时也有利于教学资源的共享。这种课件的开发常采用数据库、网络或人工智能技术，后者难度较大，对计算机硬件要求较高。这类课件提供给学生的信息很大，应着重信息的分类、检索方法和信息获取及输出等技术细节。

2.2 多媒体课件制作的基本原则

1. 多媒体课件制作的基本原则

多媒体课件制作的 5 个基本原则：教育性、科学性、技术性、艺术性和使用性。

（1）教育性。

计算机课件的教学目的是优化课堂教学结构，提高课堂教学效率，既要有利于教师的教，又要有利于学生的学。因此第一关心的是为利用某个课件进行教学是否有必要，即课件的教学价值。课件的教学性主要表现在课件的教学目标、内容的选择及组织表现策略。

教学目标指教学大纲中规定学生要掌握的知识内容和知识深度。教学目标的确定要符合教育方针、政策，紧扣教学大纲，明确课件要解决什么问题，达到什么目的。教学目标的确定即确定了整个课件的制作总方向，因此要特别注意和重视，不要顾此失彼，使课件达不到所预计的目标。

下一步是选题要恰当，在目标确定之后，应适应教学对象的需要，分章分节地选择恰当主题，主题的选择既要突出重点，又要分散难点，深入浅出，使学生易于接受，易于掌握，注意启发，促进思维，培养能力。这就要求设计课件的教师要对所制作课件的教学目标有深入的理解，细心挑选主题，合理安排课件的整体结构，才能达到切实的效果。

最后设置的作业要典型，有代表性，例题、练习量适当，善于引导，合理有效的习题会使学生的学习效果事半功倍。

（2）科学性。

科学性是课件评价的重要指标之一，科学性的基本要求是不出现知识性的错误，但做到这一点并不容易，尤其在课件的编制尚处于不成熟的时期，如果片面地强调科学性，就会束缚人的手脚。因此在科学性的评价上宜粗不宜细。

科学性的体现主要表现在内容正确，逻辑严谨，层次清楚，要求设计制作者对所做课件的内容有一定的整体把握。

模型的模拟仿真要形象化，易于理解，但也要方便制作者的制作。仿真模拟是多媒体课件的一大特色之一，形象生动地模拟仿真能将现实中不易理解的抽象事物在计算机屏幕上表现出来。此外，举例也应做到合情合理，准确真实，不要随意杜撰，尽量贴近大纲要求，重现书本知识的基础上有创造。

场景设置、素材选取、名词术语、操作示范符合有关规定，这些都是科学性基本原则的体现，制作过程中均逐步加以体会研究。

（3）技术性。

技术性反映课件制作的技术水平。能不能合理地设计图像、动画、声音、文字，画面能不能确保清晰，动画能不能连续流畅，视觉效果要色彩逼真，文字醒目，配音要求标准，音量要适当，整个课件的进程快慢适度都是技术性的表现，这要求制作人员要对制作软件有全面的掌握。例如一幅首页的效果图，图像的色彩、特效，文字的排布、清晰度就需要制作人员对图形制作软件有较好的运用，方能制作出一款优秀的多媒体课件。

技术性的另一个重要表现是课件的交互性。交互设计代表了传统媒体和先进媒体之间的主要区别，它使学习者能够融入所提供的学习环境中而成为环境中的一份子。交互的关键是系统能否按照学习者不同的需求调整交互，并提出建议，引导学习者主动参与各种探索活动，进行多层次的思考、判断。

（4）艺术性。

艺术性是一个课件能否取得良好的教学效果的重要体现，使人赏心悦目，获得美的享受，优秀的课件是高质量的内容和美的形式的统一，美的形式能更好地表现内容，激发学生的兴趣。媒体的选择要多样，选材应适度，设置基本恰当，并做到创意新颖，构思巧妙和节奏合理。画面展示的对象要结构对称，色彩柔和，搭配合理，有审美性；三维效果可以使对象更加逼真，尤其是三维动画的应用，可以使许多难以表达的抽象概念具体化；对象的运动要流畅，不宜出现拖沓、跳跃的现象；声音方面要悦耳、动听，尽量选用柔和的语音和音乐，使学习者感到在一种温馨和谐的气氛中学习。

（5）使用性。

使用性主要面对学习使用者，制作的课件最终是要拿到实践当中具体应用，因此制作课件时应主要关注使用者是否方便、快捷，课件的操作要简便、灵活、可靠，便于教师和学生的控制，使师生经过简单的训练就可以灵活应用。

课件安装要方便，可以自由安装甚至自由播放，不要有过于复杂的使用说明，使人望而生畏；在课件的操作界面上设置寓意明确的按钮和图表，要支持鼠标，尽量避免复杂的键盘操作，避免层次太多的交互菜单，为便于教学，要设置好各部分内容之间的转移控制，可以方便地前翻、后翻、跳跃；容错性强，如果使用者执行了错误的操作，可方便地退出，或重新切入，给予一定的提示，避免死机现象，提高可靠性。课件制作的原则是根据课堂及实际应用中的特点来规范的，应灵活掌握，不宜死守条条框框，犯本本主义的错误。在实际应用中，这些原则是一个矛盾的统一体。如要求艺术性把画面设计很精美、动画制作得华丽，但由于使用者电脑配置有限，往往过多的精美设计会影响课件的运行，出现停滞，甚至死机的现象，因此要合理选择课件内容，合理搭配，反复调试，精心制作，方能制作出优秀的多媒体课件。

多媒体课件制作的 5 个基本原则可以归纳如表 2.1 所示。

表 2.1　多媒体课件制作的基本原则

教育性	符合教育方计、政策，紧扣教学大纲
	选题恰当，适应教学对象需要
	突出重点，分散难点，深入浅出，易于接受
	注意启发，促进思维，塔养能力
	作业典型，例题、练习量适当，善于引导
科学性	内容正确，逻辑严谨，层次清楚
	模拟仿真形象，举例合情合理、准确真实
	场景设置、素材选取、名词术语、换作示范符合有关规定
技术性	图像、动画、声音、文字设计合理
	面面清晰，动画连续，色彩逼真，文字醒目
	配间标准，间量适当，快慢适度
	交互设计合理，智能性好
艺术性	媒体多样，选材适当，设置恰当，创意新颖，构思巧妙，节奏合理
	画面简洁，声音悦耳
使用性	界面友好，操作简单、灵活
	容错能力强
	文档齐备

2. 多媒体课件的基本要求

多媒体课件的 5 个基本原则，对多媒体课件提出了 4 类专门的基本要求，要求如下。

（1）正确表达教学内容在多媒体课件中，教学内容是用多媒体信息来表达的，各种媒体信息都必须是为了表现某一个知识点的内容，为达到某一层次的教学目标而设计和选择的。各个知识点之间应建立一定的关系和联系，以形成具有学科特色的知识结构体系。

（2）反映教学过程和教学策略。在多媒体课件中，通过多媒体信息的选择与组织、系统结构、教学程序、学习导航、问题设置、诊断评价等方式来反映教学过程和教学策略。

一般在多媒体课件中，大都包含有知识简介、举例说明、媒体演示、提问诊断、反馈评价等基本部分。

（3）具有友好的人机交互界面。交互界面是学习者与计算机进行信息交换的通道，学习者是通过交互界面进行人机交互的。在多媒体课件中交互界面多种多样，最主要的有菜单、图标、按钮、窗口、热键等。

（4）具有诊断评价、反馈强化功能由于计算机具有判断、识别和思辨的能力。利用计算机这些特点，在多媒体课件中通常要设置一些问题作为形成性练习，供学习者思考和练习。这样可以及时了解学习者的学习情况，并做出相应的评价，使学习者加深对所学知识的理解。

2.3 多媒体课件制作流程

制作多媒体课件是一项系统的工程，它拥有一整套系统的制作流程，也有其自身总结出来的开发方法和一些经典的开发步骤。每一个开发的项目都需要制定具体的计划方案，也就是说，制作一个功能全面的多媒体课件，要经过层层严密的计划和方案方能达到预期目的。

同样，每一个课件的制作过程都有其自己特色的方面，一个课件制作开发的方式多种多样，但制作的基本原则却一成不变，优秀的多媒体课件要顾及到各方面用户的需要，兼顾来自不同视角的评判，因此，在开发制作的过程中，一定要在开拓创新的同时兼顾课件制作的基本原则。否则就有可能偏离方向，制作出的课件也不会被学习者广泛地接受，这就是制作多媒体课件基本原则的重要性。下面将详细阐述多媒体课件的制作步骤。

2.3.1 课件需求分析

1. 编写目的

需求分析目的是明确课件制作系统的功能，读者是系统分析员和程序员，使系统分析员和程序员明确可接受的用户需求。

2. 课件背景

对课件当前的背景情况进行阐述，了解此类课件当前国内国际的研究状况、最新的研究技术和研究成果等，并对该类课件当前的理论和应用价值等进行分析。

3. 项目定义

多媒体课件本质上是一种应用软件，它的开发过程与方法和一般的软件工程有着相同的地方。但由于多媒体课件是面向教学的，而数据量较大，交互性强，从而决定了多媒体课件开发有其独特的方法。

在教育领域中，无论哪门学科，一般都可以实施多媒体辅助教学，但是对于那些用常规教学方法就能达到教学目的的教学内容，就没有必要使用计算机来进行辅助教学，因为那样只能造成人力、财力的浪费。相反的，课程内容比较抽象、难以理解、教师用语言不易描述、某些规律难以捕捉、需要学习者反复练习的内容等，在条件允许的情况下，都有必要实施计算机辅助教学。概括而言，选题应根据多媒体课件的必要性和可行性来进行。

选题的同时，还必须分析和确定课题实施所能达到的目标，应符合教学目标的要求。特别注意要发挥多媒体的特长，根据教学内容的特点，精心设计、制作多媒体素材，集图、文、声、像的综合表现功能，有效调动和发挥学生学习的积极性和创造性，提高学习效率。

多媒体课件的选题应考虑多方面的因素。首先，多媒体课件的选题应围绕教学的重点和难点内容，以及对于那些传统教学难以奏效的教学内容，可以通过计算机动画模拟或局部放大、过程演示等手段予以解决，能产生极好的效果。其次，多媒体课件运行速度快、信息存储量大的特点，在要大量练习中也可采用多媒体课件来学习。再有，在需要创设情景的教学（学习）中，也可采用多媒体课件来教学（学习）。

总之，多媒体课件的选题一定要以满足教学需要、发挥多媒体特长为前提。

多媒体课件的项目定义，通常包括以下内容。

（1）制作目的：说明所制作的课件是属于哪种类型的多媒体课件及其用途。

（2）使用对象：说明所制作的多媒体课件适合于哪类学习者的使用。

（3）主要内容：说明所制作的多媒体课件覆盖的主要知识点的内容。

（4）组成部分：说明该课件的大体结构及其各主要模块。

2.3.2 课件的教学设计

在整个教学课件的设计过程中，教学设计最能体现教师的教学经验和个性的部分，是教学思想直接具体的表现，有着举足轻重的地位。对于一定的教学目标，在确定其有必要学习，且适合用课件来表现之后，就可以开始按照这一教学目标进行教学设计了。教学设计的目的是确定教学活动的进行方式、划分教学单元、选择控制教学单元前进的策略等。教学单元的划分要遵循学习和教育规律，不仅从教材的知识结构划分知识单元和知识点，还应针对学生的预备知识和起点合理规划每个教学单元的教学目标，确定教学练习。有关课件教学设计中的若干关键问题，诸如学习目标的分解、教学策略的制定、课件模式的选择、信息媒体的选取与组合等，这里不作详细阐述。本节主要从课件实现的角度讨论教学课件的设计过程。

1. 制定课件教学设计方案

课件设计的第一阶段是课程目标分析，这个阶段要对课件的教学目的、教学用途和教学环境提出具体明确的要求，并确定课件的使用对象，具有什么特点、什么样的知识和技能，以及课件开发所需的时间、人力和经费等。其工作主要由系统策划负责人、市场调研人员、教师和可能的用户单位等人员完成。为了实现有效的课件开发，首先应制定好课件设计方案。

（1）教学内容分析。

教学内容分析是对教学目标规定的期望水平以及如何将学习者的实际水平转化为这一期望水平所需要的各项知识内容的详细剖析过程。教学内容分析含两个方面的含义："教什么"和"怎么教"。"教什么"确定学习内容的范围与深度。"怎么教"确定如何把教学中的知识内容传递给学生，教学中应该采用何种策略，它揭示学习内容中各项知识与技能的相互关系。教学内容是大纲中规定的具体教学目标的体现，分析教学内容的目的就是要看教学内容适合于使用何种教学方法来表现。

按照加涅的学习分类法，并根据学生的智力活动特点，可以将学习分为事实的学习、要领的学习、技能的学习、原理的学习和解决问题的学习共5类。对于具体的学科，可根据实际情况，结合各学科的特点进行知识内容的分类。

教学内容分析应按步骤进行。首先选择与组织单元学习任务，确定学习者必须完成哪些学习任务，哪些先学、哪些后学，保持知识的系统性与完整性。然后确定单元教学目标，区分学习任务的性质，对列出的学习任务逐项进行更深入细致的分析。因此，在对教学内容分析进行表述时，应列出选择的学习任务，包括哪些章节，它们按怎样的顺序安排，各章节的教学目标是什么，各单元知识间的联系怎样，它们是并列关系、前后关系还是综合关系等。

（2）教学对象分析。

根据传播学原理，为了取得有效的信息传递效果，传播者必须了解接受者的文化和社会背景、对信息的态度，以及有关的知识基础和传播技能。在课件的设计中分析教学对象就是为了达到这一目的。

教学对象分析又称学习者分析，是教学设计中的一项分析工作。运用适当的方法确定学习者关于当前概念的原有认知结构和原有认知能力，并将它们描述出来，为教学内容的选择和组织、学习目标的编写、教学活动的设计、教学方法和模式的选择与运用等提供依据。

① 起点能力分析。包括对预备技能的分析、对目标技能的分析、学习者对所学内容的态度的分析。

② 一般特点分析。根据学习者年龄特征，选择合适的媒体材料，并注意学习者的民族特征，尊重其文化、习俗。了解学习者一般特点的主要方法有观察、采访、填写学习情况调查表、态度调查等。

③ 学习风格分析。又称认知风格，心理学家对此提出了多种观点格雷戈克将学习者的学习风格分为具体-序列、具体-随机、抽象-随机、抽象-序列 4 种。这种学习风格划分相对比较全面，但就其侧重点来说，更适用于指导媒体的选择。另一种观点是将学习风格分为场依存型和场独立型。

④ 教学对象分析的方法。在实际教育工作中，教学对象的学习特点是多种多样的，进行课件创作时，往往很难对所有学习者的学习特点面面俱到地分析。可以综合起来从学习的能力、态度、语言、工具技能几个方面分析学习对象。最后，通过分析和综合统计，形成对教学对象分析的报告。

（3）教学模式的选择。

教学方法、媒体、教学内容、学习目标、学生、教师以及环境之间是相互关联的，它们之间的相互关系影响着对多媒体教学模式、媒体的选择。在教学设计过程中，影响教学模式选择的直接因素有学习目标、学习者特点、目标受众、实际设计约束等。

在教学模式选择中，应根据不同的学习目标分类方法，确定出学习目标，然后根据一定的教学目标要求选择相应的模式。学习是一个学习者主动参与的过程，是行为与能力的变化，是获取信息、技能与态度，甚至是对原有知识的纠正或调整。目标受众可以从学习者的年龄、学习者的人数、所处的位置等方面来考虑。不同的学习内容总是针对一定的学习者。从学习者的人数和所处的位置两个方面考虑，可将目标受众分为个体、小组、班级、大众。对于不同的目标受众应选择不同的教学模式。

选择教学模式还要考虑这种模式的可行性，即实际设计方面的考虑。一般涉及开发和使用费用、设备要求、教学系统的易用性等因素。

教学设计中各个因素是相互关联的，同样，影响教学模式选择的诸因素也是相互关联的，只有把几个相关因素综合起来考虑，才能对教学模式的选择真正起到指导作用。

（4）教学媒体的选择。

课件中媒体的选择与设计是指针对不同的学习对象、学习内容、教学目标确定应采取哪一种或几种媒体来表示教学信息。每种媒体都有其各自擅长的特定范围，往往一种媒体的局限性又可由其他媒体的适应性来弥补。因此必须研究媒体的基本性质和教学特性，并根据教学内容、教学目标和教学对象的要求，对媒体进行合理的选择和组合，以达到优化教学效果的目的。

在多媒体教学中，媒体系统的教学效能是选择媒体时最为关心的一个因素，而决定媒体系统教学效能的内因是媒体的基本特性。从学习者的学习活动出发，媒体可分为观察类、启发类、表达类和训练类。

为了做到合理选择教学媒体，除了依据媒体本身的教学特性以外，还要认真考虑教学目标、教学方法和教学对象等外部因素。因此，媒体与学习目标的统一性、媒体与教学方法的协调性、媒体与认知水平的相容性是选择教学媒体时要考虑的至关重要的 3 个方面。

（5）教学策略设计。

教学策略是为了实现教学目标，完成教学任务所采用的教学方法、教学步骤、教学媒体以及教学组织形式等措施构成的综合性方案。教学策略的实质是解决如何进行教、如何引导学的问题。

教学策略设计主要包括学生学习活动、教学信息呈现、问题提供、应答判断、反馈与评价等的设计，以及教学内容知识结构等方面的设计。

学习者是学习的主体，多媒体教学应能够使学习者利用课件进行自主学习，从而获得知识，培养能力。一般而言，学习者会积极观察课件的教学情境，对提出的问题进行思考；查询检索教学资源，对资料信息进行加工处理；围绕待探索的问题，与教师、学生进行协商讨论，并通过计算机网络表述自己的观点。因此，在制定教学策略时，应有意识地依据学习者的内在学习过程来对教学信息呈现、提问、处理应答、处理和判断学习者的反应、提供反馈、给出评价等教学过程进行设计。

根据学习目标与学习对象的不同，在设计教学课件时的教学过程是可以改变的。而且根据学习结果分类的不同，教学过程有不同的特定形式。

（6）教学单元设计。

教学单元是课件的基本成分。教学单元设计就是明确每个教学单元的教学内容，规定教学内容的呈现形式（例如通过文字、图形、图像、动画或声音等），对学生提出的问题以及回答的反馈和帮助信息等，以便形成一个合理的教学系统结构，使它发挥最佳的功能，实现预期的教学目标。

教学单元设计是课件设计中由面向教学策略的设计到面向计算机软件实现的关键性过渡阶段，也是同时需要教师、美工人员和软件开发人员共同参与的阶段。通常讲的脚本就是指教学单元设计完成后产生的详细设计报告。

（7）制定课程计划。

课程计划是对课件教学内容进行大体分配，根据教学目的选择合适的教学策略，确定各项教学内容之间的关系等。主要包括：安排教学顺序、确定辅导原则、分析教学内容的知识结构等内容。教学顺序常见的类型有时间顺序、逻辑顺序，以论题为中心展开的顺序、螺旋顺序、平行顺序、反序链顺序和知识分层等 7 种。教学顺序的安排和给予学习者多大的自主权密切相关。辅导原则的确立是教育学和心理学相结合的成果，可依据知识分层图、学习类型、学习难点和常出现的错误来确立。教学内容应当由从事教学实践的教师根据教学需要来决定，还要考虑到充分发挥计算机的优点，克服传统教学的不足。这个阶段工作主要由有实际教学经验的教师完成，并经过审核后产生相应的书面文档。

（8）进行学习评价。

评价是对学习者反应结果的确认，通过评价，可加深学习者对新知识的理解、掌握和记忆。在教学过程中，应及时对学习者的情况进行评价，掌握学习者的学习情况，即使对学习者精心指导。例如，可根据教学目标的要求和教学内容设计一定的习题，定期对学生进行考核或抽查，及时了解学习者对所学习的内容的掌握程度，起到强化和矫正作用。

2. 课件教学目标分析

教学目标是指希望通过教学过程、使学习者在认知、情感和行为上发生变化的描述。教学目标对学习者应当取得的学习成果和达到最终行为目标进行了明确阐述。它为每一门课程、每一个教学单元或每一节课教学活动的进行规定了明确的方向。明确教学目标，可以告诉学习者需要学习的内容和要求，使之成为学习者自己的学习目标，从而激发他们的学习热情，也能帮助教师较好地组织、安排教学内容，确定正确的教学策略，选择合适的教学媒体，为学习者的学习评价提供有效的依据。

课件是与课程学习紧密联系的教学程序，它的内容必须与相关课程的教学目标一致。因此，在课件的教学设计中必须重视对教学目标的选定和准确阐述。

（1）教学目标的分类。

教育学家和心理学家将教学目标分为 3 个主要部分。认知领域包括有关知识的回忆或再认，以及理智能力和技能的形成等方面的目标。情感领域包括兴趣、态度和价值等方面的变化，以及鉴赏和令人满意的顺应的形成。第三部分是动作技能领域，肌肉或运动技能、对材料和客体的某种操作、需要神经肌肉协调的活动等。

（2）教学目标的内容。

教学目标应包括 4 个方面的内容：明确教学对象；说明通过学习后学习者应该能做什么，即行为；说明上述行为在什么条件下产生，即条件；规定评定上述行为的标准。

① 教学对象。任何教学目标都是与特定的教学对象相对应的，因此，在教学目标的表达中，首先应指明对象。不同年龄阶段的学生其认知结构有很大差别，教学媒体的设计必须与教学对象的年龄特征相适应。学生特征是指学生的原有认识结构和原有认识能力。原有认识结构是学生在认识客观事物的过程中在头脑里已经形成的知识经验系统；原有认识能力是学生对某一知识内容的认记、理解、应用、分析、综合和评价的能力。分析学生特征就是要运用适当的方法来确定学生关于当前概念的原有认识结构和原有认识能力，并将它们描述出来，作为确定教学目标和教学策略的主要依据，以便使制作出来的多媒体教学软件对学生更有针对性。

② 行为目标。说明这些学生通过一定的学习后，应当获得怎样的能力。行为的表达应具有可观察的特点，要选择最合适的行为动词来描述，由学生完成的动作或活动。在行为目标阐述时应注意以下问题。

- 把每项行为目标描述成学生行为，而不是教师行为。
- 把每项行为目标描述成学生的最终行为，而不要写成教材内容、教学过程或教学程序。
- 每项行为目标尽可能地包括复杂的高级认知目标和情感目标。
- 目标要考虑学生的个别差异。

③ 行为条件。条件是指学习者表现行为时所处的环境等因素，它说明了在以后评定学习结果时，该在哪种情况下评定。条件包括环境因素、人的因素、设备因素、信息因素、时间因素以及问题明确性的因素。学习目标中的条件是用以评定学习结果的约束因素，说明在何种环境条件下来评定学习成绩。

④ 行为标准。标准是指作为学习结果的行为的可能接受的最低衡量依据。对行为标准做出具体描述，使得学习目标有可测性的特点。标准的表述形式如“按正确次序”、“至少 80%正确”、“精确度为 ± 5mm/Hg”、“在 5 分钟以内”、“达到标准规定的要求”，等等。

（3）教学目标的编写。

教学目标是指希望通过教学过程，使学生在认知、情感和行为上发生变化的描述。教学目标是教学活动的导向，是学习评价的依据。要确定教学目标，必须考虑 3 个因素，即教学内容、学生特征和社会需要。教学课件应当由从事教学实践工作的教师根据教学的实际需要决定选择需要制作成多媒体教学软件的教学内容，并将整个课件的教学目标按认知领域、情感领域和动作技能领域 3 类的各层次进行目标分类和分层表述。在教学内容确定后，进一步根据学科的特点，将教学内容分解成许多知识点，并考虑到学生特征和社会需要，具体描述各知识点的教学目标，把各知识点的教学目标确定为知识、理解、应用、分析、综合和评价等不同层次。

在具体编写脚本和开发之前，应当明确教学内容的重点和难点是什么，教师利用计算机辅助教学软件是达到什么目的，解决教学中的什么问题，应采用什么样的教学模式：是将它作为教师上课的讲解工具，还是作为学生自学的工具，或是作为考试的工具。并根据课程内容的特点和需要，决定采用哪一种模式，或者哪几种模式结合使用。

2.3.3 编写课件脚本

编写脚本是多媒体教学软件开发中的一项重要内容。规范的 CAI 教学软件脚本对保证软件质量、提高软件开发效率将起到积极的作用。

1. 脚本的作用

（1）脚本是 CAI 课件设计思想的具体体现。课件设计主要是对各种信息的设计，包括教学信息、学习流程控制的信息等，还应考虑各种信息的排列、显示和控制，以及信息处理中的各种编程方法和技巧。这些如果在课件制作前不预先做出统一的计划和设计，而是在课件制作过程中边安排、边制作，将大大影响课件的开发效率和开发质量。通常情况下，特别是一些较大的课件，必须将这些考虑作为一个专门的阶段——脚本编写，予以充分的进行。脚本是基于课件设计的结果编写的，它不仅要反映课件设计的各项要求，还必须对课件设计、课件制作以及课件使用进行全盘的计划和设计，所以规范而有效的脚本，既能充分体现软件的设计思想和要求，又能对软件的制作给予有力的支持。

（2）脚本为课件制作提供直接的依据。脚本不仅反映了教学设计的各项要求，还给出要显示的各种内容及其位置的排列。基于学生学习情况的各种处理和评价，以及学生学习所显示的特点和方法等，为 CAI 课件的制作提供了直接的依据，课件制作只能在脚本的基础上完成。

（3）脚本是沟通学科教师与软件开发人员的有效工具。在 CAI 课件的开发中，除了具有丰富教学经验的学科教师和软件开发人员之外，还需要有教学设计人员参与。教学设计人员的主要工作是将由学科教师编写的文字稿本，按照教学设计的思想和方法编写成软件制作脚本，并作为软件制作的蓝本。

2. 生成脚本

生成脚本是一项艰巨的任务，它是产品设计的第一步，它的好坏直接影响到产品的品质。撰写脚本前，首先要进行对象分析，根据需求和发展方向制定产品的发展计划，决定产品的内容。根据内容决定它的表现形式，组织人力进行脚本的撰写，进入脚本生成阶段。脚本撰写完后，由负责人对脚本进行审核，提交的资料有内容分析、流程大纲、脚本纸简介文章、评估表及脚本说明文件。

脚本分析是沟通脚本撰写、审核和产品设计之间的桥梁。分析员要研读脚本、了解脚本作者的意图，如有疑问或咨询之处，可通过特定表格回馈到作者手中，进行征询解答，直到双方达成共识，方可进行产品工程可行性分析。工程可行性分析是逐页地审查脚本，再依据多媒体开发工具的现有功能，判断该脚本中所表现的图文内容、效果、呈现方式、转向以及按键互动的所有设计是否切实可行。在工程可行性分析完成后，分析人员再依据以前的分析结果及脚本进行产品需求分析，分别统计出图形、图像、效果、文字、动网和音乐等各类媒体的数目。估算出上述类型的媒体所占内、外存空间的多少。最后，还要对产品运行的软、硬件需求作分析，并进行成本及进度预估。

各种媒体信息的结构需要仔细安排，是组织成网状形式，还是组织成金字塔式的层次结构，这取决于应用。很多情况下这一类应用都采用按钮结构，由按钮确定下一级信息的内容，或者决定系统的控制及走向（如上页、返回等）。另外一种方式是试题驱动方式，常用在教育、训练等系统中，通过使用者对试题的回答，了解他对信息主题的理解程度，从而决定控制走向。复杂一些的是超媒体信息组织，应尽可能地建立起联想超链关系，使得系统的信息丰富多彩。新奇的创意和良好的交互性是建立在多媒体产品内容的丰富性和价值性上，否则就成为空中楼阁、无源之水，所以内容是多媒体作品的关键所在。

脚本的编写还必须对屏幕进行设计，确定各种媒体的排放位置、相互关系，各种按钮的名称、排放方法，以及各类能引起系统动作的元素的位置、激活方式等。在时间安排上也要充分安排好，何时出音乐，何时出伴音，应恰如其分。还要注意设计好交互过程，充分发挥计算机交互的特点。这实际上就是一个创意过程。创意的好坏取决于对内容的深刻理解以及创意人员的水平，也取决于软件系统的性能，它决定了最终应用的质量高低。

脚本的每一页上都绘有屏幕上将显示的一幅教学画面，并标有说明。教学画面直接面向学生，每一幅画面都可促进人机交流，传送教学信息，激发学生的反应，引起他们的行为变化，因此，一个教学周期的积累效果就取决于组成系列画面的脚本质量。

撰写脚本要以教学经验和理论为依据，要考虑许多心理因素和美学效果，因此，需要有丰富教学经验的教师和教学专家的合作，并需编程人员的配合，最好还要有美术工作者提供咨询意见。

CAI 课件的脚本编写包括两部分内容：文字脚本的编写和制作脚本的编写。

3. 文字脚本的编写

文字脚本是按照教学过程的先后顺序，用于描述每一环节的教学内容及其呈现方式的一种形式。一般，文字脚本的编写由学科专业教师完成。完整的文字脚本应包含学生的特征分析、教学目标的描述、知识结构流程图、问题的编写和一系列文字脚本卡片等。

（1）学生特征分析。对学生特征进行分析就是要运用适当的方法来确定学生关于当前所学概念的原有认识结构和原有认知能力，并将它们描述出来，以便对学生进行有针对性的教学。

（2）教学目标的描述。多媒体教学软件的作用是用来进行教学的，因此教学目标的确定是十分重要的问题。一方面要根据教学目标的要求具体规定一系列的教学内容，另一方面要依据教学目标的要求采用一些方法来检查学生通过软件的学习是否达到了预期的效果。

一个完整的 CAI 课件是由若干单元组成的，每个单元达到一个或几个独立的教学目标，整套教学软件的总体教学目标正是由这些独立的教学目标组合而成的。课件中单元的划分一般要考虑教学目标的先后顺序和连续性，还要在时间上加以限制。

（3）知识结构分析。知识结构是指各知识内容之间的相互关系及其联系形式。由于 CAI 课件是由若干个相对独立的单元构成，因此知识结构的分析重点是分析各单元内容知识点与知识点的相互关系及其联系。

（4）问题的编写。在教学过程中，除呈现知识内容、演示过程现象、进行举例说明之外，还应提出一些问题，供学生思考和回答。利用问题进行教学活动的过程是先向学习者提出问题，等待学习者回答，再向学习者提供反馈信息。提问和等待学习者回答，一方面能检查学生对讲授内容的掌握情况，另一方面通过各个方面的提问，能促进学生进行深入的思考，使学生对问题的理解逐步深化。对问题的编写，包括提问、回答和反馈 3 部分。

（5）文字脚本卡片。上述各项工作，可以用卡片的形式来进行描述，并按照教学过程的先后顺序综合起来进行排序，形成一定的系统，这种卡片称为文字脚本卡片。文字脚本一般包含有序号、内容、媒体类型和呈现方式等。其基本格式如表 2.2 所示。

文字脚本编写的方法有多种，无论是采用哪一种编写格式，都必须从多媒体技术的角度对教学对象、教学内容、教学目标以及为达到教学目标应采取的教学模式、表现媒体和相关的教学策略进行描述，以起到沟通多媒体课件制作过程中教学设计和课件系统结构设计两个阶段的桥梁作用。

表 2.2　　　　　　　　CAI 课件文字脚本表

课程名称：＿＿＿＿＿＿＿＿　　　　　　　　　　　页　　数：＿＿＿＿＿＿＿＿

脚本设计：＿＿＿＿＿＿＿＿　　　　　　　　　　　完成日期：＿＿＿＿＿＿＿＿

序　号	内　容	媒体类型	呈现方式

说明：

① 序号：按教学过程的先后顺序编号。

② 内容：呈现具体知识内容、练习题或答案。

③ 媒体类型：按文本、图形、图像、动画、视频和声音分类。

④ 呈现方式：指各种媒体信息出现的前后次序。

4．制作脚本的编写

文字脚本是学科专业教师按照教学过程的先后顺序，将知识内容的呈现方式描述出来的一种形式，它还不能作为多媒体教学软件制作的直接依据。因为多媒体教学软件的制作，还应考虑所呈现的各种媒体信息内容的位置、大小、显示特点，所以需要将文字脚本改写成制作脚本。多媒体 CAI 教学软件的制作脚本能体现软件的系统结构和教学功能，并作为软件制作的直接依据的一种形式。通常 CAI 课件的制作脚本应包含软件系统结构说明、知识单元的分析、屏幕的设计、链接关系的描述和制作脚本卡片等。

（1）软件系统结构说明。根据教学内容的知识结构流程图，并考虑教学软件在实际应用中的具体情况，可以建立软件的系统结构。它反映了整个教学软件的主要框架及其教学功能。

（2）知识单元的分析。知识单元是构成多媒体教学软件的主要部分。通常知识单元即为某个知识点或构成知识点的知识要素，但也可以是教学补充材料或相关的问题或练习。不同的知识单元，在屏幕设计和链接关系上有很大的区别。知识单元的划分有两条准则：一是考虑知识内容的属性，即按照学习内容分类，可分为事实、技能、原理、概念、问题解决等 5 类，不同类型的知识内容应划分为不同的知识单元；二是考虑知识内容之间的逻辑关系。

知识单元的呈现是由若干屏幕来完成的，屏数的确定可以参考文字脚本中与该知识单元中相对应的卡片数，并确定各屏之间的关系。

（3）屏幕的设计。屏幕设计一般包括屏幕版面设计、显示方式设计、颜色搭配设计、字体形象设计和修饰美化设计等。CAI 课件的屏幕设计要求比一般的多媒体应用系统要求更高，除要求屏幕美观、形象和生动之外，还要求屏幕所呈现的内容具有较强的教学性。因此 CAI 课件的屏幕设计应该做到布局合理，简洁美观，形象生动，符合教学要求。

（4）链接关系的描述。CAI 课件的超媒体结构是通过链接关系来实现的。在制作脚本过程中，可以由“本页流程图”和“流程图说明”两方面来描述节点与节点之间的联系。

（5）制作脚本卡片。CAI 课件是以一屏一屏的内容呈现给学生，并让学生进行学习的。每一屏幕如何设计与制作，应该有相应的说明。综合上述各个方面的内容，设计制作脚本卡片，可以用来描述每一屏幕的内容和要求，作为软件制作的直接依据。脚本制作卡片应包括课程名称、页数、脚本设计、完成日期、本页画面、画面文字、符号及图形出现方式，以及出现顺序说明、本页流程图、流程图说明等项内容，如表 2.3 所示。

表 2.3　　CAI 课件制作脚本

课程名称 ____________　　页　数 ____________

脚本设计 ____________　　完成日期 ____________

本页画面

<table>
<tr><td colspan="2"> </td></tr>
<tr><td>画面文字符号与图形出现方式及出现顺序说明</td><td>本页流程图
由______页进入
由______文件，通过______按钮
流程图说明
在______时至______页画面
通过______按钮，可进入______文件
通过______按钮，可进入______文件</td></tr>
</table>

2.3.4　课件素材准备及制作

要制作一个高质量的多媒体课件，必要的素材无疑是十分重要的。课件素材等数据准备工作是十分重要的基础工作，直接影响课件的使用质量。在制作课件前，对脚本中所要求的各种媒体素材应事先做准备，并使用合适的工具软件对媒体素材做好预处理工作。在课件制作过程中，文字的准备工作比较简单。文字在多媒体计算机中所占的存量很小，即使有 100 万的汉字也不过 2 兆字节，所以基本上可以不考虑文字所占用的存储空间。对于另外几种媒体信息，例如，声音、动画和图像等，其准备工作就复杂得多，这是因为这些媒体信息在多媒体计算机中所占的存储容量比较大，所以必须考虑其所占用的存储空间。在准备声音素材时，要事先做好声音的选择、配音的录制等工作，必要时还可以通过合适的声音媒体编辑器进行特技处理，如回声、放大、混声等。对图像素材来说，扫描仪和数码相机的使用十分关键，不仅要根据脚本的要求进行图像的剪裁、处理，还可以在整个过程中对图像进行修饰、拼接、合并等，以得到更好的效果。其他媒体的准备工作也十分类似，如制作动画、录入动态视频等。

由于课件制作中的多媒体创作具有媒体形式多、数据量大的特点，素材制作往往需要分工协作，共同完成。无论是文字的录入、图像的扫描和加工，还是声音和视频信号的采集处理，都要根据统一制定的课件多媒体素材标准，都要前前后后经过几道工序，才可能做成所需的格式和尺寸，然后才能在课件制作时使用。

一般而言，多媒体课件中所涉及的素材主要有文字素材、声音素材、视频素材、动画素材、图形图像素材等。所以在编辑之前应将素材准备好，方便编辑使用。素材的准备工作一般主要包括文本的键入，图形和图像的扫描预处理，动画的制作和音频、频频的采集等，素材要根据教学内容和选择设计的内容来准备，不能选择那些不符合教学规律和教学内容的素材。关于课件的素材特征以及制作方法，将在后面的章节中详细介绍。

1. 文字素材

文字素材似乎不用多说，如果所需的文字内容不多，在 Authorware、VisualBasic、FrontPage、

Flash、PowerPoint 中直接输入即可。如果文字内容比较多，那么可以利用文字处理软件（Word、WPS）等先输入编辑后再粘贴过去，也可以利用扫描仪扫描。

2. 图像素材

图形、图像素材是一个多媒体课件必不可少的素材，可以通过扫描仪直接扫描现在的印刷图片、幻灯片及照片等，也可以用抓图软件直接从屏幕上抓取。采集到的图像可以用 PhotoShop 来进行处理，以达到满意的效果。图形、图像文件最好以 GIF、JPEG 等格式保存，不但存储量小，还兼容 HTML 超文本语言。

3. 动画素材

动画素材可以分为二维动画和三维动画，二维动画最常见的文件格式为 Flash、Gif 等。三维动画最常见的文件格式为 FLC 和 AVI，一般用 3ds Max 来制作。

4. 声音素材

清晰悦耳的解说、流畅舒缓的背景音乐烘托，对一个多媒体课件来说是不可或缺的。声音素材一般分为两个部分：一是用于讲解教学内容的解说词，它是人工录入后转化成的 WAV 文件，集成时插入课件中；二是用于烘托气氛的音乐，一般多是从 CD 光盘中直接摘录下来的 WAV 格式文件，在这里主要讨论前一种素材。

5. 视频素材

在多媒体课件的制作过程中，大量的视频素材可以使课件更加生动和形象。视频素材的来源可以分为两类，一类是在计算机上使用相应的软件设计而成，直接可以由计算机加工处理；另一类是通过采集的方法来获取，主要是将摄像机摄下的节目通过视频信号采集卡，转换成为 AVI 等格式的文件，并用 Premiere 等视频处理软件编辑处理后，再插入到课件中，因此这种方法需要有相应的外部设备支持才可以实现。常见的外部辅助设备主要有扫描仪、数码相机、视频信号采集卡等。

2.3.5 课件编程和调试

编程调试指的是将教学设计所决定的课件结构和教学单元设计的具体内容用某种计算语言或某种其他环境（如通过写作系统）加以实现并调试通过，直至达到每个教学单元所确定的设计要求。这一过程主要是进行软件编程、调试、测试，必要时返回修改系统工作计划，直到完成一个完整的产品。

调试工作与编辑工作是一个往返循环的过程。调试工作应细致进行，及时发现问题，随时修改，直到课件能顺利运行为止。目前，课件的制作趋向于采用开发工具。因为有了良好的开发工具，课件的设计者就无需考虑多媒体数据的处理细节和节点的组织细节，而将主要精力集中在教学内容的组织上，然后只需根据工具软件的提示，输入有关课件结构、教学单元内容、教学管理和教学单元之间的连接等方面的数据，即可生成课件。依靠开发工具的支持，可以大幅度地提高课件的制作效率和质量，实现课件制作的工程化和产业化。

2.3.6 课件的测试

测试是教学课件推广发行的前一阶段，在这一过程中，一般是将被测试软件交由部分使用者，由他们使用一个阶段后提出修改意见。测试后对教学课件的修改一般有两方面：一是课件所表现的内容，一是软件本身。这时就要返回，由脚本设计人员修改脚本描述，素材制作人员修改多媒体数据，最后由创作人员进行编辑、调试，再经过测试。这一过程有时要反复多次才能完成。

测试工作一般应包括内容正确性测试、系统功能测试、安装测试、执行效率测试、兼容性测试（跨平台 Windows、DOS、MAC）、内部人员测试、外部人员测试等。通过测试可以验证是否达到预期目标，发现隐藏的缺陷，进行必要的调整，直至做部分的修正。这个过程应反复进行，甚至可以一直持续到被正式使用之后。在正式使用之后再进行修改就属于维护的范畴了。往往一个好的应用软件产品必须经过长期的、许多人的使用之后，才可以称得上是好的产品。

教学课件的最终目的是供学生使用，因此除进行常规测试外，还应组织课件使用者（有时是课件的委托开发部门）、教学人员、教育心理学工作者、美术工作者和软件出版单位等有关人员，就软件目标的实现状况、教学内容的科学和完整性、教学策略、屏幕布局、美工设计、人机界面和实用效果等方面进行评审。按照课件脚本的要求，要测试软件是否达到预期目标，测试软件的可靠性、稳定性等技术指标。程序开发人员根据测试报告修订程序。在本阶段需要提交的文档有测试报告、软件的修改记录、软件的使用说明。

2.3.7　课件的评价

根据评价理论及有关的数据进行统计分析，对教学效果进行评价。在多媒体课件的开发过程中，教学效果的评价分析应分为两部分进行：一部分是分析软件本身对教学效果的影响；另一部分是学习内容与学习水平的确定、媒体内容的选择与设计，以及教学过程结构的设计对教学效果的影响。

分析课件本身对教学效果的影响，可使软件开发者清楚地看到软件结构、素材质量，以及编写质量对教学效果的影响，从而能发现问题所在，尽快改进软件的不足之处。分析学习内容与学习水平的确定、媒体内容的选择设计以及教学过程结构的设计对教学效果的影响，将有助于学习内容与学习水平进行更深入细致的分析，有助于选择最佳的媒体内容，有助于设计出更好的教学过程结构。而这些内容的修改又将会对软件结构的设计、素材的准备和程序的编写本身产生很大的影响。因此，详细分析影响教学效果的因素对多媒体课件的开发有着重要的意义。根据实际操作中存在的问题，反复修改，直到满意为止。最后，根据实际情况，可将数据量小的多媒体课件制成软盘，数据量大的软件刻录成光盘，并设计光盘的封面、封底，提供必要的操作指南等，进行推广应用和发行。制作多媒体课件时，首先必须认识多媒体课件的评价标准。

1. 课件评价概念

所谓课件的评价是指根据教学的目标和要求对课件的内容结构、教学策略以及界面设计等方面给予全面地衡量和判断的过程和方法。课件评价虽不是直接涉及教师的课堂教学情况，也不直接针对学生的学习情况，但对整个教学活动来说有不可忽视的作用。一方面，它衡量教师和教学设计人员在教学前期的准备工作、教学意图和策略；另一方面，课件是计算机辅助教学的重要条件，它的质量好坏直接影响这类教学活动的质量和效果。对课件的评价是获得高质量课件的一项措施。

2. 课件评价的标准体系

对多媒体课件的评价必须依照一定的标准进行。由于课件的种类众多，且教学任务和目的不同，加之不同的教学思想和观点的影响，不可能产生一个完美的统一的评价标准。因此，对课件的评价，大都根据特定的需要指定相应的标准。当然，课件评价标准的研究还有待于进一步加强和完善。

2.3.8　课件的反馈和修改

课件是面向用户的最终产品。无论是投入运行之前，还是投入运行之后，用户对它的要求都会随着时间的推移和环境的变化而不断改变。另外，在编辑过程中，开发人员和最终用户之间对产品的理解上也存在一定的偏差。这就要求开发人员能根据反馈回来的意见经常进行修改调试，以适应各方面的需要。修改工作可能涉及教学设计、软件系统设计、节目稿本编写、素材制作及课件合成步骤中的一步、多步或全部。

反馈是指在学习者做出反应、表现出行为之后，应及时让学习者知道学习结果。通过反馈信息，学习者能知道自己的理解与行为是否正确，以便及时改正。提供反馈的目的是促进“强化”的内部学习过程。通过反馈，学习者的成功学习得到肯定，受到一定的鼓励，有助于建立学习的信心。

课件制作时，可以采用不同的反馈呈现形式，例如，对正确或错误的回答或操作这一反馈内容的表达，可用文字（“对，真聪明”，“错，加把劲”）、声音（优美或难听）、图像（笑脸或哭脸）、动画（得意或失意）来表示。反馈可分为即时反馈和延时反馈，一般根据教学内容进行选择。对联想记忆的内容可使用即时反馈，如定义、公理、公式等的识记；对概念、原理等需要理解或思考的内容可使用延时反馈，如理解某个概念，常常要通过几个不同角度的题目来考查，每个题目只涉及概念的局部，在题目全做完后，再从总体上纠错指导。课件的反馈要满足以下 3 个要求。

（1）反馈及时：对学生的答题情况能及时给出反馈和分析，使学生能够立刻知道正确或错误的原因。

（2）反馈准确：根据学生的不同和学习阶段的不同，进行有针对性的反馈，模棱两可的反馈使学生不知道回答是正确还是错误。

（3）反馈可测：多媒体课件要能对学生的反馈进行正确分类和判断，并计量出与标准答案之间的差距，分析问题原因，给出解决的方法和对策。

课件能够将学生的练习结果进行保存，便于开发人员对这些数据进行分析，并根据分析结果对课件进行相应的修改，从而不断完善课件的功能，使课件的实用性、艺术性、适应性、交互性不断提高。

本章小结

多媒体技术的迅速发展，使多媒体课件的应用越来越广泛。但多媒体教学并未取得人们预想的效果，其原因并不在于技术，而在于如何设计和合理使用课件。计算机辅助教学作为一种现代教学方式，是现代教育技术推广应用的趋势。而多媒体课件的设计、制作越来越成为广大教师所应掌握的一种技术。本章主要对多媒体课件的概念、制作过程等进行了详细的阐述，对多媒体课件开发人员起到很好的指导作用。

思考与习题

1. 单选题

（1）多媒体课件是依靠（　　）产生和发展的。

A. 计算机技术　　B. 多媒体技术　　C. 网络技术　　D. 物理技术

（2）以下不属于多媒体课件制作的基本原则的是（　　）。

A．教育性　　B．科学性　　C．美观性　　D．使用性

（3）多媒体课件的（　　），就是要应用系统观点和方法，按照教学目标和教学对象的特点，合理地选择和设计教学媒体信息，并在系统中有机地组合，形成优化的教学系统结构。

A．美学设计　　B．教学设计　　C．功能设计　　D．详细设计

（4）所谓（　　）是指根据教学的目标和要求对课件的内容结构、教学策略以及界面设计等方面给予全面地衡量和判断的过程和方法。

A．课件的测试　　B．课件的评价　　C．课件的设计　　D．课件的调试

（5）所谓（　　），是指课件所涉及的内容必须是正确的。

A．教育性原则　　B．教学性原则　　C．科学性原则　　D．艺术性原则

2. 多选题

（1）多媒体技术具有的特点有（　　）

A．多样性　　B．集成性　　C．实时性　　D．交互性

（2）以下哪些属于制定课件教学设计方案的设计内容（　　）

A．教学内容分析　B．教学对象分析　C．学习风格分析
D．教学模式的选择　　E．教学媒体的选择

（3）以下哪些属于脚本的作用的内容（　　）

A．脚本为课件制作提供直接的依据
B．脚本是 CAI 课件设计思想的具体体现
C．脚本是处理多媒体素材的工具
D．脚本是沟通学科教师与软件开发人员的有效工具

（4）课件测试工作一般应包括（　　）

A．内容正确性测试 B．系统功能测试　C．安装测试　　D．执行效率测试

（5）课件的反馈要满足以下哪几个要求（　　）

A．反馈及时　　B．反馈准确　　C．反馈可测　　D．反馈灵活

3. 判断题

（1）媒体就是指信息表示和传输的载体。（　　）

（2）多媒体课件是一种根据教学目标的要求和教学的需要，经过严格的教学设计的，表现特定的教学内容，并以多种媒体的表现方式和超文本结构制作而成的课程软件。（　　）

（3）脚本就是教学单元的设计方案的具体体现，包含了对单元教学内容、交互控制方式、声音以及屏幕美术设计等方面的详细描述，脚本相当于影视拍摄中的剧本。（　　）

（4）课件的测试是将编制出来的多媒体课件应用到实际的教学环境中进行计算机辅助教学活动来检验总体界面，检查资料的准确性、科学性和完整性等。（　　）

（5）所谓教育性原则是指课件要有明确的教育目的和任务。（　　）

（6）所谓技术性原则是指课件在其制作和编辑技巧上要达到特定的标准，如能做到打得开、运行流畅、跳转灵活、不死机等。（　　）

（7）所谓使用性原则是指课件的画面、声音等要素的表现要符合审美的规律，要在不违背科学性和教育性的前提下，使内容的呈现有艺术的表现力和感染力。（　　）

（8）对多媒体课件的评价必须依照一定的标准进行。（　　）

4. 问答题

（1）什么是多媒体课件？

（2）多媒体课件制作的基本原则？

（3）多媒体课件制作流程分为哪几个阶段？并分别对每个阶段进行简单阐述。

（4）多媒体课件的教学设计包括哪几方面的内容？

（5）课件的素材主要有哪些？并分别进行说明。

（6）什么是课件的编程调试？为什么要进行课件的编程调试？

（7）什么是课件评价？

（8）什么是课件的反馈？课件的反馈要满足哪几个要求？

实　验

实验 1

实验目的：掌握课件脚本的写作方法。

实验内容：

请编写（1）一个物理凸透镜实验的多媒体课件的脚本。

（2）一个李白的诗“早发白帝城”的多媒体课件的脚本。

实验 2

实验目的：掌握评价课件的方法，学会撰写测试和评价报告。

实验内容：

针对编好（1）物理凸透镜实验的多媒体课件。

（2）一个李白的诗“早发白帝城”。

请编写详细的测试和评价报告。

第 3 章 多媒体课件美学基础

多媒体课件的一个设计原则就是它的艺术性，也就是要求多媒体课件要讲求美观，符合人们的审美观念和阅读习惯。这就是多媒体课件开发过程中所要解决的美学问题。美学本身就是一门独立的学科，一直以来都是美术设计的基础课程。而多媒体课件也必须满足人们美学方面的需求，这就要求在软件的设计开发过程中，必须运用美学理论知识，设计出符合人们视觉审美习惯的软件界面。本章从美学的角度介绍多媒体课件制作过程中的美学基础知识和多媒体课件的美学设计法则。

学习重点

- 掌握美学的基本概念。
- 掌握平面构图的相关知识和内容。
- 掌握色彩的相关知识和内容。

3.1 美学基本概念

美学不是抽象的概念，它是由多种因素共同构成的一项工程。通过绘画、对两个以上色彩的运用与搭配、设计多个对象在空间的关系等具体的艺术手段，增加多媒体课件的人性化和美感。这就是美学中常说的三种艺术表现手段：绘画、色彩构成和平面构图。

3.1.1 美学概念

爱美是人的天性，这种心态刺激了美学的发展，也构成了美学发展最基本的条件。美是什么？这是来自柏拉图的发问。正是这一关于美的好奇与思考就导致了美学的产生，开启了全部美学的历史，它作为美学的基本理论问题，激励着历代美学家、哲学们进行不懈的努力。

美学作为一门社会科学，是在社会的物质生活与精神生活的基础上产生和发展起来的，是研究美、美感、美的创造及美育规律的一门科学。简单地说，美学是研究人与现实审美关系的学问。它既不同于一般的艺术，也不单纯是日常的美化活动。

美学作为一门独立的科学，则是近代的产物。在 18 世纪资产阶级哲学和科学蓬勃发展的时期，美学在德国古典哲学中作为一个特殊部分开始确立起来。鲍姆加登在 1750 年第一次用“美学”（Asthetik）这个术语（其含义是研究感觉和感情的理论），并把美学看做哲学体系的一个组成部分。随后，康德、黑格尔等赋予美学以更进一步的系统的理论形态，使之在他们的哲学体系中占有重要地位。

美学是通过绘画、色彩构成和平面构图展现自然美感的学科。其中绘画、色彩构成和平面构成称为美学设计的三要素，而自然美感则是美学运用的最终目的。

3.1.2 美学的作用

在制作多媒体课件时使用美学的知识和方法，能达到以下一些作用。

（1）视觉效果丰富、更具吸引力。通过运用绘画、版面的布局和色彩渲染，使课件的界面更加美观、人性化，课件的主题内容更鲜明，从而给使用者留下更深的记忆。这就是刺激人们视觉神经的效应，又称为“眼球效应”。眼球效应可以加深人们对课件的注意力，能达到更好的教学效果和学习效果。

（2）内容表达形象化。美学不仅是解决外在美观的问题，还需要解决人们的生理、心理习惯问题。所谓生理习惯就是人们日常的本能的学习习惯，如阅读、听写习惯等。心理习惯是指人们的在学习过程中的心理状态。如阅读的心态、操作的感觉、对课件知识的接受程度等。而事实上，最容易被人们所接受和认识的事物就是形象化事物。

在课件的设计中，要依据美学观念中的知识，尽量采用人们容易接受的方式来展示所要表达的内容，形象化的表达方式是一种最简单有效的信息表达方式。

3.1.3 美学的表现手段

自然界中各种事物的形态特征被人的感官所感知，使人产生美感，并引起人们的想象和一定的感情活动时，就成了人的审美对象，称为美的形式，即美的表现手段。如：各种曲线、各种对称图形、各种富有变化而和谐的形体、面孔、声音和色彩。美学的艺术表现手段主要有 3 种，分别是绘画、色彩构成和平面构成。

绘画是美学的基础，通过绘画，使线条、色块具有了美学的意义，从而构成了图画、图案、文字以及形象化的图案。

色彩构成是美学的精华，色彩历来是美学研究中的敏感部分，研究两个以上的色彩关系、精确的色彩组合、良好的色彩搭配是色彩构成的主要内容。

平面构成是美学的逻辑规则，主要研究若干对象之间的位置关系。随着人们对平面构成的深入研究，已经把平面构成归纳为对版面上的“点”、“线”、“面”现象的研究。

3.1.4 美的规律

美的规律是指人类在欣赏美和创造美的过程中，以及在一切实践活动中，所表现出来的有关美的尺度、标准等诸多规定的总和。

美的规律成为美学专门术语，是在马克思《1844 年经济学——哲学手稿》问世以后。该书写道：“动物只是按照它所属的那个物种的尺度和需要来进行塑造，而人则懂得按照任何物种的尺度来进行生产，并且随时随地都能用内在应有的尺度来衡量对象；所以，人也按照美的规律来塑造。”马克思没有具体阐释什么是美的规律，人们对美的规律的认识和理解很不一致。一般认为，美的规律有以下 5 个规定性：①它只是属于人的规律，只能对自由自觉地活动的人类适用。②只对能确证人自己本质力量的对象化劳动的产品有意义。③美的规律不但同客体的尺度有关，更同主体的尺度有关，是两种尺度的辩证统一。④尺度主要是外在感性形式的尺度，所以美的规律主要也是指形式美的规律。⑤美的规律本身也有一个历史的生成和发展、丰富的过程，而不是一个固定不变的封闭系统。美的规律的基本内容是：任何人的对象化劳动的产品（包括艺术品），只要其外在具体的感性形状、形象、形式既符合这产品所属的物种的尺度，又符合人对该产品的衡量尺度，这就具有审美意义；这两种尺度的统一的客体表现就是美，主体表现就是美感。

美的规律在自然、生活、生产、工艺及各类艺术、各种体裁形式中，有着丰富的内容，并随时代、社会、场合的不同而变化，而不是单一的、绝对的、永恒不变的。它有客观标准，又有多样表现。美的规律不能任意违背，也不能随意创造，而只能发现、遵循和利用；但它不是一下子暴露出来的，也不能一下子发现和掌握，而需要经过长期的反复实践和探索。在审美欣赏和创造中，美的规律有极其广阔丰富的内容，有千变万化、无限多样的表现。对它的发现和运用，是永远没有穷尽的。美的规律主要有以下几点。

1. 整齐一律

各构成要素保持高度的一致性，色彩单一，给人以秩序感。例如阅兵仪仗队的画面等。

2. 对称与均衡

对称就是指以一条线为中轴，左右（或上下）两侧均等。例如北京故宫全景、巴黎的艾菲尔铁塔、凯旋门等。这类画面的结构一般较为均衡，即组成整体的两个部分在形体、色彩、质地诸方面大致相等。其审美特征是庄重、稳定、可靠；但又显得静止、生硬、单调、呆板。

3. 比例与尺度

比例是指对象各部分之间，各部分与整体之间的大小关系，以及个部分与细部之间的比较关系。以黄金分割比例为标准设计的希腊雅典女神庙、巴黎圣母院、艾菲尔铁塔等分析比例美及其在不同时代的变化。

尺度是指对象的整体或局部与人的生理或人所习见的某种特定标准之间的大小关系。物体与人相适应的程度，是在长期的实践经验积累的基础上形成的。有尺度感的事物，具有使用合理、与人的生理感觉和谐、与使用环境协调的特点。

例如人民英雄纪念碑和淮海战役烈士纪念塔对比图等。

4. 节奏与韵律

（1）节奏是指一种条理性、重复性、连续性的律动形式，反映了条理美、秩序美。节奏的特征是形式诸成分和这些成分之间的间隔的重复。但重复的类型又包括静态重复和动态重复。

（2）韵律及其形式。韵律是在以节奏为前提，有规律的重复，有组织的变化，倾注情调于节奏之中，使节奏强弱起伏、悠扬、缓急。韵律的形式有以下 4 种。

① 连续韵律：一种或几种组成部分连续重复的排列而产生的一种韵律。

② 渐变韵律：连续重复部分在某一方面做有规则的逐渐增减所产生的韵律。

③ 交错韵律：组成部分做有规律纵横穿插或交错而产生的韵律。

④ 起伏韵律：组成部分做有规律的增减而产生的韵律，动感强烈。

5. 对比和调和

对比和调和是在画面的各要素间强调异性和共性，以达到变化和统一的形式法则。对比是取得变化的手段，通过强调差异性，突出个性，以达到生动的艺术效果。调和是取得统一的手段，通过强调共性，加强要素间的联系，使对象获得和谐统一的艺术效果。

对比与调和是线、形、体、色、质、方向、虚实、繁简对比与调和。其种类主要有以下 4 类。

（1）各种线、面、体的对比与调和。

（2）色彩的色相、明度、纯度、冷暖、面积及其综合对比与调和。

（3）不同质地的对比与调和。

（4）不同方向的对比与调和。即不同方向、不同角度的线、形、体、色、质等的对比与调和。

6. 多样统一

美的规律也可以是以上各种规律的统一。例如苏州园林、达芬奇《最后的晚餐》就是多样与统一的代表。

3.2 平面构图

平面构图是平面构成的具体形式，主要针对平面上两个或两个以上的对象进行设计和研究。

3.2.1 平面构图的分类

平面构图的基本形式可以分为 3 大类，即：对称构图、不对称构图、不对称的对称构图。

1. 对称构

在对称构图中，视觉形象的各组成部分是对称安排的：所有各部分可以沿中轴线划分为完全相等的两部分，如图 3.1 所示。

可以认为对称构图是一种匀称状态，这种构图使得由于不同视觉形象的对比而产生相互对抗的力处于视觉上的平衡状态。可以把握并运用这种平衡特性，来获得一种预期的知觉效果，并传达给受众。对称构图总是表现出静止、稳定、典雅、严峻、冷漠，有时也会显得刻板或是千篇一律。

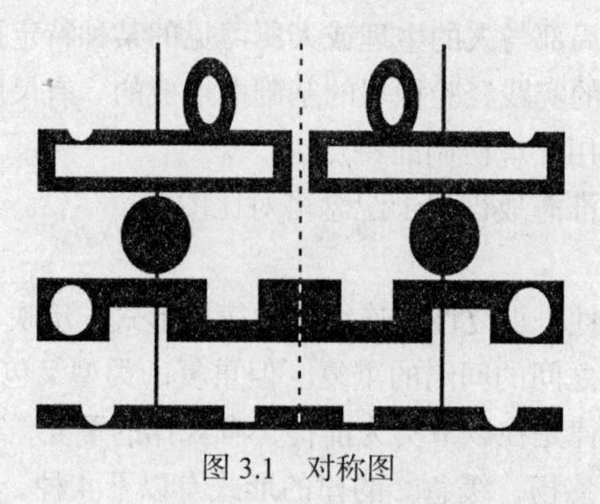

图 3.1 对称图

2. 不对称构图

在不对称构图中，版面的所有组成部分或者是其中的大多数的排列，不能由一条中轴线划分成相等的两部分，如图 3.2 所示。

图 3.2 不对称图

不对称构图所具有的视觉特性以及可能产生的视觉效应，几乎与对称构图完全相反。不对称构图显得活泼和具有动感，视觉感受强烈而骚动，能使人感到兴奋、激动或是狂热。这种动态表现的特征，能使人感到变化、发展或活力。正因为如此，不对称也是一种适应性很强、极富变化的构图方式。大多数的对比构图是不对称构图。

3. 不对称的对称构图

不对称的对称构图既不是严格的对称，也不是绝对的不对称。不对称的对称是在同一构图中结合了对称与不对称两者的特性。当一个构图的一部分符合对称特性，而其余部分却符合不对称特性时，就产生了不对称的对称构图，如图 3.3 所示。因此，不对称的对称可以看成是一种构图排列，这种排列中的一部分（不是所有的组成部分），是能够由一条中轴线来进行等同划分或定位的。在实际的构图设计中用得最多且最富变化的，算是不对称的对称这种构图形式。它还具有两种不同的形式：无意识的不对称对称和有意识的不对称对称。

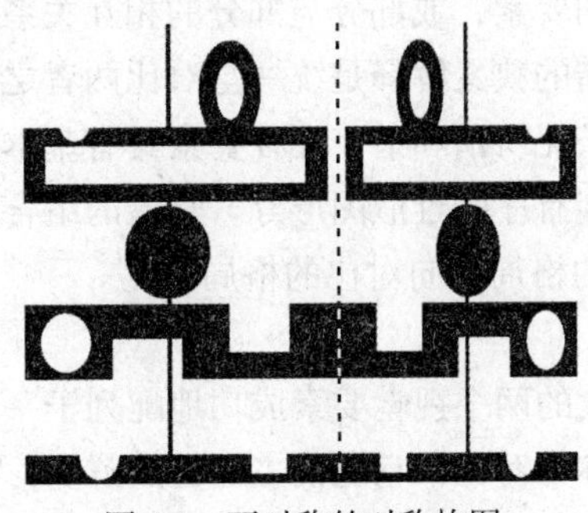

图 3.3　不对称的对称构图

（1）无意识的不对称对称。无意识的不对称对称是因为在制作过程中不具备足够的技术能力，因而原来构想的对称图形制作成了不对称图形。很多时候，作者本想造成对称构图，但由于缺乏机械辅助手段或是测量工具，“随手”画来，因而造成了无意识的不对称。这种无意识的不对称对称，在儿童的作品中和原始时期艺术家的视觉表达中，是屡见不鲜的。

无意识的不对称对称似乎同时取得了好几种效果。在这种构图中，诸如平衡、形准性或稳定性之类对称所具有的特性，可以用来使人产生力量、强度、永恒性等感受。同时，不对称又能导致充分的视觉变化，从而使形象能激起人们的热忱、自发性等多方面的反应。

（2）有意识的不对称对称。设计人员有意识地改变对称构图，就形成了有意识的不对称。它能根据设计人员的愿望突出某些构图上的特征。它既能突出对称特性，也可以突出不对称特性。用这种构图方法，可以均等地使用对称与不对称，也可以强调某一种，使其比另一种更占优势。总之，人们可以根据自己的愿望来变化两者间的强弱。例如，一定程度的对称性，加上一点不对称的动态特征，就能够创造一种力量感。当然，动态的不对称性无须大肆渲染，只要能增强对称图形的力度，并能避免对称构图的呆板就行了。

3.2.2　平面构图的法则

在日常生活中，美是每一个人追求的精神享受。当接触任何一件有存在价值的事物时，它必定具备合乎逻辑的内容和形式。在现实生活中，由于人们所处经济地位、文化素质、思想习俗、生活理想、价值观念等不同而具有不同的审美观念。然而单从形式条件来评价某一事物或某一视觉形象时，对于美或丑的感觉在大多数人中间存在着一种基本相通的共识。这种共识是从人们长期生产、生活实践中积累的，它的依据就是客观存在的美的形式法则，称之为平面构图的法则。在人们的视觉经验中，高大的杉树、耸立的高楼大厦、巍峨的山峦尖峰等，它们的结构轮廓都是高耸的垂直线，因而垂直线在视觉形式上给人以上升、高大、威严等感受；而水平线则使人联系到地平线、一望无际的平原、风平浪静的大海等，因而产生开阔、徐缓、平静等感受。这些源于生活积累的共识，使人们逐渐发现了平面构图的基本法则。

以美学为基础的平面构图必须遵循一定的构图法则，以便准确地表达设计意图和思想，达到最佳的设计效果。在二维平面中，图像、文字、线条占有各自的位置，或层叠、或排列、或交叉，用于表现不同的属性和视觉效果。目前常用的构图法则主要有以下 8 种。

1. 和谐

宇宙万物，尽管形态千变万化，但它们都各按照一定的规律而存在，大到日月运行、星球活动，小到原子结构的组成和运动，都有各自的规律。爱因斯坦指出：宇宙本身就是和谐的。和谐的广义解释是：判断两种以上的要素，或部分与部分的相互关系时，各部分所给人们的感受和意识是一种整体协调的关系。和谐的狭义解释是统一与对比两者之间不是乏味单调或杂乱无章。单独的一种颜色、单独的一根线条无所谓和谐，几种要素具有基本的共通性和融合性才称为和谐。比如一组协调的色块，一些排列有序的近似图形等。和谐的组合也保持部分的差异性，但当差异性表现为强烈和显著时，和谐的格局就向对比的格局转化。

2. 对比与统一

对比又称对照，把反差很大的两个视觉要素成功地配列于一起，虽然使人感受到鲜明强烈的感触，而仍具有统一感的现象称为对比，它能使主题更加鲜明，视觉效果更加活跃。对比关系主要通过视觉形象色调的明暗、冷暖，色彩的饱和与不饱和，色相的迥异，形状的大小、粗细、长短、曲直、高矮、凹凸、宽窄、厚薄，方向的垂直、水平、倾斜，数量的多少，排列的疏密，位置的上下、左右、高低、远近，形态的虚实、黑白、轻重、动静、隐现、软硬、干湿等多方面的对立因素来达到的。它体现了哲学上矛盾统一的世界观。对比法则广泛应用在现代设计当中，具有很大的实用效果。

3. 对称

自然界中到处可见对称的形式，如鸟类的羽翼、花木的叶子等。所以，对称的形态在视觉上有自然、安定、均匀、协调、整齐、典雅、庄重、完美的朴素美感，符合人们的视觉习惯。平面构图中的对称可分为点对称和轴对称。假定在某一图形的中央设一条直线，将图形划分为相等的两部分，如果两部分的形状完全相等，这个图形就是轴对称的图形，这条直线称为对称轴。假定针对某一图形，存在一个中心点，以此点为中心通过旋转得到相同的图形，即称为点对称。点对称又有向心的“求心对称”，离心的“发射对称”，旋转式的“旋转对称”，逆向组合的“逆对称”，以及自圆心逐层扩大的“同心圆对称”等。在平面构图中运用对称法则要避免由于过分的绝对对称而产生单调、呆板的感觉，有的时候，在整体对称的格局中加入一些不对称的因素，反而能增加构图版面的生动性和美感，避免了单调和呆板。

4. 均衡

在均衡器上两端承受的重量由一个支点支持，当双方获得力学上的平衡状态时，称为平衡。在平面构成设计上的平衡并非实际重量 × 力矩的均等关系，而是根据形象的大小、轻重、色彩及其他视觉要素的分布作用于视觉判断的平衡。平面构图上通常以视觉中心（视觉冲击最强的地方的中点）为支点，各构成要素以此支点保持视觉意义上的力度平衡。在实际生活中，平衡是动态的，如人体运动、鸟的飞翔、野兽的奔驰、风吹草动、流水激浪等都是平衡的形式，因而平衡的构成具有动态性。

5. 比例

比例是部分与部分或部分与全体之间的数量关系。它是精确详密的比率概念。人们在长期的生产实践和生活活动中一直运用着比例关系，并以人体自身的尺度为中心，根据自身活动的方便总结出各种尺度标准，体现于衣食住行的器用和工具的制造中。比如早在古希腊就已被发现的至今为止全世界公认的黄金分割比 1:1.618，正是人眼的高宽视域之比。恰当的比例则有一种谐调的美感，成为形式美法则的重要内容。美的比例是平面构图中一切视觉单位的大小，以及各单位间编排组合的重要因素。

6. 视觉重心

重心在物理学上是指物体内部各部分所受重力的合力的作用点，对一般物体求重心的常用方法是：用线悬挂物体，平衡时，重心一定在悬挂线或悬挂线的延长线上；然后握悬挂线的另一点，平衡后，重心也必定在新悬挂线或新悬挂线的延长线上，前后两线的交点即物体的重心位置。在平面构图中，任何形体的重心位置都和视觉的安定有紧密的关系。人的视觉安定与造形的形式美的关系比较复杂，人的视线接触画面，视线常常迅速由左上角到左下角，再通过中心部分至右上角经右下角，然后回到以画面最吸引视线的中心视圈停留下来，这个中心点就是视觉的重心。但画面轮廓的变化、图形的聚散、色彩或明暗的分布等都可对视觉重心产生影响。因此，画面重心的处理是平面构图探讨的一个重要方面。在平面广告设计中，一幅广告所要表达的主题或重要的内容信息往往不应偏离视觉重心太远。

7. 节奏与韵律

节奏本是指音乐中音响节拍轻重缓急的变化和重复。节奏这个具有时间感的用语在构成设计上是指以同一视觉要素连续重复时所产生的运动感。

韵律原指音乐（诗歌）的声韵和节奏。诗歌中音的高低、轻重、长短的组合，匀称的间歇或停顿，一定地位上相同音色的反复及句末、行末利用同韵同调的音相加以加强诗歌的音乐性和节奏感，就是韵律的运用。平面构成中单纯的单元组合重复易于单调，由有规则变化的形象或色群间以数比、等比处理排列，使之产生音乐、诗歌的旋律感，称为韵律。有韵律的构成具有积极的生气，有加强魅力的能量。

8. 联想与意境

平面构图的画面通过视觉传达而产生联想，达到某种意境。联想是思维的延伸，它由一种事物延伸到另外一种事物上。例如图形的色彩：红色使人感到温暖、热情、喜庆等；绿色则使人联想到大自然、生命、春天，从而使人产生平静感、生机感、春意，等等。各种视觉形象及其要素都会产生不同的联想与意境，由此而产生的图形的象征意义作为一种表达方法，被广泛地运用在平面设计构图中。

随着科技文化的发展，对美的形式法则的认识将不断深化。形式美法则不是僵死的教条，要灵活体会，灵活运用。

3.2.3　平面构图的应用

平面构图在多媒体课件中的应用是指运用构图规则设计制作多媒体课件。任何一个多媒体课件如果在设计制作过程中引入了构图规则，那么该课件的操作界面和演示画面就更符合人们的审美要求，更人性化。

多媒体课件与使用者之间的交流必须通过多媒体课件的界面进行，界面提供显示信息、控制功能。因此界面是衡量一个多媒体课件质量的主要指标之一。

在多媒体课件的设计开发过程中，界面的设计应充分运用构图规则。在各种构图法则中，常用的是点、线、面的构图规则。多媒体课件一般分为自学型课件、示教型课件和混合型课件。

1. 自学型课件的特点

（1）说明性文字相对较多，字号较小。

（2）为了容纳更多的信息，图片和视频尺寸相对较小。

（3）菜单和按钮设置齐全，便于自学和选择。

（4）具备完善的交互功能，便于互动练习。

2. 示教型课件的特点

（1）文字精练。

（2）文字、图片和视频尺寸相对较大，便于远距离观看。

（3）具有一定的控制功能和交互功能。

混合型课件兼具自学型课件和示教型课件的特点，使用起来比较灵活。设计此类课件的界面时，应尽可能兼顾功能和构图规则。

3.3 色彩构成

图形图像是人类最容易接受的信息，也是多媒体课件中最常用的素材，它具有文字不可比拟的优点。对于图像的设计与处理，认识色彩是创建完美图像的基础。

色彩是美学的重要组成部分，它不仅是一门学科，还是人们生活中必不可少的元素。从许多方面说，在计算机上使用颜色并没有什么不同，只不过它有一套特定的记录和处理色彩的技术。因此，要理解图像处理软件中所出现的各种有关色彩的术语，首先要具备基本的色彩理论知识。

3.3.1 色彩的基本概念

1. 色彩的来源

物体由于内部物质的不同，受光线照射后，产生光的分解现象。一部分光线被吸收，其余的被反射或投射出来，成为人们所见的物体的色彩。所以，色彩和光有密切的关系，同时还与被光照射的物体有关，并与观察者有关。

色彩是通过光被人们所感知的，而光实际上是一种按波长辐射的电磁能。电磁波谱及可见光谱示意图可清楚地说明。

2. 色彩的功能

色彩的功能是指色彩对眼睛及心理的作用，具体一点说，包括眼睛对它们的明度、色相、纯度。对比刺激作用，和心理留下的影响、象征意义及感情影响。

色彩依明度、色相、彩度、冷暖而千变万化，而色彩间的对比调和效果更加千变万化。同一色态及同一对比的调和效果，均可能有多种功能；多种色彩及多种对比的调和效果，亦可能有极为相近的功能。为了更恰如其分地应用色彩及其对比的调和效果，使之与形象的塑造，表现与美化统一，使形象的外表与内在统一，使作品的色彩与内容、气氛、感情等表现要求统一，使配色与改善视觉效能的实际需求统一；使色彩的表现力，视觉作用及心理影响最充分地发挥出来，给人的眼睛与心灵以充分的愉快、刺激和美的享受，必须对色彩的功能做深入的研究。

但是，要逐一地研究数以千计的色彩功能，既不可能，也不必要。只要研究一些最基本的色彩就可以了。

3. 色调、亮度和饱和度

从人的视觉系统看，色彩可用色调、饱和度和亮度来描述。人眼看到的任一彩色光都是这 3 个特性的综合效果，这 3 个特性可以说是色彩的 3 要素，其中色调与光波的波长有直接关系，亮度和饱和度与光波的幅度有关。

（1）色调与色相。绘画中要求有固定的色彩感觉，有统一的色调，否则难以表现画面的情调和主题。例如人们说一幅画具红色调，是指它在色彩上总体偏红。计算机在图像处理上采用数字化，可以非常精确地表现色彩的变化，色调是相对连续变化的。用一个圆环来表现色谱的变化，就构成了一个色彩连续变化的色环。

（2）亮度与明度。同一物体因受光不同会产生明度上的变化。不同颜色的光，强度相同时照射同一物体也会产生不同的亮度感觉。

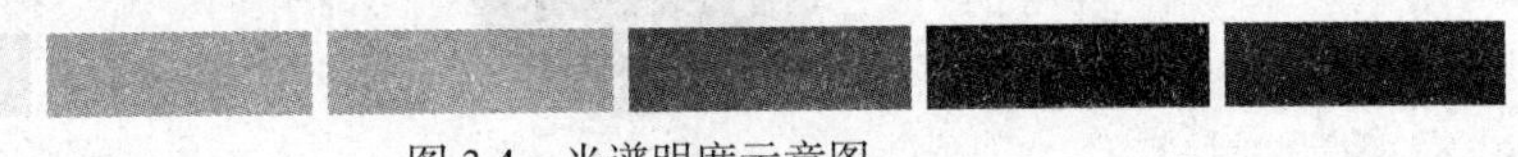

图 3.4 光谱明度示意图

明度也可以说是指各种纯正的色彩相互比较所产生的明暗差别。在纯正光谱中，黄色的明度最高，显得最亮；其次是橙、绿；再其次是红、蓝；紫色明度最低，显得最暗。光谱明度示意图如图 3.4 所示。颜色的波长范围如表 3.1 所示。

表 3.1 颜色的波长范围

颜　色	波长范围（nm）
红	760～622
橙	622～597
黄	597～577
绿	577～492
蓝	492～455
紫	455～380

（3）饱和度与纯度。淡色的饱和度比浓色要低一些。饱和度还和亮度有关，同一色调越亮或越暗越不纯。饱和度越高，色彩越艳丽，越鲜明突出，越能发挥其色彩的固有特性。但饱和度高的色彩容易让人感到单调刺眼。饱和度低，色感比较柔和协调，可混色太杂，则容易让人感觉浑浊，色调显得灰暗。

4. 色彩的混合与互补

（1）光的三基色。色彩的混合与颜料的混合不同。色光的基色或原色为红（R）、绿（G）、蓝（B）三色。如图 3.5 所示。

（2）色光混合。三原色以不同的比例相混合，可成为各种色光，但原色不能由其他色光混合而成。色光的混合是光量的增加，所以三原色相混合而成白光。

三原色配色的基本规律是：

红+绿=黄

绿+蓝=湖蓝

蓝+红=紫

红+绿+蓝=白

在光色搭配中，参与搭配的颜色越多，其明度越高。

（3）互补色。凡是两种色光相混合而成白光，这两种色光互为补色（Complementary Colors）。如图 3-5 所示 R、C；G、M；B、Y 互为补色。互补色是彼此之间最不一样的颜色，这就是人眼能看到除了基色之外其他色的原因。

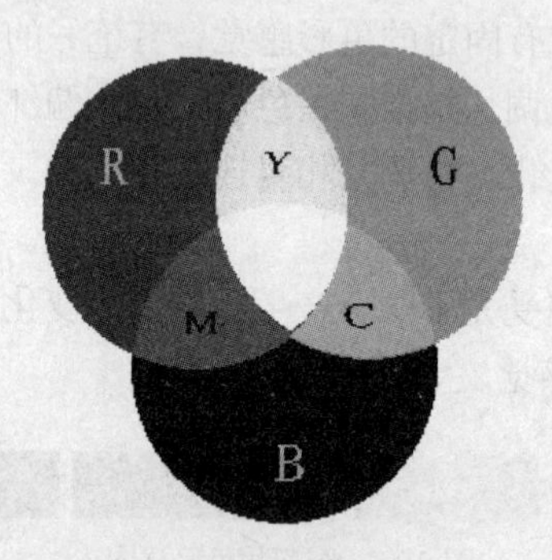

图 3.5　色彩的混合与互补

3.3.2　RGB 色彩空间

在一个典型的多媒体计算机系统中，常常涉及用几种不同的色彩空间表示图形和图像的颜色，以对应于不同的场合和应用。因此，数字图像的生成、存贮、处理及显示时对应不同的色彩空间需要做不同的处理和转换。

计算机色彩显示器显示色彩的原理与彩色电视机一样，都是采用 R、G、B 相加混色的原理，通过发射出 3 种不同强度的电子束，使屏幕内侧覆盖的红、绿、蓝磷光材料发光而产生色彩的。这种色彩的表示方法称为 RGB 色彩空间表示。在多媒体计算机技术中，用得最多的是 RGB 色彩空间表示。

根据三基色原理，用基色光单位来表示光的量，则在 RGB 色彩空间，任意色光 F 都可以用 R、G、B 三色不同分量的相加混合而成：

$F=r[R]+g[G]+b[B]$

RGB 色彩空间还可以用一个三维的立方体来描述，如图 3.6 所示。

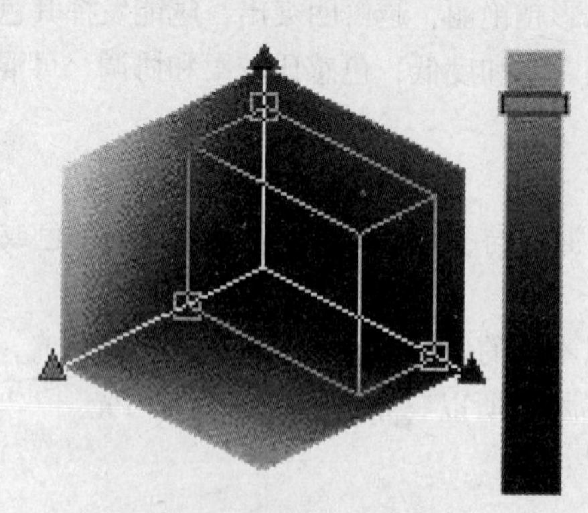

图 3.6　RGB 色彩空间

自然界中任何一种色光都可由 R、G、B 三基色按不同的比例相加混合而成，当三基色分量都为 0（最弱）时混合为黑色光；当三基色分量都为 k（最强）时混合为白色光。任一色彩 F 是这个立方体坐标中的一点，调整三色系数 r、g、b 中的任一系数，都会改变 F 的坐标值，也即改变了 F 的色值。RGB 色彩空间采用物理三基色表示，因而物理意义很清楚，适合彩色显像管工作。然而这一体制并不适应人的视觉特点。因而，产生了其他不同的色彩空间表示法。

3.3.3　色彩的搭配

色彩的搭配是多媒体课件设计开发中一个非常重要的工作。色彩搭配得好，课件才能达到最佳的视觉效果。色彩搭配要根据表达的意思和目的，将尽可能少的颜色搭配起来，才会符合人们的审美习惯。

1. 色彩搭配类型

色彩搭配按照主题分为以下若干类型。

（1）以明度、色相、纯度为主的用色。

（2）以冷暖对比为主的用色。

（3）以面积对比为主的用色。

（4）以互补对比为主的用色。

根据不同的需要、不同的场合、不同的表达内容，选择不同类型的角色，这就是色彩搭配。

2. 突出标题的配色

标题的突出常常和文字的突出相冲突，例如：标题突出了，怕文字不现眼，又将文字突出一些，结果都未能达到突出的效果。

突出标题的方法如下。

（1）加大字号，使标题字号与文字字号有足够大的差异。

（2）为标题增加边框，边框颜色不应使文字颜色相邻色。

3. 电脑演示的前景和背景色

在多媒体课件的界面中，前景通常指标题和文字，背景通常是指由单色、过渡色、或图片构成的大面积背景。前景色和背景色的搭配应结合应用的场合和内容主题来选择。电脑演示的前景和背景色的搭配应注意如下几点。

（1）正式、严肃的场合，例如教学课件、政治演讲等，前景色应采用明度高的颜色，如白色、黄色等。背景色应采用明度低的颜色，并以冷色为主，如紫色、蓝色等。

（2）气氛活跃的场合，如广告等，前景色要有变化，主要是指文字的字体、字号、颜色和排列方式等方面。背景一般采用图片形式，不过要将图片的明度和纯度降低。

（3）喜庆的场合，如婚礼、庆典等，颜色的使用以鲜艳、热烈、富于情感为主。例如中国人婚礼庆典一般使用红色来烘托热烈的气氛。

3.3.4　基木色的功能

1. 红色

在可见光谱中红色光波最长，处于可见长波的极限附近，它容易引起注意、兴奋、激动、紧张，但眼睛不适应红色光色光的刺激，可它善于分辨红色光波的细微变化。因此红色光很容易造成视觉疲劳，严重的时候，还会给人造成难以忍受的精神折磨。

红色光由于波长最长，穿透空气时形成的折射角度最小，在空气中轴射的直线距离较远，在视网膜上成像的位置最深，给视觉以逼近的扩张感，被称为前进色。

在自然界中，不少芳香艳丽的鲜花，以及丰硕甜美的果实，和不少新鲜美味的肉类食品，都呈现出动人的红色。因此在生活中，人们习惯以红色为兴奋与欢乐的象征，使之在标志、旗帜、宣传等用色中占了首位，成为最有力的宣传色。

火与血人类视之以宝，均为红色。但纵火成灾、流血为祸，这样的红色又被看成危险、灾难、爆炸、恐怖的象征色。因此人们也习惯地以其作预警或报警的信号色。

总之，红色是一个有强烈而复杂的心理作用的色彩，一定要慎重使用。

2. 黄色

黄色光的光感最强，给人以光明、辉煌、轻快、纯净的印象。

在自然界中，蜡梅、迎春、秋菊以至油茶花、向日葵等，都大量地呈现出美丽娇嫩的黄色。秋收的五谷、水果，以其精美的黄色，在视觉上给人以美的享受。

在生活中，在相当长的历史时期，帝王与宗教传统上均以辉煌的黄色作服饰；家具、宫殿与庙宇的色彩，都相应地加强了黄色，给人以崇高、智慧、神秘、华贵、威严和仁慈的感觉。

但由于黄色有波长差、不容易分辨轻薄、软弱等特点，黄色物体在黄色光照下有失色的现象，故植物呈灰黄色，就被看做病态，天色昏黄，便预告着风沙、冰雹或大雪，因而其也有象征酸涩、病态和反常的一面。

3. 橙色

橙色又称橘黄或橘色。在自然界中，橙抽、玉米、鲜花果实，霞光、灯彩，都有丰富的橙色。因其具有明亮、华丽、健康、兴奋、温暖、欢乐、辉煌以及容易动人的色感，所以妇女们喜以此色作为装饰色。

橙色在空气中的穿透力仅次于红色，而色感较红色更暖，最鲜明的橙色应该是色彩中感受最暖的色，能给人以壮严、尊贵、神秘等感觉，所以基本上属于心理色性。历史上许多权贵和宗教界都用以装点自己，现代社会上往往作为标志色和宣传色。不过它也是容易造成视觉疲劳的颜色。

上述红、橙、黄三色，均称暖色，属于注目、芳香和引起食欲的色。

4. 绿色

太阳投射到地球的光线中，绿色光占 50%以上，由于绿色光在可见光谱中波长恰居中位，色光的感应处于“中庸之道”，因此人的视觉对绿色光波长的微差分辨能力最强，也最能适应绿色光的刺激。所以人们把绿色作为和平的象征、生命的象征。邮政是抚慰着千家万户的使者，因此它的代表色也是绿色。

在自然界中，植物大多呈绿色，人们称绿色为生命之色，并把它作为农业、林业、畜牧业的象征色。由于绿色体的生物和其他生物一样，具有诞生、成长、成熟、衰老到死亡的过程，这就使绿色出现各个不同阶段的变化，因此黄绿、嫩绿、淡绿就象征着春天和作物稚嫩、生长、青春与旺盛的生命力；艳绿、盛绿、浓绿，象征着夏天和作物茂盛、健壮与成熟；灰绿、土绿、褐绿便意味着秋冬和农作物的成熟、衰老。

5. 蓝色

在可见光谱中，蓝色光的波长短于绿色光，而比紫色光略长些，穿透空气时形成的折射角度大，在空气中辐射的直线距离短。每天早上与傍晚，太阳的光线必须穿越比中午厚 3 倍的大气层才能到达地面，其中蓝紫光早已折射，能达到地面的只是红黄光。所以早晚能看见的太阳是红黄色的，只有在高山、远山、地平线附近，才是蓝色的。它在视网膜上成像的位置最浅。如果红橙色被看做前进色时，那么蓝色就应是后退的远渐色。

蓝色的所在，往往是人类所知甚少的地方，如宇宙和深海。古代的人认为那是天神水怪的住所，令人感到神秘莫测。现代的人把它作为科学探讨的领域。因此蓝色就成为现代科学的象征色。它给人以冷静、沉思、智慧和征服自然的力量。

由于蓝与白不能引起食欲，而只能表示寒冷，成为冷冻食品的标志色。如果把它作为食欲色的陪衬色时，效果是相当不错的。

6. 紫色

在可见光谱中，紫色光的波最短。尤其是看不见的紫外线更是如此。因此，眼睛对紫色光的细微变化的分辨力很弱，容易引起疲劳。紫色给人以高贵、优越、幽雅、流动、不安等感觉。灰暗的紫色只是伤痛、疾病以及尸斑的色，容易造成心理上的忧郁痛苦和不安。不少民族都把它看做是消极和不祥的色。浅紫色则是鱼胆的色，容易让人联想到鱼胆的苦涩和内脏的腐败。因此，紫色还具有表现苦、毒与恐怖的功能。但是，明亮的紫色好像天上的霞光、原野上的鲜花、情人的眼睛，动人心神，使人感到美好，因而常用来象征男女间的爱情。在某些地方，如果紫色用得不当，便会产生低级、荒淫和丑恶的印象。

7. 土色

土色指土红、土黄、土绿、赭石、熟褐一类，可见是光谱上没有的混合色。

它们是土地和岩石的颜色，具有浓厚、博大、坚实稳定、沉着、恒久、保守、寂寞诸意境。它们也是动物皮毛的色泽，具有厚实、温暖、防寒之感。它们近似劳动者与运动员的肤色。因此具有象征刚劲、健美的特点。它们还是很多坚果成熟的色彩，显得充实、饱满、肥美，给人类以温饱、朴素、实惠的印象。

8. 白色

白色是全部可见光均匀混合而成的，称为全色光，是光明的象征色。白色明亮、干净、畅快、朴素、雅致与贞洁。但它没有强烈的个性，不能引起味觉的联想，但引起食欲的色中不应没有白色，因为它表示清洁可口，只是单一的白色不会引起食欲而已。

在西方，特别是欧美，白色是结婚礼服的色彩，表示爱情的纯洁与坚贞。但在东方，却把白色作为丧色。

9. 黑色

从理论上看，黑色即无光无色之色。在生活中，只要光明或物体反射光的能力弱，都会呈现出黑色的面貌。

无光对人们的心理影响可分为两大类。

首先是消极类，例如漆黑之夜及漆黑的地方，人们会有失去方向、失去办法和阴森、恐怖、烦恼、忧伤、消极、沉睡、悲痛，甚至死亡等印象。所以在欧美，都把黑色视为丧色，近代我国受到西方的影响，城市已开始用黑纱圈代替白色丧服了。

其次是积极类，黑色使人得到休息、安静、深思、坚持、准备、考验，显得严肃、庄重、坚毅。

在两类之间，黑色还具有使人捉摸不定、阴谋、耐脏、掩盖污染的印象。

黑色不可能引起食欲，也不可能产生明快、清新、干净的印象。

但是，黑色与其他色彩组合时，属于极好的衬托色，可以充分显示其他色的光感与色感。黑白组合，光感最强，最朴素，最分明。

在白纸上印黑字，对比极分明，黑线条极细，结构很均匀，对比效果不仅不刺激，而且很和谐，能提高阅读效率。

10. 灰色

灰色原意是灰尘的色。从光学上看，它居于白色与黑色之间，居中等明度，属无彩度及低彩度的色彩。

从生理上看，它对眼睛的刺激适中，既不炫目，也不暗淡，属于视觉最不容易感到疲劳的色。因此，视觉以及心理对它的反应平淡、乏味甚至沉闷、寂寞、颓废，具有抑制情绪的作用。

在生活中，灰色与含灰色物体的数量极大，变化极丰富，凡是脏了的，旧了的，衰败、枯萎的都会被灰色所吞没。但灰色是复杂的色，漂亮的灰色常常要优质原料精心配制才能生产出来，而且需要有较高文化艺术知识与审美能力的人，才乐于欣赏。因此，灰色也能给人以高雅、精致、含蓄、耐人寻味的印象。

11. 极色

极色是质地坚实、表层平滑、反光能力很强的物体色。主要指金、银、铜、铬、铝、电木、塑料、有机玻璃，以及彩色玻璃的色。

这些色在适应的角度时反光敏锐，会感到它们的亮度很高，如果角度一变，又会感到亮度很低。

其中金、银等属于贵重金属的色，容易给人以辉煌、高级、珍贵、华丽、活跃的印象。塑料、有机玻璃，电化铝等是近代工业技术的产物，容易给人以时髦、讲究、有现代感的印象。总之极色属于装饰功能与实用功能都特别强的色彩。

本章小结

美是每一个人追求的精神享受。在多媒体课件中，也必须遵循美学原理，使设计出的多媒体课件适合人们的审美习惯。本章主要对多媒体课件设计中的美学基本知识进行了详细的阐述，对多媒体课件开发人员起到很好的指导作用。

思考与习题

1. 单选题

（1）美学是通过绘画、色彩构成和平面构图展现（　　）的学科。

A. 形式美感　　B. 自然美感　　C. 情感美感　　D. 心理美感

（2）自然界中各种事物的形态特征被人的感官所感知，使人产生美感，并引起人们的想象和一定的感情活动时，就成了人的审美对象，称为（　　）。

A. 美的形式　　B. 美的形态　　C. 美的对象　　D. 美的构成

（3）（　　）是美学的基础，可以使线条、色块具有了美学的意义，从而构成了图画、图案、文字以及形象化的图案。

A. 平面构图　　B. 绘画　　C. 色彩　　D. 平面构图

（4）以美学为基础的平面构图必须遵循一定的（　　），以便准确地表达设计意图和思想，达到最佳的设计效果。

A. 色彩构成　　B. 构图法则　　C. 绘画法则　　D. 课件法则

（5）（　　）的功能是指色彩对眼睛及心理的作用，具体一点说，包括眼睛对它们的明度、色相、纯度。

A．色彩　B．绘画　C．光线　D．颜色

2．多选题

（1）美学中常说的 3 种艺术表现手段为（　　）

A．绘画　B．色彩构成　C．素描　D．平面构图

（2）在制作多媒体课件时使用美学的知识和方法，能达到以下一些作用（　　）

A．内容表达形象化　B．使用更方便

C．视觉效果丰富、更具吸引力　D．教学效果非常好

（3）以下哪些属于美的表现手段（　　）

A．各种曲线　B．各种对称图形

C．各种富有变化而和谐的形体　D．声音和色彩

（4）平面构图的基本形式可以分为 3 大类，分别是（　　）

A．对称构图　B．不对称构图

C．交叉构图　D．不对称的对称构图

（5）以下哪些是目前常用的构图法则（　　）

A．和谐　B．对比与统一　C．对称　D．均衡

（6）自学型课件的特点（　　）

A．说明性文字相对较多，字号较小。

B．为了容纳更多的信息，图片和视频尺寸相对较小。

C．菜单和按钮设置齐全，便于自学和选择。

D．具备完善的交互功能，便于互动练习。

3．判断题

（1）美学不仅是解决外在美观的问题，还需要解决人们的生理、心理习惯问题。（　　）

（2）平面构成是美学的逻辑规则，主要研究若干对象之间的位置关系。（　　）

（3）美的规律是指人类在欣赏美和创造美的过程中，以及在一切实践活动中，所表现出来的有关美的尺度、标准等诸多规定的总和。（　　）

（4）平面构图是平面构成的具体形式，主要针对平面上两个或两个以上的对象进行设计和研究。（　　）

（5）平面构图中的对称可分为点对称和轴对称。（　　）

（6）界面是衡量一个多媒体课件质量的一个主要指标之一。（　　）

（7）在纯正光谱中，黄色的明度最高，显得最亮；其次是橙、绿；再其次是红、蓝；紫色的明度最低，显得最暗。（　　）

（8）色光的基色或原色为红、黄、蓝三色。（　　）

（9）三原色配色的基本规律中：红+绿=黄。（　　）

4．问答题

（1）什么是美？

（2）简述美学在多媒体课件设计和制作中的作用。

（3）美学的表现手段有哪些？并分别简述。

（4）什么是平面构图？平面构图的基本形式可以分为哪些？

（5）平面构图的法则有哪些？

（6）什么是色彩？简述 RGB 色彩空间。

（7）什么是色彩搭配？色彩搭配按照主题分为哪些类型？

实　验

实验 1

实验目的：理解点对称和轴对称。

实验内容：制作两张图片，分别是点对称和轴对称图形。

实验 2

实验目的：理解平面构图法则和色彩构成。

实验内容：利用平面构图法则和色彩构成制作一张电影海报。

第4章 课件素材的分类与制作

本章主要介绍课件素材的基本概念，这些素材包括文本素材、图形图像素材、动画素材、音频素材及视频素材。同时分别对这些课件素材的基本知识、素材获取、制作工具、制作方法做了详细介绍，特别介绍了图形图像制作工具 Photoshop、二维动画制作工具 Flash、三维动画制作工具 3D Studio Max、音频编辑工具 Adobe Audition 和视频编辑工具 Premiere 的基本使用方法和有关技巧。

学习重点

- 课件素材的分类。
- 文本素材制作的基本工具和方法。
- 图形图像素材制作的基本工具和方法。
- 动画素材制作的基本工具和方法。
- 音频素材制作的基本工具和方法。
- 视频素材制作的基本工具和方法。

4.1 课件素材的概念及分类

4.1.1 课件素材及素材库的概念

素材就是指课件创作、编制所用的各种原始材料，是组成课件的各种资料元素，是各种教育信息的具体载体和表现形式，承担着特定的教育功能，并与课件结构一起共同体现着教学策略。因此，素材对课件编制及其教育功效的实现具有重要意义。可以说，做好素材准备工作，等于保证了课件教育性的实现，也可以使课件具有一定的表现力和艺术性。

课件素材必须是计算机可识别的，它们以文件的形式存放在计算机外存上。计算机能识别的是数字信号，日常生活中看到的电影、听到的音乐等是模拟信号，需要通过一些专业的设备将模拟信号的视听材料转换为数字信号，才能被计算机识别。

在课件中，为了满足网络传输的需要，还要用先进、高效、符合国际标准的压缩技术对素材中的图表、图像、音频、动画、视频等进行压缩。

通常，在课件设计、编制工作中，耗时最多、难度最大的，莫过于素材的选用与处理。因此，合理选用素材，既可以提高工作效率，也有助于保证课件开发的质量。

早期的课件素材以文件的形式直接存放在计算机外存储器上，随着信息数据量增大以及数据共享和安全性等需要，文件直接存储和用户直接操作的方式已不能满足要求，因此，建立了素材库。素材库是利用数据库技术对课件素材进行存储和管理的数据库。

4.1.2 课件素材的分类

课件素材从传播教育信息的角度看，主要类别有：名称概念类素材、复合类素材、原理定理和定律类素材、表达式类素材、实验类素材、人名类素材、知识点类素材、背景资料类素材、说明类素材、历史资料类素材、研究成果类素材、题库类素材、答疑类素材等。

课件素材从形式上可分为：文本类素材、图形图像类素材、音频类素材、动画类素材和视频类素材。

（1）文本类素材。数字以量的形式反映事物的特征，文字以书面语言的形式来表达教学思想，而数字和文字的集合构成文本。该类素材占用存储空间较小，在素材库中，可用关键字检索或全文检索的方式进行检索。

（2）图形和图像素材。图形、图像元素是制作多媒体课件必不可少的，它们都是通过一定的画面来表达教学思想的，如背景、人物、界面等。一幅图可以胜过诸多文字，图形和图像是非常形象、生动、直观的信息，学习者易于接受，更易于理解稍显枯燥的概念。

图像数据有多种媒体形式，如位图图像、矢量化图形等。

（3）音频类素材。音频类素材可以是解说，也可以是音乐、歌曲等。解说是对文字、图形、图像、动画等媒体的解释和说明。音乐可以创设情境，烘托气氛。效果声即音响，必要的音响有助于揭示事物的本质，增强画面的真实感，扩大图像的表达能力等。

音频数据以数字化波形数据为主，数据量大，要求存储空间也大。音频数据有两种检索方法：一种是附加属性或文本描述，这种方式用于检索属性字符或文本数据；另一种是浏览，通过播放音频找出所需要的音频。通常两种办法结合使用。

（4）动画类素材和视频类素材。这两类素材是指在多媒体课件中播放的一种既有声音又有活动画面的素材，当计算机播放一段有声有色的影像文件时，给人的感觉就像欣赏电影。生动直观的视频影像最容易给人留下深刻的印象，也常常受到学生的偏爱。多媒体课件中恰当地选用视频素材，能使课件更富有真实感和感染力，有利于激发学生的学习动机，调动学习的积极性。

动画和视频因为有时间元素，要实时播放，有时还需与声音或文字等同步，所以数据的存储管理较复杂。

总之，素材库数据库既要在一般数据库的基础上增加一些功能，如信息处理和信息显示播放，又要对其用户接口进行改进，如数据模型、体系结构、数据操作等。

4.2 文本素材

文本素材是由字符、数字和汉字组成的文本。文本素材中汉字采用 GB 码统一编码和存储，英文字母和符号使用 ASCII 码编码和存储。文件的格式由所使用的文字处理软件决定，如有 TXT 和 DOC 等。

在多媒体计算机中处理汉字，首先要求在该多媒体计算机中具有汉字系统，所谓汉字系统，就是计算机中处理汉字的软件系统。它包括 3 个方面：一是汉字操作系统，包括汉字信息输入输出管理软件、文字信息处理软件、汉字字库等；二是汉字输入法，是在汉字操作系统支持下，把汉字输入到计算机中所采用的方法，例如全拼拼音输入法、简拼拼音输入法、双拼拼音输入法、五笔字型输入法等；三是汉字编辑软件，用于对文本进行编辑排版，目前较常用的汉字编辑软件有 Word、WPS 及记事本、写字板等。

随着计算机在办公自动化中的应用，尤其是对文本编辑要求的提高，市场上不断地涌现出了许许多多的文字处理软件以及出版、印刷程序和电子排版系统。用户可以方便地使用软件进行文字编辑。还有很多软件很好地将多媒体素材和文本编辑软件结合起来。这些软件所编辑的文本文件大都可以被输入到多媒体的节目当中。但一般多媒体的文本大多直接在制作图形的软件或在多媒体的编辑软件当中一起制作，除了非常特殊的文本效果（如文本变形、旋转、动画）外，多媒体的文本几乎不在纯文本的系统中单独制作。

4.2.1　文本素材的格式

文本素材中汉字采用 GB 码统一编码和存储，英文字母和符号使用 ASCII 码编码和存储。文件的格式由所使用的文字处理软件而决定，如有 TXT 和 DOC 等。

根据所使用的文字处理软件，文本素材主要有如下几种。

（1）Word 文档。Word 文档是国际上通用的办公文本格式，适用于各种办公应用，如文字档案、信函、书籍、简历等。Word 文档可以包括所有的文字字体、大小、段落、表格、特效等格式。Word 处理软件属于微软 Office 办公组件之一。

（2）Web 页。Web 页是目前国际互联网上最通用的文档格式。Web 页也支持丰富的文字格式，如文字字体、文字颜色、文字大小、段落排列、表格等。Web 页的编辑工具主要有 Dreamweaver、FrontPage（微软 Office 办公组件之一）等，同时，Word 2003 以上版本可以将 Word 文档保存为网页形式（name.htm），直接用浏览器浏览。

（3）纯文本。纯文本（.txt）是指在文档中不带任何的文字修饰（包括字型、字号等）、段落、表格、图形图像、声音等，也就是说纯文本中只有文字信息，最多还有换行符。

除此以外，还有很多文本格式，如 rtf 格式、pdf 格式、WordPerfect 格式、WPS 格式等。

4.2.2　文本素材的采集方式

1. 文本输入方法分类

文本数据的输入方法不仅有手工键盘输入，还可以有多种输入方法。计算机获取文本的途径通常有：键盘输入、扫描识别输入、手写识别输入、语音识别输入。

（1）键盘输入。键盘输入是最早使用的输入方法，也是最常用的输入方法之一。如果文本的内容很多，并且是首次创作的，一般会选用键盘输入。键盘输入的优点是，对于首次创作的文本可以方便快捷地输入，且不需任何其他外设。将文字输入到计算机后，用户可按要求将文件存为文本格式，最后载入到课件作品中去。

汉字的键盘输入一般分为字型输入法、拼音输入法和区位码输入法。

① 字型输入法是按照汉字组成结构的不同进行汉字的编码和输入，常用的字型输入法有五笔字型输入法，学习五笔输入法较为困难，但输入速度较快，专业的文字输入人员常使用该方法。

② 拼音输入法是普通用户最常用的输入方法，简单易学，输入速度一般。常用的拼音输入法有智能 ABC、微软拼音输入法、清华紫光拼音输入法等。拼音输入法的缺点在于无法输入不知道读音的汉字。

③ 区位码输入法是按照汉字的 GB 或 Unicode 编码进行输入，由于区位码较难记忆，一般很少采用该输入法。

（2）扫描识别输入。如果用户所输入的原始文本资料是印刷品，可以利用扫描仪对文本进行扫描，以获得文本数据。目前普遍采用的利用扫描仪来识别字符的技术被称为光学字符识别技术（OCR）。OCR 系统是由一台扫描仪和一台与其相连的计算机，以及与其配套的一些驱动和识别软件所构成的。现在采用的扫描仪主要有手持式扫描仪和平板式扫描仪两种，这两种扫描仪都能完成对文本进行扫描的工作。但平板式扫描仪的扫描效果以及识别准确率均高于手持式扫描仪。

目前国内有多家公司研制 OCR 多体中英文混排印刷文本识别系统，可识别多种字体、多种字号的中英文混排资料，识别正确率达 98%以上。如尚书 SH-OCR 系统、清华文通 TH-OCR 系统等。

扫描识别输入的优点是对于文字量大的印刷品或者比较工整的手写稿有较高的输入速度。

（3）手写识别输入。手写识别是近些年开发的输入方法，由一块和计算机相连的手写板以及一支手写笔组成。它适合于对计算机操作不太熟悉和不会输入法的用户。手写识别输入的优点是容易掌握，缺点是输入速度较其他输入法慢。

（4）语音识别输入。语音识别输入是一支后起之秀，比手写输入更容易掌握。如果用户有一口比较标准的普通话，再经过计算机语音识别训练之后，即可进行语音输入了。语音识别的优点是方便快速，使用简单，但使用者要使用普通话，其次是语气要求平稳，音量保持基本一致等。

以上 4 种方法是文本输入最基本的方法。通过上述 4 种方法所得到的文本资料能够在现有的多媒体系统中广泛地加以使用。

2. 使用 Office 的语音输入

Word 2003 以上版本支持语音输入法，下面介绍 Office 语音输入功能的安装、调试和使用等常用操作。

（1）安装语音输入功能。用户在安装 Microsoft Office 的时候请选择【完全安装】选项，则语音输入会与其他功能一起安装到计算机上，如图 4.1 所示。

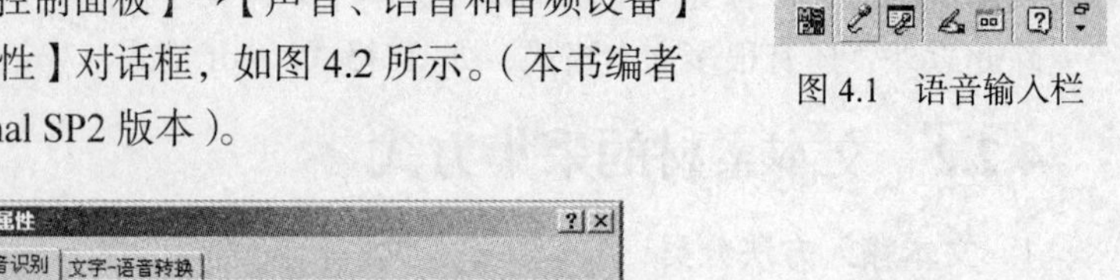

图 4.1　语音输入栏

（2）训练语音识别。使用【控制面板】→【声音、语音和音频设备】→【语音】命令，打开【语音属性】对话框，如图 4.2 所示。（本书编者使用的是 Windows XP Professional SP2 版本）。

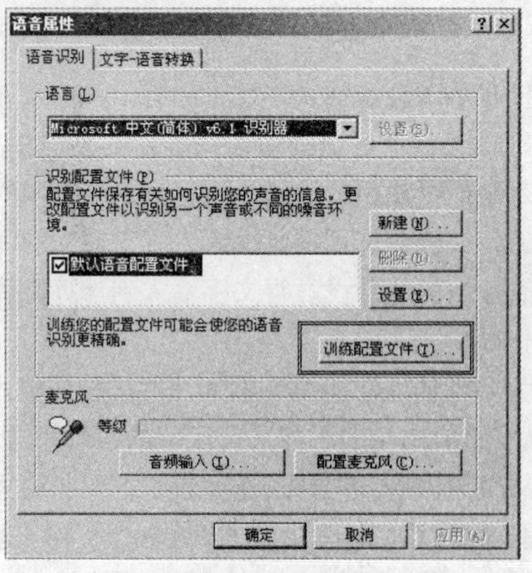

图 4.2　语音属性

单击【训练配置文件】按钮开始进行语音训练，按照提示，依次单击【下一步】按钮，直到出现如图 4.3 所示的训练对话框，此时，用户对着麦克风念出对话框中的句子，计算机正确识别的词语将被自动选中，如果某个词语一直无法被计算机识别，单击【跳过单词】按钮暂时跳过。

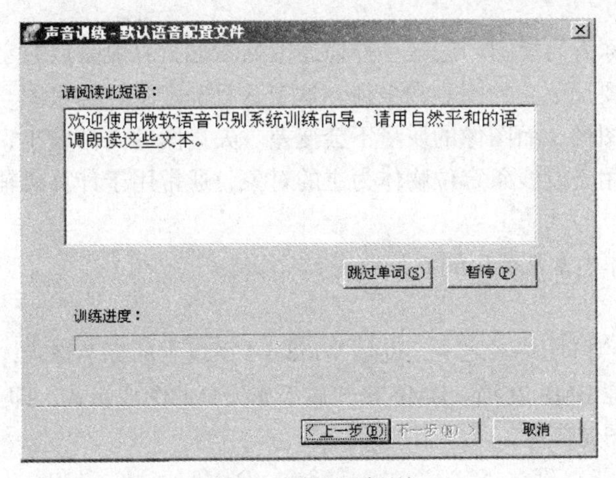

图 4.3　语音识别训练

训练完毕后，单击【完成】按钮，结束本次训练。

（3）使用语音输入。打开“微软拼音输入法”，依次选中工具栏上的【麦克风】和【听写模式】按钮，打开语音输入，进入听写模式，如图 4.4 所示。如果没有【听写模式】图标，请在【麦克风】按钮上单击鼠标右键，然后选择【任务栏中的其他图标】选项即可。

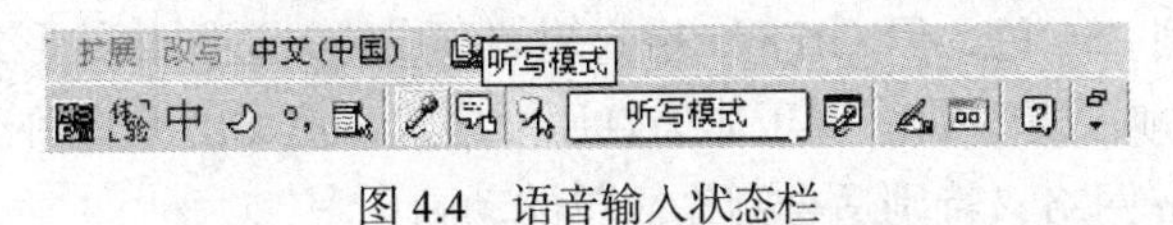

图 4.4　语音输入状态栏

打开 Word 文档，将光标定位在文档中合适的位置上，对着话筒说出要输入的内容，如图 4.5 所示。如果用户觉得前面的语音练习效果不太好，可以重新测试。进入【控制面板】，打开【语音】选项卡，单击其中的【训练配置文件】按钮，可重新进行语音练习，直到识别效果满意为止。

图 4.5　正在进行语音输入

不同的文本素材格式之间是可以相互转化的。例如，doc 文件可以转换成 pdf 文件或 html 文件。

4.3　图形图像素材

4.3.1　图形图像的基本知识

图形图像可以分为位图图像和矢量图形两种。

（1）位图图像又叫栅格图像，是由许多像素点组成的，位图也被称为点阵图，每个点的单位称为“像素”。它的特点是有固定的分辨率，图像细腻平滑，清晰度高。但是当我们扩大或缩小位图时，由于像素点的扩大或位图中像素点数目的减少，会使位图的图像质量变差，图像参差不齐，模糊不清。

（2）矢量图又被称为向量图。它是一种描述性的图形，一般是以数字方式来定义直线或曲线的，如一个圆。只要记下它的圆心和半径，这个圆就确定了。矢量图与图像的分辨率无关，可以随意扩大或缩小图像，而图像的质量不会变差。矢量图的文件较小，但描述精细影像时很困难，因此矢量图适用于以线条定位物体为主的对象，通常用于计算机辅助设计与工艺美术设计等。

以下是在图像制作中常常会用到的几种基本图像格式。

1. BMP

BMP 是最普遍的点阵图格式之一，也是 Windows 系统下的标准格式，利用 Windows 的“画笔”绘图，保存的就是 BMP 文档。BMP 格式属于非失真的图像格式，即保存为 BMP 格式的图像文件不会丢失任何图像信息。

2. PCX

PCX 是 MS-DOS 下常用的格式，在 Windows 应用软件尚未普及时，MS-DOS 下的绘图，排版软件多用 PCX 格式，从最早的 16 色，发展至今已可达 1677 万色。

3. GIF

GIF 是 Graphics Interchange Format 的简写，是 Compuserve 公司所制订的格式，因为 Compuserve 公司开放使用权限，所以广受应用，且适用于各式主机平台，各软件皆能支持，现今的 GIF 格式仍只能达到 256 色，但 GIF89a 格式能储存成背景透明化的形式，并且可以将数张图存成一个文件，形成动画效果。GIF 属于非失真压缩格式，但 GIF 只允许 256 色，文件比较小，因而被广泛应用于 Web 网络，特别适合制作简单的动画。

4. JPEG

JPEG 是一种高效率的压缩文件，能够将对人眼不太敏感的图像信息删除，以节省存储空间，这些被删除的数据无法在解压时还原，输出成印刷品时品质会受到影响，这种类型的压缩文件，属于“失真压缩”或“破坏性压缩”，因此 JPEG 格式不适合用于保存高品质的图像文件，但由于其具有不错的图像质量和较高的压缩率而广泛应用于 Web 网络。

5. TIFF 与 EPS

TIFF 和 EPS 格式都包含两个部分，第一部分是屏幕显示的低分辨率影像，方便影像处理时的预览和定位，而另一部分包含各分色的单独数据，TIFF 常被用于彩色图片的扫描，是以 RGB 的全彩模式存储，而 EPS 是以 DCS/CMYK 的形式存储，文件中包含 CMYK 4 种颜色的单独数据，可以直接输出四色图片。

6. PSD

PSD 是 Adobe Photoshop 的专用格式，可以储存成 RGB 或 CMYK 模式，PSD 格式可以将不同的部分以层（Layer）分离存储，便于修改和制作各种特效。

以上格式都是在制作素材中常常用到的几种图像格式，基础图像获取后，往往是以这些格式存储。不同的领域和具体的应用对图像质量的要求会有很大的不同，用户可以根据需要选择合适的格式进行保存，比如若制作的是网络课件素材，那么在软件中制作好素材后，必须将其转换成网上能直接浏览的格式，即 JPEG 或 GIF 格式。一般的图像制作软件都能实现多种图像格式的转换，只需换一种格式存盘。

4.3.2　图形图像的描述参数

分辨率是和图像相关的一个重要概念，它是衡量图像细节表现力的技术参数。分辨率的种类有很多，其含义也各不相同。正确理解分辨率在各种情况下的具体含义，弄清不同表示方法之间的相互关系，是至关重要的。

1. 图像分辨率

图像分辨率（Image Resolution）：指图像中存储的信息量。这种分辨率有多种衡量方法，典型的是以每英寸的像素数（ppi）来衡量。图像分辨率和图像尺寸的值共同决定文件的大小及输出质量，该值越大，图形文件所占用的磁盘空间也就越多。图像分辨率以比例关系影响着文件的大小，即文件大小与其图像分辨率的平方成正比。如果保持图像尺寸不变，将图像分辨率提高 1 倍，则其文件大小增大为原来的 4 倍。

2. 扫描分辨率

扫描分辨率：指在扫描一幅图像之前所设定的分辨率，它将影响所生成的图像文件的质量和使用性能，它决定图像将以何种方式显示或打印。如果扫描图像用于 640×480 像素的屏幕显示，则扫描分辨率不必大于一般显示器屏幕的设备分辨率，即一般不超过 120dpi。但大多数情况下，扫描图像是为了在高分辨率的设备中输出。如果图像扫描分辨率过低，会导致输出的效果非常粗糙。

3. 屏幕分辨率（Screen Resolution）

指的是打印灰度级图像或分色图像所用的网屏上每英寸的点数。这种分辨率通过每英寸的行数（LPI）来表示。

4. 图像的位分辨率

图像的位分辨率（Bit Resolution）：又称位深，是用来衡量每个像素储存信息的位数。这种分辨率决定可以标记为多少种色彩等级的可能性。一般常见的有 8 位、16 位、 24 位或 32 位色彩。有时人们也将位分辨率称为颜色深度。所谓“位”，实际上是指“2”的平方次数，8 位即是 2 的八次方，也就是 8 个 2 相乘，等于 256。 所以，一幅 8 位色彩深度的图像，所能表现的色彩等级是 256 级。

5. 设备分辨率

设备分辨率（Device Resolution）：又称输出分辨率，指的是各类输出设备每英寸上可产生的点数，如显示器、喷墨打印机、激光打印机、绘图仪的分辨率。这种分辨率通过 dpi 来衡量，目前，PC 显示器的设备分辨率在 60 至 120dpi 之间，而打印设备的分辨率则在 360 至 1440dpi 之间。

4.3.3　图像素材的获取

要制作各式各样的精彩图片，就需要大量的基础图像素材，也就是在图像制作中所说的材质库。那么这个材质库如何充实起来呢？下面介绍几种获取基础图像的方法。

1. 使用扫描仪扫入图像

通过扫描仪可将各种照片、美术作品扫描成单色、灰度色或彩色等不同格式的图像文件，并可利用多种图像处理软件对图像文件进行修饰和编辑。若用户已有纸质的图片资料，则扫描是获取图像最简单的方法。Photoshop 在其文件菜单中提供了直接输入扫描成品的功能。

2. 使用数码照相机拍摄

数码照相机（Digital Camera）是一种数字化存储的照相设备，相对于传统的照相机，它可将所拍摄的照片以数字化图像文件的格式存储在磁盘或 Flash 存储器中。

数码照相机中一般安装了图像处理芯片和可擦写的 Flash 存储器。图像处理芯片用于将光学图像转换为数字图像，并编码保存为某一种图像格式，如 BMP 或 JPEG 格式。存储器则用来存储图像文件，高清晰度的图像文件会比较大，能存储的图像的数目也就少一些。当存储器无法存储更多的图像时，用户可以通过数据线将数码照相机中的图像文件拷贝到计算机中进行保存，也可以进一步使用图像编辑软件进行编辑修改，或刻录为光盘保存。

数码照相机的一个重要指标是清晰度，如 600 万像素的数码相机拍摄的图像只能包含 600 万个像素，如果图像大小比例为 4∶3，则最清晰的图片大约为 2816×2112 像素。

3. 利用绘图软件创建

图形图像的制作还可以利用相关的工具软件如 Photoshop、CorelDraw、Fireworks 等进行。不同领域的用户对图形图像的要求会不一样，使用的制作工具会有很大的差别。

（1）Photoshop 工具简介。Photoshop 是一款使用最广泛的优秀图像编辑工具，它是美国 Adobe 公司推出的图像处理软件。Adobe Photoshop 诞生于 20 世纪 80 年代末期，由 Michigan 大学的一位研究生 Thomas Knoll 创建，它的诞生导致了一场图像出版业的革命。Photoshop 从最初的版本发展到今天已到了 CS5。

Photoshop 灵活直观，所见即所得，提供了强大的编辑功能和大量的专业的滤镜插件，且支持几乎所有的图像格式，是图形图像处理方面性能卓越的软件之一。

（2）Fireworks 工具简介。Fireworks 是一种专门针对 Web 图像设计而开发的软件，可以制作高品质的 GIF 和 JEPG 图像，且操作容易，可将编辑、制作与优化网页图形融为一体，同时将矢量图形处理和位图图像处理合二为一。用 Fireworks 所生成的图像，其色彩也完全符合 Web 标准。

Fireworks 不仅可以生成静态的图像，还可以直接生成包含 HTML 和 JavaScript 代码的动态图像，甚至可以编辑整幅的网页，从而实现丰富多彩的网页动态效果，避免了用户学习 HTML 和 JavaScript 等语言的麻烦。

（3）CorelDraw 工具简介。CorelDraw 是 Corel 公司出品的矢量图形制作工具软件，它既是一个大型的矢量图形制作工具软件，也是一个大型的工具软件包。该图形工具给设计师提供了矢量动画、页面设计、网站制作、位图编辑和网页动画等多种功能。

CorelDraw 的特点在于其对矢量图形的处理能力，最新的 CorelDraw 套件还新增了 Corel PowerTRACE 应用程序，可精确地将位图转换矢量图。

4. 购买素材光盘

目前图像素材很多，其内容广泛，质量精美，存储在 CD-ROM 光盘上可供选择。

5. 其他图像输入设备的输入

数码摄像机、视频头、视频捕获卡等，可进行视频图像捕获。

4.3.4 Photoshop 制作实例

使用 Photoshop 制作雪景效果。

（1）执行【文件】→【打开】命令，打开一幅图像，如图 4.6 所示。

（2）按【D】键，恢复默认的前景色和背景色。单击【图层】面板底部的【创建新图层】按钮，新建【图层 1】。

（3）选取工具箱中【油漆桶工具】，设置其工具属性参数如图 4.7 所示。移动光标至【图层 1】的图像窗口，单击鼠标左键，填充前景色。

图 4.6　打开的图像

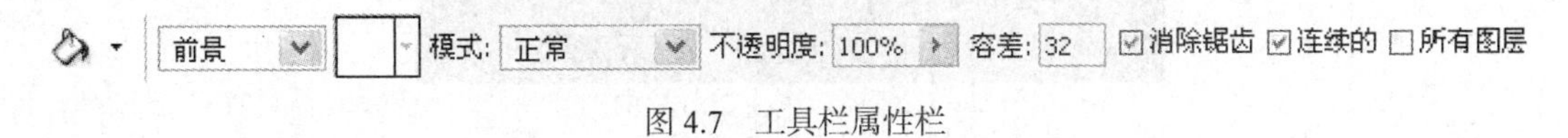

图 4.7　工具栏属性栏

（4）执行【滤镜】→【杂色】→【添加杂色】命令，弹出【添加杂色】对话框，设置各选项参数如图 4.8 所示，单击【确定】按钮，图像应用滤镜后的效果如图 4.9 所示。

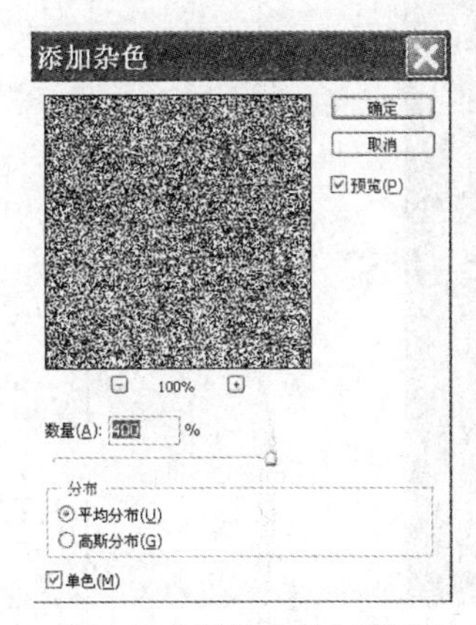

图 4.8 【添加杂色】对话框

图 4.9　图像添加杂色效果

（5）执行【滤镜】→【其他】→【自定】命令，弹出【自定】对话框，设置各项参数如图 4.10 所示，单击【确定】按钮，图像效果如图 4.11 所示。

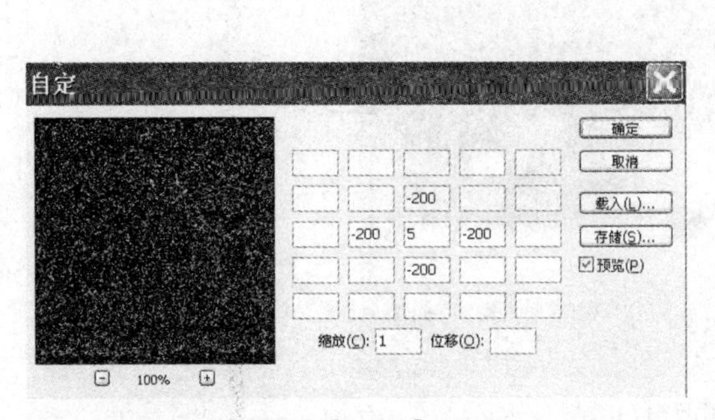

图 4.10 【自定】对话框

图 4.11　图像效果

（6）选取工具箱中的【矩形框工具】，移动光标至图像窗口，单击鼠标左键并拖曳，创建一个矩形选区，如图 4.12 所示。

图 4.12 创建的选区

（7）把矩形框扩大到整个图像区，效果如图 4.13 所示。

图 4.13 变换的图像

（8）观察图像窗口效果如图 4.14 所示。

图 4.14 图像窗口效果

（9）依次执行【滤镜】→【模糊】→【动感模糊】命令，弹出【动感模糊】对话框，设置【角度】值为 68 度，【距离】值为 10 像素，单击【确定】按钮，图像应用滤镜后，飘动的雪景就完成了，效果如图 4.15 所示。

图 4.15　雪景效果

4.4 动画素材

计算机动画是计算机图形学和艺术相结合的产物，它为人们提供了一个展示个人想象力和艺术才华的新天地。计算机动画是指采用图形与图像的处理技术，借助于编程或动画制作软件生成一系列的景物画面，其中当前帧是前一帧的部分修改。计算机动画是采用连续播放静止图像的方法产生物体运动的效果。目前，计算机动画在影视特技、广告、游戏、计算机辅助教学、网站及科研的模拟等领域得到了广泛的应用。

4.4.1 计算机动画基本知识

所谓动画是使一幅图像"动"起来。使用动画可以清楚地表现出一个事件的过程，或是展现一个活灵活现的画面。动画是基于人的视觉原理创建的运动图像，在一定时间内连续快速观看一系列连续的静止画面时，会在视觉上产生连续动作的感觉。每个单幅画面称为帧。

实验证明：动画和电影的画面刷新率为 24 帧/s，即每秒放映 24 幅画面，则人眼看到的是连续的画面效果。

计算机动画主要涉及几何造型技术和图像处理技术。几何造型技术通常用于三维动画的制作，技术复杂，开发周期长，成本高；而基于图像处理的制作方法，是在已有的图像数据的基础上进行处理而生成动画。

目前的计算机动画主要研究运动控制和渲染技术。早期的动画属于逐帧动画，即动画的每一帧都是制作者画出的，工作量非常大。利用运动控制技术，制作者只需要制作其中的关键帧、对象造型等，然后计算机将根据一定的运动规则在这些关键帧和对象的基础上生成一系列的图像序列，如球的弹跳、火焰飘动等。渲染技术则主要包括光照和纹理，光照技术是利用计算机模拟自然界中光对物体的照射来体现动画对象的立体效果，而纹理技术是通过给动画对象的表面添加一些细节来增强真实感，如大理石表面、木质、水纹等纹理。

三维动画是计算机动画中的难点，它需要非常强大的软件和硬件条件。一直以来，在计算机影视特技领域中，SGI 所生产的 SGI 图形工作站是最好的三维与视觉特技的硬件平台，它提供了非常强大的图形工作能力，结合 SoftImage 3DS Max、MAYA 等软件可以制作出非常精美的三维动画。目前，随着 PC 运算速度的不断提高，PC 上也可以运行三维动画的编辑制作软件了，如 3ds Max 等，三维动画制作逐渐开始普及，并得到了广泛的应用，如虚拟现实、3D 游戏等。

4.4.2 计算机动画分类

计算机动画一般分为二维动画和三维动画两类。

二维动画：二维动画是平面上的画面，是对手工传统动画的一个改进。通过输入和编辑关键帧，计算和生成中间帧，定义和显示运动路径，交互式给画面上色，产生一些特技效果等，实现画面与声音的同步。当前二维动画制作软件很多，具有代表性的是 Flash。

三维动画：三维动画，又称 3D 动画，是近年来随着计算机软硬件技术的发展而产生的一种新兴技术。画中的景物有正面、侧面和反面，调整三维空间的视点，能够看到不同的内容。

三维动画软件在计算机中首先建立一个虚拟的世界，设计师在这个虚拟的三维世界中按照要表现的对象的形状、尺寸建立模型以及场景，再根据要求设定模型的运动轨迹、虚拟摄影机的运动和其他动画参数，最后按要求为模型赋上特定的材质，并打上灯光。当这一切完成后，就可以让计算机自动运算，生成最后的画面。制作三维动画首先要创建物体和背景的三维模型，然后让这些物体在三维空间里动起来，可移动、旋转、变形、变色等。再通过三维软件内的“摄影机”去拍摄物体的运动过程，当然，也要打上“灯光”，最后生成栩栩如生的画面。制作三维动画需要大量时间，为了获得更高的效率，通常将一个项目分为几个部分，特别对于那些投资巨大的制作。这就使分工合作显得非常重要，很少见到一个像样的三维动画由一位设计者独立完成。有很多三维软件是在工作站或苹果电脑上使用的，但随着 PC 机性能的不断提高，Autodesk 公司推出了 3D Studio MAX，由于 3D Studio MAX 功能强大，并较好地适应了国内 PC 机用户众多的特点，被广泛运用于三维动画设计、影视广告设计、室内外装饰设计等领域。

4.4.3 动画的基本原理

1. 视觉暂留

1829 年，比利时的物理学家约瑟夫·普拉多亲自尝试了一个实验：对着中午刺目的太阳凝视了 25 秒，结果他的眼睛看不见东西。这样，他不得不在暗室里休息了好几天，这段时间，他一直感到那光亮的太阳影子时时在眼中。由此，普拉多得出结论：人眼看外界的景物，留在视网膜上的印象，并不随外界景物的停止刺激而立即消失，而是保留一段时间。实际上人眼在观察景物时，光信号传入大脑神经，需经过一段短暂的时间，光的作用结束后，视觉形象并不立即消失，这种残留的视觉称“后像”，视觉的这一现象被称为“视觉暂留”。它是光对视网膜所产生的视觉在光停止作用后仍保留一段时间的现象，其与诸多因素有关，通过大量的实验表明约为 50 毫秒。动画、电影等视觉媒体的形成和传播都是以此为根据的。

2. 动画原理

动画是将静止的画面变为动态的艺术。实现由静止到动态，主要是靠人眼的视觉暂留效应。利用人的这种视觉生理特性可制作出具有高度想象力和表现力的动画影片。

传统的动画影片是画师用手工绘制后，再由摄影师拍摄而产生的。如上海美术电影制片厂出品的动画影片《大闹天宫》，其前期绘画就用了几年的时间，画面也多达十几万幅。手工制作动画时，可先由有经验的画师绘出关键的画面，关键画面之间的过渡画面由年轻的画师来完成。手工画完成后逐帧拍成电影胶片，通过放映机连续播放，就完成了动画。计算机技术的发展，使得我们不需要手工完成过渡画面，只需要设计出关键帧，再由计算机自动完成关键帧之间的画面即可，速度快，效率高。

3. 计算机动画

计算机是物体在一定的时间内发生的变化过程，包括动作、位置、颜色、形状、角度等的变化，在电脑中用一幅幅的图片来表现这一段时间内物体的变化，每一幅图片称为一帧，当这些图片以一定的顺序连续播放时，就会给人以动画的感觉。利用计算机设计动画，通常首先要设置帧频，也就是动画播放的速度，以每秒播放的帧数为度量。帧频太慢，会使动画看起来一顿一顿的，不流畅；帧频太快，会使动画的细节变得模糊。在 Web 上，每秒 12 帧（12fps）的帧频通常会得到最佳的效果。电影机放映的速度是每秒钟 24 幅（格）。

4.4.4 动画素材的常见格式

电脑动画的应用比较广泛，由于应用领域不同，其动画文件也存在着不同类型的存储格式。如 3DS 是 DOS 系统平台下 3D Studio 的文件格式；U3D 是 Ulead COOL 3D 文件格式；GIF 和 SWF 则是我们最常用到的动画文件格式。下面介绍一下目前应用最广泛的几种动画格式。

1. GIF 格式

GIF 图像由于采用了无损数据压缩方法中压缩率较高的 LZW 算法，文件尺寸较小，因此被广泛采用。GIF 动画格式可以同时存储若干幅静止图像，并进而形成连续的动画，目前 Internet 上大量采用的彩色动画文件多为这种格式的 GIF 文件。

2. FLIC 格式

FLIC 是 Autodesk 公司在其出品的 Autodesk Animator / Animator Pro / 3D Studio 等 2D/3D 动画制作软件中采用的彩色动画文件格式，FLIC 是 FLI 和 FLC 的统称，其中，FLI 是最初的基于 320×200 像素的动画文件格式，而 FLC 则是 FLI 的扩展格式，采用了更高效的数据压缩技术，其分辨率也不再局限于 320×200 像素。FLIC 文件采用行程编码（RLE）算法和 Delta 算法进行无损数据压缩，首先压缩并保存整个动画序列中的第一幅图像，然后逐帧计算前后两幅相邻图像的差异或改变部分，并对这部分数据进行 RLE 压缩，由于动画序列中前后相邻图像的差别通常不大，因此可以得到相当高的数据压缩率。它被广泛用于动画图形中的动画序列、计算机辅助设计和计算机游戏应用程序。

3. SWF 格式

SWF 是 Macromedia 公司的产品 Flash 的矢量动画格式，它采用曲线方程描述其内容，而不是由点阵组成内容，因此这种格式的动画在缩放时不会失真，非常适合描述由几何图形组成的动画，如教学演示等。由于这种格式的动画可以与 HTML 文件充分结合，并能添加 MP3 音乐，因此被广泛地应用于网页上，成为一种“准”流式媒体文件。

4. AVI 格式

AVI 是对视频、音频文件采用的一种有损压缩方式，该方式的压缩率较高，并可将音频和视频混合到一起，因此尽管画面质量不是太好，其应用范围仍然非常广泛。AVI 文件目前主要应用在多媒体光盘上，用来保存电影、电视等各种影像信息，有时也出现在 Internet 上，供用户下载、欣赏新影片的精彩片段。

5. MOV、QT 格式

MOV、QT 都是 QuickTime 的文件格式。该格式支持 256 位色彩，支持 RLE、JPEG 等领先的集成压缩技术，提供了 150 多种视频效果和 200 多种 MIDI 兼容音响和设备的声音效果，能够通过 Internet 提供实时的数字化信息流、工作流与文件回放，国际标准化组织（ISO）最近选择 QuickTime 文件格式作为开发 MPEG4 规范的统一数字媒体存储格式。

4.4.5 三维动画技术

三维动画在课件素材中所占比重很大，它能形象真实地表现课件主题，并且能够虚拟现实的三维景象。

三维动画的制作需计算机硬件和软件的支持。硬件中对主机的要求较高，主机有工作站和个人机之分。三维动画的工作量很大，对分辨率、色彩要求都很高，因此最初在工作站上运行。后来，软件公司开发了用于个人机上的动画软件，PC 机上也诞生了三维动画。除主机和一般图形输入设备之外，硬件中还需要配备图形扫描仪等输入设备和记录胶片等输出设备。

三维动画的生成包括以下 6 个过程。

（1）建立物体模型。也称为造型，包括多边形造型和曲面造型两种，多边形造型是指由平面基本图形经各种变换形成物体的几何模型，曲面造型是以非均匀样条曲面形成物体的几何模型。

（2）物体表面真实感。实际物体在不同环境下呈现不同的光色效果，在计算机动画中，需要合理设计光源、纹理以及光照模型，为真实表现物体提供工具。

（3）动画设置。动画设置也称为物体运动模型，是指确定每个物体的位置、相互关系、建立它们运动轨迹和形体变异的规律，动画设置方法有关键帧法、运动路径法和物体形变法等。

（4）骨骸选型。骨骸选型可被方便地用来模拟人体、机器人等的运行和变形。只需将骨骸和物体联结在一起，然后设置动画，则系统应能自动计算各关节的运动轨迹和状态，并自动计算物体表面的各种形变。

（5）图像生成。在造型、真实感和动画设计后，需计算物体表面的光效果，生成图像，图像生成方法常用的有光线投射法和光线追踪法。

（6）输入输出

通过摄像输入口可把摄相机拍摄到的连续画面输入计算机作为背景，也可通过扫描仪或绘图软件输入静态图像作为背景和贴图，在输出上，可生成静态图像和动画，在有关硬件的配合下，可输出。

上面的 6 个过程只是一个系统的概括，在实际工作中，每一步都有大量的工具、技巧可以使用。

要生成三维动画，可以直接创造三维实体，也可以利用二维图形放样而得。一个简单的三维实体，经扭曲、拉伸、锥化、偏斜等形变可以产生意想不到的效果。为实体赋予材质、贴图时，除了系统提供的素材，用户还可以发挥丰富的想象力自己修改、合并和创造新材料。至于环境中的灯光、大气以及摄像机的观角，它们所能提供的渲染、烘托效果更是变幻无穷的。而动画生成的过程中，物体运动中的层级设置、运动方向、运动连动性更是动画优秀与否的重要指标。甚至在动画的输出过程中，不同的输出方式也会带来不同的效果。

4.4.6 常用动画制作工具简介

1. Cool 3D 创建文字标题动画

Cool 3D 是友立公司（Ulead）推出的三维 Web 图形和动画制作工具，利用它可以轻松为简报/视频和 Web 创建极具冲击力的、动态的三维标题和图形。Ulead Cool 3D 提供了炫目的外挂特效、三维几何形状、强大的矢量对象编辑能力和单独的三维矢量编辑器（EnVector 模块），还可以将动态三维矢量图形导出为 Macromedia Flash（*.SWF）文件。本节主要介绍 Ulead Cool 3D 3.5。

2. Flash 创建二维动画

Flash 是 Macromedia 公司出品的用在互联网上的动态可交互二维动画制作软件（目前已被 Adobe 公司收购，并推出了 CS3 版本）。从简单的动画到复杂的交互式 Web 应用程序，它都可以创建，其优点是体积小，可边下载边播放，这样就避免了用户长时间的等待。通过添加图片、声音和视频，Flash 应用程序生成丰富多彩的多媒体图形和界面，文件的体积却很小。Flash 虽不可以像一门语言一样进行编程,但用其内置的 ActionScript 语句可以做出交互性很强的主页。在 Flash 中创作时，是在 Flash 文档（即保存时扩展名为 FLA 的文件）中工作。在准备部署 Flash 内容时发布它，同时会创建一个扩展名为 SWF 的动画播放文件，当然 Flash 也支持很多其他输出格式。

由于 Flash 具有优秀的媒体素材整合能力和强大的互动编程能力，加之短小精悍，现在已被广泛地应用于网站建设、游戏开发、课件开发、手机动画等各种交互多媒体开发应用中。

3. 3D Studio MAX 创建三维动画

3D Studio Max 是 Autodesk 公司的子公司 Discreet 推出的面向个人计算机的三维动画制作软件。3ds Max 前身是最早出现在 DOS 操作系统的 3D Studio，随着 Windows 操作平台的普及，Autodesk 公司在 1996 年以 3D Studio 为基础推出了一流的三维建模和动画系统，它就是 3ds Max，其在动画、广告、影视、工业设计、建筑设计、装饰设计、多媒体制作等领域得到了广泛的应用。本节主要介绍 3ds Max 8，它在原有版本的基础上进行了全面的优化，工作界面更加简洁、灵活，在建模方法、材质与贴图设置、灯光和动画渲染等方面都有重大的改进。

虽然在 3DS MAX 中已有许多创建图画的工具，但这并不是创建图画的唯一途径。通过 3DS MAX 的强大功能，大家可以用 Adobe Illustrator 和 AutoCAD 这样的专业绘图软件或 CAD 软件包创建二维图形，再输入到 3DS MAX 中。因为这类专用的插图、绘图软件包在绘制图形方面功能很强，充分使用这些软件包的功能可以使工作事半功倍，所以，为 3DS MAX 配置性能良好的输入设备也是必要的。

3ds Max 8 是一个以时间为基础的动画软件，它自动测量时间并按 1/4800s 来存储动画值。根据工作需要的不同，可选择不同的方式来显示时间，包括使用传统的帧数锁定方式，但 3ds Max 8 只有在渲染输出时才产生帧，所以不存在传统动画方式的限定帧数问题。

在 3ds Max 8 中，只需创建记录每个动画序列的起始、结束和关键的帧。这些关键的帧即被称为“关键帧”——动画中对象的运动属性被记录的一系列连续或不连续帧序列。未被记录运动属性的帧，将参照关键帧对物体运动属性的定义，通过计算机得到物体的运动轨迹。在 3ds Max 8 中可将场景中对象的任意参数进行动画记录，当对象的参数被确定后，就可通过渲染器完成每一帧的渲染工作，从而生成高质量的动画。

4.4.7 Flash 制作实例

用 Flash 制作跳动的小球。

操作步骤如下所述。

（1）创建新文档。启动 Flash，创建新文档，大小为默认值。

（2）设置背景颜色。在【属性】选项卡中的【背景】选项，单击黑色的三角图标，背景颜色设置为黄色，如图 4.16 所示。

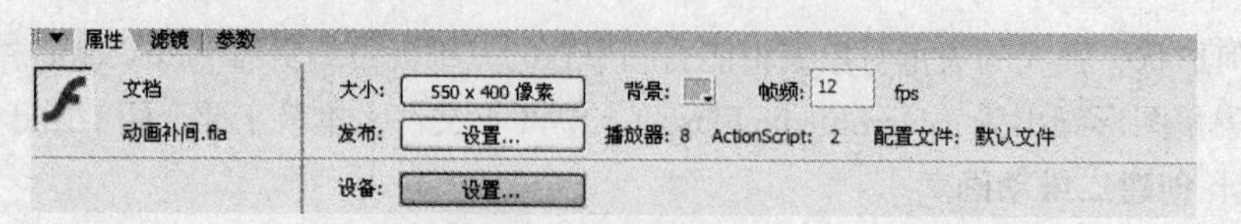

图 4.16　属性设置

（3）把素材图片导入到库。执行【文件】→【导入】→【导入到库】命令，可将素材图片导入到库中。

（4）把图片拉到工作窗口中，然后单击鼠标右键，分离图片，如图 4.17 所示。

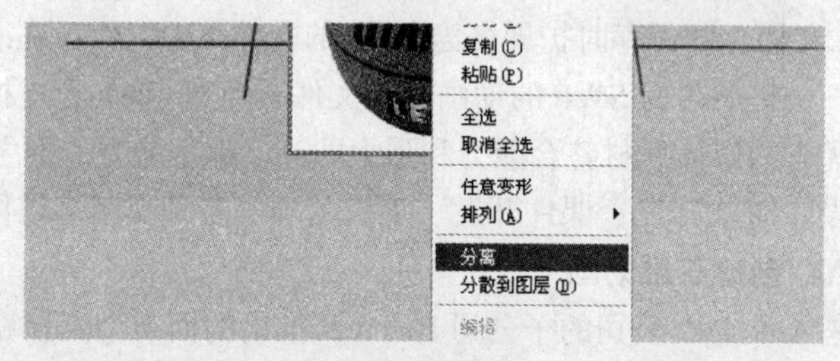

图 4.17　分离图片

（5）用【橡皮擦工具】把多余的颜色擦除，然后单击鼠标右键，把图片转换成图形元件，如图 4.18 和图 4.19 所示。

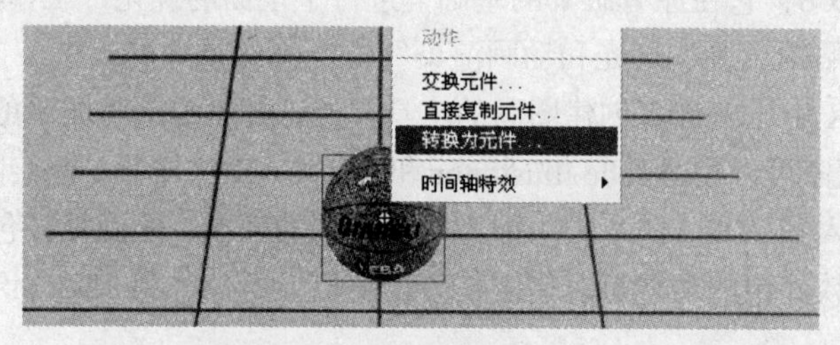

图 4.18　转换元件

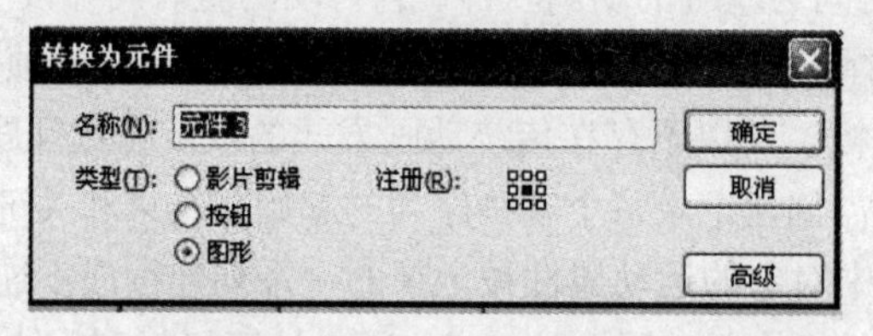

图 4.19　转换元件窗口

（6）在图层一中用【笔刷工具】绘制一幅图片，如图 4.20 所示，作为球跳动的背景。

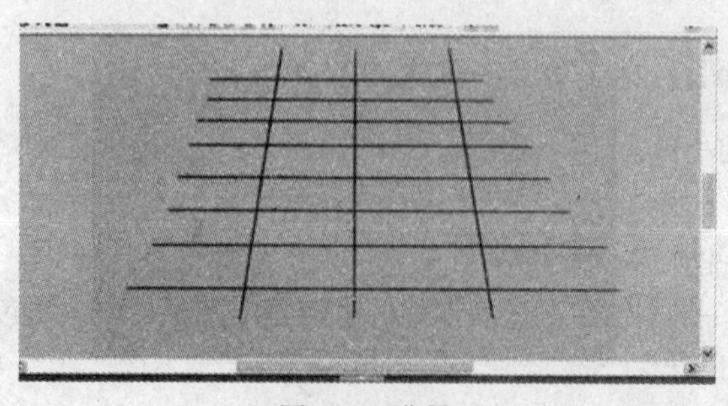

图 4.20　背景

（7）新建一个图层，点击时间轴的第一帧，从库面板中把元件拉到工作窗口中，调整元件的位置，如图 4.21 所示。

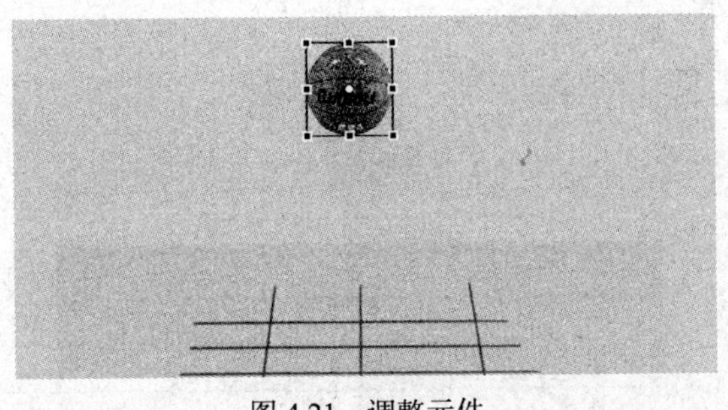

图 4.21　调整元件

（8）单击时间轴第 12 帧，按【F6】键，插入关键帧，调整元件的位置，如图 4.22 所示。

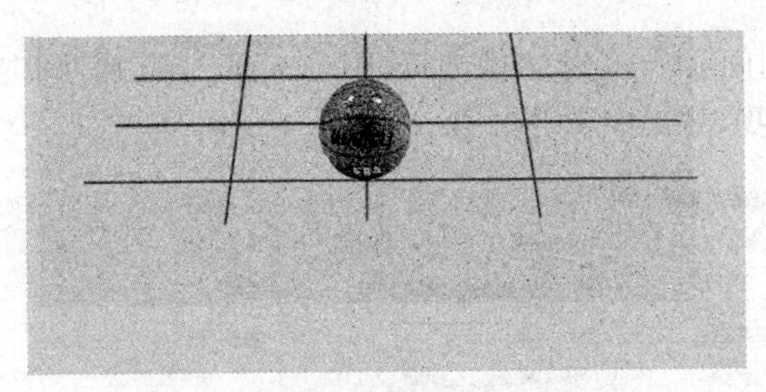

图 4.22　调整元件位置

（9）单击图层二时间轴上 1 到 12 帧之间的任意一帧，在【属性】选项卡中的【补间】下拉列表中选择【动画】选项，如图 4.23 所示。

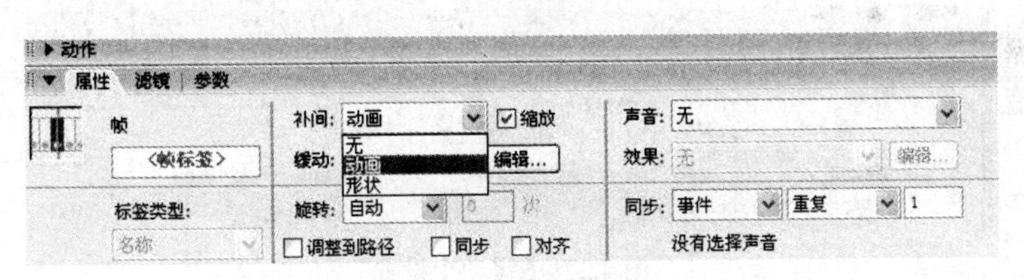

图 4.23　补间设置

（10）由于球是从上落下，设置【缓动】为【-60%】，如图 4.24 所示。

图 4.24　【缓动】设置

（11）单击图层二第 15 帧，按【F6】键插入关键帧，点击【任意变形工具】，然后点击元件，把球变扁平。

（12）单击图层二第 18 帧，按【F6】键插入关键帧，点击【任意变形工具】，然后点击元件，把球变回原形。

（13）单击图层二第 30 帧，按【F6】键插入关键帧，调整元件的位置，使它的高度比第一帧的高度低，如图 4.25 所示。

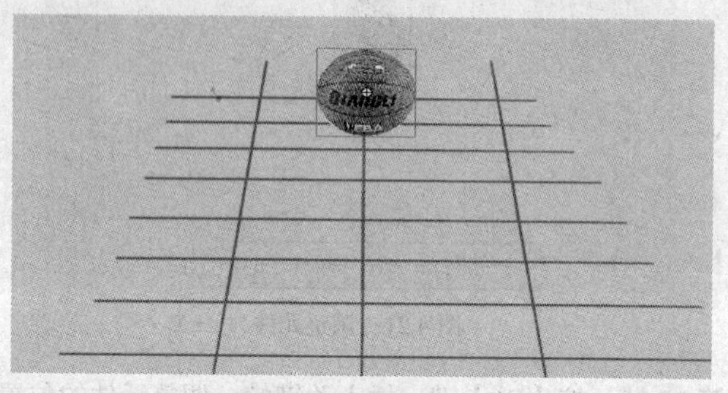

图 4.25 调整位置

（14）单击图层二时间轴中 18 到 30 帧之间的任意一帧，在【属性】选项卡中的【补间】下拉列表中选择【动画】选项，如图 4.26 所示。

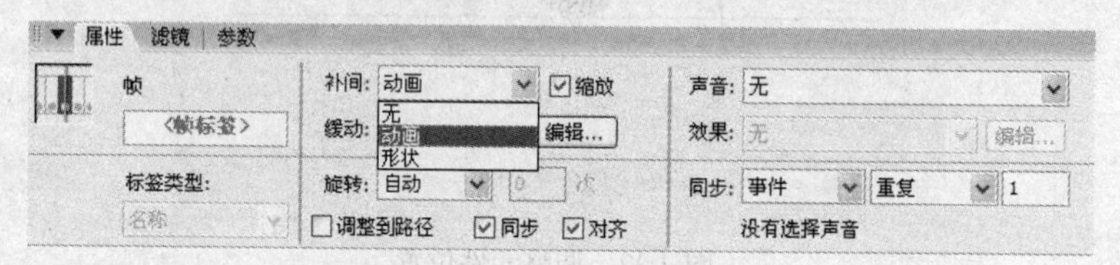

图 4.26 【补间】设置

（15）由于是向上反弹，把【缓动】设置为【60%】，如图 4.27 所示。

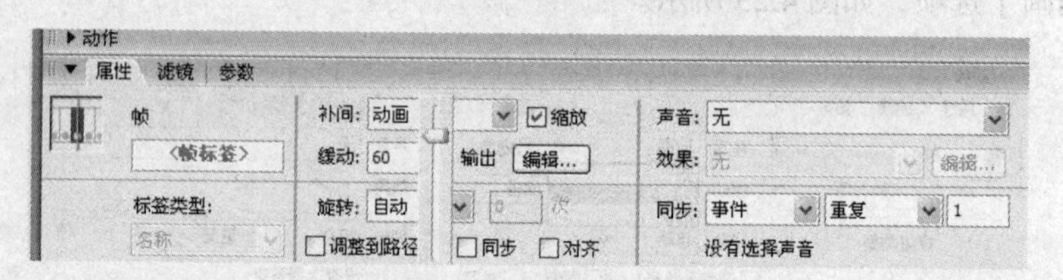

图 4.27 【缓动】设置

（16）接下来按照上面的操作，继续做球的几个弹跳，直到自己满意为止。

（17）测试存盘。执行【控制】→【测试影片】命令，观察本例生成的 swf 文件有无问题，如果满意，执行【文件】→【保存】命令，将文件保存成“补间动画.fla”文件存盘，如果要导出 Flash 的播放文件，执行【导出】→【导出影片】命令，保存成“补间动画.swf”文件。

4.5 音频素材

多媒体涉及多方面的音频处理技术，如：音频采集、语音编码/解码、音乐合成、语音识别与理解、音频数据传输、音频效果与编辑等。其中数字音频是个关键的概念，它指的是一个用来表示声音强弱的数据序列，它是由模拟声音经抽样（即每隔一个时间间隔在模拟声音波形上取一个幅度值）量化和编码（即把声音数据写成计算机的数据格式）后得到的。计算机中存储的都是数字声音。

4.5.1　声音的产生原理及其基本参数

声音是振动的波，是随时间连续变化的物理量。声音有 3 个重要的特性，如下所述。

- 振幅（Ampliade）：波的高低幅度，表示声音的强弱。
- 周期（Period）：两个相邻波之间的时间长度。
- 频率（Frequency）：每秒钟振动的次数，以 Hz 为单位。

其中声音信号的两个基本参数是频率和幅度。人们把频率小于 20Hz 的信号称为亚音信号，或称为次音信号（subsonic）；频率范围为 20Hz ~ 20kHz 的信号称为音频（Audio）信号；虽然人的发音器官发出的声音频率大约是 80Hz ~ 3400Hz，但人说话的信号频率通常 300Hz ~ 3000Hz，人们把在这种频率范围的信号称为话音（speech）信号；高于 20kHz 的信号称为超音频信号，或称超声波（ultrasonic）信号。超音频信号具有很强的方向性，而且可以形成波束，在工业上得到广泛的使用。

空气中的各种声音，不管它们具有何种形式，都是由于物体的振动所引起的：敲鼓时听到了鼓声，同时能摸到鼓面的振动；汽笛声、喷气飞机的轰鸣声，是因为排气时气体振动而产生的；人能讲话是由于喉咙声带的振动。总之，物体的振动是产生声音的根源，发出声音的物体称为声源。

声音只是压力波通过空气的运动。压力波振动内耳的小骨头，这些振动被转化为微小的电子脑波，它就是我们觉察到的声音。内耳采用的原理与麦克风捕获声波或扬声器的发音一样，它是移动的机械部分与气压波之间的关系。自然，在声波音调低、移动缓慢并足够大时，我们实际上可以“感觉”到气压波振动身体。因此我们用混合的身体部分觉察到声音。声音是靠振动产生的，声音能在空气、水、固体等物质中传播，但是不能在真空中传播。

声源发出的声音必须通过中间媒质才能传播出去。人们最熟悉的传声媒质就是空气，除了气体外，液体和固体也都能传播声音。振动在媒质中传播的速度叫声速，在任一种媒质中的声速取决于该媒质的弹性和密度。因此，声音在不同媒质中传播的速度是不同的：在液体和固体中的传播速度一般要比在空气中快得多，例如在水中声速为 1450m/s ，而在铜中则为 5000m/s 。声音在空气中的传播速度还随空气温度的升高而增加。

向前推进着的空气振动称为声波，声音是纵波，这种波动空气振动的方向是与声音传播的方向一致的。有声波传播的空间叫声场。当声波振动在空气中传播时，空气质点并不被带走，它只是在原来位置附近来回振动，所以声音的传播是指振动的传递。如果物体振动的幅度随时间的变化如正弦曲线那样，那么这种振动称为简谐振动，物体做简谐振动时周围的空气质点也做简揩振动。物体离开静止位置的距离称位移 x，最大的位移叫振幅 a，简谐振动位移与时间的关系表示为 $x=a\sin(2\pi ft+\phi)$，其中 f 为频率，（$2\pi ft+\phi$）叫简谐振动的位相角，它是决定物体运动状态的重要物理量，振幅 a 的大小决定了声音的强弱。

物体在每秒内振动的次数称为频率，单位为赫兹（Hz）。每秒钟振动的次数愈多，其频率愈高，人耳听到的声音就愈尖，或者说音调愈高。人耳并不是对所有频率的振动都能感受到的。一般来说，人类能听到的振动，大约每秒钟 20 次 ~ 2 万次，即所谓的人耳只能听到频率为 20 ~ 20000Hz 的声音，通常把这一频率范围的声音叫音频声。频率低于 20Hz 的声音叫次声，高于 20000Hz 的声音叫超声。次声和超声人耳都不能听到，但有一些动物却能听到，例如老鼠能听到次声，蝙蝠能感受到超声。声波中两个相邻的压缩区或膨胀区之间的距离称为波长 λ，单位为米

（m）。波长是声音在一个周期的时间中所行进的距离。波长和频率成反比，频率越高，波长越短；频率越低，波长越长。

无论现在的多媒体电脑功能如何强大，其内部也只能处理数字信息。而我们听到的声音都是模拟信号，怎样才能让电脑也能处理这些声音数据呢？还有，究竟模拟音频与数字音频有什么不同呢？数字音频究竟有些什么优点呢？这些都是下面所要介绍的。

声音的数字化是指按照一定的采样频率，从模拟声音波形上抽取声波的一个幅度值，而后将一定范围内的幅度值用一个数字表示，即量化的过程；最后，为了使计算机能够读懂数据，将以特定的格式将所得数据写成二进制的数据格式，也就是编码，从而实现声音从模拟量到数字量的转化。把模拟音频转成数字音频，在电脑音乐里就称作采样，其过程所用到的主要硬件设备便是模拟/数字转换器（Analog to Digital Converter，ADC）。采样的过程实际上是将通常的模拟音频信号的电信号转换成许多称作“比特（bit）”的二进制码 0 和 1，这些 0 和 1 便构成了数字音频文件。采样的位数可以理解为声卡处理声音的分辨率。这个数值越大，分辨率就越高，录制和回放的声音就越真实。我们首先要知道：电脑中的声音文件是用数字 0 和 1 来表示的，所以在电脑上录音的本质就是把模拟声音信号转换成数字信号。反之，在播放时则是把数字信号还原成模拟声音信号输出。

声卡的位是指声卡在采集和播放声音文件时所使用数字声音信号的二进制位数。声卡的位客观地反映了数字声音信号对输入声音信号描述的准确程度。8 位代表 2 的八次方——256，16 位则代表 2 的十六次方——64K。比较一下，一段相同的音乐信息，16 位声卡能把它分为 64K 个精度单位进行处理，而 8 位声卡只能处理 256 个精度单位，造成了较大的信号损失，最终的采样效果自然是无法相提并论的。如今市面上所有的主流产品都是 16 位的声卡，而并非有些商家所鼓吹的 64 位乃至 128 位，他们将声卡的复音概念与采样位数概念混淆在了一起。如今功能最为强大的声卡系列——Sound Blaster Live 采用的 EMU10K1 芯片虽然号称可以达到 32 位，但是它只是建立在 Direct Sound 加速基础上的一种多音频流技术，其本质还是一块 16 位的声卡。应该说 16 位的采样精度对于电脑多媒体音频而言已经绰绰有余了。

当我们将声音储存至计算机中，必须经过一个录音转换的过程，转换些什么呢？就是把声音这种模拟信号转成计算机可以辨识的数字信号，在转换过程中将声波的波形以微分方式切开成许多单位，再把每个切开的声波以一个数值来代表该单位的一个量，以此方式完成取样的工作，而在单位时间内切开的数量便是所谓的取样频率。说明白些，就是模拟转数字时每秒对声波取样的数量，像是 CD 音乐的标准取样频率为 44.1KHz，这也是目前声卡与计算机作业间最常用的取样频率。由此可知，在单位时间内取样的数量越多，就会越接近原始的模拟信号，在将数字信号还原成模拟信号时，也就越能接近真实的原始声音；相对的越高的取样率，数据的值就越大，反之则越小，当然也就越不真实了。当然，数据量的大小与声道数、取样率、音质分辨率等也有着密不可分的关系。

4.5.2 音频素材的常见类型

音频素材的主要类型有：音乐类、音效声、语音（Speech）等。

1. 音乐

音乐应该是通过有组织的声音所塑造的听觉形象来表达创作者的思想感情，反映社会现实生活，使欣赏者在得到美的享受的同时，也潜移默化地受到熏陶的一种艺术。由于音乐是艺术的一种，所以它作为艺术在其所起的作用和所得到的效果等方面应该和其他艺术形式是一样的。这一方面的内容，由音乐欣赏、音乐美学和音乐评论等学科去研究。音乐艺术和其他艺术形式所不同的只是使用的材料和构成艺术作品的种类。在这里，用什么来组织音乐和如何塑造听觉形象，就是音乐理论所研究的两个重要方面。其中，后者由和声、复调、曲式、乐器法和作曲法等学科所考虑。而前者由于所包含的内容是其他一切音乐理论的基础，所以有人就直接把它叫做《音乐理论基础》，也有人称之为《音乐基本理论》，还有人简称为《基本乐理》，而公认把《乐理》作为这一门学科的专用名词。

音乐是人们抒发感情、表现感情、寄托感情的艺术，不论是唱或奏或听，都包涵及关联着人们千丝万缕的情感因素。即使以叙事为主的歌唱，音乐也并不全依靠语义来传达内容，而必定会用赋有感情的“音乐语言”和赋予美的因素来表达、烘托或寄托感情，即使是附有歌词的声乐曲，其表达感情主要的仍是音乐本身。在综合艺术中（如戏剧、舞蹈、影视等），也总是当需要抒发感情之时，就常常让音乐来负担，借音乐的抒情性能，把情感表露出来，并有所渲染、强调、夸大。

音乐的另一功能是给人以美感。它是通过美感，给人以精神愉快，来达到心怡情悦的目的。因此它又有一定的娱乐消遣作用。我国古籍《乐记》中也就有这样的记载：“（音）乐者（快）乐也”。所以，音乐艺术最普遍的社会功能，就是娱乐消遣。在娱乐之中，给人以美的享受、美的滋润、美的陶冶。同时，在接触正派、高尚、净洁的音乐过程中，又无形中会促使人的心地善良起来，精神境界高雅起来，或振奋起来，或起着陶冶性情、调理情绪的作用。这对社会安定、社会风尚高雅、社会进步、社会发展等，又有着不可估量的积极意义和促进作用，但它是“春风潜入夜，润物细无声”，即潜移默化式的。

音乐是以声音作为“原料”的，它通过有组织的乐音（也可在乐曲中组织极少量音乐专用的噪音，来烘托音乐），用以表达及抒发人们的内心感情，使听者在一刹那间，迅速地有所感知及激起内心的共鸣。因此，音乐又是富有表情性的，在一定的时间范围内通过声音表现出来的艺术。

2. 音效

音效就是指由声音所制造的效果。所谓的声音则包括了乐音及效果音。音效就像是另一种语言，诉说种种不同的情绪。不一样的音乐素材类型，在主题情绪乐音的使用上也有所不同。像报道类的乐曲，通常比较明朗而节奏分明；而喜剧与卡通则采用轻松滑稽的乐曲；广告音乐多为活泼、可爱的精致短曲；若是要配合大场面，就要使用是磅礴的乐曲了。

效果音可以分为自然界的声音及人为创造的声音。自然音则包括了风、雨、流水、鸟鸣声等；而人为创造的则是像电铃、汽车、马达声等。有些音效可以从自然界取得，或是从现场收音；但是有些声音因为现场做不出来，或是现场收音状况不好，所以要事后由音效师配音。配音的方法，有的可以找现成的音效带，有的就要靠音效师，利用一些简单的道具来模仿效果声。不过，由于科技的进步，现在大多利用电子合成器的音效来取代传统的音效，配音起来更方便。像有的电子琴可以发出风声、海浪声，也可以算是简单的配音设备。

在各种音频素材中，音效扮演着极重要的角色。几段音乐就可以表达哀伤的气氛，或是紧张的情节；而马蹄声、火车声等效果音，更能助长情绪，来作为素材情景的描述。音效也可以帮助演员美化动作，加强他们肢体及脸部表情；在故事尚未进入高潮前，音效本身也可助长气氛的酝酿。而音效除了能加强喜、怒、哀、乐的衬托外，还可以借它交代时代、时间、人物身份及地点等。

3. 语音

语音就是人类调节呼吸器官所产生的气流通过发音器官发出的声音。气流通过的部位不同、方式不同，形成的声音也就不同。发音的动力是呼吸时肺所产生的气流。肺是由无数肺气泡组成的海绵状组织，本身不能自动扩张和收缩，要依靠肋间肌、横隔膜和腹肌的活动。呼吸就是依靠这些肌肉的活动来进行的，呼吸所产生的气流就成为发音的动力，这个动力基础就是肺。在平静呼吸时，肺气流相当稳定，一般听不见呼吸的声音，呼气和吸气时间大致相等，每分钟 16 次左右，说话时，胸腔活动很轻微、自然，并不感到在用力，如果要用"一口气"说许多话，呼气和吸气时间比例差别还要大许多。没有肺的呼吸作用就不可能有语音，但肺对语音所起的作用主要也只在于提供呼吸的动力。呼气量的大小和语音的强弱密切相关，语音的其他性质就和肺的活动没有直接的关系了。

由肺呼出的气流经过气管到达喉头。喉头在语音中之所以具有特殊的重要作用，是因为产生浊音声源的声带就处于喉头的中间，声带是一对唇形的韧带褶，边缘很薄，富有弹性。成年男子的声带约有 13～14 毫米长，女子比男子的声带约短 1/3，小孩则更短些。声带平时分开，呈倒"V"形，当中的空隙是声门，发声时，声带并合，声门关闭，气流被隔断，形成压力，冲开声带，不断颤动，产生声音。声带的颤动有很强的节奏性，一般人在正常说话时每秒颤动约在 80～400 次，它所产生的声带音也就是有节奏性的周期波，成为语音中的浊音声源。

声带音经过咽腔、口腔、鼻腔才能使我们听到，这时的声波已经经过咽腔、口腔和鼻腔共振的调节，不再是原来声带音的原始声波了，我们是无法听到原始的声带音的。近年来，用高速电影摄影机及测量气流的仪器直接观察发声时声带颤动的情况和气流喷出的情况。声带和语音的高低关系最为密切，乐器的琴弦越细，越短，绷得越紧，音调也就越高。声带也是这样。声带绷紧，颤动就快，声带就高，声带放松，颤动就慢，声音也就变低。人类这种控制语音高低能力在语言中起极其重要的作用。汉语是有声调语言，声带的高低升降就是由声带的绷紧或放松所决定的。每个人声带的宽窄、厚薄和长短都不一样，说话声音的高低都不相同。小孩的声带短而薄，因此声音又高又尖。成年后，男子喉腔比小时增大一倍半左右，声带也随之变厚变长，声音较原来降低约 8 度；女子喉腔只比小时增大 1/3 左右，声带也比男子略短略薄，声音比原来降低约 3 度。到了老年，声带和喉头的肌肉变得相当松弛，声音要比成年时更粗更低些。人类声门部位很低，在声门和口腔间形成一个几十毫米长的空腔，就是喉腔和咽腔，舌头和软腭因此有了前后上下活动的充分空间，使得声腔的形状变化万千，发出种种不同的声音。人类虽很少直接用喉腔和咽腔发音，但喉腔和咽腔的形状对人类语言的迅速发展起非常重要的作用。

课件使用的语音（Speech）采用标准的普通话（英语及民族语言版本除外）的男声或女声配音，英语使用标准的美式英语男声或女声配音。语音的语调不能过于平淡，应使用适合教学的语调。

4.5.3 音频素材的常见格式

多媒体中的音频格式常用的有 WAVE（Wave form Audio）、MIDI 音频（MI-DI Audio）、数字音频（CD Audio）、MP3 和 WMA，还有很多不常用到的 SAM、IFF、SVX、AIF、SND、VOX、DWD、AU、SND、VCE、SMP、VOC、VBA 等格式。

1. WAVE

WAVE 是微软公司开发的一种声音文件格式，用于保存 Windows 平台的音频信息资源，被 Windows 平台及其应用程序所支持。"*.WAV"格式支持 MSADPCM、CCITT A LAW 等多种压缩算法，支持多种音频位数、采样频率和声道，标准格式的 WAVE 文件和 CD 格式一样，也是 44.1K 的采样频率，速率 88K/秒，16 位量化位数。看到了吧，WAV 格式的声音文件质量和 CD 相差无儿，也是目前 PC 机上广为流行的声音文件格式，几乎所有的音频编辑软件都“认识”WAV 格式。

所谓 WAVE 文件，就是波形数字化文件。它是通过音频捕捉卡（及声卡）对一定范围内的声波进行捕捉，所得到的是数字化信息值。采样数据以文件形式保存在外存中，以 WAV 作为扩展名影响数字音响品质的因素主要有下面 3 个：采样频率、分辨率、声道数。

（1）采样频率。采样频率是指一秒钟内采样的次数。采样频率越高，失真度就越小。

（2）样本的分辨率。所谓样本的分辨率是指通过每个波形采样垂直等分而形成的。一般的样本分辨率为 8 位、16 位。如果仍采用 8 位采样，则可将每个采样波形垂直划分为 256 个等份。若采用 16 位采样，则可以将每个采样波形分为 65536 个等份。当使用的采样位数越高。采样的量化等份也就越多，这样的采样就越接近原始声音，但所需的磁盘空间也相应的增大。

（3）声道数。以前所使用的留声机或早期的收录机，是以单声道对声音进行录放的。所谓单声道，即一次产生一个声波数据。如果一次生成两个波形，即称其为双声道（立体声）。立体声不仅音质、音色好，而且更能反映人们的听觉效果。但立体声波形数字化后，要比单声道声音多用 1 倍空间。表 4.1 为常用的几种采样频率在不同环境中，每秒钟所占用的磁盘空间大小。

表 4.1 采样频率、分辨率与信息量的关系

采样频率	8 bits Mono	8bits Stereo	16bits Mono	16 bits Stereo
44.1 kHz	44100 bit/s	88200 bit/s	88200 bit/s	176400 bit/s
22.05 kHz	22050 bit/s	44100 bit/s	44100 bit/s	88200 bit/s
11.025kHz	11025 bit/s	22050 bit/s	22050 bit/s	44100 bit/s

以上 3 方面因素是制约声音数字化质量的决定性因素。除此之外，声音质量还与扬声器的质量或声卡的质量等外部条件密切相关。

2. MIDI

MIDI 是乐器数字化接口（Musical Instrumental Digital Interface）的英语缩写，它是电子乐器间进行连接和通信的规范，符合这一规范的乐器接口称为 MIDI 接口，具有 MIDI 接口和遵守 MIDI 规范的电子乐器演奏的音乐称为 MIDI 音乐。MIDI 音乐不同于一般的音乐，它是直接来源于 MIDI 乐器的数字式音乐。MIDI 允许数字合成器和其他设备交换数据。MID 文件格式由 MIDI 继承而来。MID 文件并不是一段录制好的声音，而是记录声音的信息，然后告诉声卡如何再现音乐的一组指令。这样一个 MIDI 文件每存 1 分钟的音乐只用大约 5 ~ 10KB。如今，MID 文件主要用于原始乐器作品、流行歌曲的业余表演、游戏音轨以及电子贺卡等。*.mid 文件重放的效果完全依赖声卡的档次。*.mid 格式的最大用处是在电脑作曲领域。*.mid 文件可以用作曲软件写出，也可以通过声卡的 MIDI 口把外接音序器演奏的乐曲输入电脑里，制成*.mid 文件。目前，MIDI 音源的产生方式有两种：FM 合成及 Wavetable（波表）技术。

WAVE 是记录声音波形的文件，而 MIDI 文件记录的内容则是一系列的指令。这项根本的区别决定了各自文件的特点．波形文件的音质比 MIDI 文件更加逼真饱满，特别是相对于普通声卡所最常用的非专业级调频合成 MIDI，另外波形文件的可编辑性也要远好于 MIDI 文件；而后者的优势在于它需要的存储空间非常少，而且预先装载起来也要比 WAVE 文件容易得多，设计和播放所需音频的灵活性较大。

3. CD-audio

CD-audio 为数字音频，它将声音信息存放在 CD 音轨上，可达到标准 CD 音质，可以不通过音效卡播放，不会因为播出器材的不同而改变其效果，因此数字音乐较为稳定，容易保持一致性。

音乐的品质也较易得到保证。但是它的缺点是记录非常详尽，数据量极大，较 MIDI 音频大出 200 倍以上。所以要在庞大数据当中修改音频的细节非常困难。虽然如此，它却可以适合任何一种音响，包括人的口语在内，大多数多媒体节目仍采用这种音频。

4. MP3

MP3 的全称为 MPEG-1 Layer-3 音频文件，是采用国际标准 MPEG-1 中的第三层音频压缩模式对声音信号进行压缩的一种格式，是 MPEG 标准中的声音部分，也叫 MPEG 音频层。MPEG-1 音频标准提供 3 个独立的压缩层次，即 Layer-1、Layer-2、Layer-3，即分别对应 MP1、MP2、MP3 这 3 种声音文件，并根据不同的用途，使用不同层次的编码。MPEG 音频编码的层次越高，编码器越复杂，压缩率也越高，MP1 和 MP2 的压缩率分别为 4：1 和 6：1 ~ 8：1，而 MP3 的压缩率则高达 10：1 ~ 12：1。虽然 MPEG-1 中的第三层音频压缩模式（MP3）比第一层和第二层编码要复杂得多，但音质最高，可与 CD 音质相比，也是目前最流行的音乐压缩格式。

MPEG-1 音频压缩标准是第一个高保真音频数据压缩标准，它是 MPEG-1 标准的一部分，但它完全可独立应用，被广泛的应用在以下方面。

- 数字无线电广播的发射和接收。
- 数字电视伴音，包括音乐、Internet 电话。
- 数字声音信号的制作与处理。
- 数字声音信号的存储。

MP3 具有不错的压缩比，使用 LAME 编码的中高码率的 MP3，听感上已经非常接近源 WAV 文件。使用合适的参数，LAME 编码的 MP3 很适合于音乐欣赏。由于 MP3 推出年代已久，加上它还算不错的音质及压缩比，不少游戏也使用 MP3 做事件音效和背景音乐。几乎所有著名的音频编辑软件也提供了对 MP3 的支持，可以将 MP3 像 WAV 一样使用，但由于 MP3 编码是有损的，因此多次编辑后，音质会急剧下降，所以 MP3 并不适合保存素材，但是作为作品的 DEMO 确实是相当优秀的。MP3 长远的历史和不错的音质，使之成为应用最广的有损编码之一，网络上可以找到大量的 MP3 资源，MP3Player 日渐成为一种时尚。不少 VCDPlayer、DVDPlayer 甚至手机都可以播放 MP3，MP3 是被支持的最好的编码之一。但 MP3 也并非完美，在较低码率下表现不好。MP3 也具有流媒体的基本特征，可以做到在线播放。

由于 MP3 的音质好，压缩比比较高，被大量软件和硬件支持，应用广泛，使得它特别适合于网络应用。目前网络音乐大多采用 MP3 格式压制而成，所以 MP3 的中文名字也叫“电脑网络音乐”。

5. WMA

WMA（Windows Media Audio）格式是来自于微软的重量级选手，后台强硬，音质要强于 MP3 格式，更远胜于 RA 格式，它和日本 Yamaha 公司开发的 VQF 格式一样，是以减少数据流量但保持音质的方法来达到比 MP3 压缩率更高的目的，WMA 的压缩率一般都可以达到 1：18 左右，WMA 的另一个优点是内容提供商可以通过 DRM（Digital Rights Management）方案，如 Windows Media Rights Manager 7 加入防拷贝保护。这种内置了的版权保护技术可以限制播放时间和播放次数甚至于播放的机器等，这对被盗版搅得焦头烂额的音乐公司来说可是一个福音。另外 WMA 还支持音频流（Stream）技术，适合在网络上在线播放，作为微软抢占网络音乐的开路先锋可以说是技术领先、风头强劲，更方便的是不用像 MP3 那样需要安装额外的播放器，而 Windows 操作系统和 Windows Media Player 的无缝捆绑让用只要安装了 Windows 操作系统就能直接播放 WMA 音乐。新版本的 Windows Media Player7.0 更是增加了直接把 CD 光盘转换为 WMA 声音格式的功能，在新出品的操作系统 Windows XP 中，WMA 是默认的编码格式。

WMA 这种格式在录制时可以对音质进行调节。同一格式，音质好的可与 CD 媲美，压缩率较高的可用于网络广播。虽然现在网络上还不是很流行，但是在微软的大规模推广下，它已经得到了越来越多站点的承认和大力支持。在网络音乐领域中，它直逼* .mp3，在网络广播方面，也正在瓜分 Real 打下的天下。因此，几乎所有的音频格式都感受到了 WMA 格式的压力。

4.5.4　音频数据获取

在多媒体当中加入完整的音频，必须依赖于编辑声音的软件及 PC 上加装声卡如声霸卡和语音卡等。多媒体的音频可以在纯粹为音响处理的软件中制作，也可以在某些多媒体编辑软件上制作。制作和编辑音频的常见软件有 Adobe Audition、Sound Edit、Sound Design Master Tracks、Audio Trax、Alchenvy、AmazingMIDI 及 MIDI Soft Studio 等。

4.5.5　音频素材的制作

要录制一个 WAV 文件可以使用 Windows 自带的录音机程序，媒体播放器中没有提供录制 WAV 文件的功能。Windows 的录音机程序也只能播放 Wave 文件，而不能播放 MIDI 文件，媒体播放器既可以播放 Wave 文件，也可播放 MIDI 音乐，如图 4.28 所示。

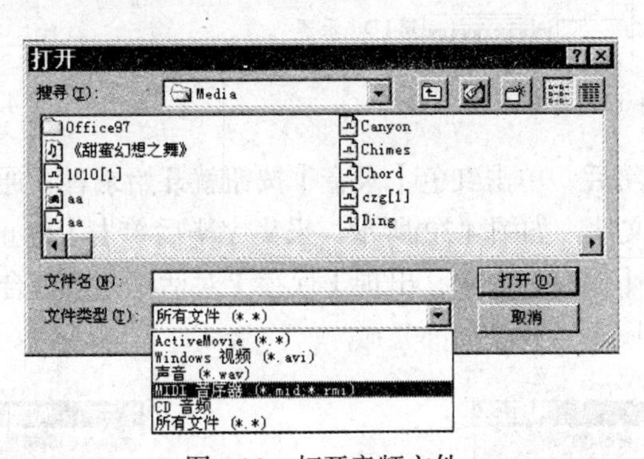

图 4.28　打开音频文件

Wave 设备配置比较简单，用户只需购置一块声音卡插入微机的扩展槽中，用相应的程序软件加以驱动，便可以在 Windows 环境下或用户自己的多媒体程序中录制和播放波形文件。并且用户可以使用 Windows 的声音录放程序或其他的波形文件录放程序以及编辑程序，来对 Wave 文件进行各种不同的操作，如图 4.29 所示。

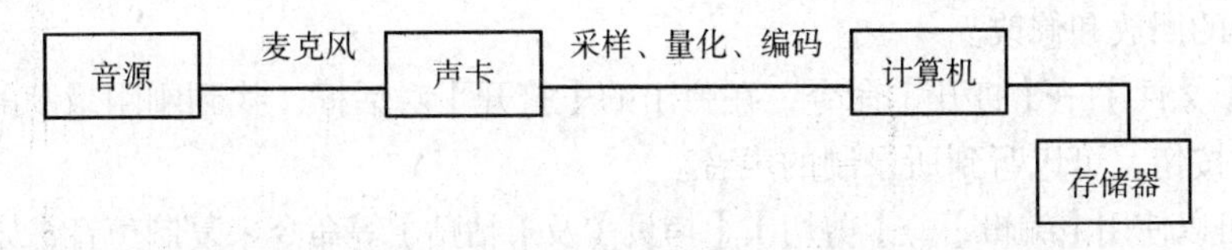

图 4.29　音频获取

大多数声音卡有 3 种声音来源，分别是 LineIn，MicrophoneIn 和 CD-ROM。首先用户可以从 LineIn（线性输入）端口来录制波形文件。可以把如盒式磁带机或 CD 唱盘机以及其他一些音源设备用一根导线相互连接，这样，便可使用相应的软件对输入 LineIn 端口的声音加以捕获，并将其存储起来。同样，也可通过 Microphone In（麦克风输入）端口对现场的声音进行采样录制。另外，还可直接从 CD-ROM 中所放置的激光唱盘中录制一段声音，音频的 CD 所使用的数字化声音格式可用于 MPG 标准的应用程序。按照数字式激光唱盘的标准（CD/DA），其采样频率为 44.11HZ，样本为 16 位采样。这样，便可以听到频率高达 22KHZ 的声音，这也是人类听觉所能达到的最高音频，从而实现最佳的声音播放效果。在从 CD-ROM 驱动器中播放激光唱盘时，播放工作是由 CD-ROM 驱动器中的特殊芯片完成的，无需经过 CPU 处理。同时，声音卡提供一个立体声输出端口（Head Phone Audio Output）。它可与一个音箱或耳机相连接，从而可播放波形文件。例如，可以在 Windows 环境下，利用其自身所提供的 Media Player 软件来对波形文件进行录制和播放。用户可利用 Sound Recorder 程序对来自 Line In 或 Microphone In 的音源加以录制，并播放录制的内容。可将其录制的波形数据以 Wave 的文件格式存贮于磁盘中，用户也可播放已存储的.wav 文件，如图 4.30 所示。

（1）将鼠标移动至屏幕下方开始菜单，执行【开始】→【附件】→【娱乐】→【录音机】命令，弹出如图 4.31 所示的录音机程序。

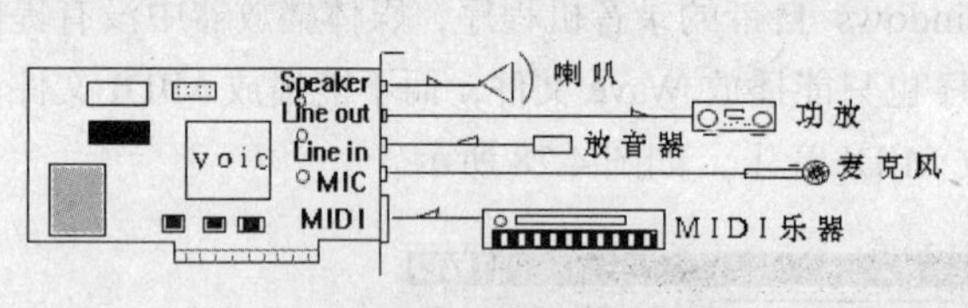

图 4.30　音频录制

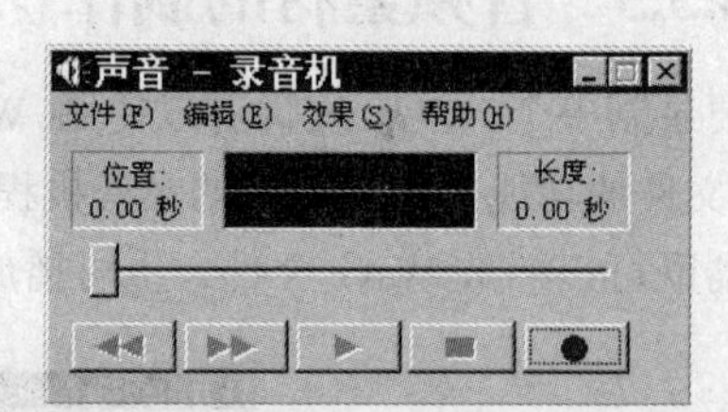

图 4.31　录音机

（2）录音设备准备就绪后，单击红色【录音】按钮就开始录音，通过话筒，计算机能够将输入的声音采集成为 Wave 文件，如图 4.32 所示，采集完毕后单击【停止】按钮结束录音。

（3）选择【文件】→【保存】命令，出现【保存】对话框，选择合理的路径和文件名称保存文件，如图 4.33 所示。

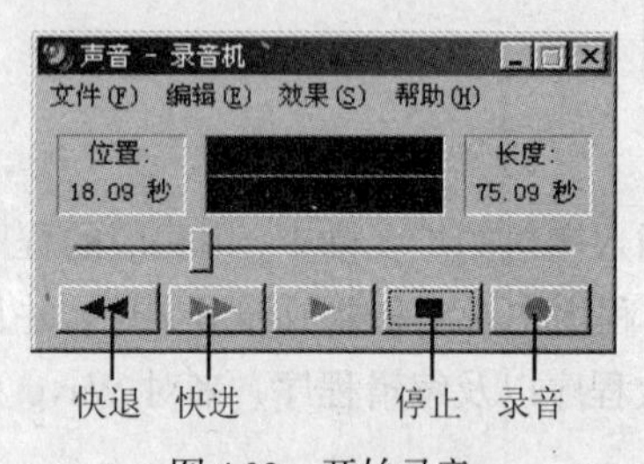

图 4.32　开始录音

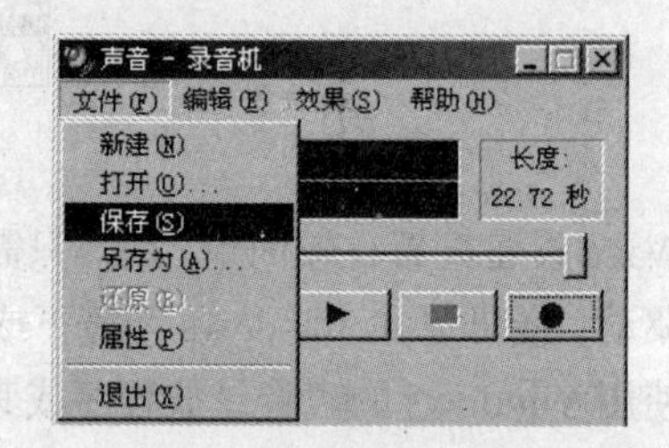

图 4.33　保存录音

（4）声音的回放和修改。

① 选择【文件】→【打开】命令，在弹出的【打开】对话框，找到刚刚录制的文件并打开，单击【播放】按钮，可以听到所录制的声音。

② 用户可以使用【编辑】→【剪切】、【拷贝】及【粘贴】等命令来复制声音，如图 4.34 所示。

③ 使用【效果】菜单下的命令可修改声音文件的音效，如【提高音量】、【降低音量】、【添加回音】、【反向】等命令，如图 4.35 所示。

要注意的是：Wave 格式的音频质量虽然比较高，但录制的 Wave 文件要大量占用硬盘空间，录音时间越长，文件就越大，大约 10 秒钟采样频率为 44.11HZ，样本为 16 位双声道采样的声音数据就需占用 1700KB 以上的空间。

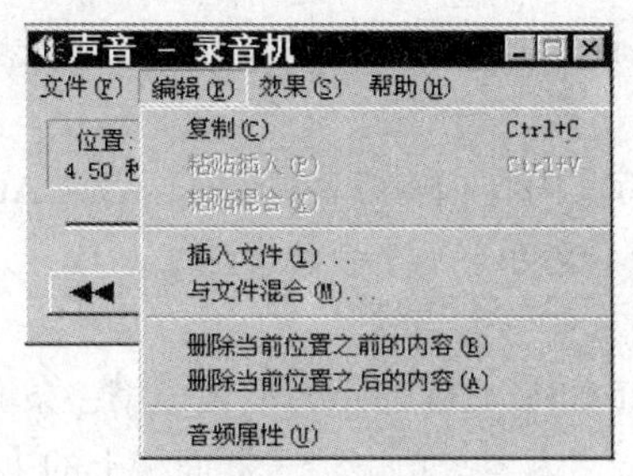

图 4.34　修改音频

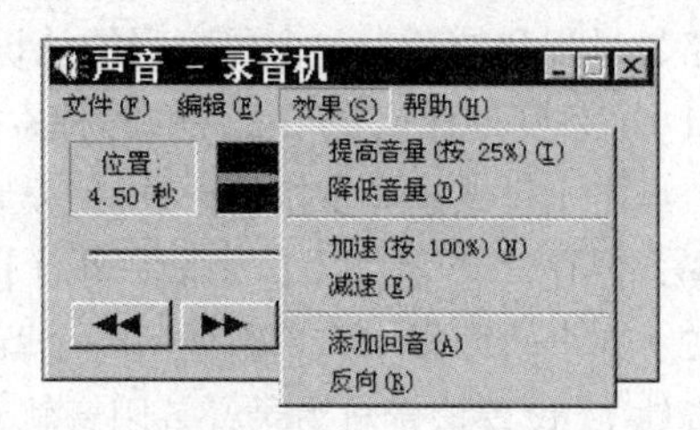

图 4.35　音频效果

4.5.6　Adobe Audition 制作实例

Adobe Audition（简称 Audition）是 Adobe 公司开发的一款专门的音频编辑软件，是为音频和视频专业人员而设计的，它提供了先进的音频混音、编辑和效果处理功能，其前身就是大名鼎鼎的 CoolEdit 音频编辑软件（被 Adobe 公司收购）。

1997 年 9 月 5 日，美国 Syntrillium 公司正式发布了一款多轨音频制作软件，名字是 Cool Edit Pro，取“专业酷炫编辑”之意，在接下来的几年时间里，Syntrillium 不断升级完善该软件，陆续发布了几个插件，丰富着 Cool Edit Pro 的声效处理功能，并使它开始支持 MP3 格式的编码和解码。它开始支持视频素材和 MIDI 播放，并兼容了 MTC 时间码，另外还添加了 CD 刻录功能，以及一批新增的实用音频处理功能。也正是从 2.0 版开始，这款在欧美业余音乐音频界已经颇为流行的软件，开始被我国的广大多媒体玩家所注意。Cool Edit Pro 因其“业余软件的人性化”和“专业软件的功能”，继续扩大着它的影响力，并最终引起了著名的媒体编辑软件企业 Adobe（就是出品 Photoshop、Premiere 等著名软件的公司）的注意。

2003 年 5 月，为了填补公司产品线中音频编辑软件的空白，Adobe 向 Syntrillium 收购了 Cool Edit Pro 软件的核心技术，并将其改名为 Adobe Audition，版本号为 1.0。后来又改为 1.5 版，开始支持更专业的 VST 插件格式。但这个版本在其他方面变化不多，总是像 Cool Edit Pro 2.0 的“换名”版。此后 Adobe 对软件的界面结构和菜单项目做了较多的调整，使它变得更加专业。但是，这款软件平易近人的传统仍然被保持下来，所以，不但老用户很快接受了新版本，更多的音频初学者也被这次改版吸引到 Audition 的玩家群体中来了。

Adobe Audition 定位于专业数字音频工具，面向专业音频编辑和混合环境。Adobe Audition 专为在广播设备和后期制作设备方面工作的音频、视频专业人员设计，提供先进的混音、编辑、控制和效果处理功能。最多混合声音达到 128 轨，也可以编辑单个音频文件，创建回路，并可使用 45 种以上的数字信号处理效果。Adobe Audition 是一个完善的“多音道录音室”，工作流程灵活，使用简便。无论是录制音乐，制作广播节目，还是配音，Adobe Audition 均可提供充足的动力，创造高质量的音频节目。用户可以到 Adobe 公司的官方网站下载试用版本或购买正版，目前最新版本是 Adobe Audition 3.0，该软件几乎支持所有的数字音频格式，功能非常强大。借助 Adobe Audition 3 软件，用户可以前所未有的速度和控制能力录制、混合、编辑和控制音频，从而创建音乐，录制和混合项目，制作广播点，整理电影的制作音频，或为视频游戏设计声音。 Adobe Audition 3 中灵活、强大的工具，改进的多声带编辑，新的效果，增强的噪音减少和相位纠正工具，以及 VSTi 虚拟仪器支持仅是 Adobe Audition 3 中的一些新功能，这些新功能为所有音频项目提供了杰出的电源、控制、生产效率和灵活性。它既具有专业软件的全方位功能，又比其他专业软件更容易掌握。

下面以制作一首配乐诗为实例，具体讲解 Audition 各种功能的使用，使大家对音频处理的基本思路、过程和技巧有一个更直观的认识。

（1）准备好制作该音频文件的各种素材，即要录制的诗文内容和一段背景音乐。启动 Audition 软件，点击【模式选择】按钮，选择多轨混录模式。执行【文件】→【新建会话】命令，选择采样频率，保存该会话，以【配乐诗朗诵】命名该会话。

（2）在多轨面板中，单击任何一个音轨的【R】按钮（如图 4.36 所示，设置了第一条音轨为录音音轨），设置该音轨为录音备用音轨，对照准备好的诗文内容，单击传送器面板上的【录音】按钮，即可开始录音。录制完毕后，单击【停止】按钮。此时录音轨道呈现的是录制完毕的诗文波形图。

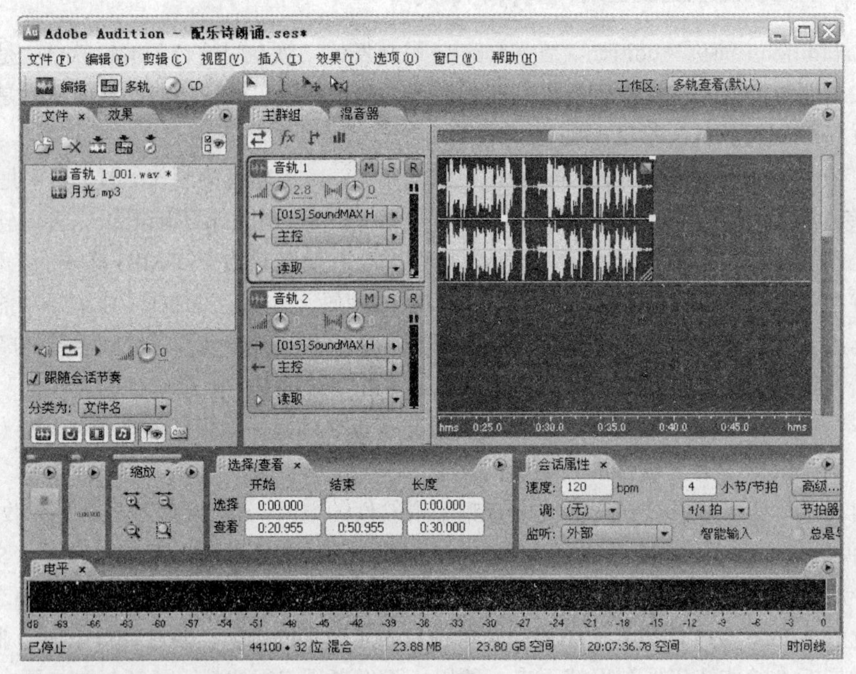

图 4.36　录制诗朗诵

（3）单击传送器面板上的【播放】按钮，试听录制效果，如果有需要可以删除已录声波，重新录制。不需要重录的情况下，则可以双击该录音轨道，进入单轨编辑状态，对所录声波进行一些基础的编辑或是添加需要的效果。

（4）如果录制声音过大或是过小，可以执行【效果】→【振幅和压限】→【放大】命令，在弹出来的对话框中通过设置预设效果和移动左右声道增益滑钮进行适当的调节，如图 4.37 所示。

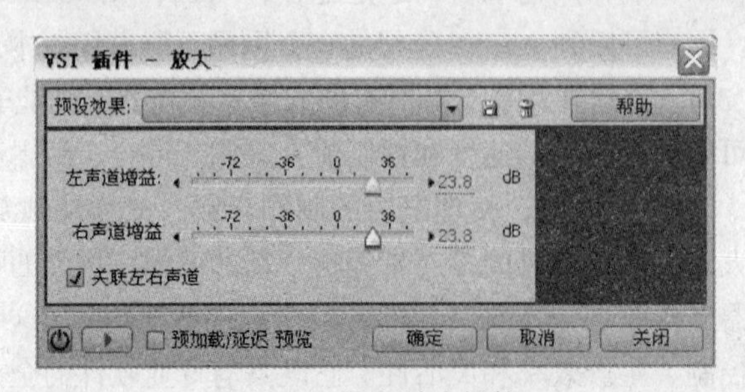

图 4.37　振幅放大插件

- 左声道增益：决定左声道增益大小。
- 右声道增益：决定右声道增益大小。
- 关联左右声道：将左右声道关联，关联后若调整左声道振幅增益情况，右声道也将随之变化。
- 电源开关：点亮此开关后呈绿色，代表振幅增益处理起作用，关闭此开关后呈灰色，代表振幅增益处理不起作用。

（5）由于录音设备、场合或是个人原因难免会出现噪音，此时可以使用 Audition 的降噪功能。根据出现噪音的不同类型，执行【效果】→【修复】命令选取适当的降噪方法。一般情况可以使用采样降噪处理。首先选取一段波形区域，执行【效果】→【修复】→【采集降噪预制噪声】命令，Audition 自动捕获噪音特性，如图 4.38 所示。然后执行【效果】→【修复】→【降噪器】命令，在弹出的【降噪器】对话框中根据需要设置参数，或是使用默认参数，如图 4.39 所示，直接单击【确定】按钮，完成降噪处理。此时可以发现整个波形更加平滑，特别是录制时没有发音的状态，完全处于静音效果。

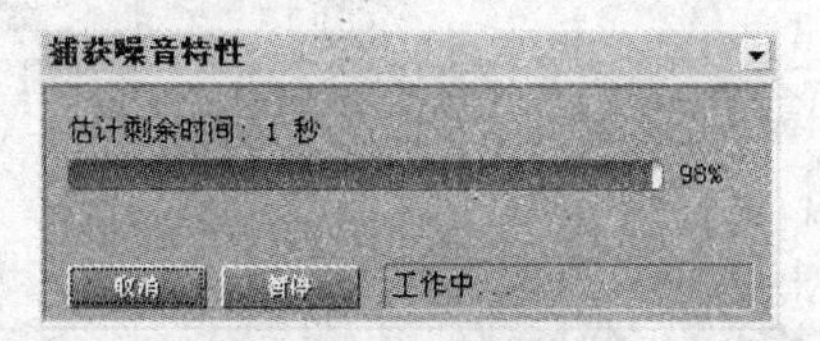

图 4.38　捕获噪音特性

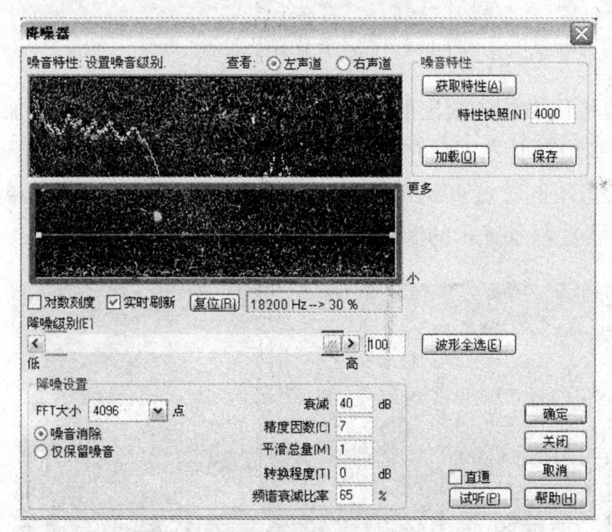

图 4.39　使用【降噪器】为音波降噪

（6）再次播放并试听文件，大致了解各段波形所对应的诗文内容，如有一些不应该出现的语气词或是咳嗽声，可以在波形上用鼠标选取并单击右键将其剪切掉。然后可以复制波形前的一段静音区，然后粘贴在诗文的段落间隔处，或是结尾处，增加诗文中的停顿以及开头结尾的静音过渡时间。

（7）编辑完成后可以根据具体情况的需要，为诗文添加混响效果或是回声效果，只需执行【效果】→【混响】命令，或是【效果】→【延迟和回声】→【回声】命令，进行适当的设置即可。

（8）当录音文件编辑好之后，单击【多轨模式】按钮，重新回到多轨混录模式状态下。将准备好的背景音乐用鼠标拖入第二条音轨当中，按住鼠标右键将其移动到适当的位置。然后按住鼠标左键选取背景音乐多余的部分，单击右键在出现的菜单中选择【删除】命令即可，如图 4.40 所示。

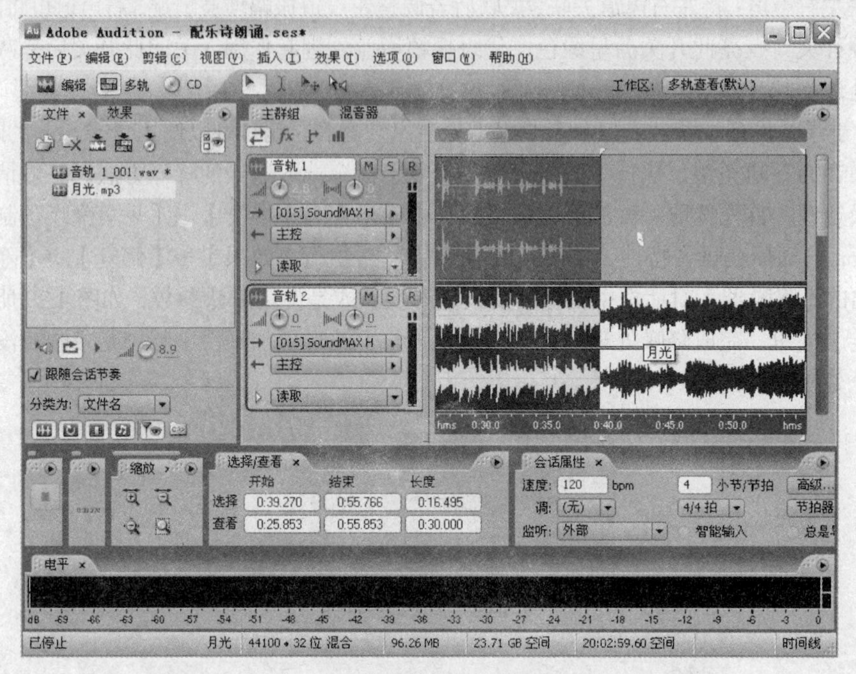

图 4.40　删除背景音乐多余长度

（9）对背景音乐也可以做淡入淡出的适当处理，使两段声音融合得更加自然。选中第二条音轨上的波形，用鼠标分别拖动其左上角和右上角的小方块，拖动时鼠标会显示淡入/淡出的线性值。然后试听效果，调整小方块的位置直到满意为止，如图 4.41 所示。也可以单击音轨 2 上的黄色按钮即【S】按钮，单独欣赏背景音乐的淡入/淡出效果。

图 4.41　为背景音乐增加淡入/淡出效果

（10）再次聆听混合效果，调整音轨 1 和音轨 2 各自的音量，然后对音轨 1 和音轨 2 可以重新命名。执行【文件】→【保存会话】命令，保存当前会话。也可以使用【另存为】功能将该会话重新命名保存。如果此时录音文件尚未保存，Audition 会弹出提示对话框，然后根据提示内容进行保存即可。

（11）最后，执行【文件】→【导出】→【混缩音频】命令，在弹出的对话框中选择保存位置、保存类型等，并填入保存名称，如图 4.42 所示，单击【保存】按钮，一段配乐诗朗诵文件就制作完成了。保存后的混缩文件将会自动在单轨编辑模式下打开。

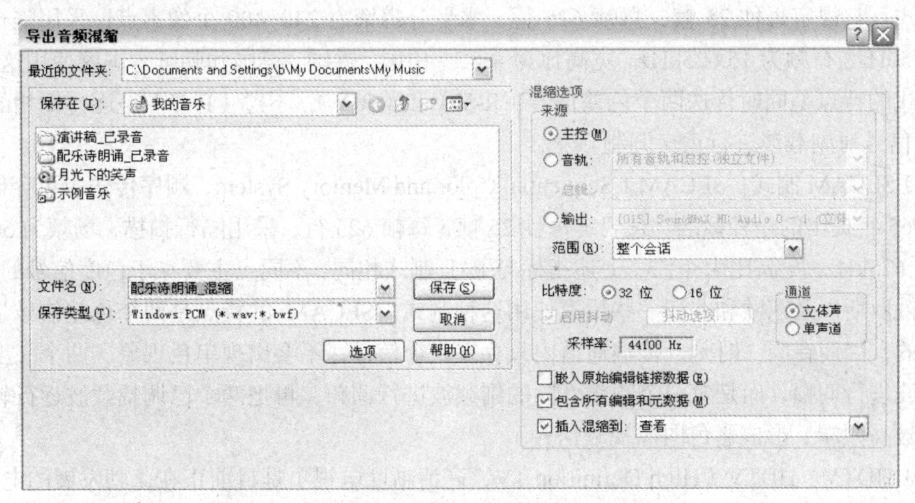

图 4.42　导出制作好的配乐诗朗诵混缩音频

4.6 视频素材

日常生活中经常看到的电影、电视等都属于视频范畴。视频技术与图像有着十分密切的关系，视频就其本质而言，是一系列连续播放的图像。平时所看到的视频信息实际上就是由许许多多幅图像画面所构成的。每一幅画面称为一帧。因此所看到的电影、电视则是由无数的帧组成，通过快速地播放每一帧，利用人眼的视觉滞留现象，产生连续运动的效果。所以帧是构成视频信息的最小和最基本单位。一般，电影和电视在一秒之内有 20 到 30 帧。有时，作为一个完整的视频信息还需要同时播放音频数据。实际应用中的许多图像就来自于视频采集，对于多媒体应用中的视频，大部分也需要经过一定的图像采集、编辑和处理，比如静态图像压缩和动态图像实时压缩。视频处理一般是指借助于一系列相关的硬件和软件，在计算机上对视频素材进行接收、采集、传输、压缩、存储、编辑、显示、回放等多种处理过程。

4.6.1　视频制式标准

视频是由一系列单独的图像即帧组成的。当观众面前的屏幕上每秒放映的图像达到一定的数目时，由于人眼的视觉延迟，就会产生动态画面的感觉。帧速率的单位为帧/s。正常的帧速率为 25 帧/s~30 帧/s，只有这样的帧速率才会产生平滑和连续的视觉效果。

现在，国际上流行的视频制式标准主要有：NTSC 制式、PAL 制式和 SECAM 制式。

（1）NTSC 制式。NTSC（National Television Standard Committee，国家电视制式委员会），是 1953 年美国研制成功的一种兼容的彩色电视制式。它规定每秒 30 帧，每帧 525 行，水平分辨率为 240~400 个像素点，采用隔行扫描，场频为 60Hz，行频为 15.634kHz，宽高比为 4∶3。美国、加拿大和中国台湾地区等使用这种制式。NTSC 制式的特点是用两个色差信号（R-Y）和（B-Y）分别对频率相同而相位相差 90 度的两个副载波进行正交平衡调幅，再将已调制的色差信号叠加，穿插到亮度信号的高频端。

（2）PAL 制式。PAL（Phase Altenate Line，相位远行交换）是前联邦德国 1962 年制定的一种电视制式。它规定每秒 25 帧，每帧 625 行，水平分辨率为 240~400 个像素点，采用隔行扫描，场频为 50Hz，行频为 15.625kHz，宽高比为 4∶3。中国、德国、英国和朝鲜等国家使用这种制式。PAL 制式的特点是同时传送两个色差信号（R-Y）和（B-Y），不过（R-Y）是逐行倒相的，它和（B-Y）信号对副载波进行正交调制。

（3）SECAM 制式。SECAM（Sequential Color and Memory System，顺序传送彩色存储）是法国于 1965 年提出的一种标准。它规定每秒 25 帧，每帧 625 行，采用隔行扫描，场频为 50Hz，行频为 15.625kHz，宽高比为 4∶3。上述指标与 PAL 制式相同，不同点主要在于色度信号的处理上。法国、俄罗斯以及东欧和非洲一些国家使用这种制式。SECAM 的特点是两个色差信号是逐行依次传送的，因而在同一时刻，传输通道内只存在一个信号，不会出现串色现象，两个亮度信号不对副载波进行调幅，而是对两个频率不同的副载波进行调频，再把两个已调幅载波逐行轮换插入亮度信号高频端，形成彩色图像视频信号。

（4）HDTV。HDTV（High Definition TV，高清晰度电视）是目前正在蓬勃发展的电视标准，尚未完全统一，但一般认为宽高比例为 16∶9，每帧扫描在 1000 行以上，采用远行扫描方式，有较高扫描频率，传送信号全部数字化。

这些制式标准定义了彩色电视机对视频信号的解码方式，不同制式对色彩处理方式、屏幕扫描频率等有不同的规定，因此如果计算机系统处理视频信号的制式与其相连的视频设备的制式不同，则会明显降低视频图像的效果，有的甚至根本没有图像。所以美国的录像机不能与中国的电视连接，法国的录像机也不能与日本的电视相配。目前，世界上常用的电视制式有中国和欧洲使用的 PAL 制式，美国和日本使用的 NTSC 制式，以及法国等国家使用的 SECAM 制式。虽然电视机制式有所不同，但它们所遵循的基本原理都是一样的。

4.6.2 视频素材常用格式

计算机中常用的视频格式有 WMV、RM、RMVB、AVI、MPEG、XVID 等，近年来，由于 RM 格式的高压缩率和不错的保真度，使其成为了网络上使用最多的网络视频格式。

随着网络技术的不断提高，网络带宽的不断拓宽以及设计软件的不断更新，视频技术已广泛应用到多媒体课件中来，使网络多媒体课件更加绚丽多彩。

1. AVI 格式

在 Windows 中常用的视频文件为 AVI（Audio/Video Interleave，音频视频交织）文件。

Windows 用 AVI 格式来储视视频文件，文种格式支持视频图像和音频数据的交织组织方式。也就是说，视频和音频在文件中的排列是交织的。这样的组织方式和传统的电影胶版很类似，在播放图像时，伴音声道也一起播放。

2. MPEG 格式

MPEG 的全名为 Moving Pictures Experts Group/Motin Pictures Experts Group，中文译名是动态图像专家组。在多媒体 CAI 课件中使用比较广泛的一种格式就是 MPEG 格式。这种文件格式是基于 MPEG-1 标准的一种多媒体视频压缩文件。其标准分为两个部分，一个是音频压缩标准，一个是视频压缩标准。

音频格式包括 MP1、MP2 和 MP3 多种文件格式，视频包括 MPEG 数据（MPG）格式、视频流数据（MPV），日常的 VCD 上的文件*.DAT 也是基于 MPEG-1 标准的。和 AVI 视频相比，由于编码方式和压缩方式的不同，MPEG 格式视频具有压缩比大、图像清晰度高等特点。

MPEG-4 在 1995 年 7 月开始研究，1998 年 11 月被 ISO/IEC 批准为正式标准，正式标准编号是 ISO/IEC14496，它不仅针对一定比特率下的视频、音频编码，更加注重多媒体系统的交互性和灵活性。这个标准主要应用于视像电话、视像电子邮件等，对传输速率要求较低，在 4800 ~ 6400bit/s，分辨率为 176×144。MPEG-4 利用很窄的带宽，通过帧重建技术、数据压缩，以求用最少的数据获得最佳的图像质量。利用 MPEG-4 的高压缩率和高的图像还原质量，可以把 DVD 里面的 MPEG-2 视频文件转换为体积更小的视频文件。经过这样处理，图像的视频质量下降不大，体积却可缩小几倍，可以很方便地用 CD-ROM 来保存 DVD 上面的节目。另外，MPEG-4 在家庭摄影录像、网络实时影像播放方面也大有用武之地。

在网络多媒体课件中，MPEG 格式的视频素材也有很大比重。

3. MOV 格式

MOV 文件格式是 Quick Time 视频处理软件所选用的视频文件格式，它是 Apple 公司开发的一种音频、视频文件格式，用于存储常用数字媒体类型。当选择 QuickTime（*.mov）作为“保存类型”时，动画将保存为.mov 文件

4. DAT 格式

DAT 文件格式是 VCD 和卡拉 OK CD 数据文件的扩展名，也是 MPEG 压缩方法的一种文件格式。

对于 DAT 格式的影音文来说，DAT（Digital Audio Tape）技术又可以称为数码音频磁带技术，也叫 4mm 磁带机技术，最初是由惠普公司（HP）与索尼公司（SONY）共同开发出来的。这种技术以螺旋扫描记录（Helical Scan Recording）为基础，将数据转化为数字后再存储下来，早期的 DAT 技术主要应用于声音的记录，后来随着这种技术的不断完善，又被应用在数据存储领域里。4mm 的 DAT 经历了 DDS-1、DDS-2、DDS-3、DDS-4 几种技术阶段，容量跨度在 1GB ~ 12GB。目前一盒 DAT 磁带的存储量可以达到 12GB，压缩后则可以达到 24GB。

DAT 技术主要应用于用户系统或局域网。现在网上传播的主流播放器就可以播放，如暴风影音、K-lite MPC KMplayer、Gomplayer、风雷影音、MediaPlayer 都可以。

5. RM 格式

RM 格式是 RealNetworks 公司开发的一种流媒体视频文件格式，可以根据网络数据传输的不同速率制定不同的压缩比率，从而实现低速率的 Internet 上进行视频文件的实时传送和播放。它主要包含 RealAudio、RealVideo 和 RealFlash 3 部分。这类文件可以实现即时播放，即先从服务器上下载一部分视频文件，形成视频流缓冲区后实时播放，同时继续下载，为接下来的播放做好准备。这种“边传边播”的方法避免了用户必须等待整个文件从 Internet 上全部下载完毕才能观看的缺点，因而特别适合在线观看影视。RM 主要用于在低速率的网上实时传输视频的压缩格式，它同样具有小体积而又比较清晰的特点。RM 文件的大小完全取决于制作时选择的压缩率。

4.6.3　视频素材的获取

在多媒体应用系统中，视频扮演着极其重要的角色。它以具体、生动、直观等特点，在多媒体系统中得以广泛的应用。要进行视频处理，也就是用计算机处理视频素材，首先要解决的问题是把视频素材数字化后送到计算机中。对视频素材的数字化也同音频信号数字化一样，是对视频素材进行采样捕获，将其经过采样后所得到的数值加以保存，以便以后可对其进行处理和播放。计算机对视频素材以一定的比率（每秒所捕获的帧数）进行单帧数字化采样。一般用户可用 8 位、16 位或 24 位的采样深度对视频素材进行采样。所谓采样深度，就是经采样后每一帧所包含的颜色位（色彩值），8 位采样每帧可达到 256 级单色灰度（需用调色板）。16 位或 24 位则可以达到更

高，并且无需调色板，但所占用的空间要比 8 位大 2 ~ 3 倍。

视频素材的采集就是将视频素材经过数字化后，再将数字化信息加以存储，在使用时，将数字化信息从介质中读出，再还原为图像信号加以输出。视频素材的采集可分为单幅画面采集和多幅动态连续采集。对于单幅画面采集，用户可将输入的视频信息定格，并可将定格后的单幅画面以多种图形文件格式加以存储。对于多幅连续采集，用户可以对视频素材源输入的视频素材进行实时、动态地捕获，并以文件形式加以存储。在捕获一段连续画面时，可以以每秒 25 ~ 30 帧（PAL、NTSC 制式所采用）的采样速度对该视频素材加以采样。

综上所述，视频素材的数字化实际上是在一定时间以一定的速度对单频视频素材进行捕获并加以采样后形成数字化数据值的。

在对视频素材进行数字化采样后，可以对其进行编辑、加工。例如，用户可以对视频素材进行删除、复制、改变采样比率或视频、音频格式等操作。视频处理的质量主要取决于视频处理硬件的好坏。

4.6.4 视频文件的播放

视频的播放需要专门的软件才能进行，下面介绍几款常用视频播放软件。

1. Windows Media Player

作为 Windows 组件的媒体播放程序，Windows Media Player 已经发展成为一个全功能的网络多媒体播放软件，提供了最广泛最流畅的网络媒体播放方案。该软件支持目前大多数流行的文件格式，甚至内置了 Microsoft MPEG-4 Video Coedec 插件程序，所以它能够播放最新的 MPEG-4 格式的文件。它所支持的文件格式包括：Audio Files（wav、snd、au...）、MIDI Files、MP3Files（mp3、m3u）、MPEG Files（m1v、mp2、mpa...）、Video Files （avi）、NetShow Files、QuickTime Files、Real Media Files。Windows Media Player 10 只适用于 Windows XP 系统。这是微软公司基于 DirectShow 基础之上开发的媒体播放软件。它提供最广泛、最具可操作性、最方便的多媒体内容，可以播放更多的文件类型，包括：Windows Media（即以前称为 NetShow 的），ASF、MPEG-1、MPEG-2、WAV、AVI、MIDI、VOD、AU、MP3 和 QuickTime 文件。所有这些都用一个操作简单的应用程序来完成。Windows Media Player 10 提供了探索、播放、任何地点享受数字媒体高品质的体验。

2. RealPlayer

RealPlayer 是网上收听、收看实时音频、视频和 Flash 的最佳工具，即使带宽很窄，也能享受丰富的多媒体。RealPlayer 是一个在 Internet 上通过流技术实现音频和视频的实时传输的在线收听工具软件，使用它不必下载音频/视频内容，只要线路允许，就能完全实现网络在线播放，极为方便地在网上查找和收听、收看自己感兴趣的广播、电视节目；RealPlayer 具有快速保存在线视频的功能，可以支持各类视频网站以及各种视频；可以智能搜索歌词，边听边看；允许用户建立个性化的播放列表，还可以编辑自己的视频播放列表，只播放自己最喜欢的视频。将刻录工作最大程度地进行了简化；整合很多热门资源，包括热门影视、音乐、游戏以及论坛资源；支持播放更多更全的在线媒体视频，包 MEPG、FLV、MOV 等格式，新版 RealPlayer 几乎支持了所有主流播放格式。

3. 超级解霸

超级解霸是一款从家用多媒体到网络多媒体的功能强大的工具软件，既可以满足家用多媒体的需要，也可以为网络开发者提供技术支持。作为国内最受欢迎的软解压软件，超级解霸系列从一开始就依靠其强大的技术优势赢得了广大用户的支持。超级解霸功能强大，主要表现在以下几个方面。

（1）独创的网络视频新技术（第三代运动图像压缩算法），可实现很低的数据率（约 0.06/像素）满足 33kbit/s Modem 实时传送 160×128 大小的视频影像。

（2）Directcdrom 和 Directdvdrom 技术，轻易读取各种烂碟。支持 VCD、CVD、DVD、SVCD、DVCD、CD、MP3 等各种影音格式的播放。

（3）支持多种显示器、多种显示方式：显示墙、多屏显示、指定显示器输出等。

（4）支持 3D 加速，支持软件平滑处理。支持 96KHZ 的高质量音频，真正享受家庭影院效果。

（5）支持多种实用工具，包括 AVI 转 MPG、MPG 转 GIF、MPG 合并、MPG 转标准 VCD 格式（可用于刻盘）。

（6）支持播放列表和可视音乐插件。

（7）新增图像浏览器，方便浏览各种图片格式。

4. Quick Time

Quick Time 是一个由 Apple 公司出品的多媒体的下载、回放以及编辑功能于一身的软件包。它主要包括两个部分，即浏览器插件和独立的应用程序 Quick Time Player。前者用来下载和播放流体媒体，后者用来编辑或回放媒体文件。它所能完成的最基本的任务包括：播放 MPEG、AVI 和 MOV 视频、播放 WAV 和 MP3 声音文件、提供文件格式转换功能，如 AVI 到 MOV、流式媒体支持、音频和视频文件的简单编辑、压缩音频和视频文件。

4.6.5　视频采集与编辑

获取数字视频信息主要有以下两种方式。

（1）将模拟视频信号数字化：将摄像机、录像机等设备播放的模拟视频信号经视频采集到计算机中，然后将其数据加以存储。在编辑或播放视频信息时，再将数字化数据从存储介质中读出，经过硬件设备还原成模拟信号输出。

（2）直接获得数字视频：利用数字摄像机拍摄实际景物，直接获得无失真的数字视频，然后经视频卡采集到计算机中。

获取视频信息除了必要的视频采集卡外，还需要相应的软件辅助工作，如利用 Adobe Premiere、ShowBiz、绘声绘影等。

4.6.6　Premiere 制作实例

Premiere 是 Adobe 公司出品的一款非线性视频编辑软件，它提供了很多专业级的功能和特效，可以进行音频和视频混合，也可以和 Audition、Photoshop 等软件配合工作。其主要功能如下。

（1）影音素材的转换和压缩。

（2）视频/音频捕捉和剪辑。

（3）视频编辑功能。

（4）丰富的过渡效果。

（5）添加运动效果。

（6）支持 Internet。

用 Premiere 制作中国名胜视频节目，播放的效果是 1 幅天安门图像在蓝色背景之上，从下向上推出显示，接着 3 幅图像依次以各种不同的方式从画面之外移到画面中，再移出画面。

① 创建一个新的项目，并导入【天安门 1】、【故宫-5】、【故宫-2】、【天坛】、【长城-1】图像文件。

② 用鼠标将项目窗口中的【天安门 1】图像拖曳到 Timeline 窗口的视频 1A 轨道中，调整使视

频 1A 轨道上只呈现 4 幅【天安门 1】图像。然后将【天安门 1】图像拖曳到视频 1A 轨道上 4 次。

③ 将鼠标指针移到视频 lA 轨道上左边的【天安门 1】图像之上，单击鼠标右键，在弹出的快捷菜单中选择【Video Options】→【Motion】命令，弹出【Motion Settings】对话框。双击【Fill Color】框设置背景色为浅蓝色，设置天安门图像从下向上垂直移动到屏幕的正中间，如图 4.43 所示。单击【Ok】按钮退出对话框。

④ 用鼠标将项目窗口中的【故宫-5】图像拖曳到 Timeline 窗口的视频 2 轨道中，置于视频 1A 轨道上第 2 个素材的上面，再用鼠标向左拖曳【故宫-5】图像素材的右边缘，使它只呈现 4 幅图像，如图 4.44 所示。

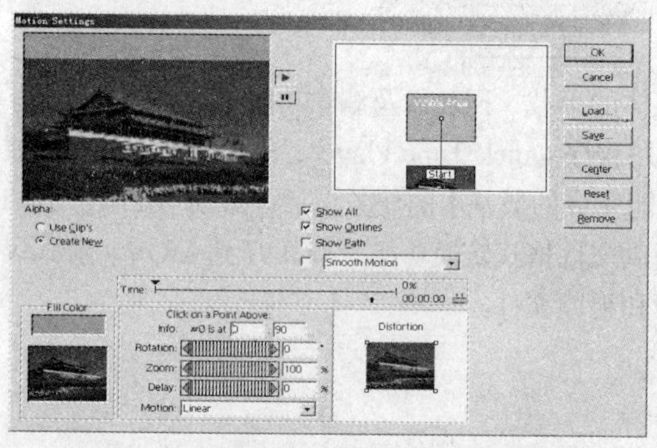

图 4.43　设置【天安门 1】图像运动参数

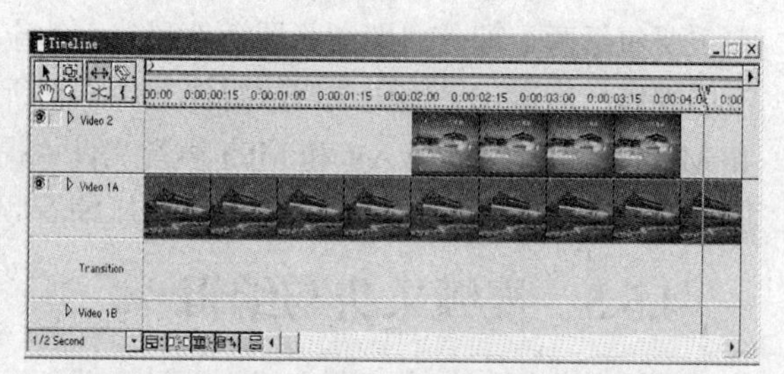

图 4.44　将【故宫-5】图像拖曳到视频 2 轨道中

⑤ 选中视频 2 轨道上的【故宫-5】图像，单击鼠标右键，在弹出的快捷菜单中选择【Video Options】→【Motion】命令，在弹出【Motion Settings】对话框中单击路径时间标尺中点处，使此处增加一条竖线，并在显示窗口的正中间增加一个控制点。将启动控制点移到显示窗口的左边，并将画面进行扭曲，再旋转 48°，如图 4.45 所示。单击中间控制点，设置它的坐标位置为（0，0），不进行扭曲和旋转，在【Delay】（延时）文本框内输入 17，表示在该位置延时 17%的时间。将结束控制点移到显示窗口的左上边，调整它的位置、扭曲和旋转度，如图 4.46 所示。最后单击【Ok】按钮退出对话框，从而完成 3 个控制点的路径设置。

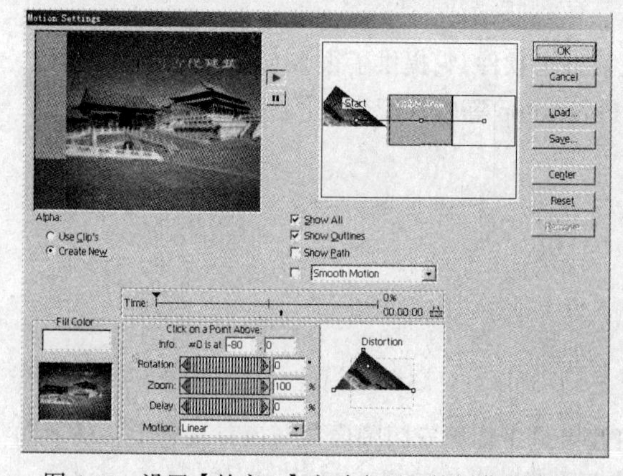

图 4.45　设置【故宫-5】启动点画面的扭曲和旋转

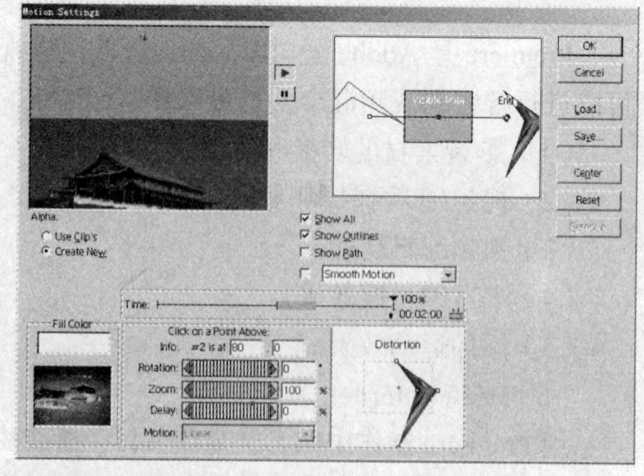

图 4.46　设置【故宫-5】结束点画面的扭曲和旋转

⑥ 继续将【故宫-2】图像导入到 Timeline 窗口的视频 2 轨道原素材的右边，长度也调为 4 个画面。用鼠标右键选中天坛，在弹出的快捷菜单中选择【Video Options】→【Motion】命令，

在弹出的【Motion Settings】对话框中单击路径时间标尺中点处，在显示窗口的正中间增加一个控制点。将启动控制点移到显示窗口的左下角扭曲和旋转，如图 4.47 所示。单击中间控制点，设置它的坐标位置为（0，0），不进行扭曲和旋转，在【Delay】（延时）文本框内输入 17，表示在该位置延时 17%的时间。将结束控制点移到显示窗口的右下边，调整它的位置、扭曲和旋转度，如图 4.48 所示，最后单击【Ok】按钮退出对话框。

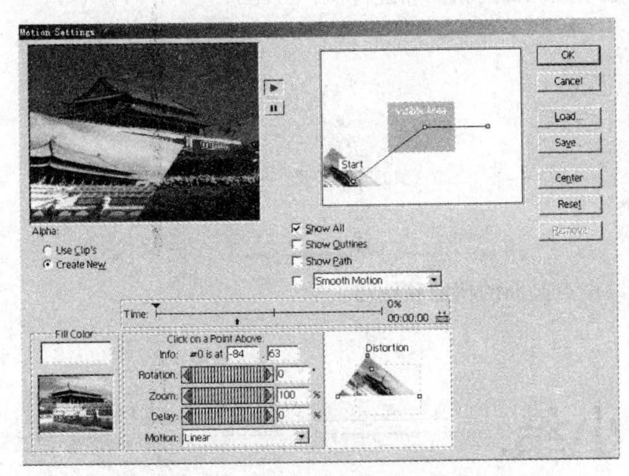

图 4.47　设置【故宫-2】启动点画面的扭曲和旋转

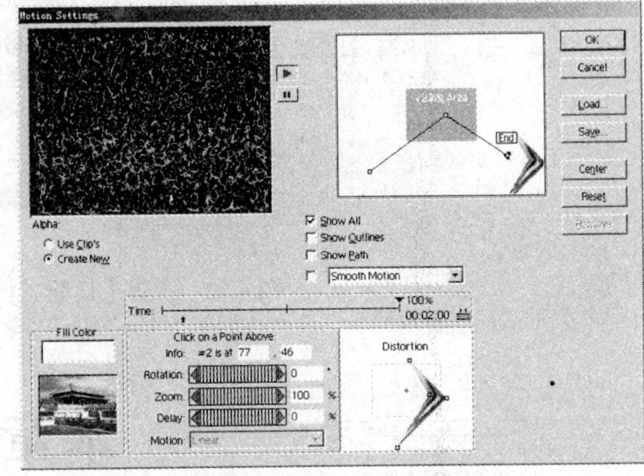

图 4.48　设置【故宫-2】结束点画面的扭曲和旋转

⑦ 按照上述方法，将【天坛 1】图像导入到 Timeline 窗口的视频 2 轨道原素材的右边，长度也调为 4 个画面。【天坛 1】图像的启动控制点的设置如图 4.49 所示，结束控制点的设置如图 4.50 所示。第五幅【长城-1】图像的启动控制点的设置如图 4.51 所示，结束控制点的设置如图 4.52 所示。

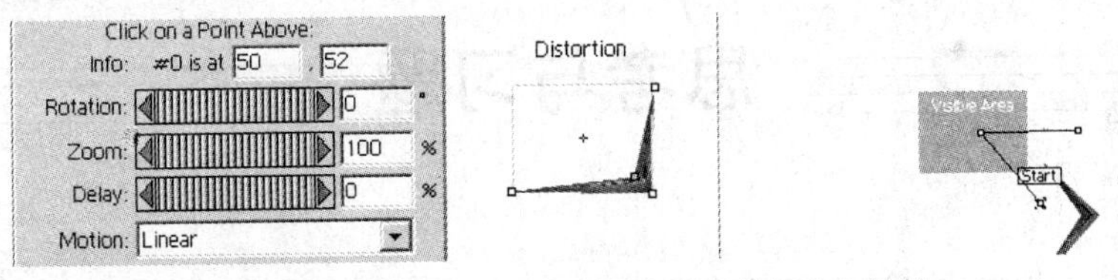

图 4.49　设置【天坛 1】启动点画面的扭曲和旋转

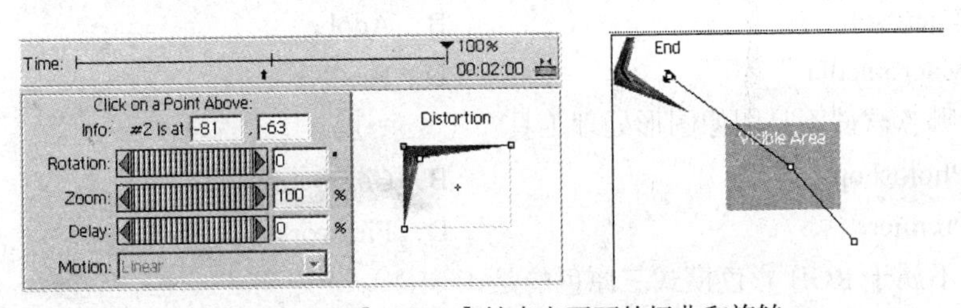

图 4.50　设置【天坛-1】结束点画面的扭曲和旋转

⑧ 选择【File】→【Save】命令，在弹出【Save File】对话框中指定存入节目的路径、文件名，单击【保存】按钮，将编辑好的文件进行存储。

⑨ 选择【File】→【Export Timeline】→【Movie】(【文件】→【输出时间标尺】→【影片】)菜单命令，打开【Export Movie】对话框，指定存入节目的路径、文件名，单击【Save】按钮完成节目的渲染。

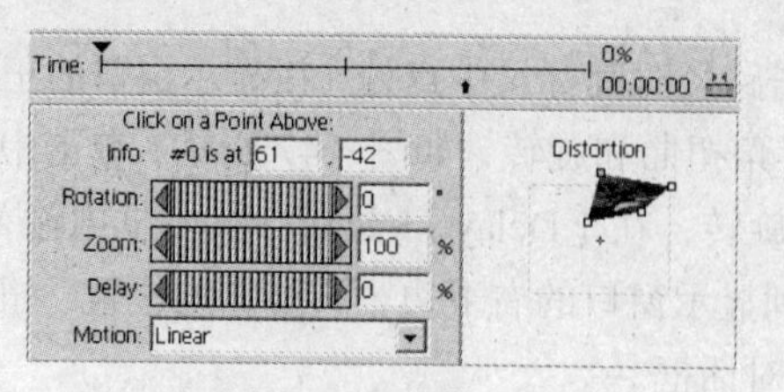

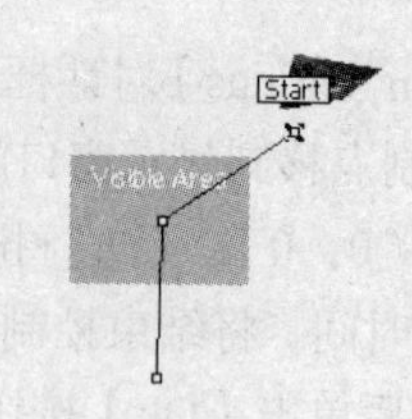

图 4.51　设置【长城-1】启动点画面的扭曲和旋转

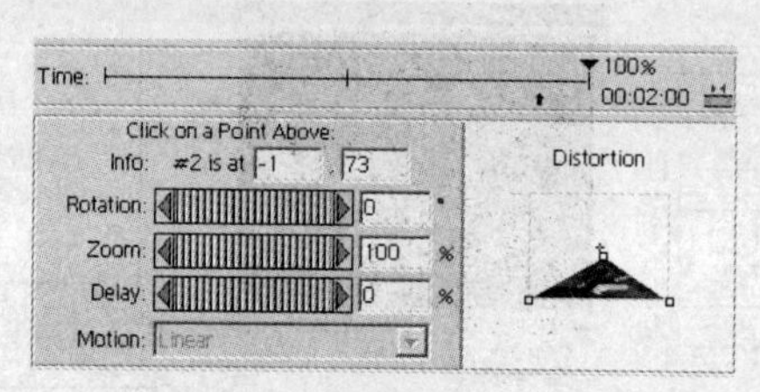

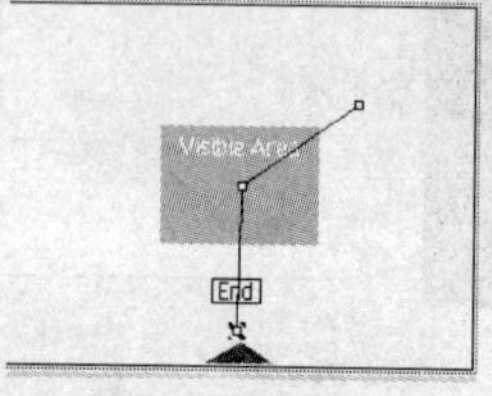

图 4.52　设置【长城-1】结束点画面的扭曲和旋转

本章小结

本章介绍了各种课件素材包括文本、图形图像、动画、音频、视频等的基本概念、特点及制作，其中着重讲解了 Photoshop（图像处理）、Flash（二维动画）、3ds Max（三维动画）、Adobe Audition（音频编辑）、Premiere（视频制作）软件的基本用法。这几种软件都是目前比较流行的应用软件，由于本书篇幅有限，详细操作还需作者参考其他的书籍资料。

思考与习题

1. 单选题

（1）Word 是下列哪家公司出品的工具软件？（　　）

A．Microsoft　　B．Adobe

C．Macromedia　　D．RealNetwork

（2）下列哪款软件不是图像图形处理工具？（　　）

A．Photoshop　　B．CorelDraw

C．Premiere　　D．Fireworks

（3）下列不属于 RGB 彩色模式三原色的是（　　）。

A．红色　　B．黄色　　C．绿色　　D．蓝色

（4）在修正比较陈旧的照片的颜色时，为不破坏原来的图像，一般使用下列什么图层进行修复？（　　）

A．蒙版图层　　B．填充图层

C．调整图层　　D．Alpha 通道

（5）为了控制形状补间动画的变化过程，可以使用下列哪种对象？（　　）

A．关键帧　　B．蒙版图层　　C．形状提示　　D．引导图层

2. 多选题

（1）可以使用下列哪些方式进行文本输入？（　　）

A．键盘输入　　B．扫描识别输入

C．手写识别输入　　D．语音识别输入

（2）Photoshop 里图层蒙版的颜色模式可以是下列哪几种？（　　）

A．位图模式　　B．灰度图模式

C．Lab 颜色模式　　D．索引颜色模式

（3）Flash 可以制作哪几种动画？（　　）

A．逐帧动画　　B．补间动画

C．遮罩动画　　D．引导动画

（4）下列哪些后缀的文件可能是音频文件？（　　）

A．wav　　B．rtf　　C．rm　　D．mid

（5）下列哪些后缀的文件可能是视频文件？（　　）

A．rm　　B．wmv　　C．mov　　D．fla

3. 判断题

（1）矢量图形被放缩时会失真。（　　）

（2）GIF 格式的图像最多只能有 256 种颜色。（　　）

（3）Photoshop 里的 Sunset Sky 特效只能作用于文字。（　　）

（4）使用 MP3 格式压缩音频数据不可能造成声音失真。（　　）

（5）视频每秒钟一般有 20 到 30 帧的图像画面。（　　）

4. 问答题

（1）课件制作需要准备哪些类型的素材，各种素材常见的文件格式有哪些？

（2）Photoshop 支持哪些颜色模式？

（3）Photoshop 的调整图层具有哪些优点？

（4）Flash 中帧分为哪几种类型，分别有什么作用？

（5）简述 Flash 的优势和特点。

实　　验

实验 1

实验目的：初步学会使用 Photoshop。

实验内容：用 Photoshop 修补一张照片。

实验 2

实验目的：初步学会使用 Flash。

实验内容：制作太阳升起的 Flash 动画。

实验 3

实验目的：初步学会使用 Adobe Audition。

实验内容：录制自己朗诵的一首诗，找段音乐，用 Adobe Audition 制作配乐诗。

实验 4

实验目的：初步学会使用 Premiere。

实验内容：用 Premiere 制作一段包含声音的自我介绍视频，要求有片头和片尾。

第5章 PowerPoint 2010课件制作

PowerPoint 2010 是微软公司出产的 Microsoft Office 2010 办公自动化中的一个组件。PowerPoint 2010 能制作出包括文本、声音、图形、图像、动画、视频等形式多样、内容丰富的演示文稿，比以往有更多的方式来创建动态演示文稿并与观众共享，是电子课件、广告宣传、信息交流的幻灯片制作工具，制作出的幻灯片可通过计算机或幻灯机播放。由于 PowerPoint 软件使用方便、简单易学，又能加载各式各样的媒体信息，制作出的课件精彩纷呈，因此，使用 PowerPoint 制作的课件已广泛应用于课堂教学中，能提高学生的兴趣，达到较好的学习效果。在本章中，主要介绍以下内容：PowerPoint 2010 的基本操作；应用 PowerPoint 制作课件的基本方法。

学习重点

- 熟练掌握 PowerPoint 的基本操作。
- 熟练掌握演示文稿的版式和背景设置。
- 掌握幻灯片母版的操作。
- 熟练掌握演示文稿的动画设置。
- 掌握 PowerPoint 制作课件的方法。
- 了解演示文稿的打包和发布。

5.1 PowerPoint 2010 简介

PowerPoint 2010 是基于 Windows 操作系统的办公自动化软件，基本功能是创建演示文稿。PowerPoint 2010 在原有的基础上增加了以下功能。

（1）Office 2010 应用程序中的 Backstage 视图替换了所有传统"文件"菜单，为所有的演示文稿管理任务提供了集中式有组织的空间。

（2）提供了新增和改进的工具。包括：在 PowerPoint 中嵌入和编辑视频，可以添加淡化、格式效果、书签场景并剪裁视频；新增和改进的图片编辑工具（包括通用的艺术效果和高级更正、颜色以及裁剪工具），可以微调演示文稿中的各个图片，使其看起来效果更佳；添加动态三维幻灯片切换和更逼真的动画效果，吸引观众的注意力。

（3）具有协同工作的功能。新增的共同创作功能，令用户可以与不同位置的人员同时编辑同一个演示文稿。甚至可以在工作时直接使用 PowerPoint 进行通信；可在放映幻灯片的同时广播给其他地方的人员，无论他们是否安装了 PowerPoint。为演示文稿创建包括切换、动画、旁白和计时的视频，以便在实况广播后与任何人在任何时间共享；可以通过 Windows Live 使用共同创作功能。

（4）使用美妙绝伦的图形创建高质量的演示文稿。用户不必是设计专家，也能制作专业的图表。使用数十个新增的 SmartArt 布局可以创建多种类型的图表，如组织系统图、列表和图片图表。将文字转换为令人印象深刻的可以更好地说明自己想法的直观内容。创建图表就像键入项目符号列表一样简单，或者只需单击几次，就可以将文字和图像转换为图表。

（5）更高效地组织和打印幻灯片。通过使用新功能的幻灯片轻松组织和导航，这些新功能可帮助用户将一个演示文稿分为逻辑节，或与他人合作时为特定作者分配幻灯片。这些功能允许用户更轻松地管理幻灯片，如只打印需要的节而不是整个演示文稿。

5.1.1 PowerPoint 2010 的启动与退出

1. PowerPoint 2010 的启动

启动 PowerPoint 2010 应用程序的方法有多种，最常见的方法有以下三种。

（1）单击任务栏的“开始”按钮，选择【程序】→【Microsoft Office】→【Microsoft Office PowerPoint 2010】命令，启动 PowerPoint 2010 应用程序。

（2）如果桌面上有 PowerPoint 2010 应用程序的快捷方式图标，可双击快捷方式图标，启动 PowerPoint 2010 应用程序。

（3）双击演示文稿文件，启动 PowerPoint 2010 应用程序。

2. PowerPoint 2010 的退出

退出 PowerPoint 2010 的方法有多种，最常见的方法有以下两种。

（1）在 PowerPoint 应用程序窗口中，执行【文件】→【退出】命令。

（2）单击 PowerPoint 应用程序窗口中标题栏的【关闭】按钮。

在退出应用程序时一定要记住保存已编辑好的演示文稿。

3. PowerPoint 2010 的界面

PowerPoint 2010 启动后，其应用程序界面如图 5.1 所示。

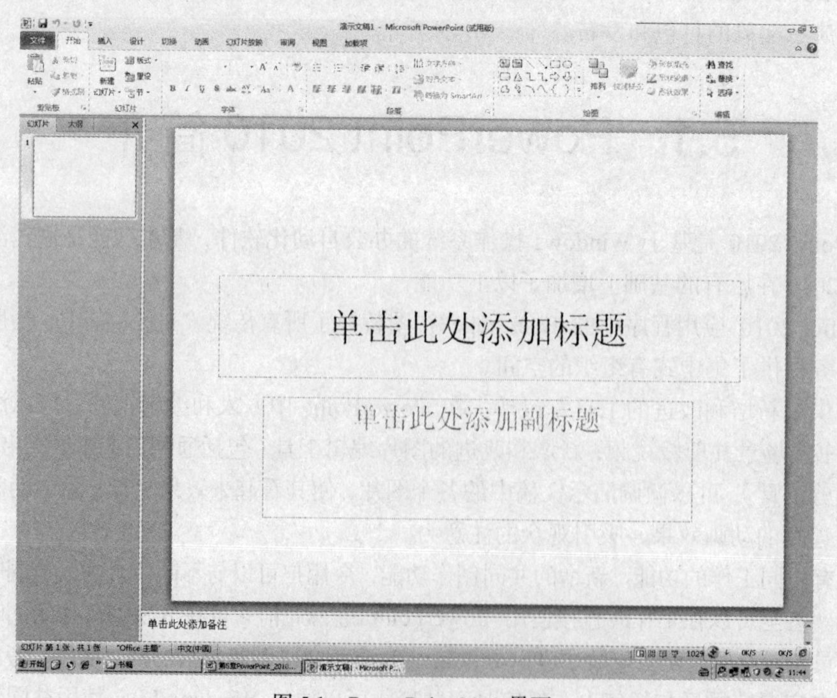

图 5.1　PowerPoint 2010 界面

5.1.2 PowerPoint 2010 的选项卡

PowerPoint 2010 的选项卡主要包括以下内容。

（1）**文件**：主要用来处理与文件有关的操作，例如新建文件、打开文件、保存文件、打印文件等。

（2）**开始**：主要用来编辑与演示文稿相关的内容，提供了复制、剪切、粘贴、查找等相关命令。

（3）**插入**：主要用于为演示文稿插入各种素材。例如：插入幻灯片、图片、图表、影片、声音等。

（4）**设计**：提供了各种背景样式、设置幻灯片的设计方案、配色方案和幻灯片的版式。

（5）**切换**：提供了各种切换方式以及切换时的声音等。

（6）**动画**：主要用于为幻灯片制作各种动画动作。

（7）**幻灯片放映菜单**：主要用于设置幻灯片放映时的若干内容，例如多张幻灯片间是如何切换的，一张幻灯片中的多个对象需要定义何种动画等。

（8）**审阅**：主要用于拼写检查、加入批注、翻译等。

（9）**视图**：提供了各种视图的切换，以及对母版的设置方法和各个工具栏在屏幕上的显示情况。

（10）**加载项**：提供自定义功能区和快速访问栏。

5.2 PowerPoint 的操作

利用 PowerPoint 软件制作的课件是若干张幻灯片组成的有序集合，创建简洁、生动、直观的幻灯片是课件制作的目的。在本节中，将讲述使用 PowerPoint 软件的基本操作方法，也是 PowerPoint 课件制作的基础。

5.2.1 PowerPoint 的基本操作

1. 新建演示文稿

创建新的演示文稿的方法如下：执行【文件】→【新建】命令，在 PowerPoint 当前应用程序窗口中出现如图 5.2 所示的画面。在该任务窗口中提供了一系列创建演示文稿的方法，包括以下几种方法。

（1）空白演示文稿。空白演示文稿给用户提供了具备最少的设计和未应用颜色的幻灯片。在这种情况下，用户设计的自由度最大，可创建出极富个性的演示文稿。

（2）利用各种模板建立演示文稿。根据模板创建演示文稿是在模板已经具备设计概念、字体和颜色方案的 PowerPoint 设计方案，然后在此基础上创建演示文稿的方法。PowerPoint 提供了多种设计模板，用户也可以根据自己的需要自行设计模板。在新建演示文稿时，系统提供【最近打开的模板】、【样本模板】、【主题】和【我的模板】等几种选择，供用户使用。还可以选择【Office.com 模板】，在网上下载模板。

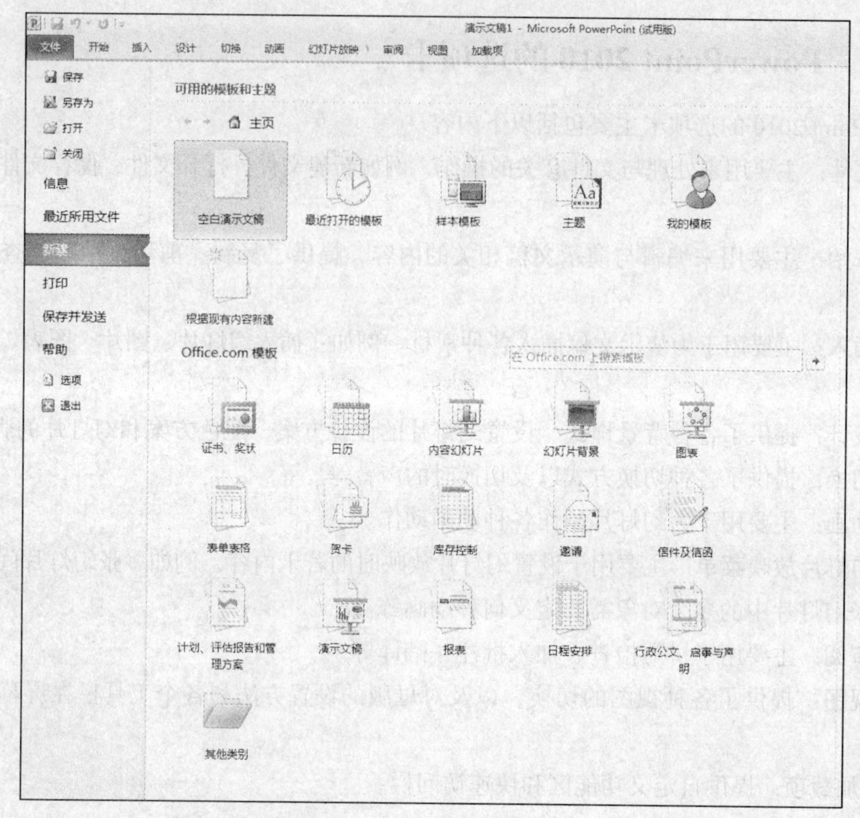

图 5.2　新建演示文稿

2. 保存演示文稿

创建演示文稿时，一定要注意文件的保存，以免误操作或停电等其他原因造成编辑的文件信息丢失。保存演示文稿的方法有 3 种：① 执行【文件】→【保存】命令。② 执行【文件】→【另存为】命令。③ 在标题栏中单击【保存】按钮。在弹出的【另存为】对话框中，如图 5.3 所示，选择文件的存储路径，并输入文件名。系统默认保存文件的格式为演示文稿格式（*.pptx），用户也可在【保存类型】下拉列表中选择其他文件类型。

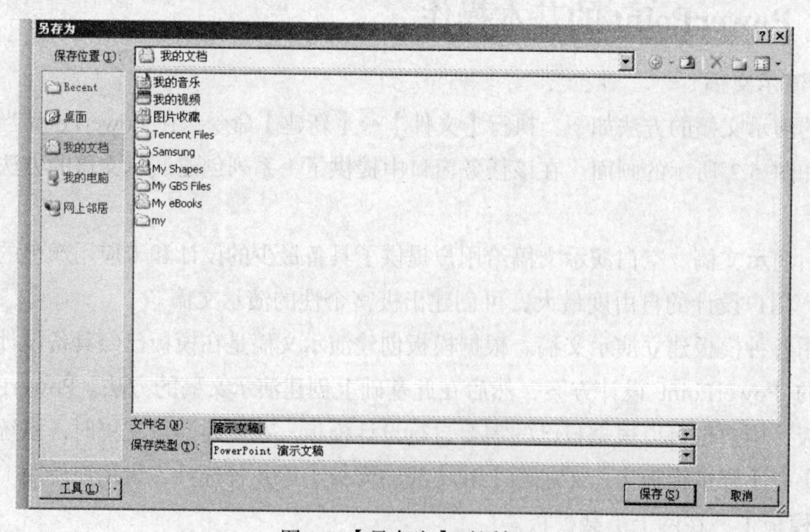

图 5.3　【另存为】对话框

3. 打开演示文稿

在 PowerPoint 中提供了多种打开文件的方法。方法一：在 PowerPoint 应用程序窗口中，选择【文件】→【打开】命令；方法二：单击 PowerPoint 应用程序窗口标题栏的【打开】按钮；方法三：在【资源管理器】或【我的电脑】窗口中，找到所需打开的文件，双击该文件的图标。

4. 节的操作

当遇到一个较大的演示文稿，其幻灯片标题和编号混杂在一起而又不能导航演示文稿时，会感到很不方便。Microsoft PowerPoint 2010 新增了节功能组织幻灯片，就像使用文件夹组织文件一样，一个节实际上就是一个幻灯片组，可以使用命名节跟踪幻灯片组。而且，可以将节分配给同事，明确合作期间的所有权。如果是从空白板开始，甚至可使用节来列出演示文稿的主题。

可以在幻灯片浏览视图中查看节，也可以在普通视图中查看节。如果希望按自定义的逻辑类别对幻灯片进行组织和分类，则使用幻灯片浏览视图往往更有用。

对节的操作在【开始】→【节】命令下进行，可新增节、删除节、重命名节、展开节、折叠节等。如图 5.4 所示，用【新增节】建立了名为【第一章】的节，用鼠标右键单击【第一章】节，弹出快捷菜单，如图 5.5 所示，可对该节进行移动、删除、重命名节、展开节、折叠节等操作。

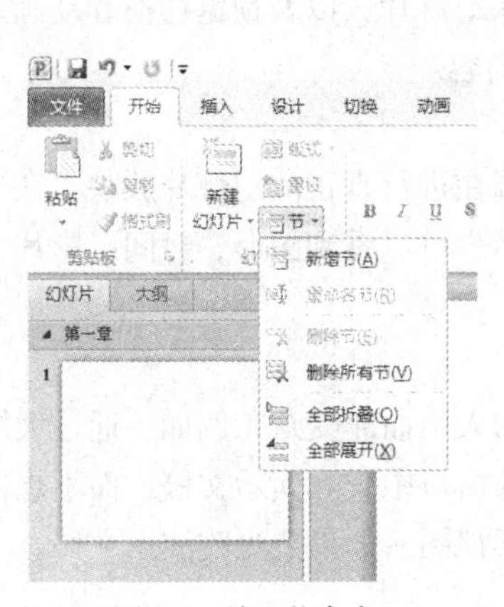

图 5.4　关于节命令

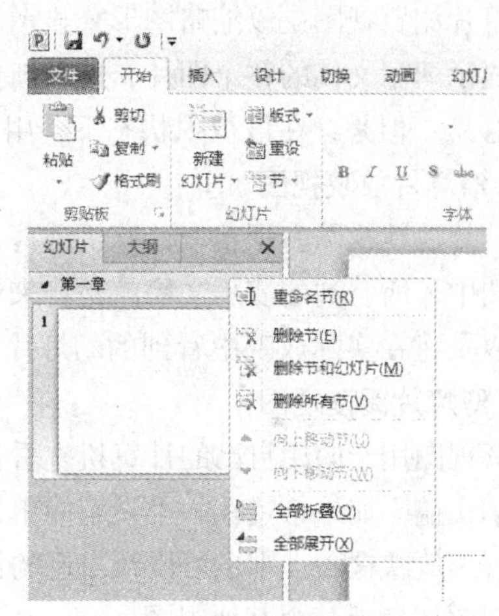

图 5.5　节的快捷菜单

5. 操作幻灯片

在编辑演示文稿的过程中，用户常常需要插入、移动、复制、删除幻灯片。

（1）选中幻灯片。在 PowerPoint 应用程序的左部【大纲/幻灯片浏览】窗格中，单击所需选中的幻灯片。该幻灯片图标边框变深色表示该幻灯片被选中。

（2）插入幻灯片。一个演示文稿文件通常包括多张幻灯片，这需要在编辑的过程中进行插入幻灯片操作。在演示文稿中插入一张新幻灯片的方法如下：执行【开始】→【新幻灯片】命令。值得注意的是，插入的新幻灯片的顺序是在当前选中幻灯片之后。

（3）移动幻灯片。移动幻灯片的目的是改变当前幻灯片在现有文稿的次序。在 PowerPoint 应用程序的左部大纲/幻灯片浏览窗格中，选中要移动的幻灯片，用鼠标拖动到目标位置。拖动时会有一条横线随鼠标跟随，指示移动的目标位置。

（4）复制和删除幻灯片。复制幻灯片是先选中所需复制的幻灯片，进行【复制】操作，然后使用【粘贴】命令，将复制的幻灯片粘贴到当前幻灯片之后。删除幻灯片的基本操作是选中需删除的幻灯片，然后选择【删除】命令。

5.2.2 PowerPoint 的视图方式

PowerPoint 2010 提供幻灯片视图和母版视图。幻灯片视图分别是普通视图、幻灯片浏览视图、幻灯片放映视图和幻灯片阅读视图。

1. 普通视图

普通视图是最常用的一种视图方式，它的功能是编辑视图，用于撰写和设计演示文稿。普通视图分有 3 个区域：左侧的【大纲/幻灯片浏览】窗格、右侧的【幻灯片】窗格和底部的【备注】窗格。在【大纲/幻灯片浏览】窗格中有两个选项卡，分别是【大纲】选项卡，在该卡中以幻灯片文本大纲形式显示；【幻灯片】选项卡，在该卡中以幻灯片缩略图的形式显示。在【幻灯片】窗格中，可以添加文本，插入图片、表格、图表、绘图对象、文本框、电影、声音、超链接和动画。在【备注】窗格中可以添加与每个幻灯片内容相关的备注，并且在放映演示文稿时，将它们用作打印形式的参考资料，或者作为希望让观众以打印形式或在网页上看到的备注。

2. 幻灯片浏览视图

幻灯片浏览视图是以缩略图形式显示幻灯片的视图。结束创建或编辑演示文稿后，幻灯片浏览视图显示演示文稿的整个图片，使重新排列、添加或删除幻灯片，以及预览切换和动画效果都变得很容易。但是，在该视图状态下，用户不能修改视图内容。

3. 幻灯片放映视图

幻灯片放映视图占据整个计算机屏幕，就像对演示文稿在进行真正的幻灯片放映。在这种全屏幕视图中，所看到的演示文稿就是将来观众所看到的。用户可以看到图形、时间、影片、动画元素，以及将在实际放映中看到的幻灯片切换效果。

4. 幻灯片阅读视图

阅读视图用于向用自己的计算机查看自己的演示文稿的人员而非受众（例如，通过大屏幕）放映演示文稿。如果希望在一个设有简单控件以方便审阅的窗口中查看演示文稿，而不想使用全屏的幻灯片放映视图，则也可以在自己的计算机上使用阅读视图。如果要更改演示文稿，可随时从阅读视图切换至某个其他视图。

这几种视图方式可以进行互相切换。切换的方法是从【视图】选项卡中选择相应的视图方式，如图 5.6 所示。

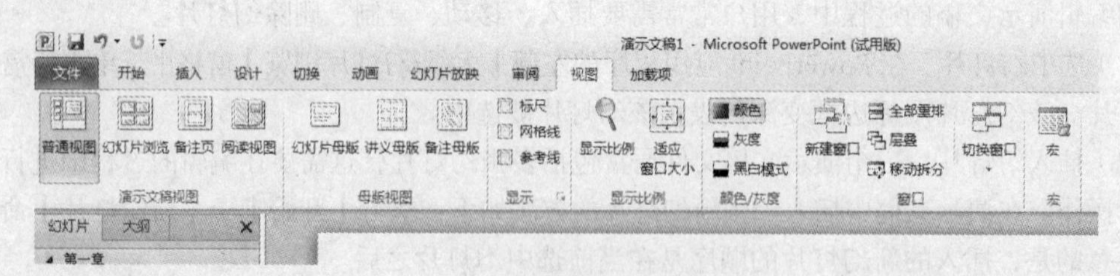

图 5.6 视图切换方法示意图

母版视图包括幻灯片母版视图、讲义母版视图和备注母版视图。它们是存储有关演示文稿的信息的主要幻灯片，其中包括背景、颜色、字体、效果、占位符大小和位置。使用母版视图的一个主要优点在于，在幻灯片母版、备注母版或讲义母版上，可以对与演示文稿关联的每个幻灯片、备注页或讲义的样式进行全局更改。有关使用母版的详细信息，请参阅 5.2.6 节。

5.2.3 文本幻灯片制作

演示文稿的内容极其丰富，可包括图片、图标、声音、视频等。但文本仍然是课件制作的最基本元素。PowerPoint 提供了多种文本方式，主要有版式设置区文本和文本框文本等。

1. 版式设置区文本

版式设置区文本是使用占位符在幻灯片中添加文本。编辑文本包含对文本占位符的格式进行设置。在占位符虚线中单击鼠标右键，可对占位符格式进行设置。占位符格式设置包括“线条和颜色”、“尺寸”、“位置”、“图片”、“文本框”、“Web”等几方面。在图 5.1 中包括两个文本占位符：标题占位符和副标题占位符。

单击标题占位符，示例文本“单击此处添加标题”消失，占位符内出现闪烁的光标，即插入点，占位符变为粗的斜线边框。在插入点输入文本后，单击占位符外的任何位置，即退出文本编辑状态。

2. 文本框文本

在幻灯片中添加文本的第二种方式是在文本框中添加文本。由于文本框可放在幻灯片的任何位置，所以给版式的编排带来了灵活性。使用文本框添加文本的具体操作是：选择【开始】→【绘图】→【文本框】按钮，在需添加文本处，拖曳出一个方框，释放鼠标左键，即可在文本框的插入点处输入文本，如图 5.7 所示。

图 5.7 文本框文本输入

值得注意的是，在文本占位符中输入的文本会显示在大纲窗格中，然而使用文本框输入的文本不会显示在大纲窗格中。

5.2.4 插入和编辑图片、表格、图表以及组织结构图

1. 插入图片

在幻灯片中加入精美的图片可以更清楚、形象地表达主题，丰富内容的表现形式，使演示文稿更具有吸引力。图片来自于 Office 自带的剪贴画和外部文件的图片。剪贴画是一种极好的素材，在 Office 软件中自带很多剪贴画。与其他格式的图片相比，剪贴画具有占用存储空间小、色彩鲜

艳、缩放图片不会失真和便于图文混排和制版印刷等优点。同时，用户也可以根据自己的需要，用绘图工具作图或截取图片。若将这些图片插入演示文稿中，就需使用【插入来自文件的图片】命令。

（1）插入剪贴画。向幻灯片插入剪贴画的步骤如下：首先在选项卡中依次选择【插入】→【剪贴画】命令，随即弹出【剪贴画】任务窗格。然后在该任务窗格中的【搜索文字】文本框中输入想要搜索的关键字，单击【搜索】按钮。在该窗格中就会显示搜索结果的预览图标。最后，单击想要插入的剪贴画的预览图标，在幻灯片中插入该剪贴画。具体的操作过程如图 5.8 所示。

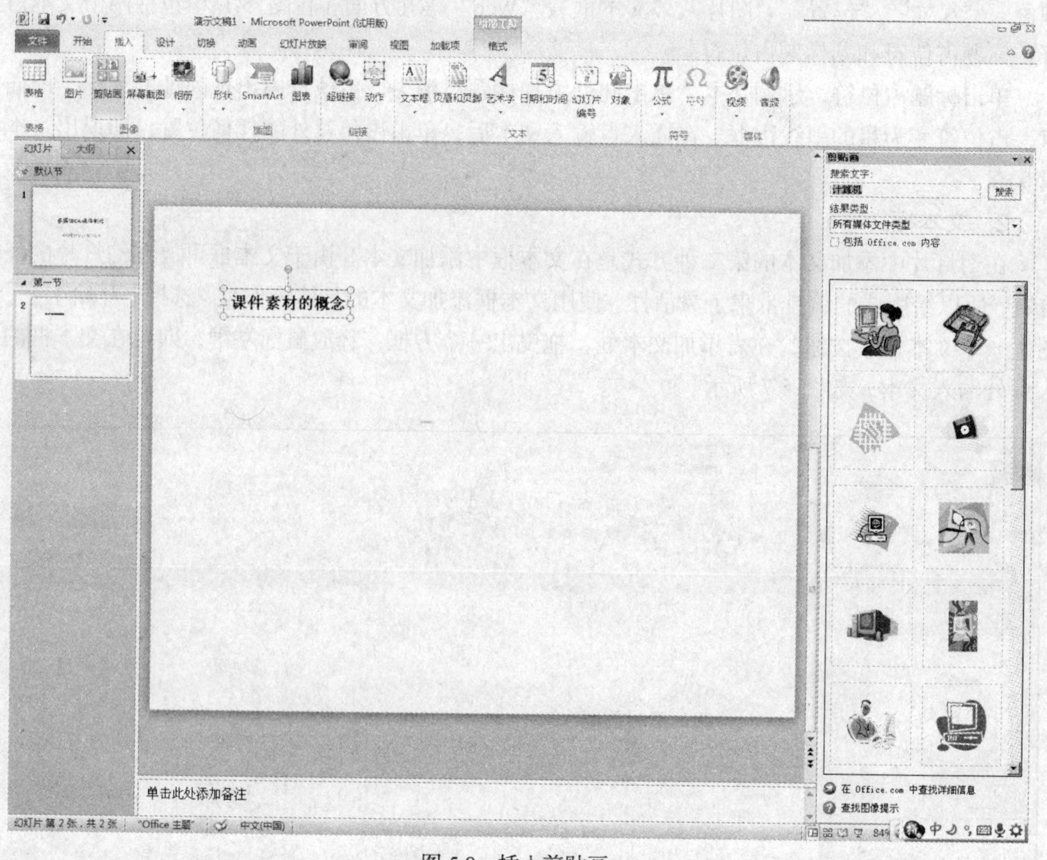

图 5.8　插入剪贴画

（2）插入来自文件的图片。当剪贴画的图片不满足需要时，可以插入来自外部文件的图片，使演示文稿更直观、清楚地表现主题。插入来自文件图片的具体操作如下：① 在选项卡中依次选择【插入】→【图片】命令，随即弹出【插入图片】对话框。② 在该对话框中选定所需插入的图片文件，然后单击【插入】按钮。

2. 插入艺术字

插入艺术字是使用现成的效果创建文本对象，并且可对艺术字设置样式、字体等。在幻灯片中添加艺术字的步骤如下：① 在选项卡中依次选择【插入】→【艺术字】命令。② 在弹出的【艺术字】对话框中选择所需的艺术字样式，然后单击【确定】按钮。③ 在弹出的【编辑‘艺术字’】对话框中，进行文字的输入编辑操作，同时可设置字体和字号。最后单击【确定】按钮。此时，艺术字已插入到幻灯片中。若需对艺术字进行修改，可通过【艺术字】工具栏操作。

3. 插入 SmartArt

PowerPoint 2010 为用户提供了 SmartArt 图形，如图 5.9 所示。这些图形可以将信息以某种特定的方式显示，并可以快速轻松地切换布局，因此可以尝试不同类型的不同布局。

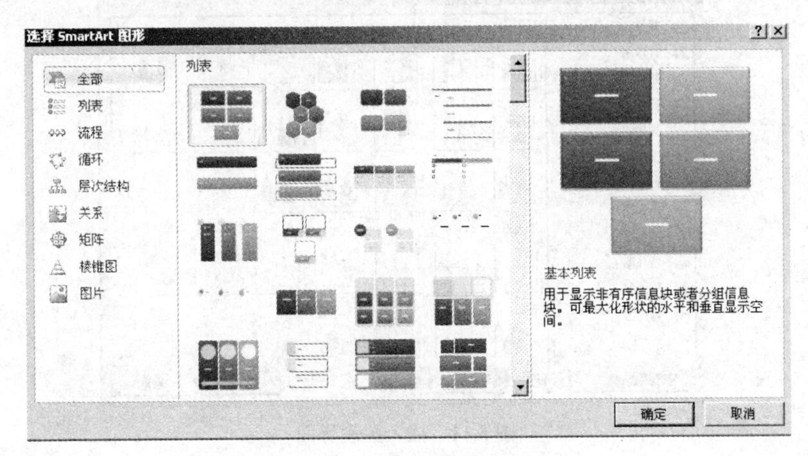

图 5.9 SmartArt 图形

SmartArt 图形库显示所有可用的布局，包括：【列表】、【流程】、【循环】、【层次结构】、【关系】、【矩阵】、【棱锥图】、【图片】和【其他】。还可以添加自定义的 SmartArt 图形，当自定义的图形未添加到其他某种类型时，显示为【其他】类型。

4. 插入表格

表格具有条理清楚、对比强烈的特点。在幻灯片中使用表格，可以使演示文稿更加清晰明了。在 PowerPoint 中插入表格的方法为：从【插入】选项卡中选择【表格】命令，在弹出的【插入表格】窗格中设置表格的行数和列数，如图 5.10 所示，也可以插入 Excel 表格。

表格的编辑和设置操作与所学过 Word 中表格的操作类似，在此不做讲述。

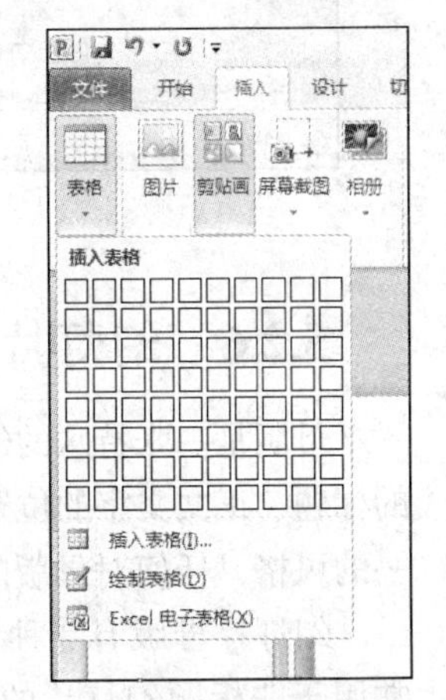

图 5.10 插入表格

5. 插入图表

图表就是以图形的方式显示数据表格，即图形化的表格。与表格相比，图表的表示方式更加直观，分析也更方便。PowerPoint 中带有一个制作各种统计图形的软件工具——Microsoft Graph。利用该软件可在不退出 PowerPoint 的情况下绘制各种统计图形，并将对象插入到幻灯片中。

插入图表的方法是：从【插入】选项卡中选择【图表】命令，出现图 5.11 所示的界面。此时 Microsoft Graph 启动，PowerPoint 的工具栏变为了 Microsoft Graph 选项卡和工具栏。在图表区域外的任何位置单击，即可将图表插入到幻灯片中。

数据表用于输入数据和编辑数据，用户在数据表中的操作会直接反映在图表中。编辑和输入数据的方法如下：双击幻灯片中的图表，启动 Microsoft Graph。从【视图】选项卡中选择【数据工作表】命令，打开数据表；单击选中数据表单元格可修改其数据，系统根据数据表修改的数据自动调整图表。

PowerPoint 2010 提供了许多种图表类型，如柱形图、条形图、折线图、饼图、XY 散点图、面积图、圆环图、雷达图、曲面图等。用户若希望选择另一种图表类型，可以更换。具体操作步骤如下：从【插入图表】窗口中选择图表类型，从中选择所需的类型。

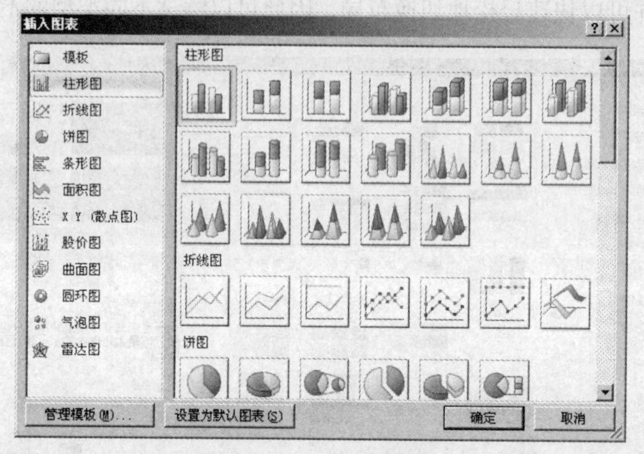

图 5.11　插入图表界面

5.2.5　设置幻灯片背景

背景是为幻灯片设计底色，幻灯片的所有对象都出现在背景之前。在 PowerPoint 中可通过设置颜色、填充效果来设置背景。为幻灯片设置背景的方法是选择【设计】选项卡，如图 5.12 所示，可选择其中的某一背景，还可通过【颜色】、【字体】、【效果】、【背景样式】选项等自定义设置。

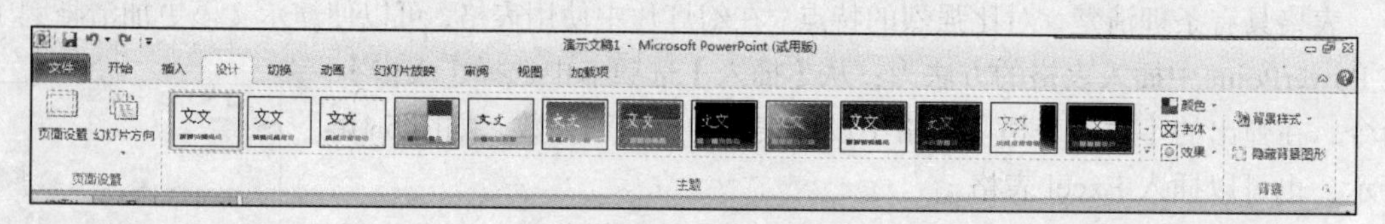

图 5.12　【设计】选项卡

5.2.6　幻灯片母版

母版是一张特殊的幻灯片，用于设置演示文稿中每张幻灯片的对象格式，它包括每张幻灯片的标题、正文文字的位置和大小、项目符号的样式、背景图案等。使用同一母版的幻灯片具有统一的风格，任何对母版的更改将影响基于该母版的所有幻灯片。

幻灯片母版有 3 种，包含幻灯片母版、讲义母版和备注母版。幻灯片母版是最常用的母版，常用于非标题幻灯片的外观设置。讲义母版用来控制讲义的打印格式，利用讲义母版可将多张幻灯片制作在一张幻灯片中以便打印。备注母版用来设置备注的格式，使备注具有统一的外观。

在【视图】选项卡的【母版视图】区域中选择【幻灯片母版】命令，如图 5.6 所示，进入幻灯片母版制作状态，幻灯片母版包括 6 个默认版式，如图 5.13 所示。在幻灯片母版中可以对模板的背景、页面进行设置，可以编辑主题，可在母版中插入对象、设置项目符号、设置字体等。

打开幻灯片母版后，可编辑幻灯片母版。

其他母版的设置与幻灯片母版的编辑操作相似。

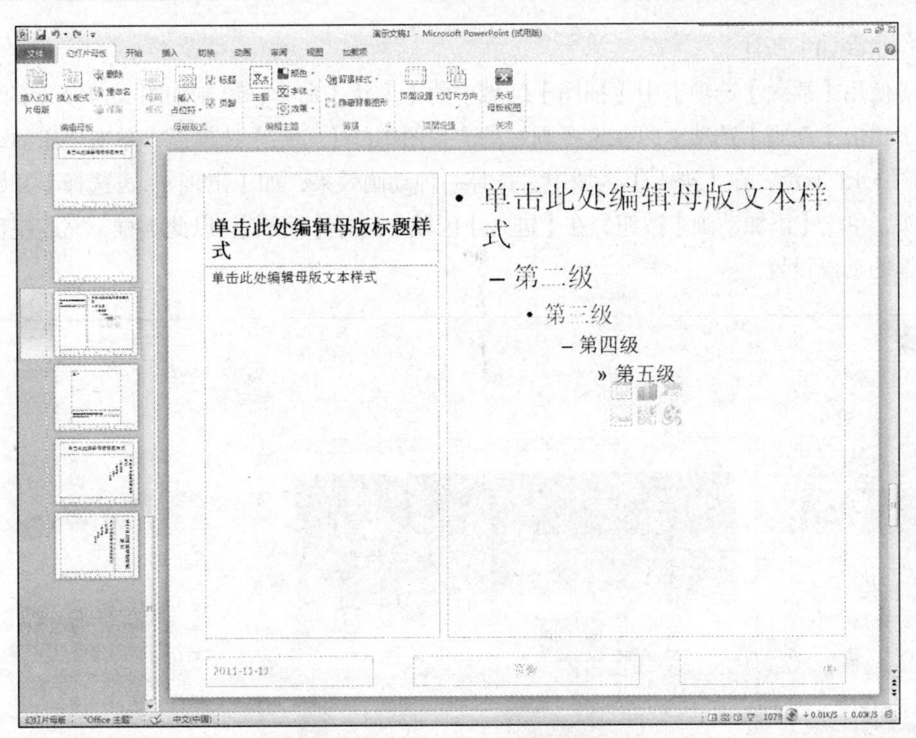

图 5.13　幻灯片母版

5.2.7　动画效果

动画是指按一定次序以动态的方式显示文本和对象。PowerPoint 的动画分为片内动画和片间动画两类。片内动画指设置一张幻灯片的各个对象，如文本、表格、图表等的动画效果。片间动画指幻灯片间切换时的动画效果。

1. 片内动画

用户根据自己的需要，设定各个对象的顺序、间隔时间和动画效果。

例：制作幻灯片内的动画效果，幻灯片内容如图 5.14 所示。

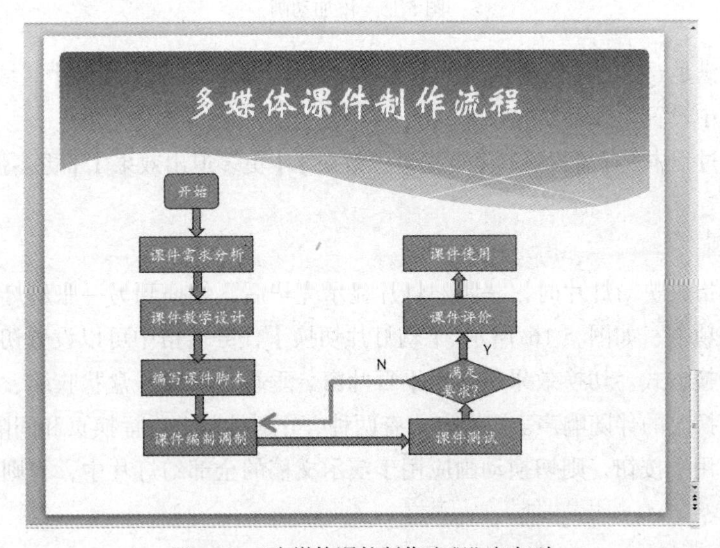

图 5.14　“多媒体课件制作流程”幻灯片

操作步骤如下所述。

（1）使用【插入】选项卡中【插图】区域中的【形状】命令，绘制如图 5.14 所示的流程图。

（2）单击【动画】选项卡，在选择画好的流程图中的【开始】选项后，单击【添加动画】按钮，如图 5.15 所示，在【进入】区域中，选择一种动画效果，如【出现】；再选择【开始】选项下的箭头，单击【添加动画】按钮，在【进入】区域中选择【缩放】；以此类推，完成流程图上其他文本框的动画设置。

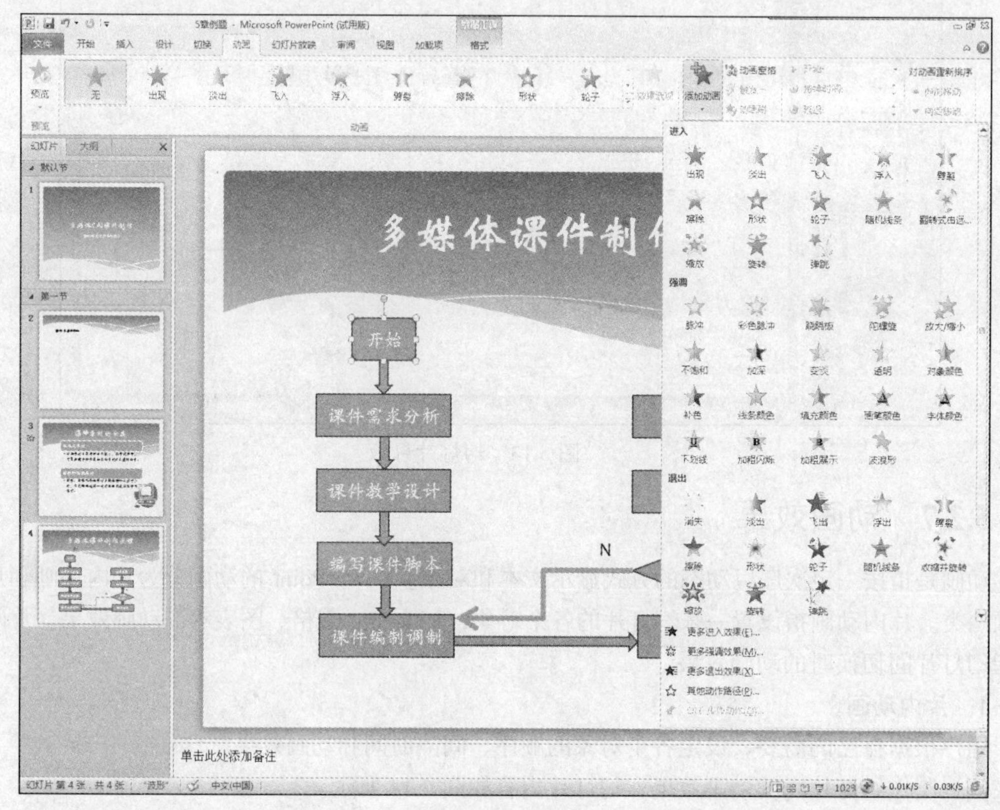

图 5.15　添加动画

（3）选择【满足要求？】菱形框，单击【添加动画】按钮，在【强调】区域中选择【脉冲】，在【计时】区域中设置动画需要的时间。

在动画设置过程中，还可以选择【更多进入效果】、【更多退出效果】、【更多强调效果】或【其他动作路径】。

2. 片间动画

片间动画是指放映幻灯片时，一张幻灯片显示完毕后，切换到另一张幻灯片的特殊方式。单击【切换】选项卡，如图 5.16 所示。【幻灯片切换】任务窗格中可以设置切换效果、切换速度、声音以及切换方式。切换效果包括水平百叶窗、垂直百叶窗、盒状收缩、盒状展开等。声音是指幻灯片切换时的伴随响声。切换方式有两种，分别是单击鼠标换页和间隔一定时间换页。若单击【全部应用】按钮，则切换动画应用于演示文稿的全部幻灯片中，否则只作用在当前幻灯片上。

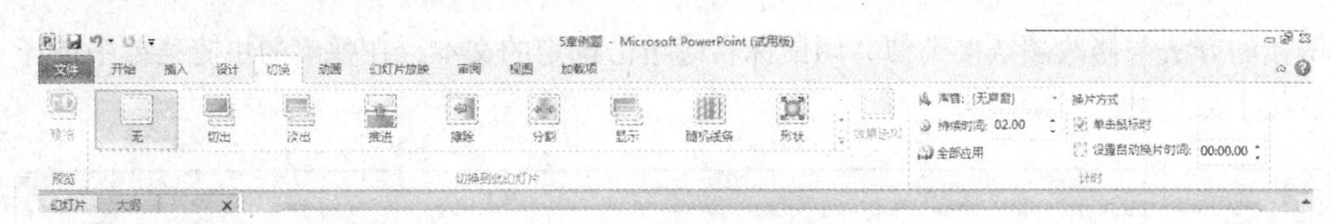

图 5.16 【切换】选项卡

通常，在幻灯片浏览视图下设置幻灯片的切换效果更好。

5.2.8　插入超链接

超链接是一种非线性组织信息的方式。利用超链接，用户可以从一张幻灯片跳转到另一张幻灯片、链接到网页、链接到文件、链接到电子邮件。

添加超链接的方法如下：首先选中需要进行超链的对象，然后从【插入】选项卡中的【链接】区域选择【超链接】命令，在弹出的【插入超链接】对话框中进行设置，如图 5.17 所示。该对话框中，可以插入 4 种超级链接，分别讲述如下。

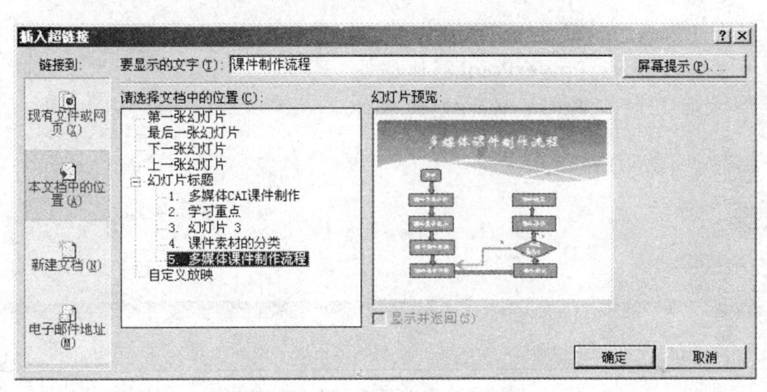

图 5.17 【插入超链接】对话框

（1）**现有文件或网页**。该选项用于链接已存在的文件或 Internet 网页。当放映幻灯片时，单击超级链接，可以打开链接的文件，如 Word 文档、可执行文件或其他文档，也可以通过 IE 浏览器打开 Internet 网页。

（2）**本文档中的位置**。该选项用于设置跳转到本篇演示文稿的其他幻灯片的超级链接。在视图中会列出演示文稿的所有幻灯片供选择。

（3）**新建文档**。该选项用于设置创建一个如 Word、Excel 等新文档的超链接。

（4）**电子邮件地址**。该选项用于链接收件人的地址。放映演示文稿时，单击该链接，系统自动启动 Outlook Express 写电子邮件。

例：将如图 5.18 所示的【学习重点】中各点的内容链接到相应的幻灯片中。

操作步骤如下所述。

（1）制作如图 5.18 所示的幻灯片；

（2）选中【课件制作流程】，单击【插入】选项卡，在【链接】区域选择【超链接】命令，这时弹出如图 5.17 所示的【插入超链接】对话框，单击【本文档中的位置】按钮，在其右边显示的幻灯片中选择【课件制作流程】幻灯片，最后单击【确定】完成操作。

有时需要对已创建的超链接进行修改或删除。修改超链接的方法是选择需修改的超级链接文本，单击鼠标右键，在弹出的快捷菜单中选择【编辑超链接】命令，对超链接进行重新编辑。删除超链接的方法与修改超链接类似，用鼠标右键单击选定的文本，在弹出的快捷菜单中选择【删除超链接】命令。

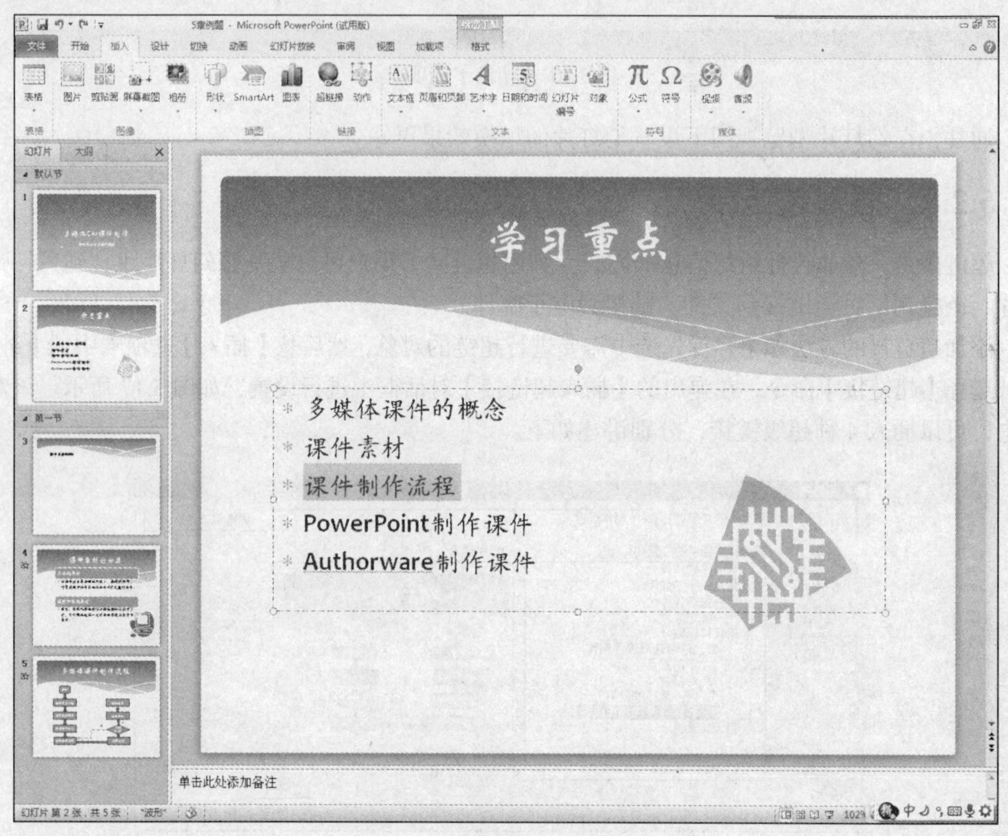

图 5.18 【学习重点】幻灯片

5.2.9 插入声音和视频对象

1. 插入声音

声音是传递信息、交流情感最方便、最熟悉的方式之一。在课件制作中，恰当地使用声音能使课件的表现形式多样、强化刺激、吸引学员的注意和烘托气氛。PowerPoint 2010 支持 WAV、MIDI 和 MP3 格式的声音文件，还可播放 CD 乐曲。

从【插入】选项卡的【媒体】区域中选择【声音】命令。在弹出的级联选项卡中，用户可以有 3 种选择：文件中的音频、剪切画音频和录制音频。

若希望对声音效果进行设置，可用鼠标右键单击幻灯片的声音图标，在弹出的快捷菜单中选择【编辑声音对象】命令。再在弹出的【声音选项】对话框中进行设置。

2. 插入视频对象

视频影像是多媒体课件中的一个重要媒介元素，一般通过数字摄像、视频捕捉等方法获得。PowerPoint 2010 支持 wmv、mpeg、avi、asf 等格式的影像文件。从【插入】选项卡的【媒体】区域中选择【视频】命令，在下一级选项卡中可以选择文件中的视频、来自网站的视频和剪贴画视频。文件中的视频指将其他媒体的视频文件添加到演示文稿中。用鼠标右键单击幻灯片中的影片图标，在快捷菜单中选择【编辑影片对象】命令，在弹出的【影片选项】对话框中可设置播放属性。

5.2.10 幻灯片放映

演示文稿制作完成后，用户需对演示文稿进行放映。演示文稿有两种启动放映的方式：一种从 PowerPoint 中启动幻灯片放映；另一种是将文稿保存为自动放映类型（即 pps 格式），以后双击该文件图标就会自动放映。从 PowerPoint 中放映幻灯片的方法有：① 从【幻灯片放映】选项卡中选择【出头开始】命令，或选择【从头当前幻灯片开始】命令，或选择【广播幻灯片】命令，或选择【自定义幻灯片反映】命令；② 按【F5】键。

5.3 示例课件设计

在前两节中，主要阐述了 PowerPoint 2010 的基本操作方法。在这一节中将以“凸透镜成像物理实验”和“多媒体课件制作”为例，讲述利用 PowerPoint 制作课件的具体方法。

5.3.1 “凸透镜成像物理实验”课件制作

1. 课件设计的基本思想和教学目标

光传播的教学中，凸透镜成像是一个难点，学生较难理解光路的传播过程和传播方法，特别是当物体距凸透镜的距离改变时，所成的像大小、虚实的变化较容易混淆。如何在学习者的头脑中形成光线透过凸透镜传播的光路图是教学的重要环节。课件的制作过程中需使用大量的图形、动画、图像等帮助学习者理解光路图，并配有实验原理的文字讲解和思考题，帮助学习者进一步的理解和深入知识的学习。该课件的教学目标是使学生能掌握凸透镜的特点和凸透镜成像的具体条件。

2. 背景颜色和背景图案的设置

首先新建一个空白的演示文稿，然后设置背景颜色和图案。从【设计】选项卡中选择【背景样式】命令，选择幻灯片的背景色为淡青色。

3. 第一张幻灯片的制作

（1）输入文字。

① 标题的输入。课件的每一页都有相应的标题，为了美观起见，可以使用“艺术字”来设计标题。插入艺术字的方法上一节中已作了介绍，在该示例中具体做法如下：首先单击绘图工具栏上的【插入艺术字】按钮，弹出【艺术字库】对话框；选择所要的艺术字样式，单击【确定】按钮，进入文字输入状态；在【编辑艺术字文字】对话框中输入“凸透镜成像实验”，字体选择【楷体】，字号选为 40，同时选择【加粗】，然后单击【确定】按钮；插入幻灯片中的艺术字此时处于被选中状态，用鼠标将它拖动到幻灯片的顶部适当位置，并通过它的八个控制点做必要的缩放处理，处理完毕后单击该对象框外的任意一点，即完成了标题的输入工作。

② 正文的输入。正文有 3 个部分，分别是“透镜的概念”、“实验原理”和“观察与思考”，具体的文字版式和文字内容如图 5.19 所示。单击【插入】选项卡中的【文本框】按钮，在文本框中输入文字并设置字体。在【实验原理】文本框中，四条实验原理前需添加项目符号。添加方法如下：用鼠标选中文本“凸透镜使光汇聚”；单击鼠标右按钮，选择【项目符号】命令，可以看到第一条原理已添加上了一个项目符号。用同样的方法可以对其他 3 条实验原理添加项目符号。

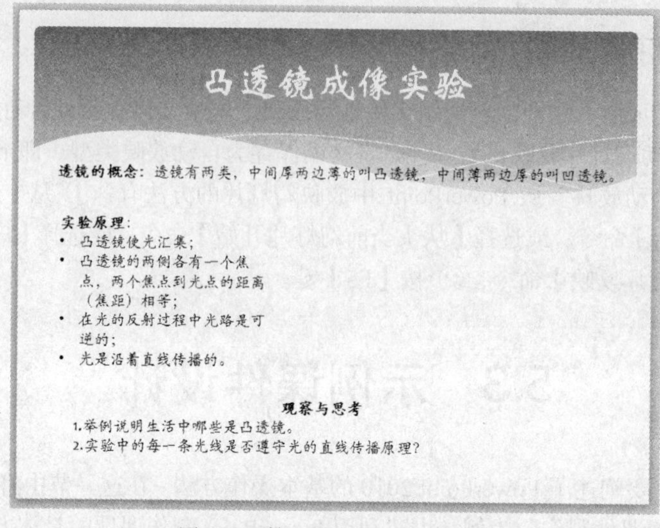

图 5.19　第一张幻灯片中的文本

（2）插入图片。为了使制作的图片更醒目，在幻灯片中设计一块黑色的背景，图形都在这个黑色的背景之下制作的，从而达到突出、醒目的效果。

① 黑色背景制作方法如下。

• 选择【开始】选项卡中【绘图】区域的【矩形】按钮。

• 将鼠标移动到幻灯片空白处（鼠标指针变为“+”形），单击定位矩形起点，拖动鼠标，绘制一个矩形，然后松开鼠标按键。这个矩形就是要做的图片的位置（此时矩形处于被选中状态，边框有 8 个小方格）。

• 右击矩形，在弹出的快捷菜单中选择【填充色】命令，在弹出的颜色面板上选择黑颜色。

② 凸透镜的制作方法如下。

• 选择【开始】选项卡中【绘图】区域的【椭圆】按钮 ，在黑色背景中部定位起点后向下拉伸，绘制一个椭圆。

• 用鼠标拖动椭圆周围的 6 个白色控制手柄，调整椭圆的大小，使其外观像一个凸透镜。

• 右击椭圆，在弹出的快捷菜单中选择【填充色】命令，在弹出的颜色面板上选择白色。

• 单击【填充色】里的 “过渡”颜色中，选中间深四周浅的样式。

• 单击【确定】按钮关闭对话框，可以看到一个形象逼真的凸透镜显示在画面的中央，如图 5.23 所示。

③ 光心和焦距的制作方法。接下来就是画一条通过光心和凸透镜两侧焦点的虚线，并标上对应的英文字母“O”（代表光心）和“f”（代表焦距），具体做法如下。

• 在【开始】选项卡中【绘图】区域的直线达到要求的长度后，松开鼠标按钮，可以看到，直线两侧各有一个白色控制手柄（直线的颜色是系统默认的黑色）。单击【绘图】工具栏中的【线条颜色】按钮，从弹出的面板中选择白色，并用鼠标单击，这时线条的颜色就变成白色。

• 保持线条处于选中状态，单击【开始】选项卡中【绘图】区域的【线型】按钮，从弹出的面板中用鼠标单击选择第二种圆点虚线线型，这时线条变为一条虚线。

• 单击【开始】选项卡中【绘图】区域的【文本框】按钮，在幻灯片空白处单击鼠标左键，点击处会出现一个被虚线包围的方框，光标在其中闪烁，此时，输入一个小圆点（代表焦距的位置），回车后再输入一个字母“f”。将小圆点和字母 f 的颜色设为蓝色。

• 用鼠标移动插入的文本框至指定位置（代表透镜一侧的焦点）。

• 用鼠标选中小圆点和字母“f”，按下工具栏中的【复制】铵钮，然后将鼠标定位在透镜的另一侧，再单击工具栏中的【粘贴】按钮。可以看到，同样的内容在透镜的另一侧复制出来，用鼠标移动复制的文本框至指定的位置，透镜另一侧的焦点也被标示出来，如图 5.20 所示。

• 将以上绘制内容组合起来，方法是选定需组合的对象，在【开始】选项卡中【绘图】区域中选择【组合】命令。

④ 绘制入射和出射光线。

• 单击【开始】选项卡中【绘图】区域的【箭头】按钮，将鼠标移动到凸透镜的左上侧，按住并拖动鼠标，做出一条平行于凸透镜的主光轴的带箭头的直线。

• 单击【开始】选项卡中【绘图】区域的【线条颜色】按钮，从弹出的面板中选择红色，并用鼠标单击，这时线条的颜色变为红色，用鼠标将线条拖动到指定位置。

• 用同样的方法绘制其他几条入射光和出射光线，结果如图 5.21 所示。

图 5.20　凸透镜绘制

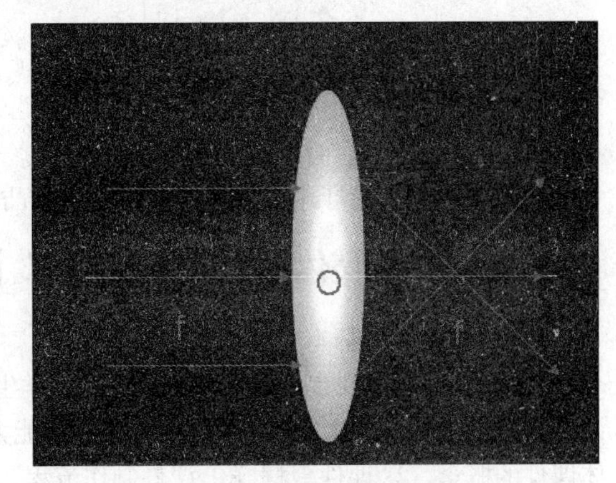

图 5.21　光线的绘制

⑤ 动画制作。应用动画效果显示放映幻灯片上的文本、形状、图像和其他对象，这样可以突出重点，控制信息的流程，并提高演示文稿的趣味性。动画的播放次序为：透镜的概念→实验原理→凸透镜→平行光的射入→观察与思考。

• 在幻灯片视图中，选择【动画】选项卡。

• 设置【透镜的概念】和【试验原理】文本框的动画。单击【透镜的概念】文本框，设置动画开始是【单击时】，动画效果是【出现】中的【百叶窗】效果。用同样的方法可以设置【试验原理】文本框。

• 设置光线的出现顺序。为了说明方便，将光线编号，如图 5.22 所示。选定线条 11，设置动画开始是【单击时】，动画效果是【出现】中的【出现】效果。选定线条 12，设置动画开始是【之后】（表示在前一个动画完成之后开始），动画效果是【出现】中的【出现】效果。右键单击【自定义动画】任务窗格中线条 12 动画，在弹出的快捷菜单中选择【计时】，弹出【计时】对话框。在【计时】对话框中的【计时】选项卡中设置延迟项为 0.5 秒。按照线条 12 设置的方法，依次设置线条 13、14、15、16。

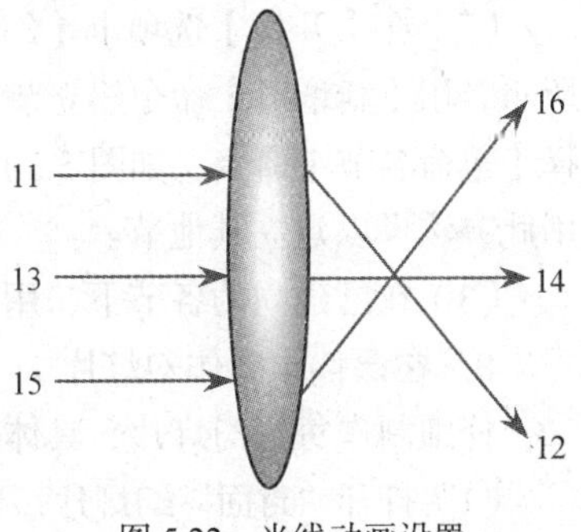

图 5.22　光线动画设置

• 设置【观察与思考】文本框的动画。单击【透镜的概念】文本框，设置动画开始是【单击时】，动画效果是【出现】中的【扇形展开】效果。

4. 第二、三张幻灯片的制作

从【开始】选项卡中选择【新幻灯片】命令，在原演示文稿中插入新幻灯片。第二、三张幻灯片的内容如图 5.23 和图 5.24 所示。

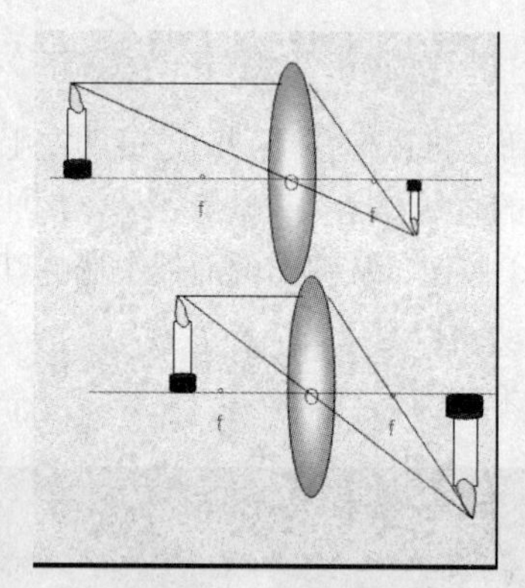

图 5.23　第二张幻灯片

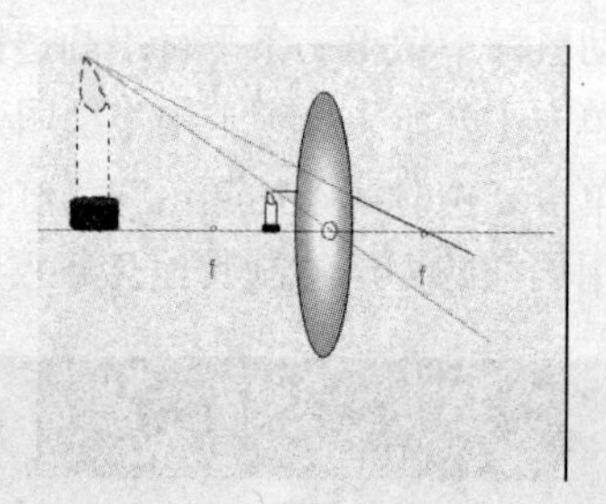

图 5.24　第三张幻灯片

在第二、三张幻灯片中文字的设置方法和凸透镜绘制方法与第一张相同，在此不再叙述。

5.3.2 “多媒体课件制作技术”课件制作

1. 课件设计的基本思想和教学目标

通过“多媒体课件制作技术”教学过程让学生掌握多媒体课件的概念、课件素材的分类，培养学生设计和制作课件的能力。教学过程可由① 多媒体课件的概念，② 课件素材，③ 课件制作流程，④ PowerPoint 制作课件，⑤ Authorware 制作课件等 5 个部分组成。

2. 幻灯片的组织

该课件的内容较多，每个部分都由多张幻灯片组成。为了课件结构清晰，便于调整，每个部分创建一个节，每个部分相应的幻灯片在同一节中，如图 5.25 所示。“多媒体课件的概念”这一节已被展开，可看到由 3 张幻灯片组成，其他节处于折叠状态。创建方法如下。

（1）在【开始】选项卡【幻灯片】区域中单击【新建幻灯片】命令，建立“封面”幻灯片和“学习重点”幻灯片，“学习重点”幻灯片如图 5.19 所示。

（2）在【开始】选项卡【幻灯片】区域中单击【节】命令，如图 5.4 所示，用【新增节】命令建立节。右击新建的节，在弹出的快捷菜单中选择【重命名节】命令，如图 5.5 所示，将节命名为“多媒体课件的概念”。用此方法可以建立其他节。

（3）在已建立的各节下，用（1）的方法可以新建多张幻灯片。

3. 在课件中制作幻灯片

仔细制作每张幻灯片，具体步骤如下。

（1）打开“封面”幻灯片，选择【设计】选项卡，如图 5.12 所示，选择一种合适的模板，以后再新建幻灯片都会自动使用该模板。

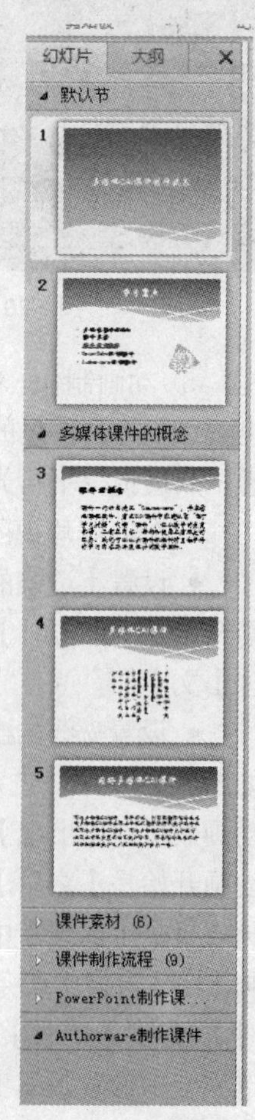

图 5.25　课件结构

（2）逐步完成各张幻灯片。

（3）设置动画效果。具体方法见 5.2.7 节。

（4）设置幻灯片切换效果。在【浏览视图】下设置幻灯片切换效果。

（5）设置超链接，具体方法见 5.2.8 节。

5.4 演示文稿的发送

Microsoft Office PowerPoint 2010 可将演示文稿发送为广播幻灯片、打包成 CD、创建视频、发送到幻灯片库等。

5.4.1 演示文稿的打包

“将演示文稿打包成 CD”是用于制作演示文稿 CD，以便在运行 Microsoft Windows 操作系统的计算机上查看。直接从 PowerPoint 中刻录 CD 需要 Microsoft Windows XP 或更高版本。用户也可将一个或多个演示文稿打包到文件夹中，然后使用第三方 CD 刻录软件将演示文稿复制到 CD 上。

“将演示文稿打包成 CD”可打包演示文稿和所有支持文件，包括链接文件，并从 CD 自动运行演示文稿。在打包演示文稿时，经过更新的 Microsoft Office PowerPoint Viewer 也包含在 CD 上。因此，没有安装 PowerPoint 的计算机并不需要安装播放器。“将演示文稿打包成 CD”允许将演示文稿打包到文件夹而不是 CD 中，以便存档或发布到网络共享位置。

“将演示文稿打包成 CD”的具体步骤如下。

（1）打开所需打包的演示文稿。如果正在处理以前未保存的新的演示文稿，在打包之前先对其进行保存，以免内容丢失。

（2）将 CD 插入到光驱。CD 分为两种类型：一种是空白的可写入 CD（CD-R）；另一种是空白的可重写 CD（CD-RW）。如果使用 CD-R，需确保将所需文件一次复制到 CD 中。因为将文件复制完后，就不能再向 CD-R 中添加其他文件了。

（3）在【文件】选项卡中，选择【保存并发送】→【将演示文稿打包成 CD】命令，随即在右侧弹出【打包成 CD】按钮。

（4）单击【打包成 CD】按钮，弹出【打包成 CD】对话框，如图 5.26 所示。

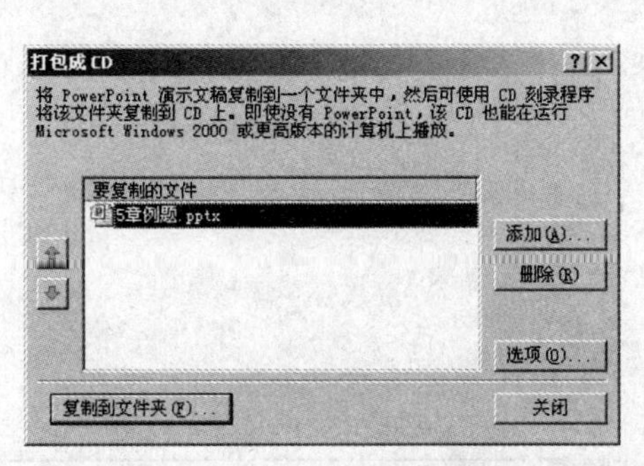

图 5.26 【打包成 CD】对话框

如果需要将多个演示文稿刻录在同一张 CD 中，则需单击【打包成 CD】对话框中的【添加文件】按钮，在【添加文件】对话框中选择所需添加的文件。

（5）默认情况下，演示文稿被设置为按照【要复制的文件】列表中排列的顺序进行自动运行。若要更改播放顺序，请选择一个演示文稿，然后单击向上键或向下键，将其移动到列表中的新位置。默认情况下，当前打开的演示文稿已经出现在【要复制的文件】列表中。链接到演示文稿的文件（例如图形文件）会自动包括在内，而不出现在【要复制的文件】列表中。此外，Microsoft Office PowerPoint Viewer 是默认包括在 CD 内的，以便在未安装 Microsoft PowerPoint 的计算机上运行打包的演示文稿。

（6）若要更改默认设置，在【打包成 CD】对话框中单击【选项】按钮，然后执行下列操作之一。

① 若要排除播放器，则清除对【PowerPoint 播放器】复选框的选中。

② 若要禁止演示文稿自动播放，或指定其他自动播放选项，则从【选择演示文稿在播放器中的播放方式】列表中进行选择。

③ 若要包括 TrueType 字体，则选中【嵌入的 TrueType 字体】复选框。

④ 若需要打开或编辑打包的演示文稿的密码，则在【帮助保护 PowerPoint 文件】下面输入要使用的密码。

（7）复制到文件夹。单击【复制到文件夹】按钮，然后提供文件夹信息，将演示文稿保存到指定的文件夹中。

5.4.2 演示文稿创建视频

演示文稿的放映过程制作成视频是 PowerPoint 2010 提供的新功能，用户可以将演示文稿的放映按照排练录制为视频。

“创建视频”的具体步骤如下。

（1）打开所需打包的演示文稿。如果正在处理以前未保存的新的演示文稿，在打包之前先对其进行保存，以免内容丢失。

（2）在【文件】选项卡中，选择【保存并发送】→【创建视频】命令，随即在右侧弹出的【采集视频】按钮，在该按钮上可设置放映每张幻灯片的时间，默认值为 0.5 秒。

（3）单击【创建视频】按钮，弹出【另存为】对话框，如图 5.27 所示，选择好保存的文件夹和文件名后，单击【保存】按钮完成视频转换。

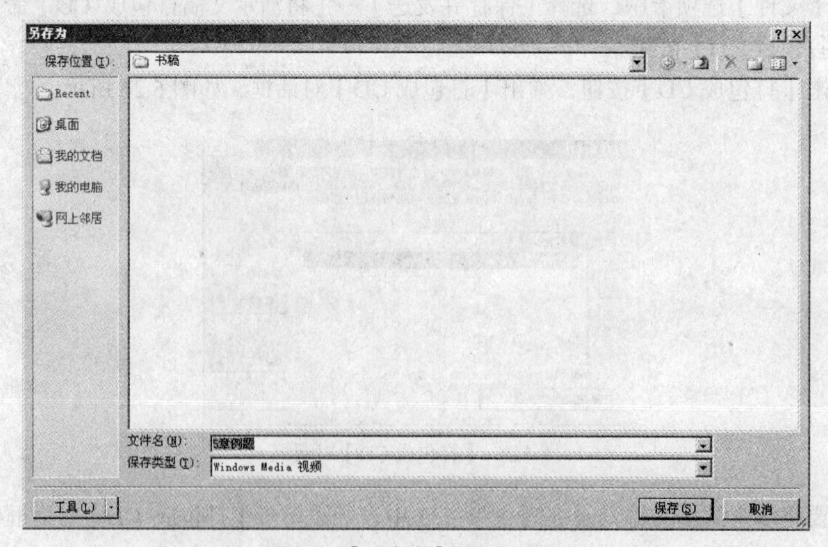

图 5.27 【另存为】视频对话框

本章小结

PowerPoint 是美国微软公司推出的著名办公软件 Office 的重要组件之一。利用此软件，可以制作出集文字、图形、图像、声音及视频剪辑于一体的演示材料，将自己所要表达的内容，以图文并茂、形象生动的形式在投影屏幕上展现出来。本章从 PowerPoint 中文版的主要功能、使用方法和技巧出发，并以各种功能的典型操作为主线，以精选的实际应用——“凸透镜成像物理实验”示范和“多媒体 CAI 课件制作技术”演示文稿的设计为实例，用图文并茂的方式深入浅出地介绍了如何使用 PowerPoint 设计 CAI 课件。使读者能够在这种身临其境、学用一致的直观环境下，轻松学会在幻灯片中处理文字与图形，选择幻灯片的版式与外观，制作出符合要求的 CAI 课件。

思考与习题

1. 单项选择题

（1）PowerPoint 2010 是由（　　）公司开发的。

A．IBM　　B．Microsoft　　C．Macromedia　　D．HP

（2）下列（　　）操作不能打开演示文稿（*.pptx）。

A．单击【文件】选项卡中的【打开】命令。

B．单击标题栏上的【打开】命令。

C．在资源管理器中单击所需打开的演示文稿文件。

D．在资源管理器中双击所需打开的演示文稿文件。

（3）幻灯片内的动画效果，可以通过（　　）选项卡设置。

A．开始　　B．插入　　C．动画　　D．切换

（4）要在 PowerPoint 2010 的幻灯片中插入剪辑库中的视频，可选择【插入】选项卡中【视频】子选项卡中的（　　）命令。

A．剪辑库中的视频　　B．VCD

C．文件中的视频　　D．录像带

（5）（　　）可以为每张幻灯片添加或更改页眉和页脚信息。

A．幻灯片视图　　B．幻灯片母版　　C．讲义母版　　D．备注母版

2. 多项选择题

（1）超级链接可以（　　）。

A．链接到 Word 文件上　　B．链接到另一演示文稿上

C．链接到本演示文稿的某张幻灯片上　　D．链接到网页上

（2）关于幻灯片切换的动画效果，正确的说法是（　　）。

A．幻灯片切换动画效果只在动画放映时有效

B．设置切换效果最佳视图是幻灯片浏览视图

C．幻灯片切换的动画效果可以设置伴音，也可以不设置伴音

D．可以利用【自定义动画】命令设置切换效果

（3）在幻灯片中插入图表时，图表类型可以是（　　）。

A．拼图　　B．柱形图　　C．折线图　　D．气泡图

3. 判断题

（1）利用幻灯片放映视图，可以从头到尾自动放映演示文稿的全部幻灯片。

（2）在母版中不能设置动画效果。

（3）在幻灯片视图下可以调整演示文稿中幻灯片的次序。

（4）用户添加的文本框中的文本可以显示在大纲/幻灯片浏览窗格的大纲栏中。

（5）演示文稿不可以保存视频站。

4. 问答题

（1）在演示文稿中如何插入剪贴画？如何插入艺术字？

（2）在演示文稿中如何插入超链接？可以插入哪几种类型的超链接？

（3）在演示文稿中，节的作用是什么？什么情况下需要用到节？

（4）如何将演示文稿打包成 CD？

（5）如何将演示文稿录制成视频？

实　验

实验 1

实验目的：掌握幻灯片的制作方法。

实验内容：用 PowerPoint 制作一张幻灯片，内容是介绍计算机的组成，要求用动画生动形象地表现出来。

实验 2

实验目的：掌握用 PowerPoint 制作课件的方法。

实验内容：根据自己所学专业，选取一部分自己最感兴趣的内容，制作一个课件。要求：课件中有节、超链接、动画等。

第 6 章 Authorware 7.0 使用方法

Authorware 是一个优秀的多媒体创作工具，它可以集成图像、声音、动画、文本和视频于一体，制作多媒体课件、多媒体光盘、网络多媒体教学系统等各种学习演示系统，作品广泛应用于多媒体教学和商业领域。本章从开发环境的熟悉开始，逐步介绍了 Authorware 7.0 中各个图标的功能和设计方法，讲解了如何组合使用各种图标来制作各种多媒体应用程序，以及如何对程序进行调试并打包发布作品。

本章学习重点：

- Authorware 7.0 的工作环境。
- Authorware 7.0 的编程和调试方法。
- 使用 Authorware 7.0 的各个图标，制作交互式的多媒体作品。
- 程序的打包和发布。

6.1 Authorware 7.0 简介

Authorware 是 Macromedia 公司推出的一套专门用于制作高互动性多媒体电子课件的创作工具。后来被 Adobe 公司收购，升级到 Authorware 7.0 的版本后，成为一个功能比较成熟的产品，截至目前为止 Adobe 公司没有再对它进行修改。

Authorware 7.0 为使用者提供了一个简单、快捷的开发环境，开发人员不需要高级语言的编程基础，通过一些简单的可视化操作，就可以快速制作应用作品，具有较高的开发效率。Authorware 可以将图片、声音、动画、文字以及影片等素材融为一体，让教学设计人员和课件开发人员创造出学习性能极高、教学内容丰富的课件，并可以以固定媒体方式或网上播放方式发布给学生，具有广泛的适用性。

6.1.1 Authorware 7.0 的特点

Authorware 7.0 是 Macromedia 在 2003 年推出的新版本，自 1986 年 Authorware 1.0 的出现，Authorware 先后经历了 2.0、3.x、4.x、5.x、6.0、6.5 各个版本，不断的更新升级造就了现在的 Authorware 7.0。

Authorware 7.0 保留了早期版本的主要功能，主要有以下几个方面。

（1）基于图标和流程的面向对象的可视化编程环境。

（2）良好的集成性，可以将各种数字媒体素材组合成有机的整体。

（3）支持 11 种交互类型，提供了强大的交互开发功能。

（4）提供了库、模块、知识对象和 OLE、ActiveX 嵌入技术，提高了作品的开发效率。

（5）提供丰富的系统变量和系统函数，可以对数据进行跟踪处理。

（6）提供了比较详细的帮助文档，以及众多的范例程序（Show Me）供学习者借鉴。

另外，Authorware 7.0 也添加了一些新功能，如下所述。

（1）开发人员可以将现成的 PowerPoint 文件导入到 Authorware 中来制作电子课件。

（2）整合了 DVD 视频播放程序，可以读取 DVD 格式影片，并将它们应用于课件程序中。

（3）提供 XML 的输入和输出，供需要存取资料的应用程序制作使用。

（4）具有新的课件管理系统知识对象功能，可以方便应用程序与其他课件管理系统整合及交换资料。

（5）新版本增设有一个学习课件包（Learning Object Content Packager），可以让开发人员先将内容组织好，再上传到课件管理系统之内。

（6）支持 JavaScript，让开发人员通过编写程序增强作品功能，在有需要时更可用程序来控制所有对象的特性，方便他们制作功能指令、知识对象以及具延伸性的内容。

6.1.2 Authorware 7.0 工作界面

Authorware 7.0 的工作界面由主程序窗口、图标面板、设计窗口、演示窗口、控制面板、属性面板、工具面板等部分组成，如图 6.1 所示。

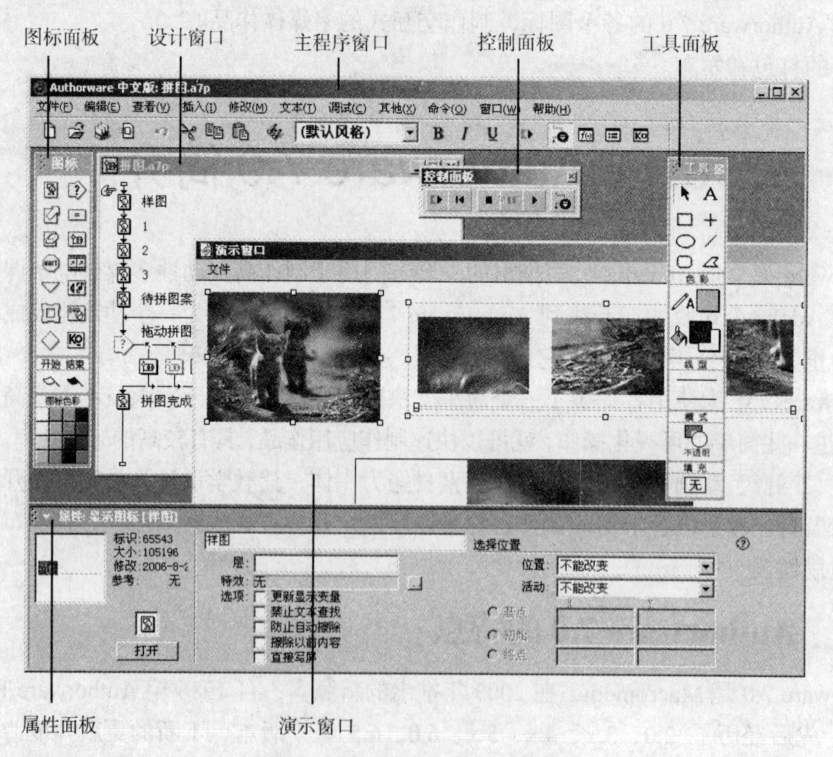

图 6.1　Authorware 7.0 工作界面

1. 主程序窗口

主程序窗口是 Authorware 7.0 应用程序运行的窗口，和其他 Windows 应用程序一样，它包括了标题栏、菜单栏、工具栏以及工作区域。

2. **图标面板**

Authorware 是基于图标和流程线的创作工具，图标是其面向对象可视化编程的核心组件。Authorware 7.0 提供了 14 个功能图标，如图 6.2 所示。

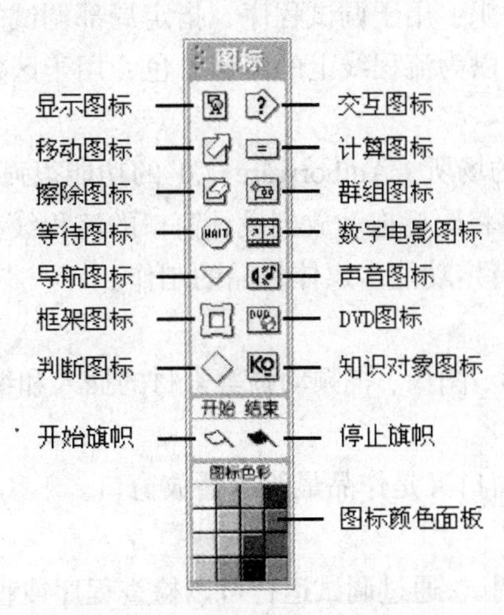

图 6.2 Authorware 7.0 图标面板

要灵活使用 Authorware 7.0 提供的各个图标来创建交互式多媒体作品，需要先熟悉这些图标的具体功能和操作。

① 【显示图标】: 是 Authorware 使用最频繁的图标，它的作用是放置文本、图形、图像对象，也可以输入变量和函数进行计算。

② 【移动图标】: 用于实现对文本、图形、图像等可视对象的移动控制，从而生成简单的动画效果。

③ 【擦除图标】: 用于擦除屏幕上显示的各种对象，还可以提供多种擦除效果。

④ 【等待图标】: 用于设置程序在某个时间暂停或停止，等待用户按键或单击鼠标事件发生或者预设时限已到后，才继续向后执行程序。

⑤ 【导航图标】: 用于实现程序的跳转控制，通常和框架图标结合使用，跳转指向框架图标下的某个页面。

⑥ 【框架图标】: 用于创建页面式结构的设计图标，可以下挂其他各类图标，每一个分支为一页，各页之间可以方便地跳转。

⑦ 【判断图标】: 用于创建判断分支结构，程序走向哪个分支是根据编程人员的预先定义而自动执行。

⑧ 【交互图标】: 是实现 Authorware 交互功能的主要工具，它提供了 11 种交互方式，各种交互方式相互搭配，可以实现多种交互动作。

⑨ 【计算图标】: 编程主要场所，用于进行变量和函数的赋值和运算，还可以编写代码进行运算。

⑩ 【群组图标】: 为了解决有限的设计窗口空间，群组图标可以将流程中一系列图标归纳到一个群组中，使程序更简洁清楚。

⑪ 【数字电影图标】: 用于导入数字化电影到 Authorware 程序中，并对播放进行控制。

⑫【声音图标】：用于导入声音文件到 Authorware 程序中，并对播放进行控制。

⑬【DVD 图标】：用于导入 DVD 视频数据，并进行控制和管理。

⑭【知识对象图标】：用于插入和使用 Authorware 提供的知识对象模块。

图标面板上另外还有两种设置工具，分别如下。

①【开始】和【结束】旗帜：用于调试程序，指定局部调试的起始和终止点。

②【图标色彩】面板：可以为流程线上的图标着色，用于区别图标或强调图标的重要性。

3. 设计窗口

设计窗口是进行流程编辑的场所。Authorware 7.0 的功能很强，但是基于图标和流程线的编程方法使创作变得很简单，只要将图标拖动放到设计窗口的流程线上，再对图标进行相应的组织、设置和编辑，就可以完成具有特定功能多媒体作品的制作。

4. 演示窗口

在编辑程序时，文本、图形、图像、视频动画等素材的插入和编排都是在演示窗口中完成的，所以演示窗口是素材的编辑窗口。

在程序运行的时候，演示窗口又是作品最终的播放窗口。

5. 控制面板

控制面板主要用于程序的调试，通过调试运行可以检查程序或程序段是否按预期的效果执行，多种控制手段和跟踪方法可以让修改变得方便，甚至在程序运行时也能进行修改。

6. 属性面板

属性面板通常位于主程序窗口的最下方，不同的对象有不同的属性面板。每个图标以及不同的分支都有各自的属性面板，图 6.3 所示的就是显示图标的属性面板。

属性面板上提供了众多选项，通过编辑这些选项，可以实现对图标属性的设置和对流程结构进行设计和控制。

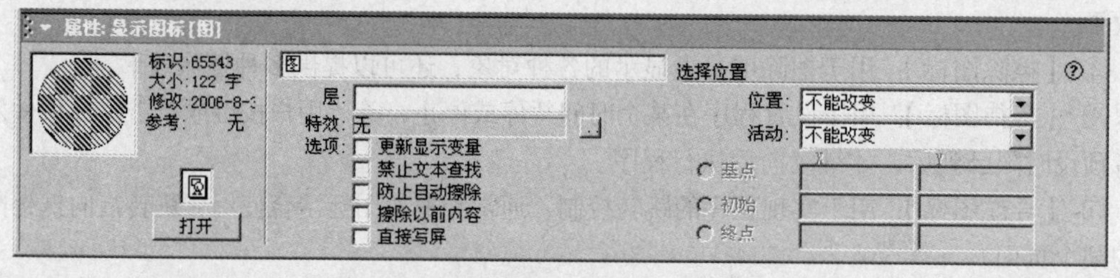

图 6.3 【属性：显示图标】面板

6.2 Authorware 7.0 程序设计基础

在深入了解各个图标的操作之前，先通过编写一个小程序来初步了解一下 Authorware 7.0 作品的设计、调试和运行。

6.2.1 新建文件

打开 Authorware 7.0 后，主程序窗口中会出现如图 6.4 所示的对话框。因为是初次接触 Authorware 软件，这里可以先不使用知识对象（KO：Knowledge Object），所以单击【不选】按钮，创建一个空文件。如图 6.5 所示，空文件的设计窗口中只有一条直线，表示程序的流程线，流程上还没有创建任何图标。程序的执行会从起点开始执行到终点，手型标志指向的是当前正在编辑的位置，也是粘贴对象插入的目标位置。复杂的程序有多层流程，通过设计窗口右上角的当前层号，可以明确正在编辑的是哪一层子流程。

从菜单栏中选择【文件】→【新建】→【文件】命令，或直接单击工具栏上的【新建】按钮，也可以打开图 6.5 所示的设计窗口。

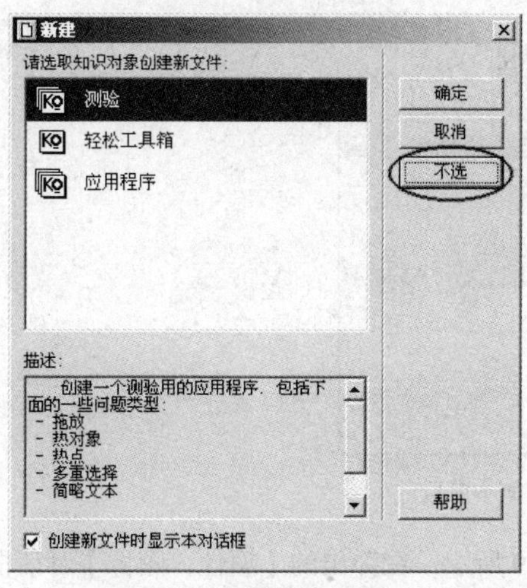

图 6.4 【新建】对话框

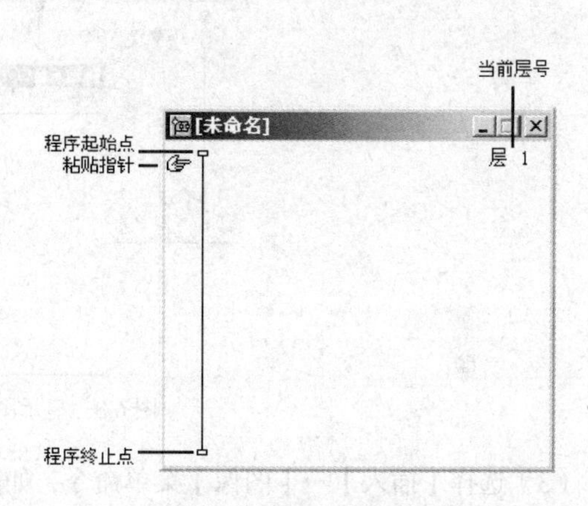

图 6.5 新建空白文件的设计窗口

在进行具体的流程制作之前，最好先确定作品的窗口大小和背景颜色等窗口外观选项。这些属性都属于“文件属性”，所以可以通过【修改】→【文件】→【属性】菜单命令，在打开文件属性面板后进行相关的属性设置。图 6.6 属性面板中给出的是默认窗口的属性设置。

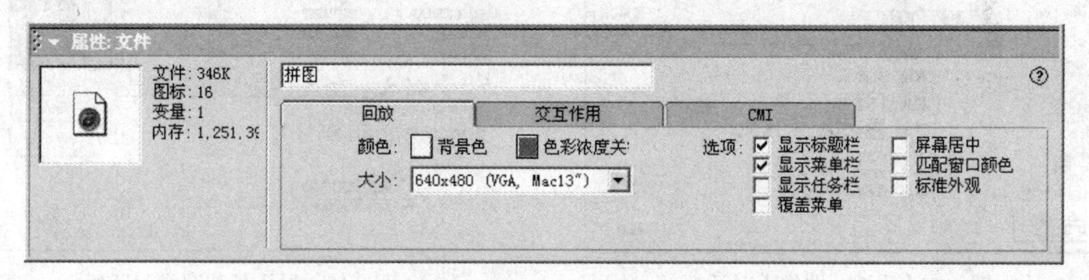

图 6.6 【属性：文件】面板

6.2.2 组建流程

Authorware 7.0 程序的流程是由众多图标组织而成的，而流程线上的图标一般通过鼠标拖动放置到流程线上。按 6.2.1 节操作新建空文件后，通过逐步添加图标，可以丰富并实现流程的设计。

1. 用【显示图标】添加素材

（1）拖动一个显示图标放置到流程线上，在图标右方会出现图标的默认名称“未命名”，删除此默认名称，在光标停留处输入该图标名称“背景”，如图 6.7 所示。虽然 Authorware 中图标名称可以同名，但为了流程的清晰，最好给每个图标起一个有意义的名称。

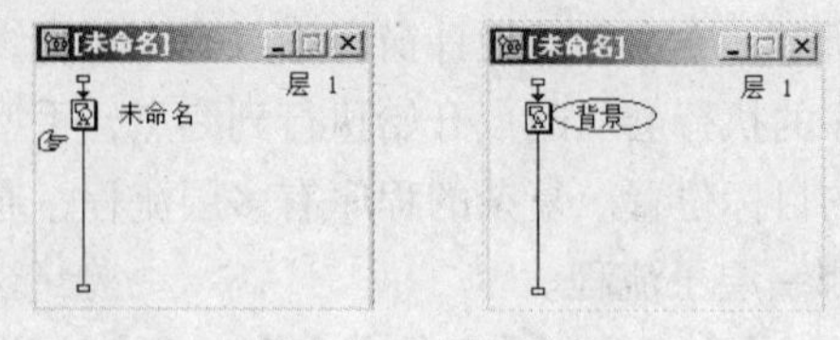

图 6.7　给图标命名

（2）双击【背景】显示图标，打开其演示窗口，如图 6.8 所示。

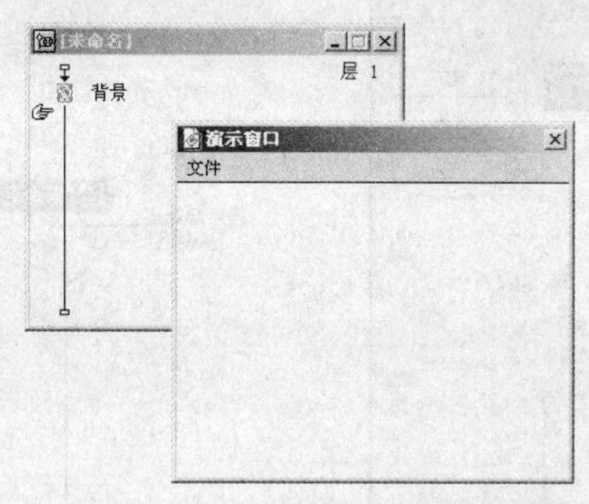

图 6.8　显示图标的演示窗口

（3）选择【插入】→【图像】菜单命令，如图 6.9 所示，在弹出的【属性：图像】对话框中，单击【导入】按钮，打开【导入哪个文件】对话框，如图 6.10 所示。

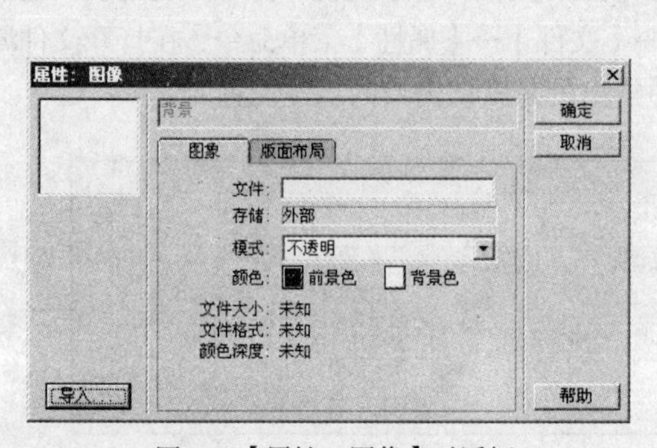

图 6.9 【属性：图像】对话框

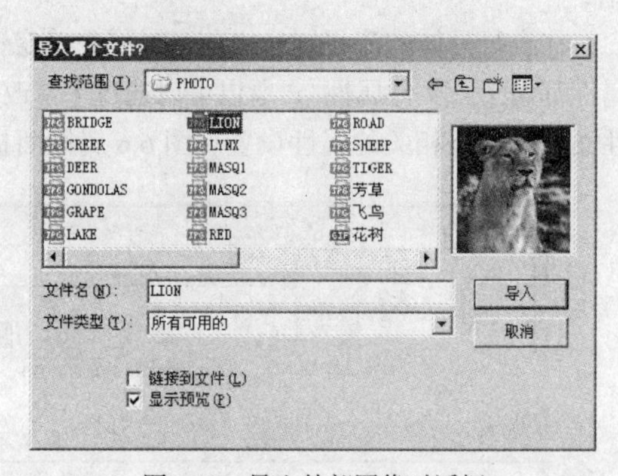

图 6.10　导入外部图像对话框

（4）从【导入哪个文件】对话框找到要插入的图像文件，然后单击【导入】命令按钮，插入外部图像。如果希望预览所选择的图像，可以选中对话框中【显示预览】选择左侧的复选框。

（5）保留【属性：图像】对话框的默认设置，单击【确定】按钮关闭该对话框。

（6）在演示窗口中单击选中图像，拖动图像四周的 8 个控制句柄，调整使图像铺满窗口，如图 6.11 所示。

（7）单击演示窗口右上角的【关闭】按钮，返回设计窗口。

（8）再拖动一个显示图标放置到【背景】图标之后，命名为“标题”。双击该显示图标，打开演示窗口。在演示窗口的工具箱上单击选中【文本工具】A，然后在演示窗口中单击鼠标，在出现的闪烁光标后输入文字内容，如图 6.12 所示。

（9）通过【文本】菜单下的【字体】、【大小】、【对齐】等菜单命令，可以修改文本显示的属性，如图 6.13 所示。

图 6.11　调整图像大小

图 6.12　输入文字

（10）拖动文本对象，调整好其在演示窗口的位置后，单击演示窗口上的【关闭】按钮，关闭【标题】显示图标的演示窗口。

（11）选择【文件】→【保存】菜单命令，在【保存文件】对话框中给文件命名，并选择好保存位置，单击【保存】按钮，保存文件。这就建立了图 6.14 所示的一个简单流程。

图 6.13　设置文本的字体

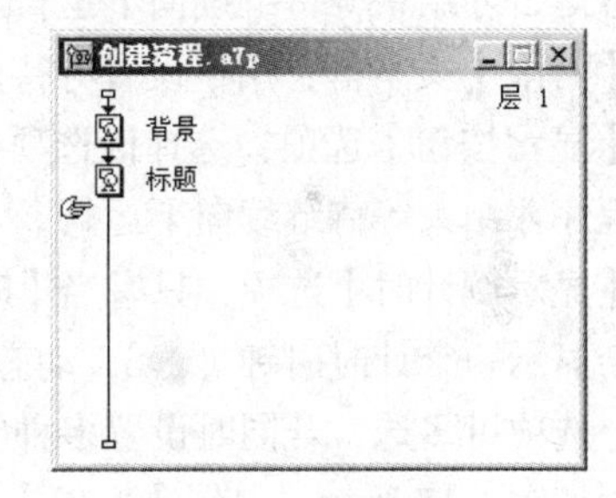

图 6.14　简单流程

（12）选择【调试】→【重新开始】菜单命令，或单击工具栏上的【运行】按钮，可以看到程序的运行结果，如图 6.15 所示。

图 6.15　运行画面

2. 用【等待图标】设置暂停

在上面的运行中可以看到，图像和标题文字虽然放在不同的显示图标中，但它们几乎是同时出现，如果希望两个内容能先后出现，可以通过【等待图标】进行控制。

（1）从图标面板上拖动一个等待图标，放置“背景”显示图标之后，如图 6.16 所示，命名为“暂停”。

（2）双击“暂停”等待图标，如图 6.17 所示，在 Authorware 7.0 窗口下方会出现【属性：等待图标】面板。

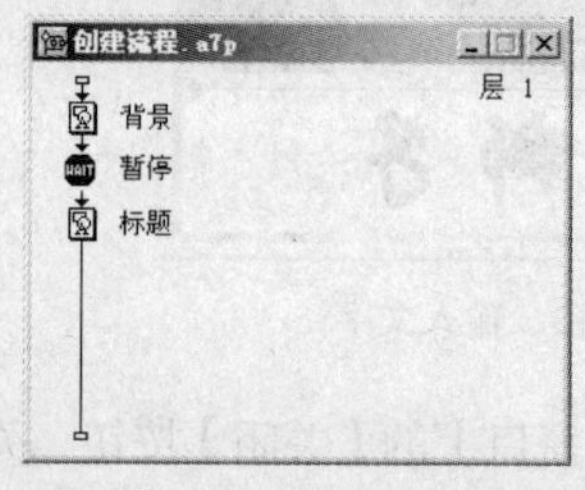

图 6.16　添加等待图标后的设计窗口

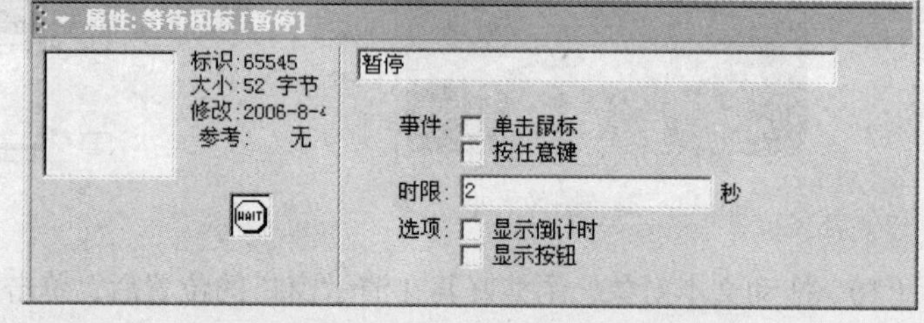

图 6.17　【属性：等待图标】面板的设置

【属性：等待图标】面板上提供了多种等待设置，如下所述。

- 【单击鼠标】事件选项：选择该选项，当执行到等待图标，程序会暂停，直到用户在演示窗口中单击鼠标，才结束等待继续向下运行。
- 【按任意键】事件选项：选择该选项，当执行到等待图标，程序会暂停，直到用户按下键盘上任意键，才结束等待继续向下运行。
- 【时限】文本框：用于设置等待的具体时间，单位为【秒】。
- 【显示按钮】选项：选择该选项，在等待时会显示一个【继续】按钮 继续 ，只有单击此按钮，程序才结束等待继续向下运行。
- 【显示倒计时】选项：只有当【时限】文本框不为空时，才能选择此项。在等待时，演示窗口中会显示一个计时时钟（⏰），动态显示剩余时间。

以上选项可多选，若同时设置多种等待，只要有一种方式满足条件，程序就会继续运行。

（3）如图 6.17 所示，设置【暂停】等待图标为 2 秒钟的【时限】等待。

（4）保存文件，再次选择【调试】→【重新开始】菜单命令，运行该程序时可以看到背景图像出现 2 秒钟后，标题文字才显示出来。

3. 用【擦除图标】清除显示对象

有些显示对象不会始终出现在演示窗口中，在完成显示一段时间后需要被清除，使用【擦除图标】就是清除屏幕上各种可视对象的主要方式。

擦除图标一般放置在被擦除图标的后面。

（1）打开之前的【创建流程】文件，在【标题】显示图标之后添加一个新的等待图标，也命名为“暂停”，属性设置和图 6.17 属性面板中所示一致。

（2）如图 6.18 所示，从图标面板上拖动一个【擦除图标】放置到流程线最下方，命名为“清除标题”，用于清除之前显示的标题文字。

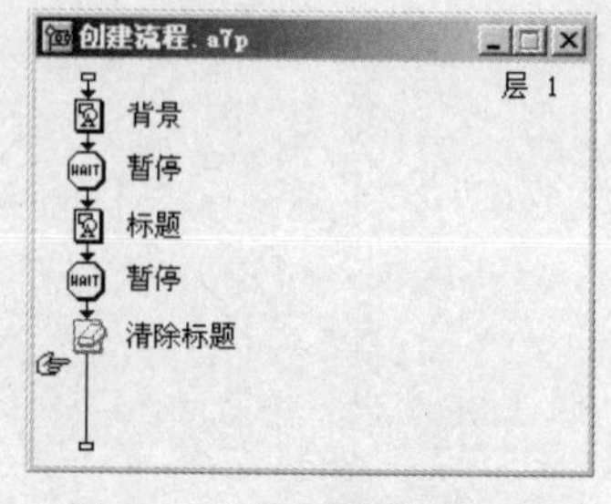

图 6.18　添加【擦除图标】

（3）双击要擦除的【标题】显示图标，在演示窗口中显示标题文字。

（4）在设计窗口中双击【清除标题】擦除图标，此时【属性：擦除图标】面板和程序的演示窗口同时可见。在演示窗口中单击要清除的标题文字，这时擦除属性面板如图 6.19 所示。所选中的擦除对象【标题】显示图标出现在属性面板右方的对象列表中。

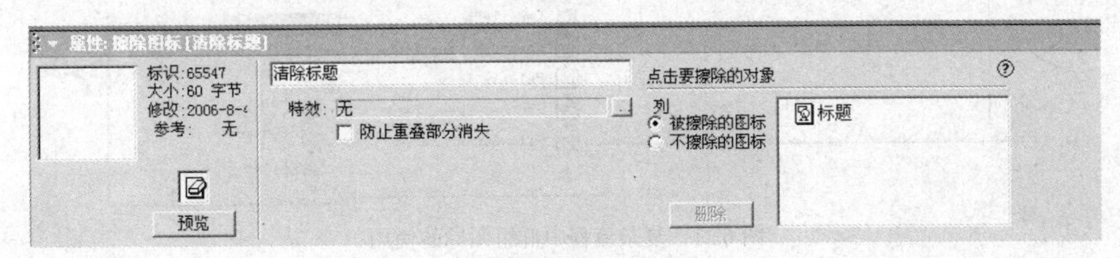

图 6.19 擦除属性面板

【属性：擦除图标】面板中各项设置的含义如下。

- 【列】选项：给出了两个单选按钮选项，如果选中的是【被擦除的图标】，则在右边的列表中显示的将是运行时要擦除的图标名称；如果选中的是【不擦除的图标】，则在右边的列表中显示的将是运行时要保留、不希望擦除的图标的名称。
- 【特效】选项：可以设置擦除时的过渡效果，默认状态下为【无】，表示直接擦除，如果单击特效选项文本框右侧的按钮，就会打开一个【擦除模式】对话框，如图 6.20 所示。该对话框提供了各种擦除效果设置，设置特效后，擦除的对象就会在指定的周期时间内按所选的特效将对象擦除。
- 【防止重叠部分消失】选项：若选中此选项，擦除时会等上一个图标擦除动作完成后，再显示下一个图标，否则将一边擦除一边显示新内容（交叉过渡）。

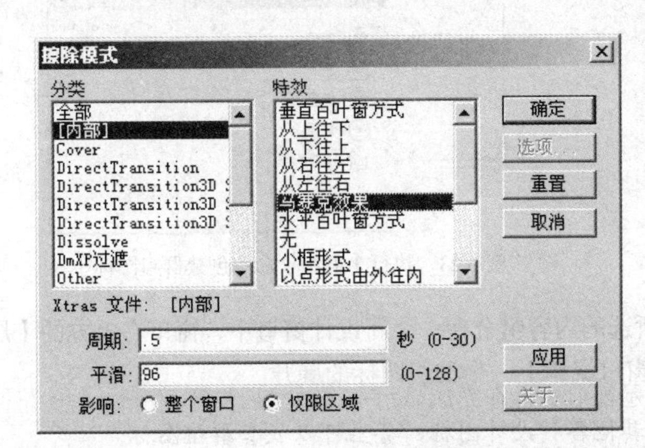

图 6.20 【擦除模式】特效对话框及其应用

（5）保存文件，运行程序时可以看到标题文字出现 2 秒后以马赛克效果被擦除，如图 6.20 演示窗口所示。

4. 用【群组图标】组织流程

当设计一个较大的作品时，经常会用到很多图标，且流程线的结构也会比较复杂。使用【群组图标】可以在大小有限的设计窗口中组织更多的图标，构造的模块化结构也会使流程更清晰易读。

图 6.21 所示的是 Authorware 7.0 提供的一个实例程序，其中群组图标的运用使得程序的层次和结构非常清晰。

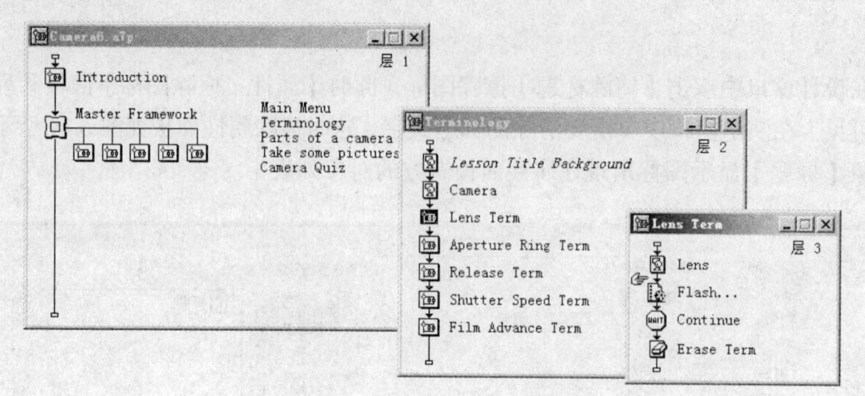

图 6.21　复杂流程中群组图标的使用

群组图标可以通过以下两种方式运用。

（1）直接创建。直接拖动图标面板上的群组图标到流程线上。双击打开群组图标，在下一层的设计窗口中添加新图标。

（2）使用【群组】命令创建。可以将已经存在的一系列连续图标通过组合操作放置到自动添加的群组图标中。

① 打开"创建流程"文件，如图 6.22 所示，在设计窗口中单击并拖动鼠标，通过拉出的虚框包围选中要组合的图标组。

② 选择【修改】→【群组】菜单命令，如图 6.23 所示，所选图标组被替换为一个群组图标。

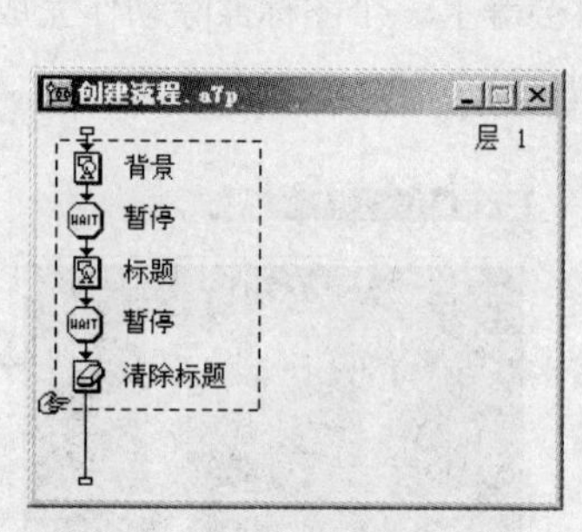

图 6.22　选择要组合的图标

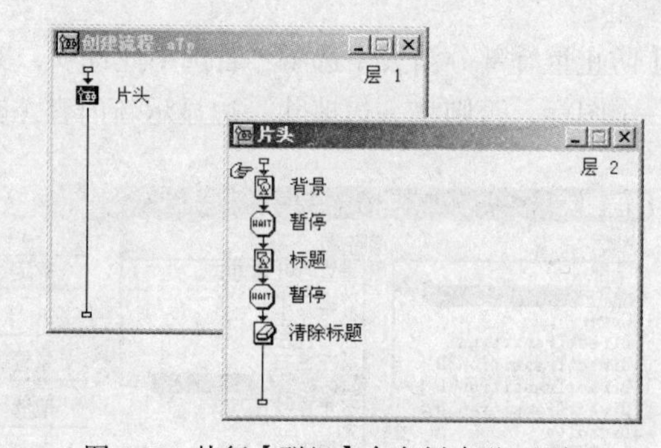

图 6.23　执行【群组】命令创建群组图标

③ 双击该群组图标，可以看到所选的内容组合在一个新设计窗口中，窗口右上方的【层 2】标注表示了该段流程是【层 1】设计窗口流程上一个群组图标的展开。

提示：在群组图标中，可以放置其他各种设计图标，甚至可以嵌套群组图标。

④ 如果希望取消某个群组，可以先单击该群组图标，然后选择【修改】→【取消群组】菜单命令，解散群组。

6.2.3　保存文件

在编辑过程中要注意经常保存文件，以免意外的错误造成操作成果的丢失。Authorware 7.0 保存的文件以".a7p"作为扩展名。由于功能的扩展，每个版本创建的文件扩展名都不同，从扩展名可以看出创建文件的 Authorware 版本，如 Authorware 6 保存的文件以".a6p"作为扩展名。

Authorware 7.0 的【文件】菜单下提供了 4 种保存命令，如下所述。

- 【保存】：保存当前文件。除文件第一次保存会出现图 6.24 所示的【保存文件】对话框外，再次保存都将直接存储。
- 【另存为】：在【保存】对话框中，将当前文件以新的文件名或路径进行保存。
- 【压缩保存】：压缩优化文件，以文件需要的最小磁盘空间来保存。
- 【全部保存】：保存当前打开的所有源程序文件（.a7p）和相关库文件（.a7l）等。

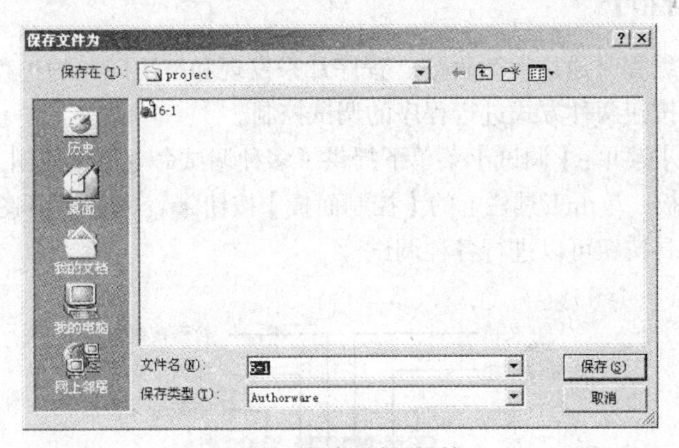

图 6.24　保存文件对话框

6.2.4　流程线的基本操作

在设计窗口中对流程线进行编辑时，最基本的操作包括图标的选择、移动、复制、剪切和删除等。

（1）选择

选择是其他编辑操作的前提，选择可以分单选和多选。

- 单个图标，用鼠标单击即可选定。
- 要选多个相邻的图标，可以通过拖动鼠标，把要选择的图标包含在出现的虚线框中，然后松开鼠标，确定选择，如图 6.25 所示。
- 要选择多个不相邻的图标，可以先按住【Shift】键，再逐个单击图标进行选取。

（2）复制和移动

操作要分如下几个步骤完成。

① 选择要复制的图标。

② 单击工具栏上的【复制】或【剪切】按钮。

③ 在流程线上单击，手型指针出现的位置即图标粘贴将插入的位置，如图 6.26 所示。

④ 单击工具栏上的【粘贴】按钮，复制或剪切的图标被插入到手型指针指向的位置。

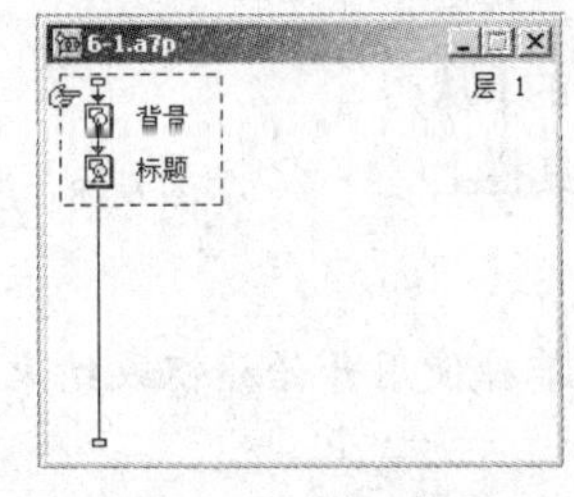

图 6.25　拖动选择

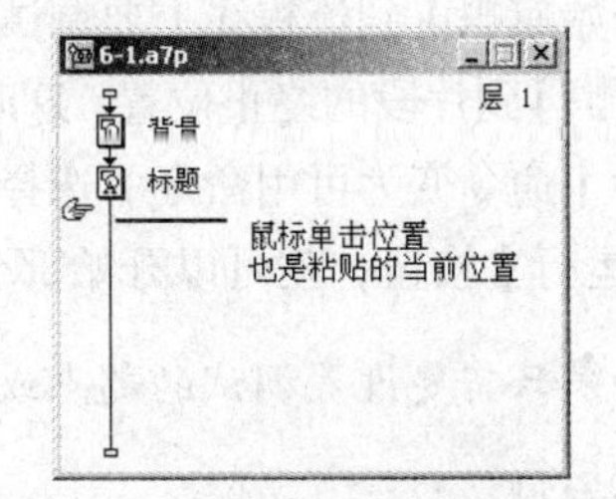

图 6.26　粘贴位置

直接拖动被选择的图标到流程线上某个新位置，也可以实现移动，但这种移动通常只能对单个图标进行，多个图标的移动还是要通过【剪切】+【粘贴】操作来完成。

（3）删除

要删除所选择的图标，可以直接按下键盘上的【Del】键，或者通过执行【编辑】→【清除】命令完成删除操作。

6.2.5 调试程序

调试程序就是在编程时通过运行程序、程序片来发现和解决问题的过程。在 Authorware7.0 中，通过菜单和工具按钮两种方式进行程序的调试控制。

（1）使用【调试】菜单：【调试】菜单下提供了多种调试命令可供使用。

（2）使用控制面板：单击工具栏上的【控制面板】按钮，可以打开图 6.27 所示控制面板，通过面板上提供的工具按钮可以进行各种调试。

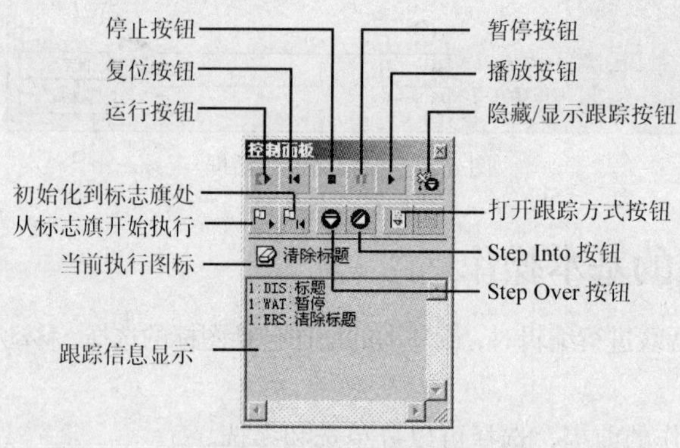

图 6.27　展开的控制面板

调试程序的方法有多种，下面先介绍几种基本的方法。

（1）直接运行

执行【调试】→【重新开始】命令，或单击控制面板上的【运行】按钮，可以从头开始运行程序。

如果要停止运行，则应选择【调试】→【停止】命令，或单击控制面板上的【停止】按钮。

（2）部分程序调试

当程序很长的时候，调试不必每次都从头开始，部分调试会更快捷有效，特别是已经调试通过的部分，就不需要再次运行。部分调试片段的开始和结束位置是通过【开始旗帜】和【结束旗帜】来标志的，如图 6.28 所示。

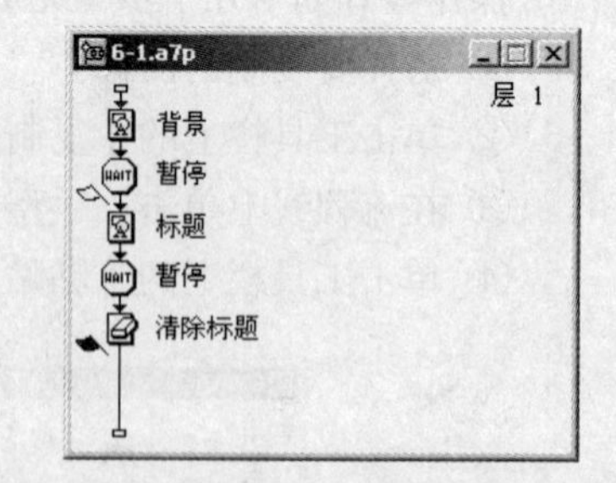

图 6.28　部分调试

拖动【开始旗帜】到流程线上要调试片段的开始位置，然后拖动【结束旗帜】到片段的终止位置，这时【调试】菜单下的【从标志旗处运行】命令变为可用命令。选择该命令或单击工具栏上【从标志旗处运行】按钮，就可以开始部分调试。

提示：如果只需要设置调试的起点或终点位置，可以单独使用开始旗帜或结束旗帜。

（3）跟踪运行

Authorware 7.0 还可以通过【调试】菜单下的【调试窗口】（Step Into）命令和【单步调试】（Step Over）命令来逐步跟踪程序的运行。每执行一次 Step Into，程序向下执行一步，遇到群组图标会进入子流程；而 Step Over 也是每次单步向下执行，但遇到群组图标并不进入，而是跨步跟踪。

跟踪也可以通过【控制面板】上对应的按钮来进行，如图 6.27 所示。

（4）修改程序

在程序运行过程中，如果发现问题就需要修改，这时不必结束运行回到设计窗口再操作，直接在运行的演示窗口中双击要修改的对象，程序会进入【暂停】状态，同时自动打开编辑工具和有关的属性面板。修改完后，关闭工具箱或单击控制面板上的【播放】按钮，就可继续执行。

要注意的是，除了群组图标，如果流程线上有未编辑的空图标（灰色显示的图标），程序执行到该图标也会暂停，自动进入编辑状态而不再向下执行。

提示：编辑好的程序不允许出现空图标，空群组除外。

6.3　文本和图片素材的添加

文本和图形图像是最基本的媒体元素，任何作品中都不可缺少，所以用于添加这些对象的【显示图标】是 Authorware 中最基本的功能图标。

6.3.1　绘制图形

1. 基本绘图工具

Authorware 7.0 在显示图标的工具箱中提供了一些基本的绘图工具。这些工具结合【线型】、【填充】等工具面板的设置，可以在显示图标中绘制出各种图案。

工具箱只有在双击设计窗口流程线上某显示图标，打开其演示窗口后才会出现，如图 6.29 演示窗口左侧所示。

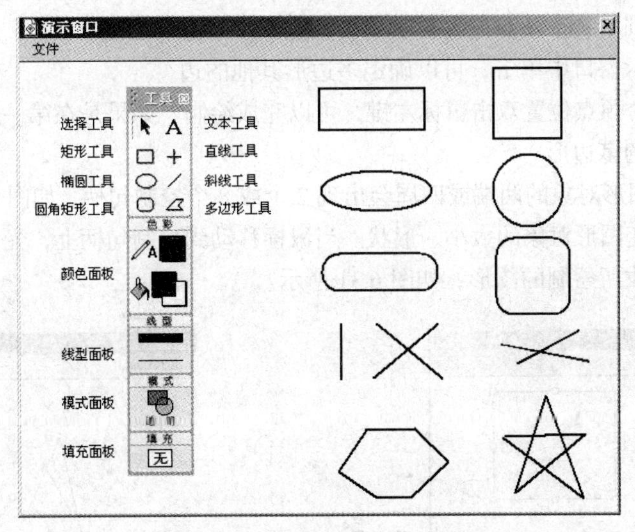

图 6.29　Authorware 7.0 的工具箱

工具箱中提供了输入文本、绘制矢量图形的工具，另外也提供了对文本、图形、图像的属性进行编辑的工具面板。

面板上半部分提供了 8 个基本工具，其中 6 个用于图形的绘制。

- 【选择/移动工具】：用于一个或多个对象的选择和移动。
- 【文本工具】：用于输入文字。
- 【矩形工具】：用于绘制矩形。要绘制正方形，则应在绘图的同时按下【Shift】键。
- 【椭圆工具】：用于绘制椭圆。要绘制圆形，则应在绘图的同时按下【Shift】键。
- 【圆角矩形工具】：用于绘制圆角矩形，如果拖动绘图的同时按下了【Shift】键，则可以绘制圆角正方形。
- 【直线工具】：用于绘制水平线、垂直线和 45 度角直线。
- 【斜线工具】：用于绘制任意角度的直线，如果拖动绘图的同时按下了【Shift】键，则可以绘制水平线、垂直线和 45 度角直线。
- 【多边形工具】：用于绘制任意多边形，如果绘制的同时按下了【Shift】键，则可以绘制以水平线、垂直线和 45 度角直线连成的多边形。

2. 绘制图形

每个显示图标中可以添加多个显示对象，包括图形、图像和文本。要添加图形对象到显示图标中，直线、矩形、椭圆图形的绘制可以按以下步骤操作。

（1）从图标面板上拖动一个显示图标，放到流程线上。

（2）双击该显示图标，打开演示窗口。

（3）在工具栏中单击选中直线、矩形或椭圆等图形工具。

（4）将鼠标移到演示窗口，当鼠标指针从"箭头"变为"十字"光标时，开始绘制图形。

（5）矩形、椭圆、圆角矩形和直线图形，都可以由两个点确定。所以鼠标第一次单击确定了直线起点或区域图形的起始角点位置，之后拖动鼠标，在直线结束点或区域图形的结束角点位置放开鼠标，图形即被确定，如图 6.30 所示。

与直线、矩形等图形不同，多边形对象需要确定多个顶点，如下所述。

（1）选择多边形工具后，鼠标先在演示窗口中单击确定第一个顶点。

（2）移动鼠标到下一个顶点位置再次单击，完成一条边的绘制。

（3）继续在演示窗口中单击，可以确定多边形其他的边。

（4）在最后一个顶点位置双击鼠标左键，可以完成绘制。如果是在第一个顶点位置双击，就能绘制出一个封闭的多边形。

图形创建后，图形对象的两端或四周会出现 2 个或 8 个控制句柄，如图 6.30 所示。拖动这些控制句柄，可以改变图形对象的大小、形状。当鼠标移动到控制句柄上，光标变为箭头形状时，拖动鼠标，可以修改所绘制的图形，如图 6.31 所示。

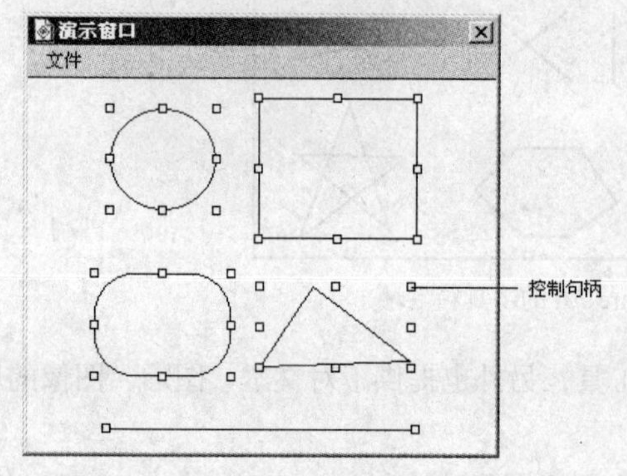

图 6.30　图形的控制句柄

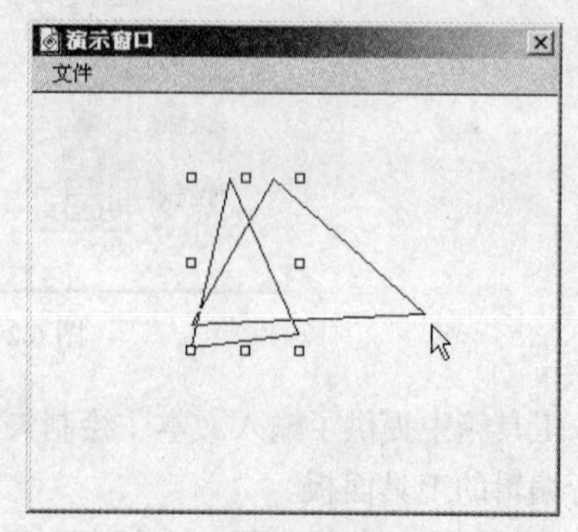

图 6.31　拖动改变图形大小、形状

3. 图形的属性设置

除了 8 个基本工具，工具箱中还提供了 4 个属性设置面板，用于设置图形、图像和文本的颜色、线型等基本属性。

（1）【颜色】面板。【颜色】面板可以设置文本、图形对象的前景色、背景色、图形的线条颜色，如图 6.32 所示。展开和隐藏图 6.33 所示调色板有 3 种方法，如下所述。

① 单击工具箱中【颜色】区工具。

② 选择【窗口】→【显示工具盒】→【颜色】菜单命令。

③ 双击工具箱中【椭圆工具】。

虽然单击图 6.32 工具箱上【颜色】区中 3 个不同部分，打开的是相同的调色板，但是其颜色设置会对应应用在所选定图形或文本对象的不同内容上。

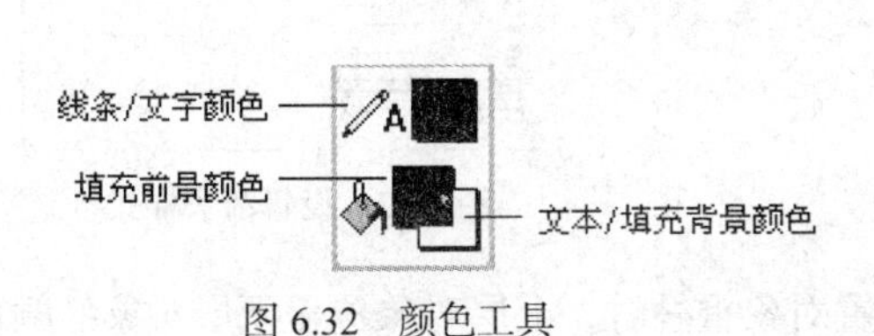

图 6.32　颜色工具　　图 6.33　调色板

如图 6.34 所示，在演示窗口中选中一个图形，然后单击颜色面板上部的【线条/文字颜色】矩形区，从调色板中选择一个颜色作为边框线条的颜色；再单击颜色面板下部的【前景颜色】矩形区，从调色板中选择另一个颜色作为区域填充的颜色；最后可以看到图 6.35 所示效果。

当前设置的颜色会成为之后新绘制图形的预定设置，直到颜色再次被更改。

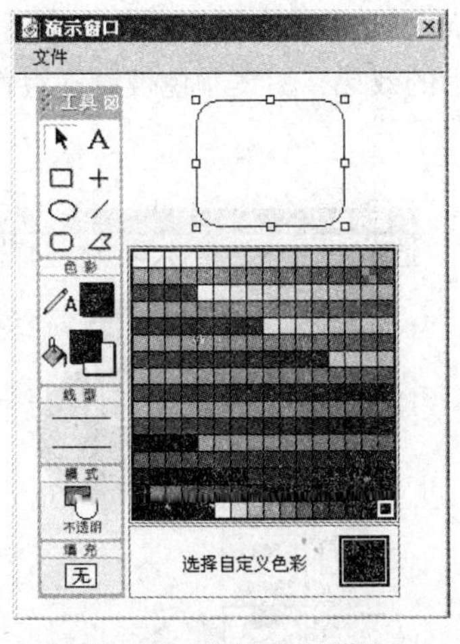

图 6.34　选择对象图形

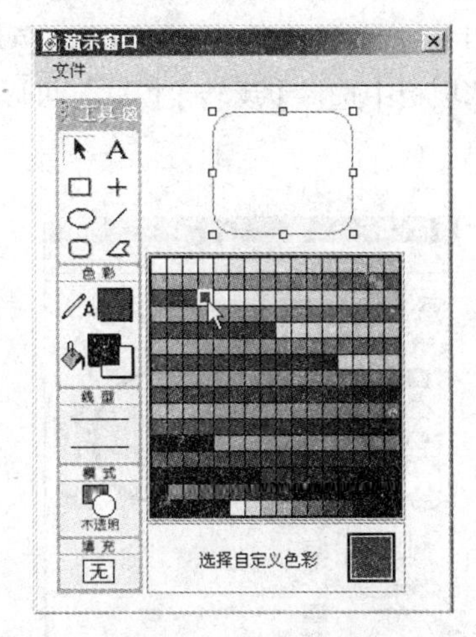

图 6.35　设置对象颜色

（2）【线型】面板。【线型】面板用于设置图形对象的线型和线宽。展开和隐藏【线型】面板的方法如下所述。

① 单击工具箱中【线型工具】。

② 选择【窗口】→【显示工具盒】→【线】菜单命令。

③ 双击工具箱中【直线】/【斜线】工具。

具体操作如图 6.36 所示。在演示窗口中选中图形，然后单击【线型工具】，从工具箱右侧出现的线型选项面板中选择一个线宽模式。再次单击【线型工具】，从线型选项面板下部选择一种箭头样式；最后所选图形对象的效果如图 6.37 所示。

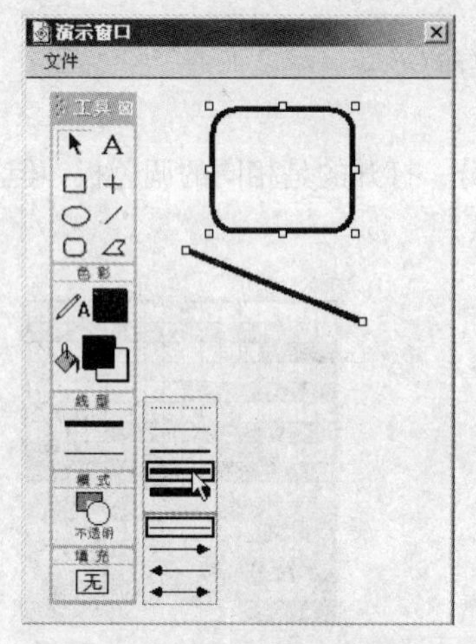

图 6.36　设置线宽

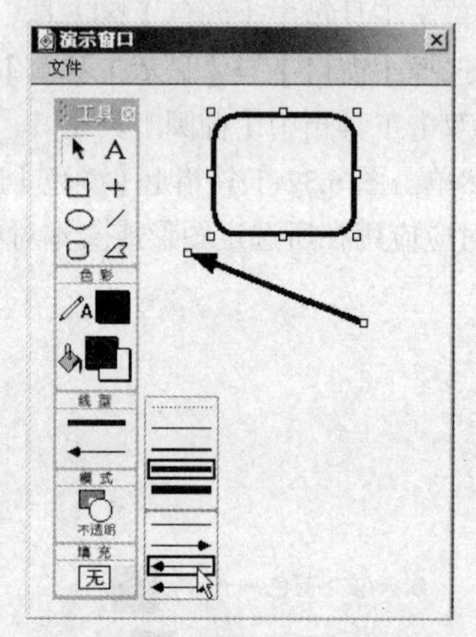

图 6.37　设置箭头样式

（3）【模式】面板。【模式】面板用于设置对象重叠时，上层对象覆盖下层对象的颜色叠加效果。展开和隐藏【模式】面板的方法如下所述。

① 单击工具箱中【模式工具】。

② 选择【窗口】→【显示工具盒】→【模式】菜单命令。

③ 双击工具箱中的【选择工具】。

Authorware 提供了 6 种模式，显示对象的默认模式是【不透明】模式。

如图 6.38 所示，圆角矩形用品红色填充，圆形用黄色填充，选中圆形后单击【模式工具】，从模式选项板中选择【反转】模式，可以看到图 6.39 所示的效果，图案颜色被设置为背景对象色彩的补色。

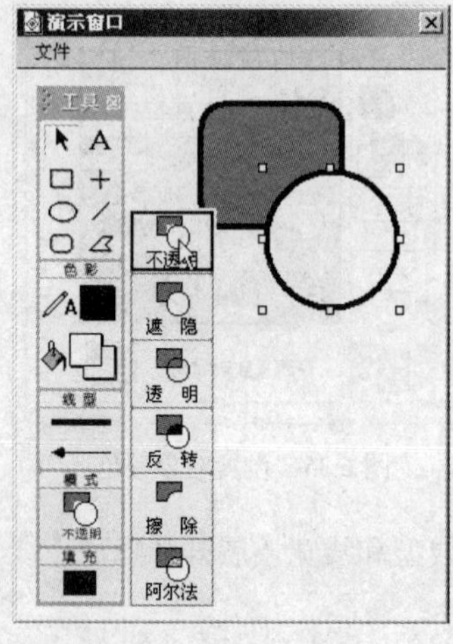

图 6.38　默认不透明模式

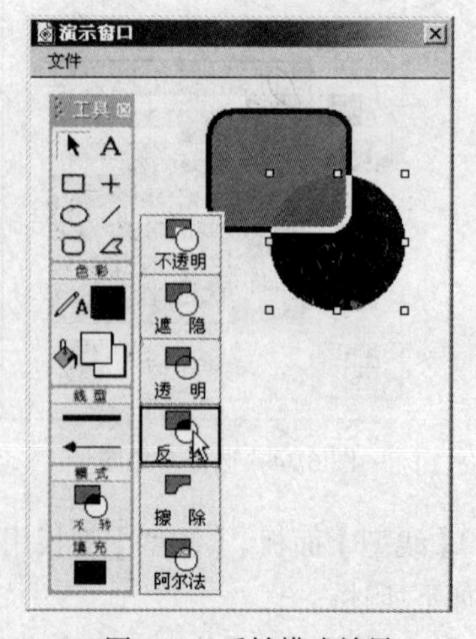

图 6.39　反转模式效果

- 【不透明】：当前对象完全不透明，以原本的颜色进行覆盖。
- 【遮隐】：对位图图像，可以将封闭轮廓外围白色的区域透明显示，内部的白色不会被透明处理。
- 【透明】：对于位图图像和文本对象，可以将对象内任何白色部分透明显示。
- 【反转】：对于当前被选中对象所遮挡的背景区及其他层次低的对象，以原来色彩的补色显示。
- 【擦除】：会将被选中对象与其他低层次对象的重叠部分擦除掉。
- 【阿尔法】：仅对带 Alpha 通道的对象起作用，显示 Alpha 通道设定的内容；不带 Alpha 通道的对象则以不透明方式显示。

（4）【填充】面板。【填充】面板用于设置图形的填充图案。展开和隐藏【填充】面板的方法如下所述。

① 单击工具箱中【填充工具】。

② 选择【窗口】→【显示工具盒】→【填充】菜单命令。

③ 双击工具箱中【矩形】/【椭圆】/【圆角矩形】工具。

Authorware 7.0 提供无填充、以前景色、背景色填充以及各种图案填充的设置，默认的填充方式为【无填充】，如图 6.40 演示窗口中所示的圆形。

如果要将图 6.40 窗口中的圆形对象设置为以斜线条纹图案填充，对于被选中的圆先设置好填充的前景颜色和背景颜色，然后单击【填充工具】，从打开的面板中选择斜线条纹填充方式，设置后对象的显示效果如图 6.41 所示。

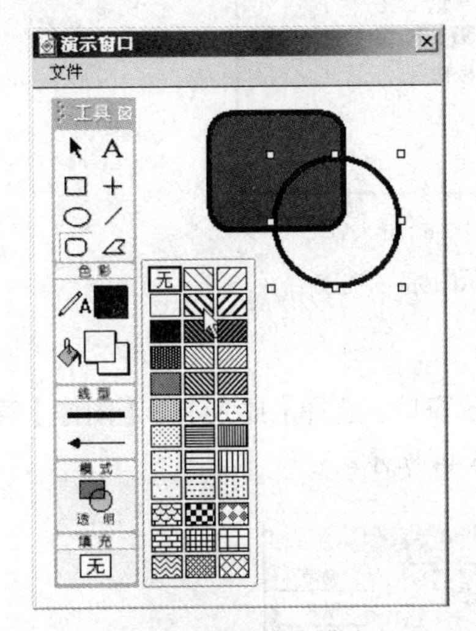

图 6.40 默认填充模式

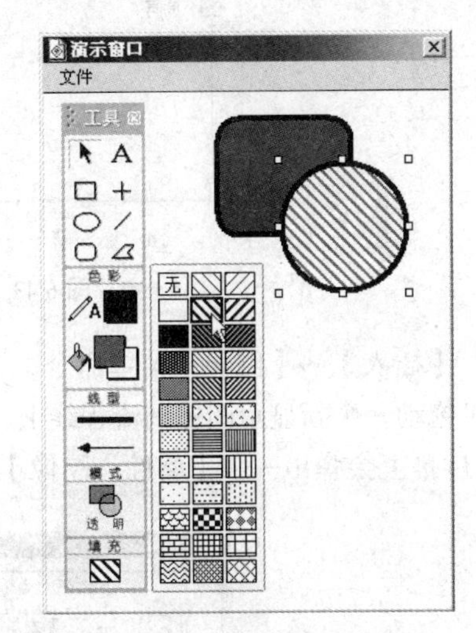

图 6.41 图案填充模式

6.3.2 插入图片

绘图工具只能绘制比较简单的图案，更真实自然的图片一般是以外部图像文件的形式存在，然后添加到作品中。

在显示图标中导入添加图片的方法有以下几种。

（1）【文件】→【导入和导出】→【导入媒体】菜单命令。

① 如果打开了显示图标的演示窗口，再执行这个菜单命令，将打开如图 6.42 所示的【导入哪

个文件？】对话框。通过该对话框搜索文件夹，找到要插入的图片文件，双击即可插入图片。如果选择了对话框中的【显示预览】复选项，还可以在对话框右侧展开的预览窗口中实现查看图片。

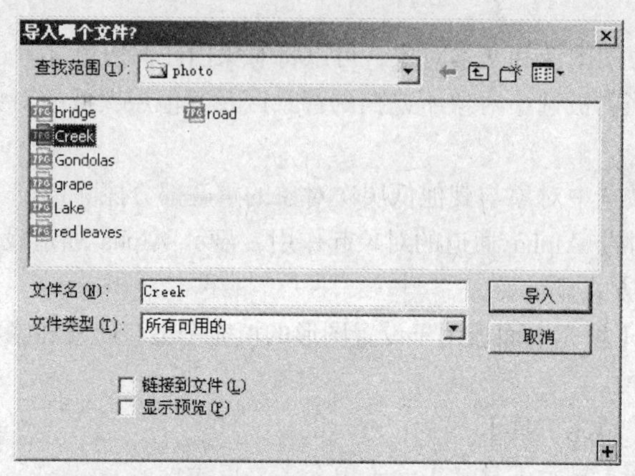

图 6.42 【导入哪个文件？】对话框

② 如果没有打开显示图标或其他图标的演示窗口，直接在设计窗口中执行这个菜单命令，通过【导入哪个文件？】对话框导入的图片会被放置在一个新添加的显示图标中。如图 6.43 所示，新图标插入在流程线上手形指针指向的位置，且该图标以图片的文件名命名。

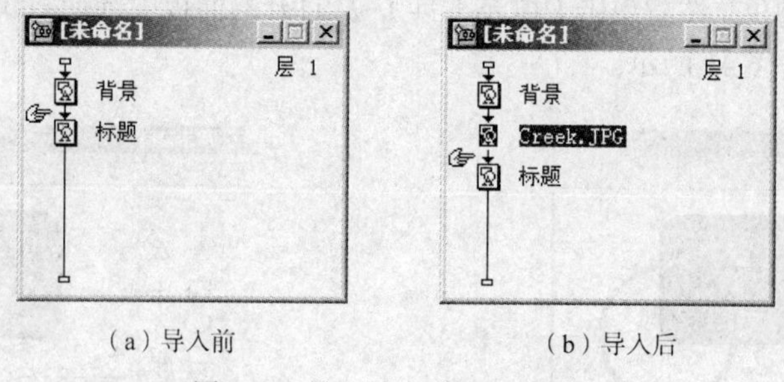

（a）导入前　　（b）导入后

图 6.43　导入图片到新显示图标

（2）【插入】→【图像】菜单命令。

① 拖动一个新显示图标到流程线上，双击打开其演示窗口，选择【插入】→【图像】菜单命令后，屏幕上会弹出一个【属性：图像】对话框，如图 6.44 所示。

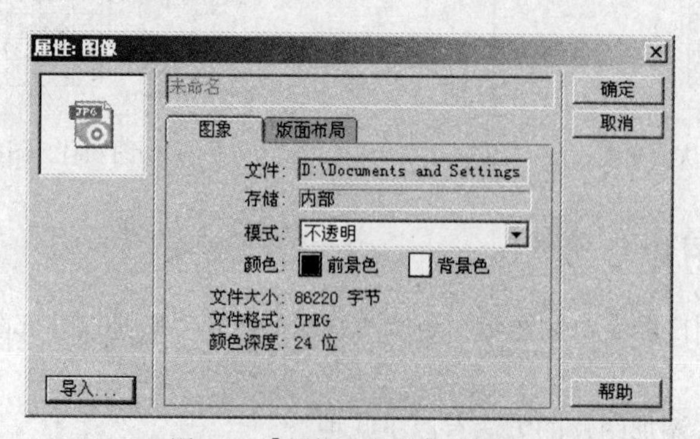

图 6.44 【属性：图像】对话框

② 单击对话框中的【导入】按钮，通过打开的【导入哪个文件？】对话框，先将图片插入到

演示窗口。如果觉得图片的大小和位置需要调整，可以直接用鼠标拖动图片或图片周围的控制句柄来改变，也可以在【属性：图像】对话框的【版面布局】选项卡中提供的选项上进行设置，如图 6.45 所示。

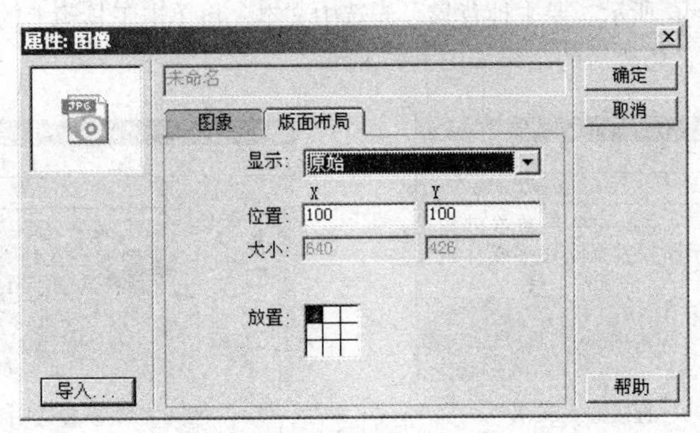

图 6.45 【版面布局】选项卡

【版面布局】选项卡上，【显示】下拉列表提供了移动、缩放和裁剪图片的设置选项。

- 【原始】选项将保持图像的原始尺寸，通过在【位置】X、Y 文本框中输入坐标值，可以指定图片左上角点在演示窗口中的位置，即确定图片在窗口中的位置。
- 【比例】选项用于缩放图片，除了图片位置坐标的指定外，还可以通过百分比或像素值的方式设置图像的高宽。
- 【裁切】选项用于裁减图片，除了图片位置坐标的指定外，通过 X、Y 的大小值，确定要显示的区域大小，如果原始图片大小超出指定的区域，区域外的图将被裁减而不显示。

注意：演示窗口坐标系的原点在演示窗口的左上角，X 方向坐标水平向右递增，Y 方向坐标垂直向下递增，单位为像素。

（3）通过【复制】/【剪切】操作添加。

通过【复制+粘贴】或【剪切+粘贴】操作，利用 Windows 的剪贴板，也可以将其他应用程序中的图片插入到 Authorware 程序中。

对于已经插入的图片，如果想再次进行调整，直接双击该图片对象，打开图 6.45 所示的【属性：图像】对话框，即可重新选择设置。

6.3.3 添加文本

Authorware 7.0 中文本素材主要是通过显示图标来添加，另外交互图标的演示窗口中也可以添加和显示文本。这一小节先了解在显示图标中如何添加、编辑文本。

1. 添加文本

（1）使用工具箱中【文本工具】。用【文本工具】可以直接在显示图标的演示窗口中输入文字，当文字内容和排版比较简单的时候，可以采用这种方式。

① 新建一个空文件，选择【修改】→【文件】→【属性】菜单命令打开【文件属性】面板，将默认的白色背景改为绿色。

② 拖动一个显示图标放置到流程线上，命名为【文本输入】，双击打开演示窗口。

③ 单击工具箱上的【文本工具】，当鼠标移动到演示窗口中，光标变为 I 形。

④ 在演示窗口中单击鼠标，窗口中将出现一条段落标尺线，如图 6.46 所示，在闪烁光标后输入文字，文本内容出现在标尺线下方。

⑤ 因为文本对象默认以【不透明】模式显示，所以在演示窗口的绿色背景上，看到文字具有白色的背景，如图 6.46 所示。要去掉背景，先选中文本，再单击工具箱上的【模式工具】，将选择改为【透明】模式，修改后的结果如图 6.47 所示。

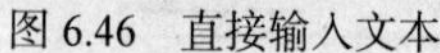
图 6.46　直接输入文本

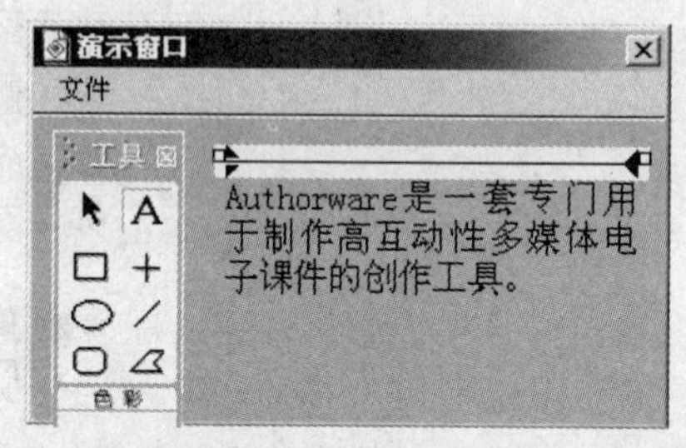

图 6.47　设置透明背景

（2）导入外部文本。当文本篇幅较长的时候，选择【导入】文本的方式会更方便。

① 拖动一个显示图标放置到流程线上，双击该显示图标，打开演示窗口。

② 选择【文件】→【导入和导出】→【导入文件】菜单命令，打开【导入哪个文件？】对话框，如图 6.48 所示。

③ 在对话框中选择事先准备的“.txt”或“.rtf”格式文件，单击【导入】按钮。

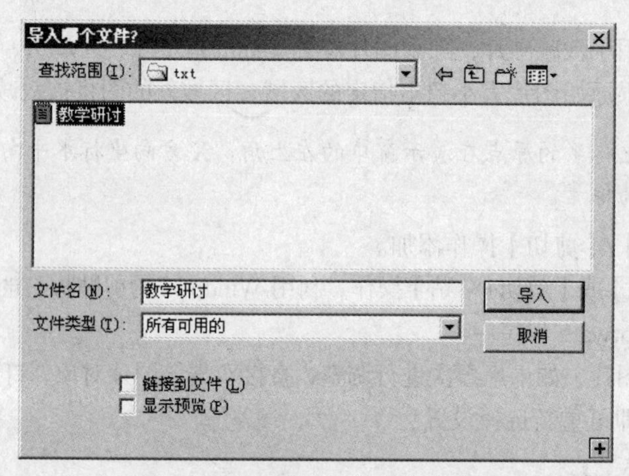

图 6.48【导入哪个文件？】对话框

④ 如图 6.49 所示，在弹出的【RTF 导入】对话框中，提供了以下 4 个导入文本效果的设置选项。

- 【硬分页符】选项组
  - ➢【忽略】：忽略硬分页符，所有内容放在同一个显示图标中。
  - ➢【创建新的显示图标】：如果遇到硬分页符，将其后的内容放在新的显示图标中。
- 【文本对象】选项组
  - ➢【标准】：文本块不带滚动条。
  - ➢【滚动条】：文本块带滚动条。如果文本较长，当前演示窗口中不能完全显示，用带滚动条的方式显示更合适。

⑤ 如图 6.49 对话框所示设置导入文本的两个选项后，单击【确定】按钮，导入文字的演示效果如图 6.50 演示窗口所示。

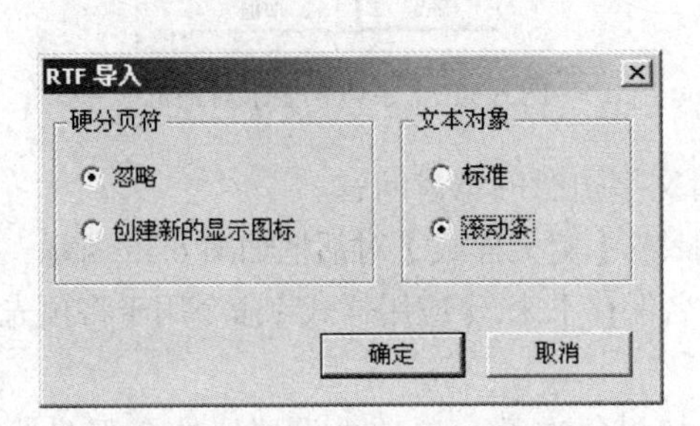

图 6.49 【RTF 导入】对话框

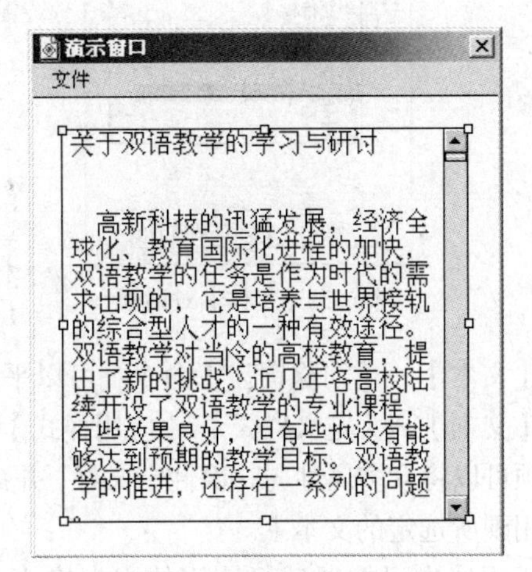

图 6.50 带滚动条的文本块

（3）通过【复制】/【剪切】操作添加文本。对于其他应用程序窗口中的文本，还可以利用 Windows 提供的剪贴板，通过【复制+粘贴】或【剪切+粘贴】操作将文本添加到显示图标中。

2. 编辑文本

（1）修改文本内容。和其他文字处理软件一样，Authorware 7.0 中可以对文本进行插入、删除、复制、剪切、移动等操作。编辑时，如果使用工具箱中的【文本工具】，则编辑的对象是文本块中被选中的文字，如图 6.51 所示；如果使用【选择工具】，则编辑的对象将是被选中的文本块，如图 6.52 所示。

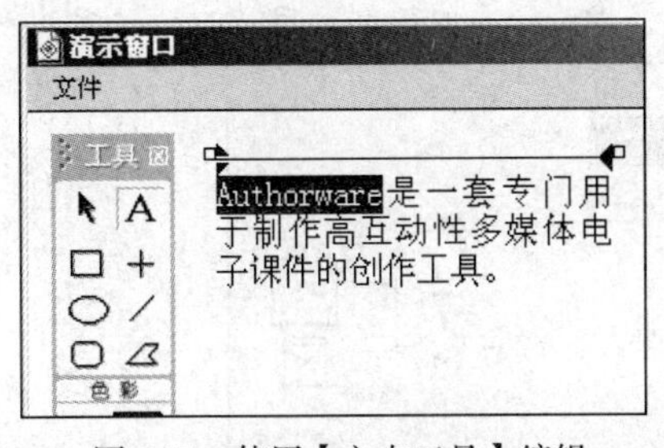

图 6.51 使用【文本工具】编辑

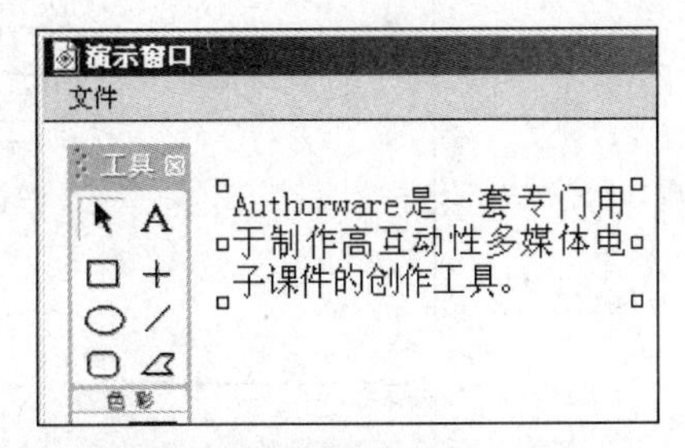

图 6.52 使用【选择工具】编辑

（2）设置文本属性。文本的属性包括字体、字号、风格、对齐等设置，这些设置命令都放在【文本】菜单下。

- 【文本】→【字体】→【其他】菜单命令：提供如图 6.53 所示的【字体】对话框，用于对所选文本进行字体设置。
- 【文本】→【大小】→【其他】菜单命令：提供如图 6.54 所示的【字体大小】对话框，用于对所选文本的字号进行设置。
- 【文本】→【风格】子菜单：提供了【加粗】、【倾斜】、【下划线】、【上标】、【下标】等多种文字风格。
- 【文本】→【对齐】子菜单：提供了【左对齐】、【居中】、【右对齐】等多种对齐方式。
- 【文本】→【卷帘文本】命令：可设置文本块是否带垂直滚动条显示。

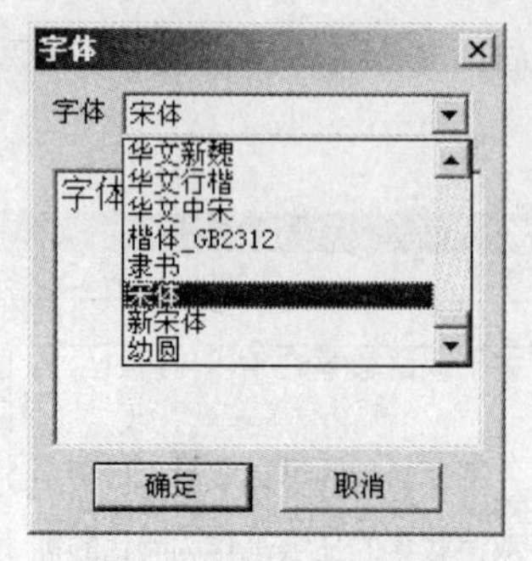

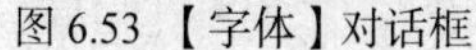
图 6.53 【字体】对话框

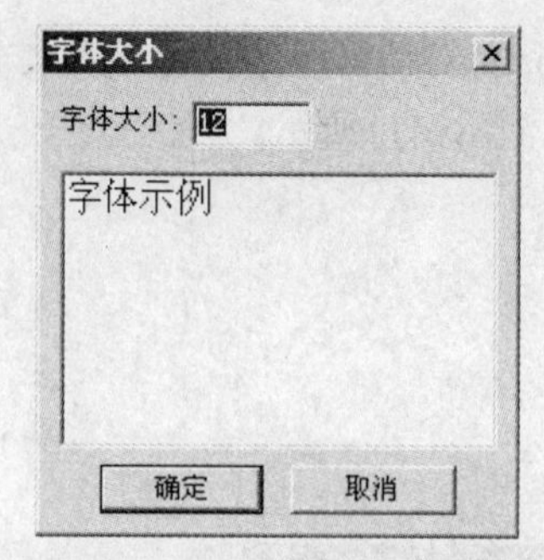

图 6.54 【字体大小】对话框

- 【文本】→【消除锯齿】命令：可以平滑文字边缘的锯齿问题。
- 【文本】→【定义样式】/【应用样式】命令：【定义样式】对话框如图 6.55 所示，通过其中的选项可以将众多属性先一次性定义好，并命名保存下来。【应用样式】命令用于将预先定义的样式应用到所选定的文本上。

对于程序中可能要反复使用的文本格式，如果每次都一项项去设置属性会很浪费时间，Authorware 7.0 在【文本】菜单中还提供了【定义样式】和【应用样式】两个菜单命令，以提高编辑的效率。具体设置步骤如下。

① 选择【文本】→【定义样式】命令，打开如图 6.55 所示的对话框。

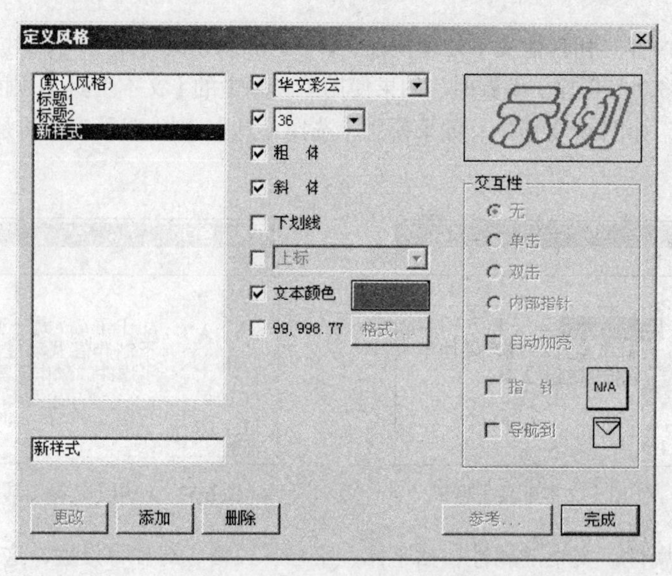

图 6.55 【定义风格】对话框

② 在对话框中单击【添加】按钮，建立一个【新样式】。

③ 按图 6.55 对话框所示，设置【新样式】的字体、字号、大小、颜色等属性，在右上角可以看到设置的预览。

④ 如果想给新样式起另外的名字，可以在左下方文本框中输入新名字，比如“标题 3”，然后单击【完成】按钮，关闭对话框。

⑤ 在演示窗口中选择要设置的文本。

⑥ 选择【应用样式】命令，打开【应用样式】对话框。

⑦ 在对话框中选择【标题 3】样式，如图 6.56 所示，可以看到文本被设为预定样式。

图 6.56 应用样式

（3）调整文本段落缩进。如图 6.57 所示，在使用【文本工具】进行编辑时，拖动段落标尺上的几个标记，可以改变光标所在段落的左右缩进、首行缩进等段落格式。

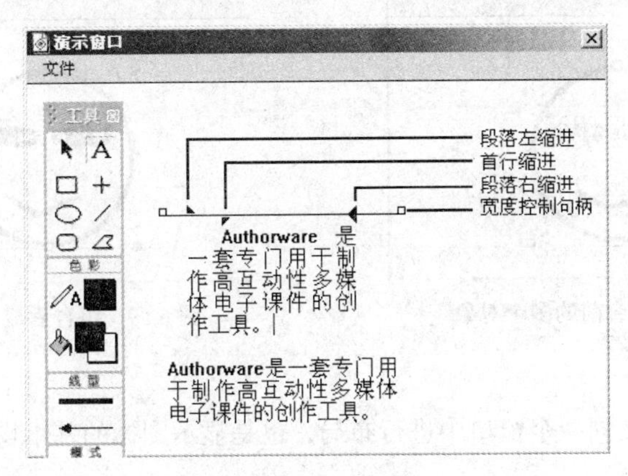

图 6.57 文本标尺的使用

6.3.4 对象的操作

在显示图标中，绘制的每个图形、添加的每段文字和图片都是对象，对一个对象的操作不会影响到其他对象，所以各种显示素材的布局和编辑很灵活方便。

1．对象的基本操作

对象的基本操作包括复制、移动和删除等，当然在这些操作之前，首先要做的是选择。

（1）选择对象

单击工具箱中的【选择工具】，在演示窗口中，光标为箭头形状，在某个对象上单击鼠标左键，可以选中该对象。

要选择多个对象，则在按下【Shift】键的同时，逐个单击显示对象即可，选中对象的周围都会出现控制句柄，表示对象已经被选中。

多个连续对象的选择可以通过鼠标拖动，将希望选中的对象包围在生成的虚框内来完成多选。

（2）复制、移动和删除

在选中的对象上（不要在控制句柄上），当光标为箭头形状时，按下鼠标左键拖动对象，可在当前图标内部移动对象。

对选中的对象执行【复制】+【粘贴】命令，可以完成复制操作；执行【剪切】+【粘贴】命令，可以将所选对象从一个显示图标移动到另一个显示图标。

对选中的对象执行【清除】命令可以完成删除操作。

（3）对象的组合

在设计窗口中，通过【群组】命令可以将多个图标组合成一个群组，便于编辑和管理。同样，在演示窗口中，同一个显示图标中的多个对象也可以组合为一个整体进行编辑。

首先在一个显示图标中通过工具箱中的【椭圆】和【多边形】工具绘制一个如图 6. 58 所示的人脸，然后单击【选择工具】，拖动鼠标将所有的图形对象选中。

选择【修改】→【群组】菜单命令，多个对象就被组合成一个，如图 6. 59 所示。这时如果再进行移动、缩放等操作，对象间的相互关系就会保持不变，提高了编辑效率。

如果要打散组合，选中某组合对象后，选择【修改】→【取消群组】菜单命令，对象又被还原为多个独立的个体。

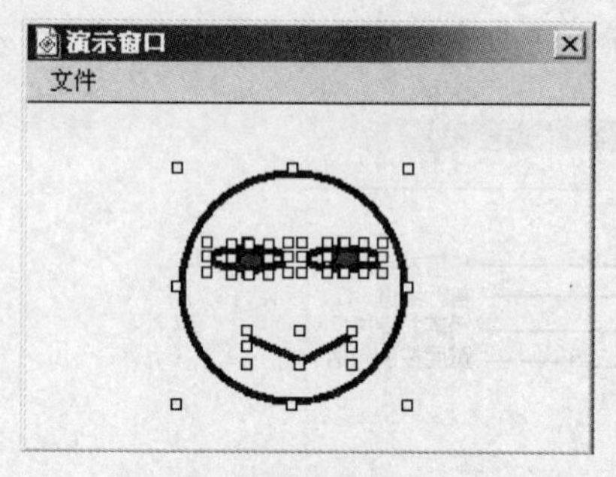

图 6.58　组合前的多个对象

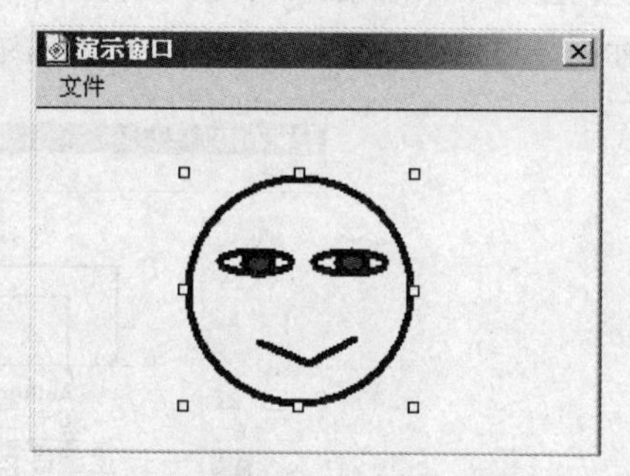

图 6.59　组合后成为一个对象

2. 对象的布局

多个显示对象如何在同一个窗口中进行布局，也是显示图标的基本操作。

（1）对象的层次

在一个显示图标的演示窗口中，如果先后创建了多个可视对象，那么后创建的对象将覆盖在之前的对象之上，形成遮挡，但通过【修改】菜单下的两个命令，可以改变这种层叠关系。

- 【置于上层】将被选中的对象放置到所有对象的最前面；如图 6.60 的 b 图，此命令将矩形对象放置到最上层。
- 【置于下层】将被选中的对象放置到所有对象的最后面；如图 6.60 的 c 图，此命令将三角形对象放置到最下层。

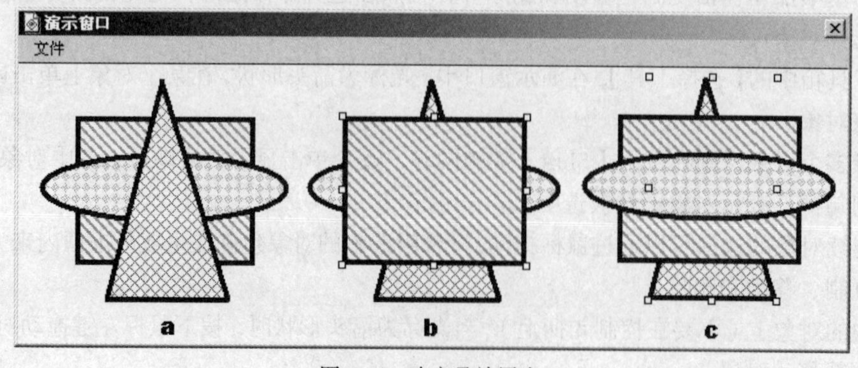

图 6.60　改变叠放层次

（2）对象的排列对齐

要对同一显示图标中的多个对象进行排列，比较直接方法是选择【查看】→【显示网格】菜单命令，依据出现的十字花纹网格，在演示窗口中通过直接拖动对象来排列布局。另外，选中对象后，按下键盘上的【↑】、【↓】、【←】、【→】键，也可以一个像素一个像素地调整对象的位置。更方便的排列方法是执行【修改】→【排列】菜单命令，通过【对齐】工具面板来对齐对象。如图 6.61 所示，【对齐】面板上提供了 8 种对齐方法。

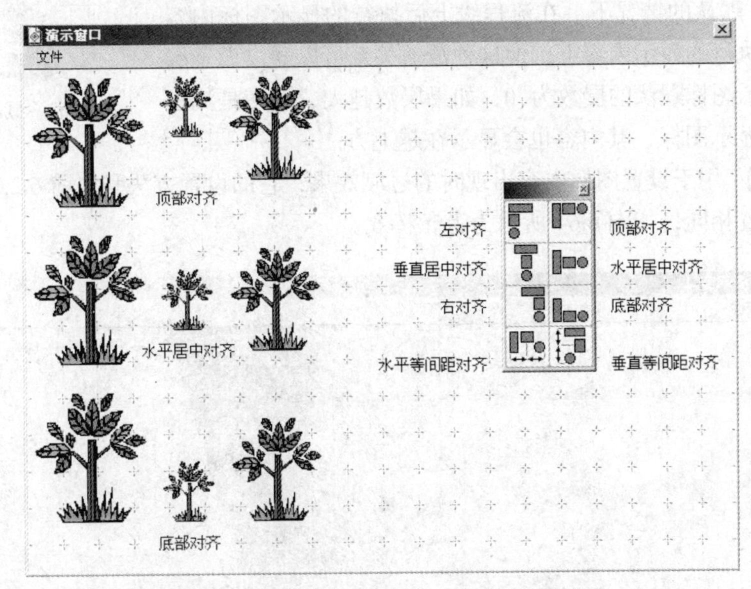

图 6.61 【对齐】工具面板和 3 种水平对齐方式

举例来看，要实现第一组【顶部对齐】效果，如下操作。

① 打开显示图标的演示窗口，选中预先插入的 3 棵树。

② 在【对齐】工具面板上单击【顶部对齐】工具，让 3 棵树的顶部位于一条水平线上。

③ 单击【水平等间距对齐】工具，在这组对象的最左、最右点保持不变的情况下，设置 3 棵树为相等的间隔距离。

6.3.5　显示图标的属性设置

每个图标都有自己的属性设置面板，显示图标的属性面板如图 6.62 所示。之前在演示窗口中所做的编辑是对具体的文本、图形、图像对象进行的，而【显示图标属性】面板提供的是对图标整体的属性设置。

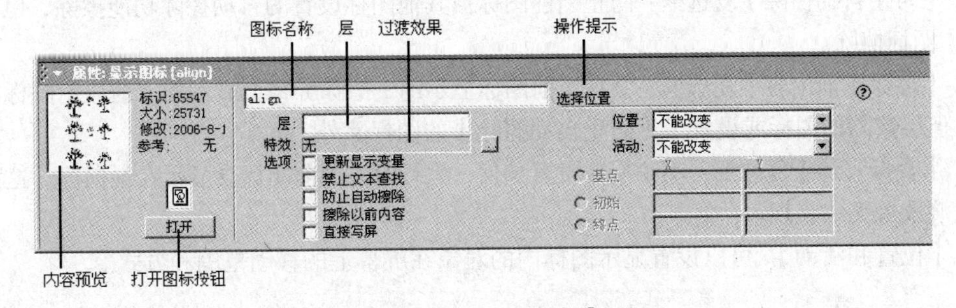

图 6.62 【属性：显示图标】面板

打开/关闭【显示图标属性】面板常用的有两种方法。

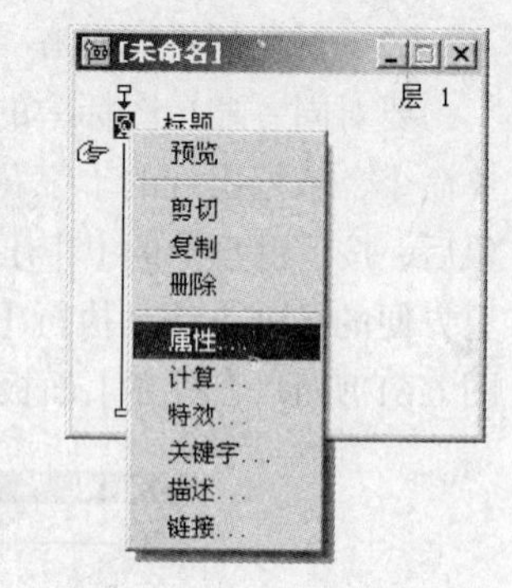

图 6.63　显示图标的快捷菜单

- 选择【修改】→【图标】→【属性】命令。
- 在设计窗口中显示图标上单击鼠标右键，从弹出的快捷菜单中选择【属性】命令，如图 6.63 所示。

如图 6.62 所示，【属性：显示图标】面板中提供了下列属性设置。

- 【层】：默认的情况下，在流程线上后执行的显示图标内容会覆盖在之前执行的显示内容上，但这种覆盖关系可以通过设置层数来改变。显示图标默认的层数为 0，如果层数越大，即使是流程线上先执行的显示图标，其内容也会显示在越上方。
- 【特效】：用于设置图标内容出现时的过渡效果，它的设置方法和之前 6.2.2 节中介绍的擦除图标特效设置相同，如图 6.64 所示为激光特效。

图 6.64　激光特效

- 【选项】组：提供 5 种复选框选项设置。

➢【更新显示变量】复选框：如果显示图标中有变量，则会即时将变量的变化刷新显示出来。

➢【禁止文本查找】复选框：不允许运行时使用关键字查找该显示图标中的内容。

➢【防止自动擦除】复选框：防止当前图标被其他图标设置的自动擦除功能擦除，但可以被【擦除】图标擦除。

➢【擦除以前内容】复选框：会在当前图标显示前，擦除屏幕上显示的之前显示图标的所有内容，但层数高的图标或设置了【防止自动擦除】的图标除外。

➢【直接写屏】复选框：不论层数设置如何，运行时，当前图标会显示在最前面，这种方式下，过渡效果无法表现。

- 【位置和活动】：可以设置显示图标内的对象在屏幕上的移动范围和方式。

6.4 动画效果的制作

Authorware 7.0 中实现动画的主要方法是使用【移动】图标，它可以对文本、图形、图像、视频等对象进行移动，从而实现一些简单的动画效果。复杂的动画效果还是要通过 Flash 等其他的动画软件预先制作，再导入 Authorware 作品中。

6.4.1 认识移动图标

【移动】图标不能单独使用，通常它和【显示】等图标一起，用于设置这些图标中对象的移动方式。一个【移动】图标一次只能移动一个显示图标中的整体显示内容。如果两个对象要沿不同的路径分别进行运动，则需要将它们放在不同的显示图标中，然后用两个【移动】图标来分别设定它们的运动路径，如图 6.65 流程所示。并且【移动】图标应该放在流程线上被移动对象所在的图标之后。

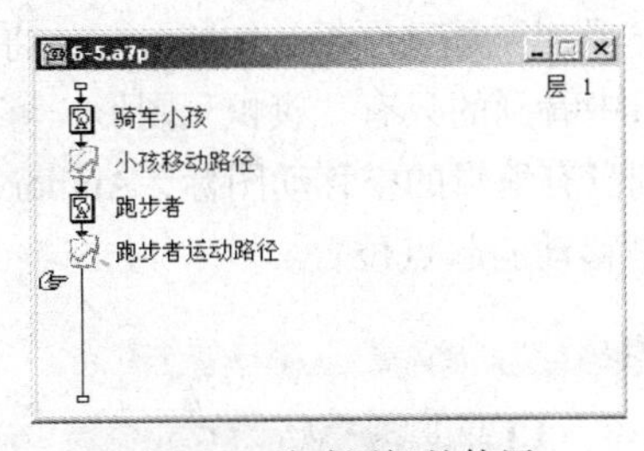

图 6.65　移动图标的使用

【移动】图标提供了下面 5 种移动类型，类型的选择是在【移动】图标属性对话框中进行。

（1）指向固定点。将对象从当前位置沿直线移动到目标位置。

（2）指向固定直线上的某点。将对象从当前位置沿直线移动到设定直线段的某个位置。

（3）指向固定区域内的某点。将对象从当前位置沿直线移动到设定矩形区域的某个位置。

（4）指向固定路径的终点。将对象从当前位置沿指定的折线或曲线路径移动到目标位置。

（5）指向固定路径上的任意点。将对象从当前位置沿指定的折线或曲线路径移动到路径上的某个位置。

6.4.2 【指向固定点】移动类型

很多对象的移动方式很简单，仅仅是从起点沿直线运动到终点，比如升旗或字幕的上升。下面以升旗的动画为例来演示如何设置【指向固定点】的移动。

（1）新建一个空文件，从图标面板上拖动一个显示图标到流程线上，命名为“旗杆”；双击打开该显示图标的演示窗口，如图 6.66 所示，用工具箱中的绘图工具在演示窗口中绘制旗杆。

（2）从图标面板上再拖动一个显示图标到流程线上，命名为“旗帜”；双击该显示图标，如图 6.67 所示，在打开的演示窗口中绘制一个简单旗帜。要相对于旗杆调整旗帜的位置，可以先双击“旗杆”显示图标，然后按下【Shift】键再双击“旗帜”显示图标，这样两个不同显示图标中的内容会同时出现在演示窗口中。

（3）从图标面板上拖动一个移动图标到“旗帜”显示图标后，命名为“升旗”，双击该移动图标，可以开始运动的编辑。

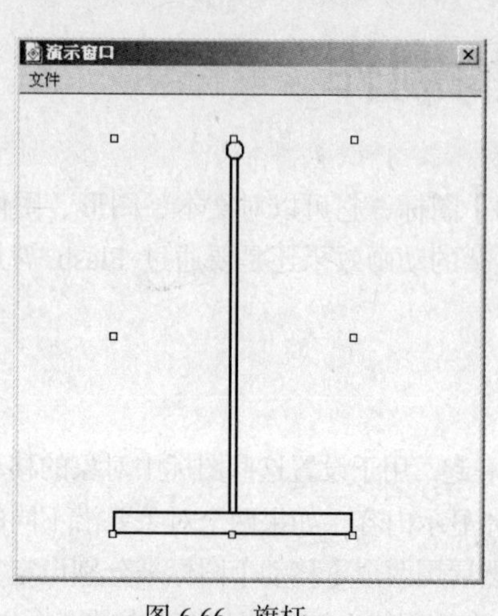

图 6.66　旗杆

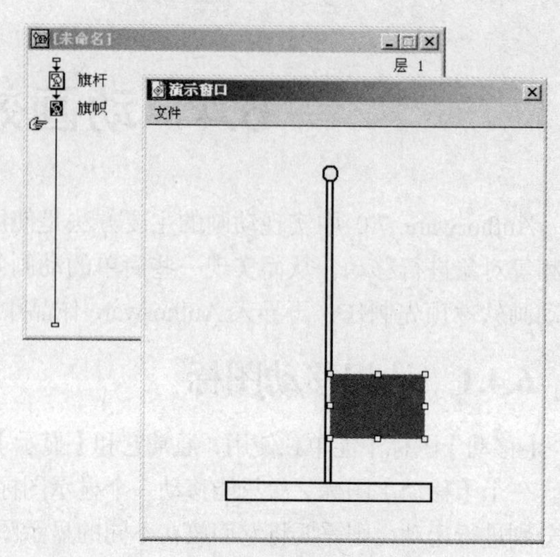

图 6.67　绘制旗帜

（4）如图 6.68 所示，双击“升旗”移动图标，Authorware 将同时打开演示窗口和【属性：移动图标】面板。如果在演示窗口中看到的只有“旗帜”图形，可以选择【调试】→【重新开始】菜单命令运行程序，当运行遇到没有编辑的空移动图标，Authorware 会自动暂停并进入该图标的编辑状态。此时旗帜的位置就是移动的起点位置。

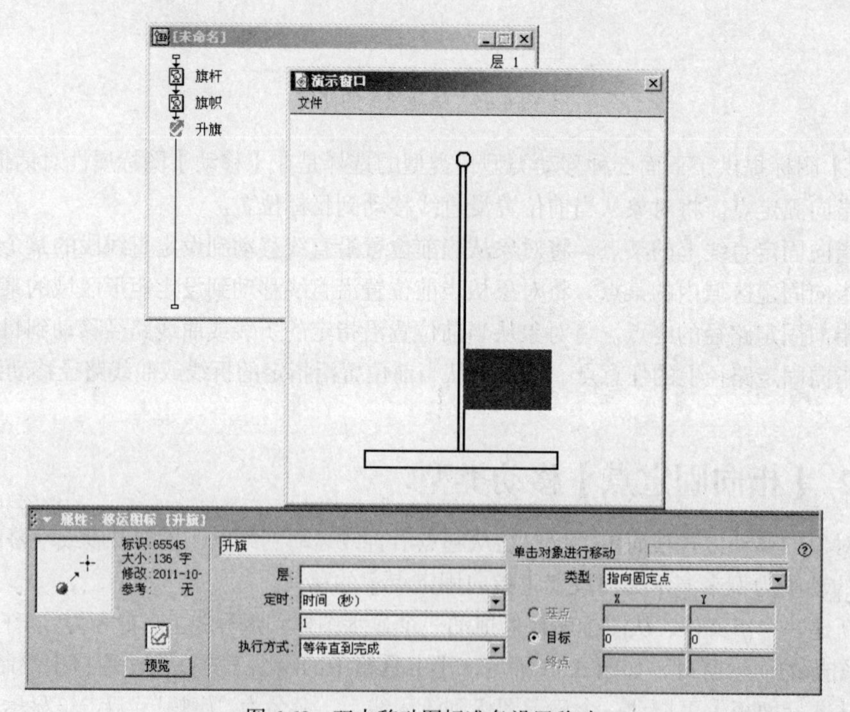

图 6.68　双击移动图标准备设置移动

（5）在【属性：移动图标】面板中选择【指向固定点】，按“单击对象进行移动”提示，在演示窗口中单击“旗帜”并拖动到旗杆顶端，如图 6.69 所示。此时旗帜的位置就是移动的终止位置。

（6）如图 6.69 属性面板所示，设置【定时】选项计时单位为“时间（秒）”，并在下方的文本框中输入数字“3”，表示移动在 3 秒内完成。

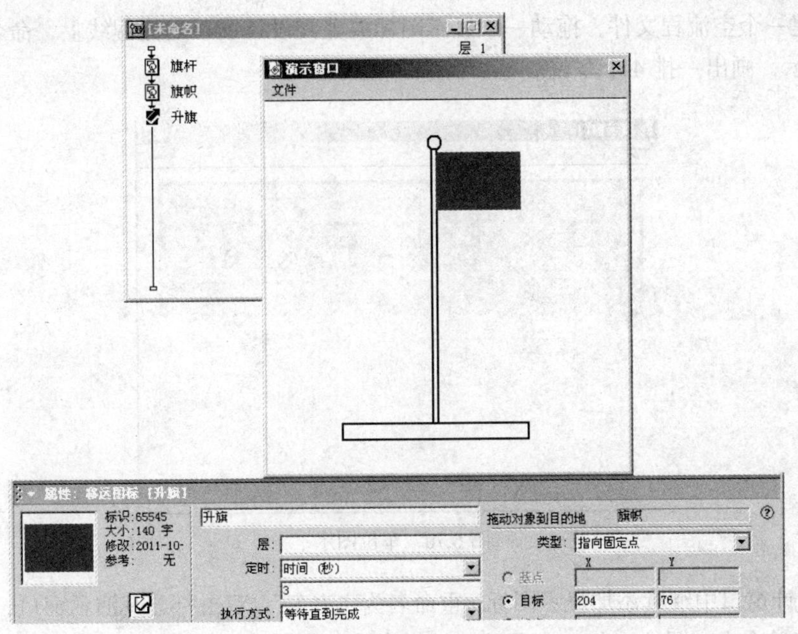

图 6.69　移动图标的设置

> 提示：Authorware 7.0 提供了时间和速率两种移动速度的设置方法，如下所述。
>
> - 时间（秒）：以【秒】为单位，设置运动持续时间，具体数值在【定时】下拉列表框下方的文本框内输入。
> - 速率（sec/in）：以【秒/英寸】为单位，设置运动的速率，具体数值在下方的文本框中输入。

（7）属性面板中，【移动】属性面板中“层”的概念和【显示】属性面板是一致的，用于设置显示运动对象的显示层次。本例使用默认设置，默认无输入即第 0 层。

（8）保持默认【等待直到完成】执行方式的选择。

> 提示：属性面板中，【执行方式】下拉列表框提供了以下多种同步方式。
>
> - 【等待直到完成】：只有当移动图标执行完毕，才继续向下执行；这是默认设置，也是当前例子使用的设置。
> - 【同时】：在执行当前移动图标的同时，执行后继的图标，这种方式可以设置多个移动同步进行。
> - 【永久】：除了【指向固定点】外，其他 4 种移动类型都有该选项，如果移动图标的目标点设置中使用了变量，这项设置会使程序跟踪变量的变化，一旦变量有更新，即使移动图标已经执行，程序也会再次移动对象到新的位置。

（9）保存文件。

（10）选择【调试】→【重新开始】菜单命令运行程序，观察旗帜沿旗杆直线上升的移动效果。

6.4.3 【指向固定直线上的某点】移动类型

这种类型的移动和【指向固定点】移动类型一样也是将对象沿直线从起始位置移动到目标位置，但是目标位置却不是唯一的，而可以是某段直线上的任意位置。下面通过汽车停入车位的实例演示【指向固定直线上的某点】移动类型。

（1）新建一个空流程文件，拖动一个显示图标放置到设计窗口的流程线上，命名为“车位”，如图 6.70 所示，画出一排 4 个车位。

图 6.70　车位图示

（2）在设计窗口中继续添加显示图标，重命名为“汽车”，双击打开其演示窗口，选择【插入】→【图像】菜单命令，导入一幅汽车图片，放置在演示窗口下方居中的位置。

（3）从图标面板上拖动一个移动图标，添加到设计窗口，命名为“停车入库”。选择【调试】→【重新开始】菜单命令运行程序，运行遇到未编辑的移动图标将自动打开其属性面板，如图 6.71 所示。

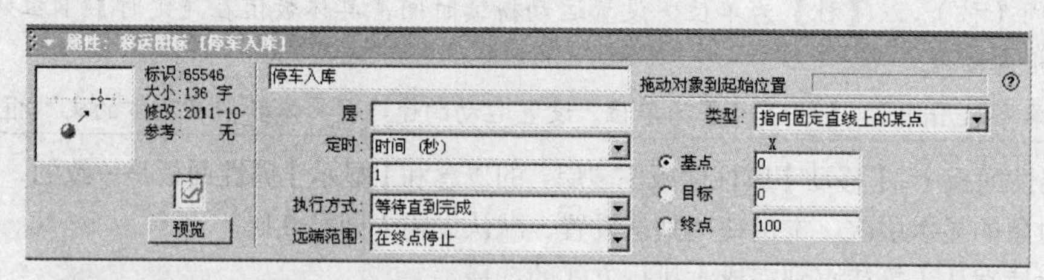

图 6.71　【属性：移动图标】面板

（4）改变移动类型为【指向固定直线上的某点】，根据属性面板中“拖动对象到某点”提示，选中演示窗口中的汽车对象，并拖动到最左侧车位，确定固定直线段的起点。再根据“拖动对象到结束位置”提示，移动汽车到最右侧车位，确定固定直线段的结束点。如图 6.72 所示，起始位置和结束位置间出现一条灰色直线，这条直线在运行时不会显示在屏幕上。

图 6.72　确定目标范围的固定直线段

提示：图 6.71 所示【属性：移动图标】面板中有 3 个坐标值需要设置，分别讲述如下。

- 【基点】：即固定直线的起点，默认值为 0。
- 【目标】：对象进行移动时的终止位置，默认值为 0，一般取值范围在基点和终点值之间。注意：目标点如果设置为固定的常量，则运行和【指向固定点】的移动没有区别；通常设置目标值为变量，这样根据变量的变化，程序每次运行都可能有不同的移动结果。
- 【终点】：即固定直线的终点，默认值为 100。

固定直线反映了对象移动的目标选择范围。如图 6.73 所示，改变【基点】和【终点】的值并不是改变固定直线的长短和位置，而是改变单位刻度的大小。

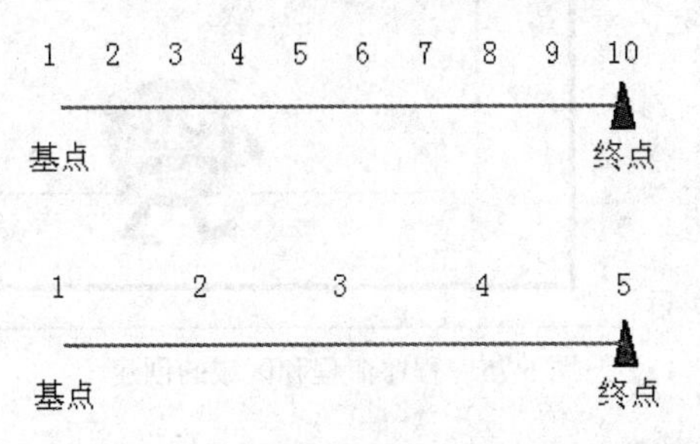

图 6.73 不同的基点和终点值确定了不同的单位长度

如果需要调整直线的起点/终点位置，可以先单击【基点】/【终点】单选按钮，再通过在演示窗口中拖动对象来重新定位调整直线。

（5）本例因为有 4 个车位，所以如图 6.74 所示，设置【基点】值为 1，【终点】值为 4。在【目标】文本框中输入 Random（1，4，1），这是 Authorware 提供的系统函数，本例中调用该函数随机生成 1～4 的整数。

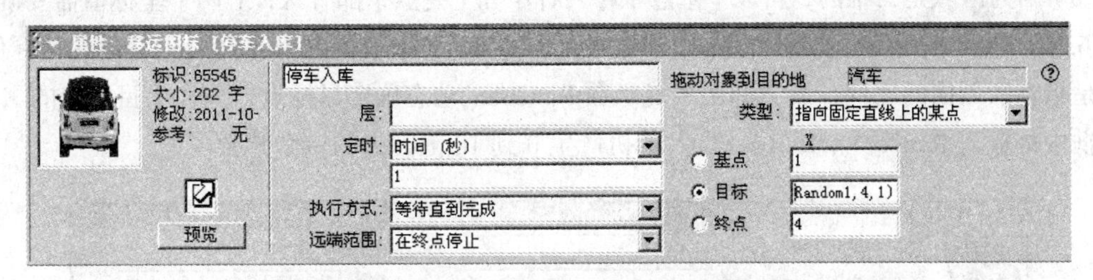

图 6.74 停车入库的移动图标属性设置

（6）保持移动图标属性面板其他选项为默认设置，保存文件。

（7）运行程序，可以看到汽车从演示窗口中下部的初始位置运动到固定直线上的 4 个目标位置之一。因为目标位置是随机生成，多次运行会看到不同的移动结果。

6.4.4 【指向固定区域内的某点】移动类型

这种类型和【指向固定直线上的某点】移动方式类似，对象沿直线从当前位置移动到目标位置，不过移动的目标点是某个区域内的任意指定位置。下面通过实例演示如何设置这种动画。

（1）新建一个空文件，从图标面板上拖动一个显示图标到设计窗口中的流程线上，命名为“边界”，双击打开显示图标，绘制一个矩形。

（2）从图标面板上拖动另一个显示图标到流程线上，命名为“卡通人物”，双击打开显示图标，在窗口中插入一个卡通小人。

（3）拖动一个移动图标到流程线上，命名为“跑动”，设计窗口流程如图 6.75 所示。

图 6.75　程序流程和区域的创建

（4）单击工具栏上的【运行】按钮执行程序，当遇到没有编辑的移动图标，运行自动进入暂停状态。

（5）从移动图标属性面板的【类型】下拉列表中选择【指向固定区域内的某点】移动类型；根据“拖动对象到起始位置”提示，单击演示窗口中的卡通对象并拖动到区域左上角，确定【固定区域】的基点；再根据“拖动对象到目的地”提示，拖动卡通对象到右下角，确定【固定区域】的终点；创建如图 6.75 演示窗口所示的灰色边框。

（6）因为区域是二维的，所以【基点】、【目标】和【终点】都有 X，Y 两个坐标值需要确定。如图 6.76 属性面板所示，设置【基点】和【终点】的 X、Y 取值范围为 0 到 10。移动的目标位置可以是指定区域内的任何一点，调用系统函数 Random()动态确定目标点，即在【目标】的 X、Y 文本框中都输入 Random（0，10，1），随机产生 0 到 10 范围内的一个整数。

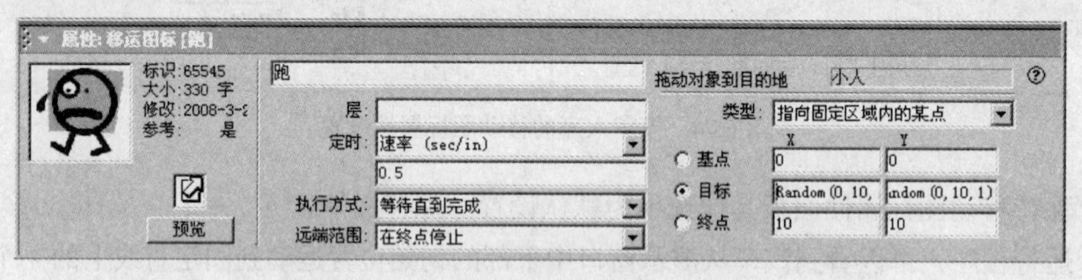

图 6.76　设置移动到区域内某个目标位置

（7）设置移动执行时间为 0.5 sec/in，以速率为单位可以保证每次移动的速度相同。

（8）保存文件。运行程序，可以看到卡通小人在区域内的一次移动。

（9）如果希望要对象在区域内连续不断地移动，可以在流程最后添加一个计算图标，然后双击计算图标，在打开的计算窗口调用一个跳转函数 Goto()，让程序跳到指定图标，如图 6.77 所示，这将构成流程的循环运行。保存文件，再次运行可以看到卡通小人在区域内不断地由上一个位置移动到新的目标位置。

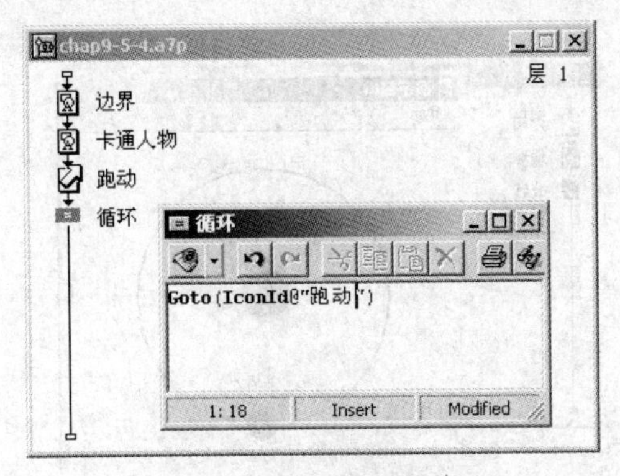

图 6.77　利用 Goto 构造循环

6.4.5 【指向固定路径的终点】移动类型

和【指向固定点】移动类型相似，移动由对象当前位置运动到指定目标位置，只是移动路径不再是直线路径，图 6.78 给出了用【指向固定路径的终点】创建的几种不同移动路径。

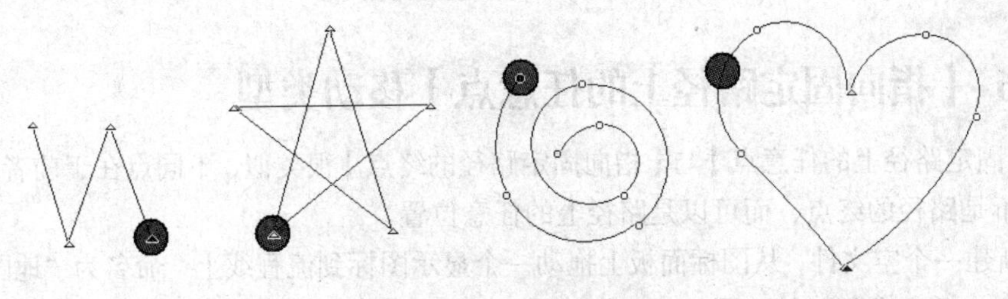

图 6.78　折线或曲线路径

下面通过地球绕太阳公转的实例演示【指向固定路径的终点】的应用。

（1）新建一个空文件，拖动一个显示图标到流程线上，命名为"太阳"，双击打开显示图标，用【椭圆工具】画一个红色小球。

（2）拖动一个显示图标到流程线上，命名为"地球"，双击打开显示图标，用【椭圆工具】画一个蓝色小球。

（3）拖动一个移动图标到流程线上，命名为"公转"，双击移动图标，打开演示窗口和移动属性面板，从【类型】列表中选择【指向固定路径的终点】选项。

（4）如图 6.79，按属性面板上的提示先单击窗口中的小球，再拖动对象以创建路径（注意不要拖动对象中的黑色小三角），在建立第一段直线路径后继续拖动对象，可以扩展创建出折线路径；路径上，黑白的小三角是路径的控制句柄，通过拖动它们可以随时改变路径。

（5）要创建曲线路径，双击三角形的控制句柄，当标记变为圆形时，标记前后的两段折线也变为弧线路径。在演示窗口中可以随时通过双击路径控制句柄，来切换句柄类型；在路径上单击还可以添加新的控制句柄，选择属性面板上的【删除】按钮可以除去当前的控制句柄（黑色小三角）。

（6）设置移动执行时间为 5 秒。

（7）保存文件，运行程序，可以看到地球沿指定的路径从起点运动到终点位置。

（8）如果设置属性面板中【执行方式】为【永久】，并将【移动当】设置为 1（值始终为真），可以看到蓝色小球不断地重复其环绕运动。

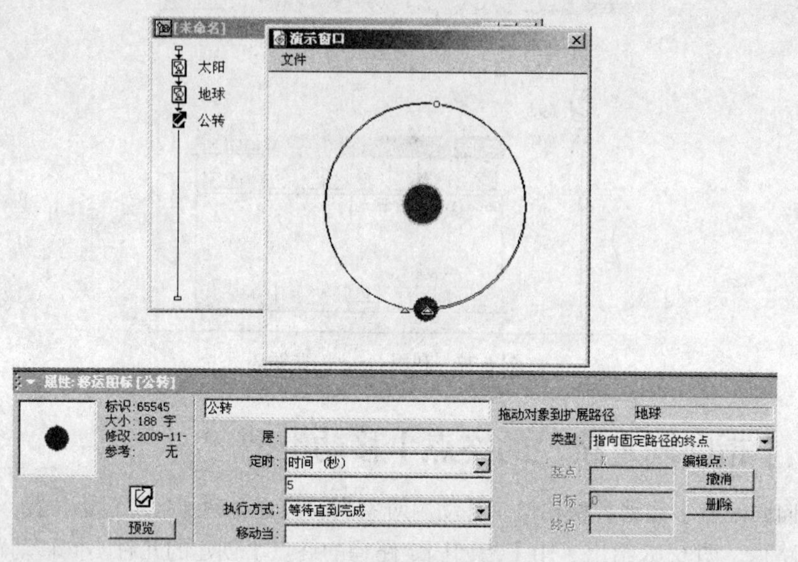

图 6.79　设置折线路径

6.4.6 【指向固定路径上的任意点】移动类型

【指向固定路径上的任意点】与【指向固定路径的终点】很类似，不同点在于前者设置的对象移动终点不是路径的终点，而可以是路径上的任意位置。

（1）新建一个空文件，从图标面板上拖动一个显示图标到流程线上，命名为“地图”，双击打开显示图标，插入准备好的地图。

（2）从图标面板上拖动一个显示图标，命名为“标记”，并在其中绘制一个圆形小标记。

（3）拖动一个移动图标到流程线上，命名为“西征”，双击移动图标，打开演示窗口和移动属性面板，从【类型】列表中选择【指向固定路径上的任意点】选项。

（4）单击演示窗口中的圆形标记，拖动并创建折线和弧线构成的西征路径，如图 6.80 所示。

图 6.80　移动到路径上的任意点

（5）设置移动执行时间为 1 sec/in。

（6）在属性面板中，设置【基点】为默认值 0,【终点】值为总行进里数，假设为 10000。如果将【目标】值设置为 1000，运行程序就可以观察到行军 1000 里后，地图上对应的地点。一般情况下，在【目标】文本框中最好输入变量，然后执行程序时再根据具体情况计算确定最终的目标位置。

（7）保存文件，运行程序，观察不同目标值设置时运行的不同结果。

6.5　变量和函数

在 Authorware 作品中，如果仅仅只对图标和属性面板进行设置，没有变量、函数及代码编程设计，那么这个作品能实现的功能将是有限的。变量和函数的引入能够使 Authorware 作品功能更强，控制更加灵活。

6.5.1　计算图标

【计算图标】是编程人员可以进行代码编写的场所。代码通常编写在计算图标的计算窗口中，如图 6.81 所示。程序代码由常量、变量、运算符、表达式、函数、语句等基本元素依据特定的语法规则编写构成。

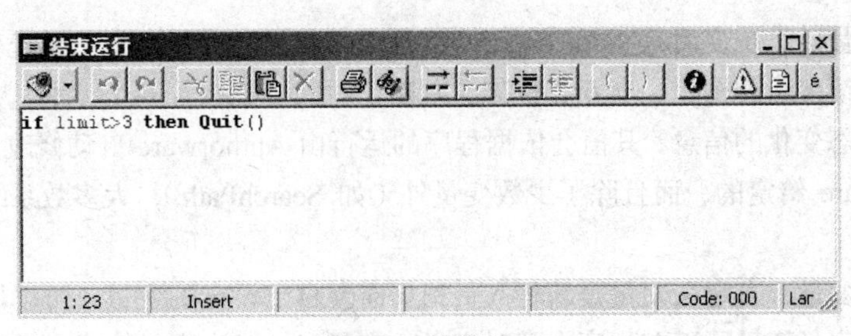

图 6.81　计算窗口

通常，Authorware 中使用以下两种方式打开计算图标的计算窗口。

（1）直接使用计算图标：拖动计算图标到流程线上，然后双击计算图标，打开图 6.81 所示的计算图标编程窗口进行编程。

（2）在其他图标附带计算：在非计算图标上单击鼠标右键，选择【计算…】命令，可以打开计算窗口进行编程，这种有附加计算的图标左上方都有一个小小的【=】标记标明图标带有代码设计，如图 6.82 所示。

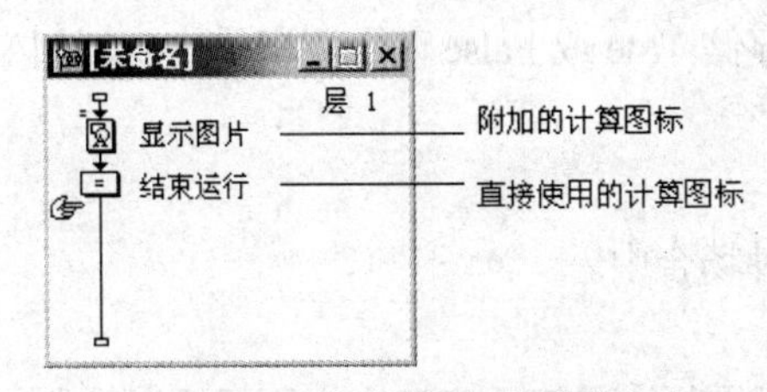

图 6.82　两种计算图标的编程方式

计算图标也有属性面板，属性面板上会列出当前计算图标中调用的函数名、变量名以及变量的当前值等信息，如图 6.83 所示。

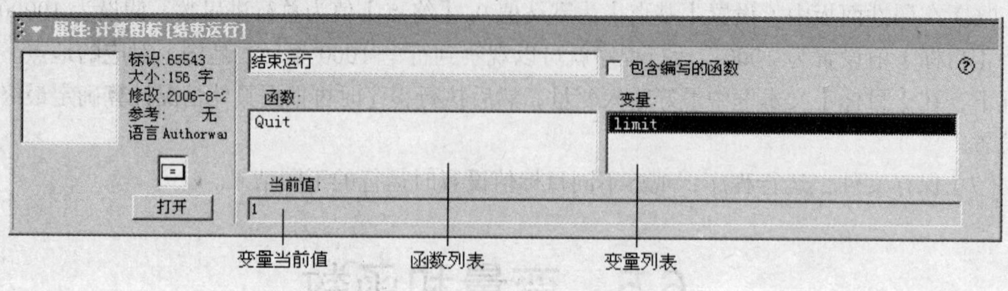

图 6.83 【属性：计算图标】面板

6.5.2 常量和变量概述

程序设计中，数据有常量和变量两种表示。

1. 常量

常量指程序执行过程中，数据值始终保持不变的量。Authorware 7.0 中，有数值型常量（例如 50，100）、字符/字符串常量（例如“中国”，“PI”）、逻辑常量（True、False）等。

2. 变量分类

变量指程序执行过程中，数据值会发生改变的量。Authorware 7.0 中，变量可以分为系统变量和自定义变量。

（1）系统变量。系统变量是 Authorware 7.0 预定义的一套变量，每个系统变量都有固定的变量名及功能。系统变量分图标、交互、框架、判断、时间、视频等多个类别，在程序执行中用于跟踪记录程序动态变化的信息，其值会依据程序的运行由 Authorware 自动修改。系统变量的数据类型是 Authorware 给定的，而且除了少数变量外（如 SearchPath），大多数系统变量都不能由用户直接赋值。

（2）自定义变量。自定义变量是编程人员根据需要自己设定的变量，可以用来存放数值、字符串等数据。自定义变量可以在程序中随时定义，变量名一般由字母构成，命名时不能和系统变量冲突。自定义变量的值是由编程人员赋值并修改，如果编程人员不使用某种方法改变它们的值，自定义变量是不会随程序执行而发生变化的。

变量也分为数值型、字符/字符串型和逻辑型 3 类。

（1）数值型变量：主要用于存储数值，数值可以是整数、小数，也可以是一个代表数值的表达式，如 40/2+1。

（2）字符型变量：用于存储字符串信息，字符串由一个或多个字符组成，如“中国”、“2006/08/06”等，注意字符串赋值时一定要在字符串两侧使用英文双引号，如 city:=“武汉”。

（3）逻辑型变量：用于存储 True 或 False 两个逻辑值，逻辑型变量通常用在判断语句或条件文本框中。

3. 变量的使用场合

变量主要应用在以下几种场合中。

（1）在文本显示中嵌入。

在【显示图标】和【交互图标】的演示窗口中，不但可以绘制图形、添加文本和图像，还可以进行变量、函数、表达式的计算和显示。

图 6.84 演示了使用系统变量 FullTime 在【显示图标】中显示系统当前时间：左侧窗口演示了设计时的文本输入，右侧窗口显示了运行时的时间显示。

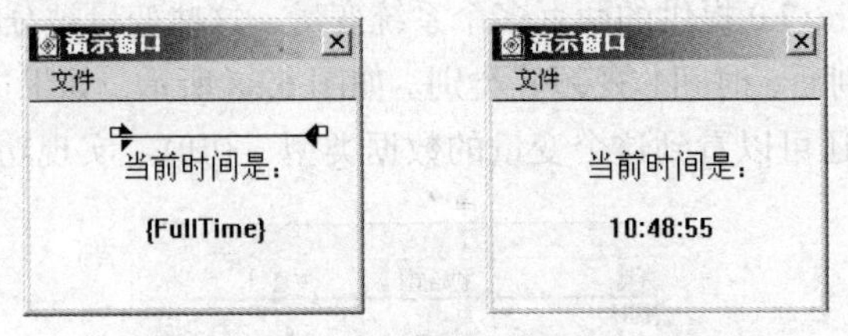

图 6.84　在显示窗口中使用变量

注意：变量名一定要放在花括号内，同时需要选中【属性：显示图标】面板中的【更新显示变量】选项，如图 6.85 所示，这样运行时才可以看到时间变量的动态变化。

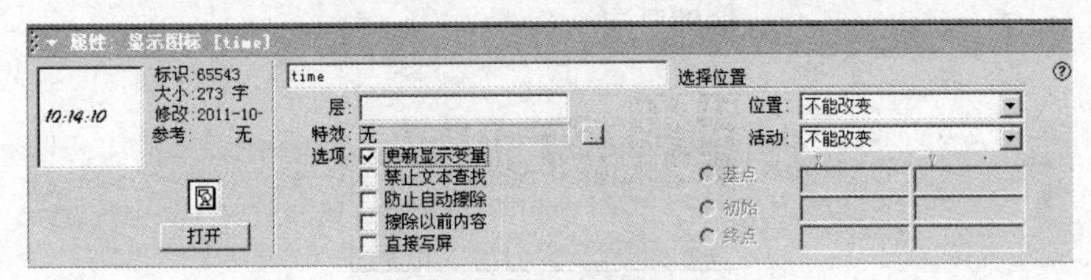

图 6.85　更新显示变量

（2）在图标属性面板的文本框中使用。

在属性面板中，文本框控件允许输入常量，也可以输入变量、函数和表达式。如图 6.86 所示【属性：移动图标】面板中，【目标】文本框中输入的不是常量，而是一个变量，那么运动的终点将根据变量的具体值动态地决定。

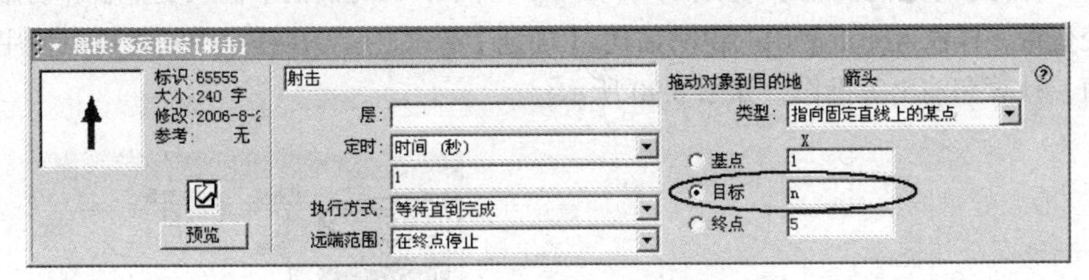

图 6.86　在对话框中使用变量

（3）在计算窗口中使用。

这也是变量最常出现的场合，在计算图标的计算窗口中可以输入表达式、语句进行计算或控制。如图 6.87 所示，自定义变量 i 在代码中多次出现。

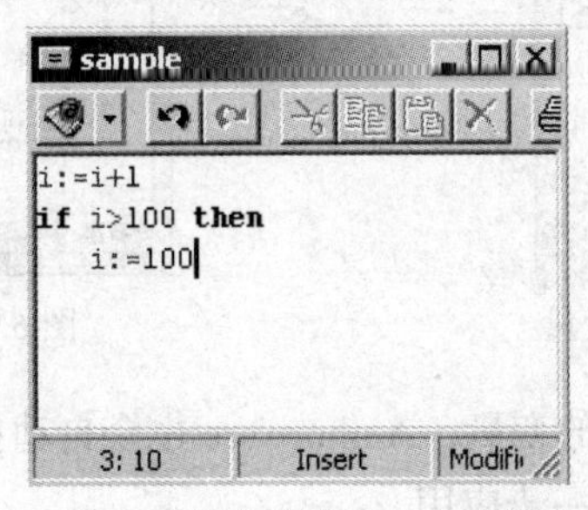

图 6.87　在计算图标中使用变量

（4）变量的使用。

① 系统变量的使用。双击工具栏上的【变量】按钮，在应用程序窗口右侧出现的【变量】面板中列出了 Authorware 7.0 提供的两百多个系统变量。这些变量被分类放在不同的类别组中，如图标、交互、框架、判断、时间、视频等类别。如图 6.88 所示，如果选中某个变量，在【变量】面板下方的【描述】区还可以看到这个变量的数据类型、初值、实现功能等说明信息。

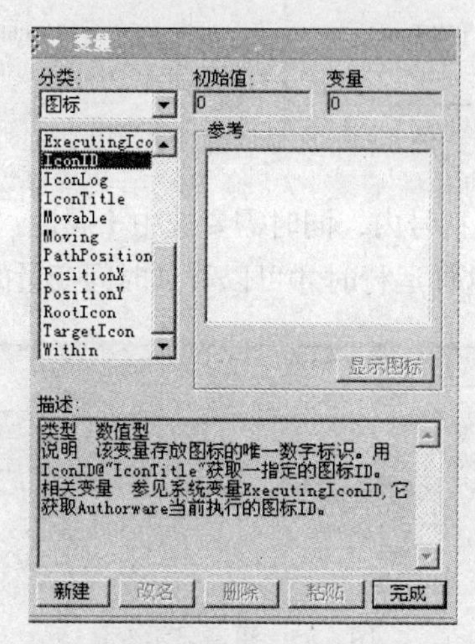

图 6.88 【变量】面板

要使用这些系统变量，可以直接将变量名输入到文本框或计算窗口中，也可以单击面板中的【粘贴】命令，将选中的系统变量插入到指定的位置。

② 自定义变量的使用。自定义变量需要定义并设置初始值后才能使用。单击【变量】面板上的新建窗口，打开【新建变量】对话框，如图 6.89 所示，在对话框中输入变量名和初始值，也可以像系统变量一样输入变量使用的说明描述。【确定】新建之后，在程序中随时可以使用这个变量进行赋值、计算和输出等操作，如图 6.90 所示。

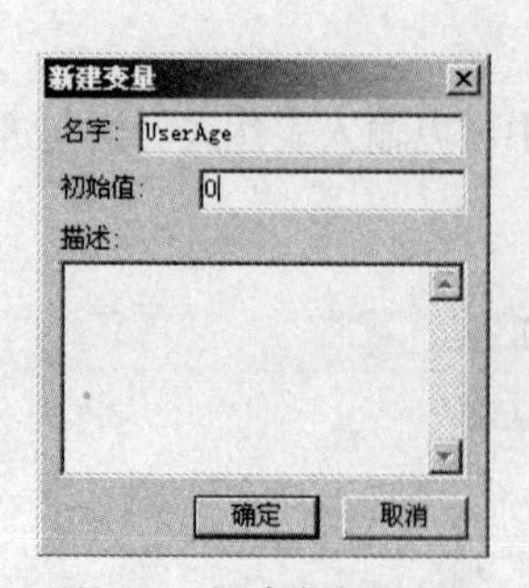

图 6.89 新建自定义变量

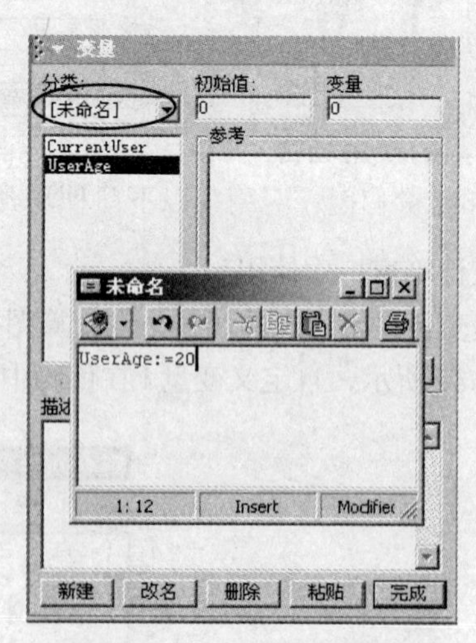

图 6.90 使用自定义变量

如果直接使用了一个未定义的变量，Authorware 也会自动打开【新建变量】对话框让编程人员先进行初始设置，然后才能进一步应用。

6.5.3　函数概述

1．函数分类

函数指能够完成某个特定功能的语句集合。Authorware 7.0 中使用的函数包括系统函数和自定义函数两类。

（1）系统函数是 Authorware 预先编写好，提供给编程人员直接使用的。

（2）自定义函数是编程人员用高级语言自己编写的用于实现某个特定功能的函数，或者是外部文件中由第三方提供的功能函数。

开发自定义函数需要专业的编程基础和经验，使用系统函数或现成已开发的外部函数，可以提高开发效率、节约开发时间。

2．函数基础

每个系统函数具有唯一的名称，函数必须按规定的语法来调用。一般情况下，函数包括函数名、参数、返回值 3 个基本部分，例如生成随机数的 Random 函数语法规则定义为：

```
Random(min, max, units)
```

"Random"是函数名称，函数包括 3 个参数，函数的功能是生成的介于参数"min"和"max"间的随机数，参数"units"确定随机数的步长，所以生成的随机数就是要返回的值。

例如，如果要生成 1～10，精确小数点后 2 位的随机数，那么可以写成：

```
x := Random(1, 10, 0.01)
```

其生成的随机数作为返回值被赋值给了自定义变量 x。

归纳来看，函数具有以下特点。

（1）函数名是唯一的。

（2）不是所有函数都有返回值。

（3）返回值都有数据类型。

（4）参数的个数可以是一个或多个，参数必须放在圆括号内，也有少数函数不带参数，如响铃函数 Beep()。

调用时要清楚参数的个数、数据类型和含义，以便正确进行设置。

3．函数的使用场合

函数和变量相似，应用在以下几种场合中。

（1）在文本显示中嵌入。类似变量的嵌入，可以将带返回值的函数嵌入到【显示图标】和【交互图标】的演示窗口的文本中，如图 6.91 演示了直接在显示图标调用 Max()函数求两个数的最大值。

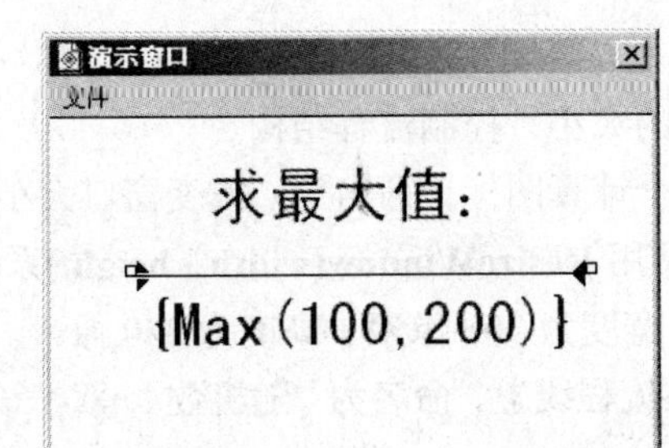

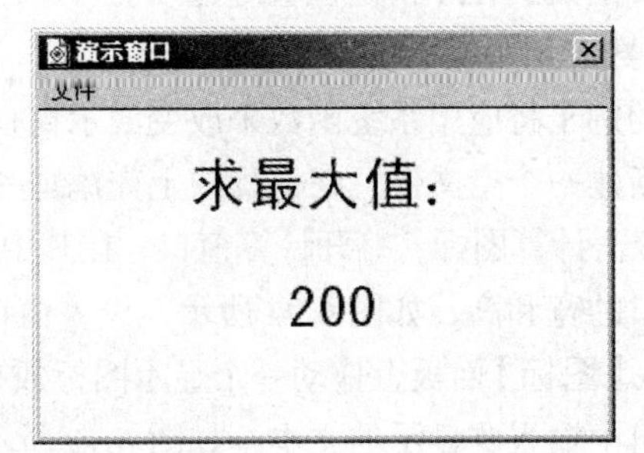

图 6.91　在显示图标中使用函数

（2）在属性面板的文本框中使用

在图标属性面板中，文本框控件也接受函数的输入，如图 6.92 所示。

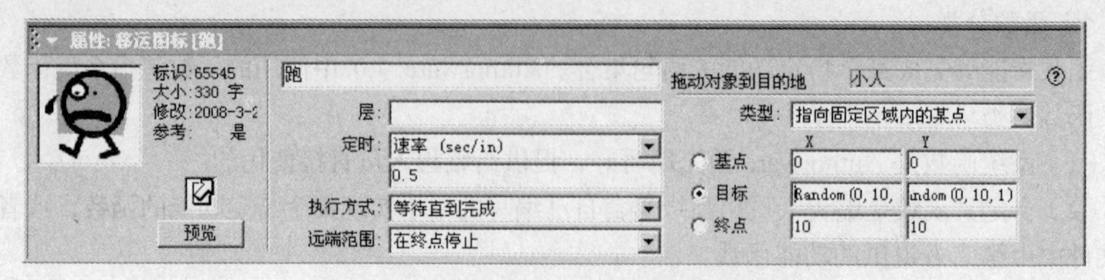

图 6.92　在属性面板中使用函数

（3）在计算图标的计算窗口中使用

计算窗口是编程的主要场所，变量、函数、表达式、脚本语言都可以编写在窗口中。

4. 系统函数的使用

Authorware 7.0 提供了图标、框架、图形、文件、数学、常规等 19 个类别的系统函数，通过单击工具栏上的【函数】按钮，可以打开图 6.93 所示的【函数】面板。

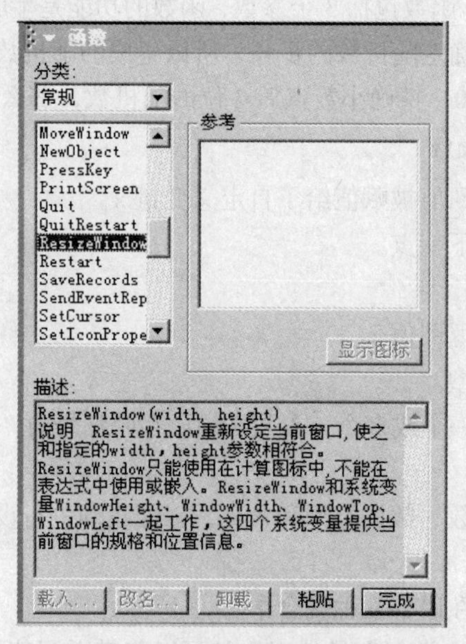

图 6.93　【函数】面板

在【函数】面板中，提供了分类查找系统函数、查看函数功能描述和调用方式、编辑函数以及添加系统函数到程序指定位置等选项。

5. 函数应用举例

下面的例子将应用系统函数来改变演示窗口的大小、控制流程结构。

（1）新建一个空文件，在流程线上先添加一个计算图标，命名为“改变窗口大小”。

（2）双击计算图标，打开计算窗口，在其中调用 **ResizeWindow(width，height)**系统函数，重新设置窗口的宽和高，如图 6.94 所示，设置窗口宽度为 300 像素、高度为 200 像素。

（3）从【图标】面板上拖动一个显示图标放在流程线上，命名为“随机数”，双击该显示图标，在演示窗口中输入要显示的文本，如图 6.95 所示。

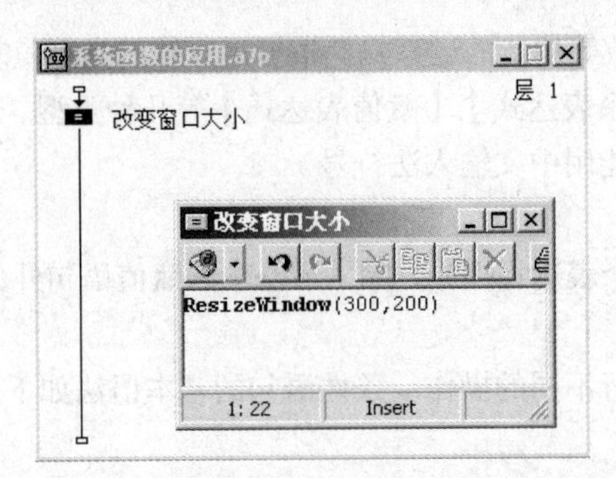

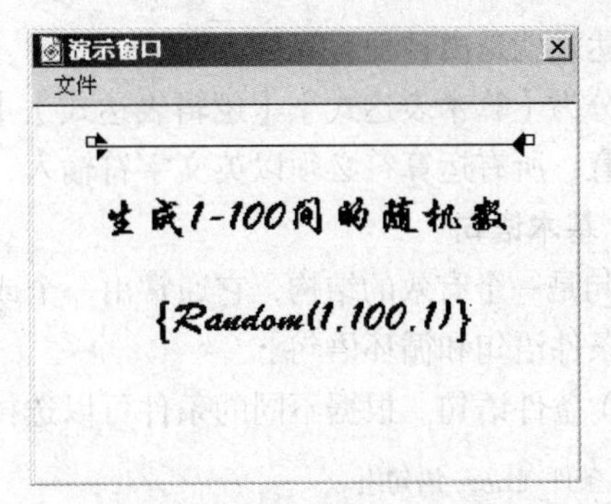

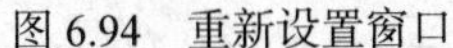

图 6.94　重新设置窗口　　　　图 6.95　显示生成的随机数

（4）从【图标】面板上拖动一个等待图标放在流程线上，在窗口中添加一个【继续】按钮。

（5）再拖动一个计算图标到流程线上，命名为“重新生成”，双击打开计算窗口，如图 6.96 所示，调用 **GoTo(IconID@"IconTitle")**系统函数，控制流程跳转到之前的【随机数】图标，循环执行。函数中“**IconID**”是系统变量，图标 ID 值是由 Authorware 在图标创建时给定，只有通过引用符号“**@**”根据图标对象的名称才能获取。

虽然调用 GoTo 函数可以很方便地在流程中跳转，但如果滥用 GoTo 函数，程序的结构会变得混乱不清晰，所以程序中要谨慎并尽量避免使用 GoTo 函数。

（6）保存文件。运行程序，如图 6.97 所示，可以看到只要每单击一次【继续】按钮，程序将生成新的随机数显示。

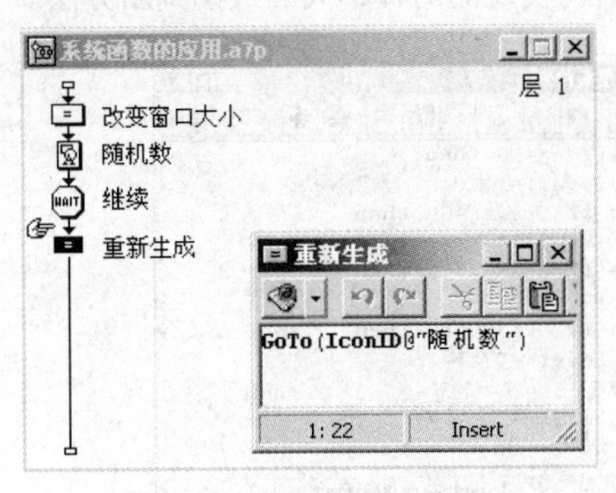

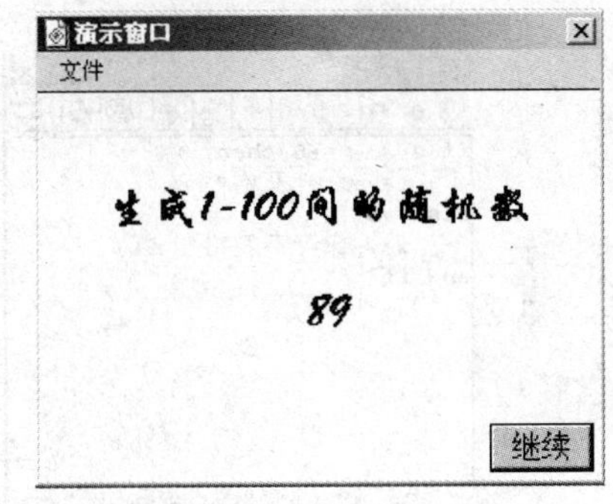

图 6.96　跳转到指定图标　　　　图 6.97　运行结果

6.5.4　运算符、表达式和基本语句

1. 运算符和表达式

Authorware 提供了以下几类运算符。

（1）【算术运算符】：加“+”、减“–”、乘“*”、除“/”、乘方“**”。

（2）【逻辑运算符】：与“&”、或“|”、非“~”，运算结果为“真”或“假”。

（3）【关系运算符】：等于“=”、大于“>”、小于“<”、大于等于“>=”、小于等于“<=”、不等于“< >”。

（4）【赋值运算符】：“:=”将运算符右边的值赋给运算符左边的变量，例如 Name:=“TOM”，x:=100，grade:=NumEntry。

（5）【连接运算符】：“^”，可以将两个字符串连接成一个。

表达式就是由各种运算符、常量、变量、函数等构造的运算式。根据运算符的类型，表达式也可以分为【算术表达式】、【逻辑表达式】、【关系表达式】、【赋值表达式】等几种类型。

注意：所有运算符必须以英文字符输入，不能用中文输入法符号。

2. 基本语句

语句是一个有效的结构，它通常由一个或多个表达式构成，除了最基本的赋值语句外，常见的还有条件语句和循环语句。

（1）条件语句。根据不同的条件可以选择执行不同的操作。条件语句的基本语法如下。

```
if 条件 then 语句组
```

它的含义是：如果条件成立（值为真），就执行语句组，否则不执行；这是最简单的条件语句形式；另外，条件语句还可以表达为：

```
if 条件 1 then
    语句组 1
else
    语句组 2
end if
```

它的含义是：如果条件 1 成立（值为真），就执行语句组 1，否则执行语句组 2。这里相当于程序提供了两个分支，根据条件的判断，要么执行分支 1，要么执行分支 2。更复杂的条件语句还可以嵌套使用，实现多分支的处理。

图 6.98 所示的两个计算窗口演示了用 if 条件语句实现的两种不同的级别判断方法。

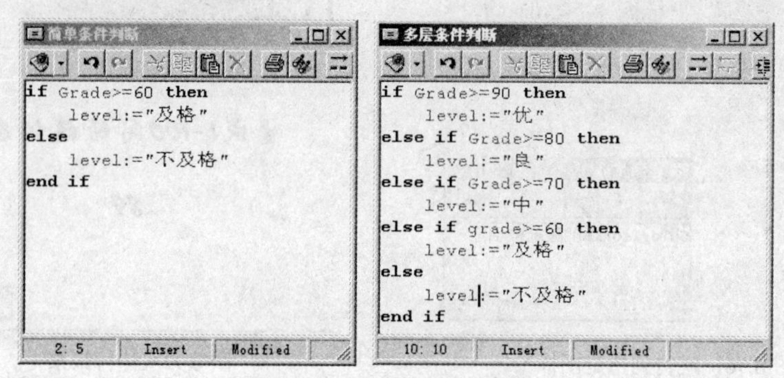

图 6.98　条件语句的使用

（2）循环语句。循环语句用于重复执行某些操作，基本语法如下。

```
① repeat with 变量:=初值 to 结束值
       语句组
   end repeat
```

它的含义是：重复执行语句组，重复次数由初值和结束值来确定，变量用于跟踪循环已经执行了多少次。

```
② repeat with 变量 in 列表
       语句组
   end repeat
```

它的含义是：如果变量元素在指定的列表中，语句组将被重复执行，同时设置下一个变量元素，直到变量元素超出列表范围。

③ repeat while 条件

```
    语句组
end repeat
```

它的含义是：当条件为真，重复执行语句组，直到条件为假，才退出循环。

图 6.99 所示的计算窗口中给出了通过 while 循环实现 1 到 10 数据累乘计算的程序代码。

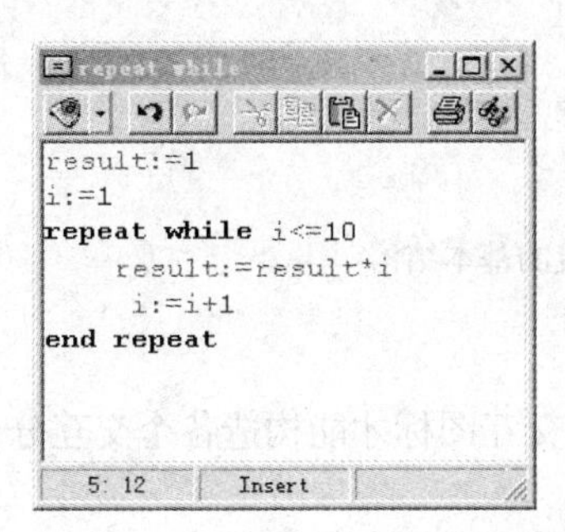

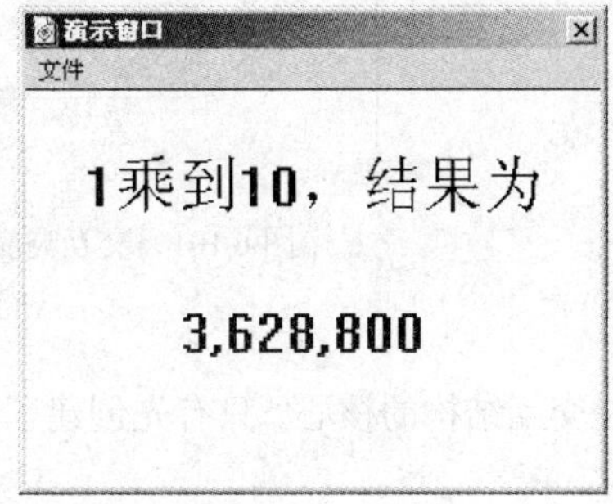

图 6.99 循环语句的应用

6.6 交互功能的实现

交互性是计算机软件十分重要的一个特性，交互简单来说就是指人机对话，也即用户通过各种接口和计算机程序进行交流，如通过鼠标、键盘来输入数据、选择菜单命令、控制程序的走向等。是否具有友好的人机交互接口通常是衡量一个软件好坏的重要指标。

Authorware 从最初版本开始就很重视交互功能的支持，如何设计好作品的交互是学习 Authorware 的重点和难点。Authorware 7.0 中，交互性是通过【交互图标】来进行设计和实现，【交互图标】中提供了 11 种响应类型。

6.6.1 了解交互结构

交互结构由一个交互图标和一个或多个其他分支构造而成。

创建交互结构，必须先在流程线上先拖动放置一个【交互图标】，然后拖动其他图标放置到它的右侧，创建第一个分支时，Authorware 会显示图 6.100 所示的【交互类型】对话框，其中列出了 11 种所支持的交互类型。

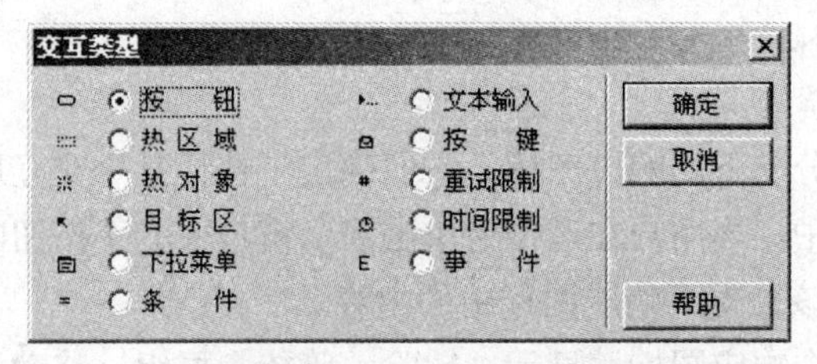

图 6.100 【交互类型】对话框

选择某一种交互类型，【确定】创建第一个分支后，继续拖动其他图标放置到交互图标右侧，可以建立更多的分支。一个典型的交互具有图 6.101 所示的基本结构。

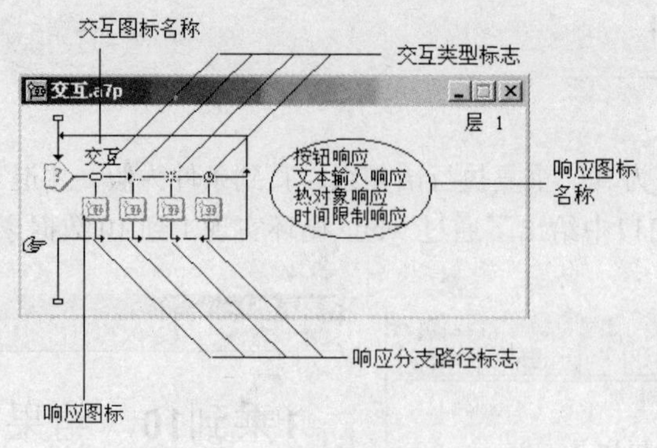

图 6.101　交互响应的基本结构

1. 交互图标

【交互图标】是交互结构的核心，只有先创建了交互图标才能构造各个交互分支，从而提供各种交互方式。

交互图标有自己的演示窗口，如图 6.102 所示，双击交互图标打开的演示窗口中可以添加文本、图形、图像，也可以看到该交互图标下各个分支交互对象在窗口中的显示和布局。

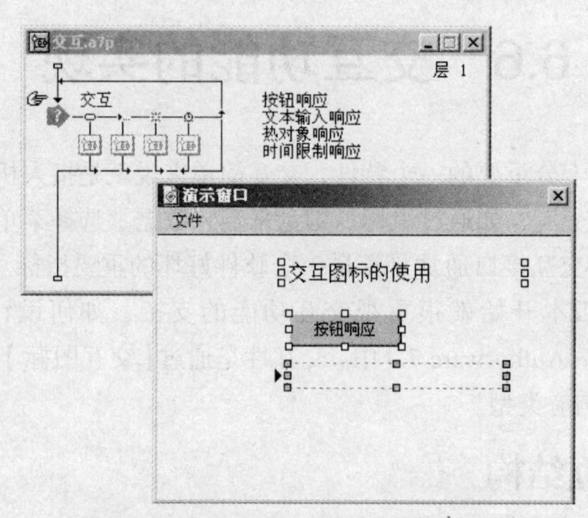

图 6.102　交互图标的演示窗口及属性面板

2. 交互类型

交互图标提供了 11 种不同的交互类型，每个交互类型在流程线上都有唯一的响应类型标志，如图 6.100 对话框中所示。在流程线上单击这些标志，就可以打开对应交互分支的属性面板进行设置。

3. 响应图标

即交互结构中的各个分支下的响应图标，它们确定了选择某个交互后，流程对该交互应该做出的反馈。比如图 6.102 中，当用户在运行时单击演示窗口中的【按钮响应】交互按钮，流程会就进入第一个分支，执行该分支下响应图标中的内容。

每个分支下只能放一个响应图标，显示、擦除、等待、群组、移动、计算、导航图标可以直接作为交互结构中的响应图标，但交互图标、框架图标和判断图标因为属于结构性图标，不允许直接作为分支响应，如图 6.103 所示，它们都要通过【群组图标】间接添加到分支结构中。另外，需要零个或多个图标来完成的分支流程必须通过【群组图标】来设计分支响应。

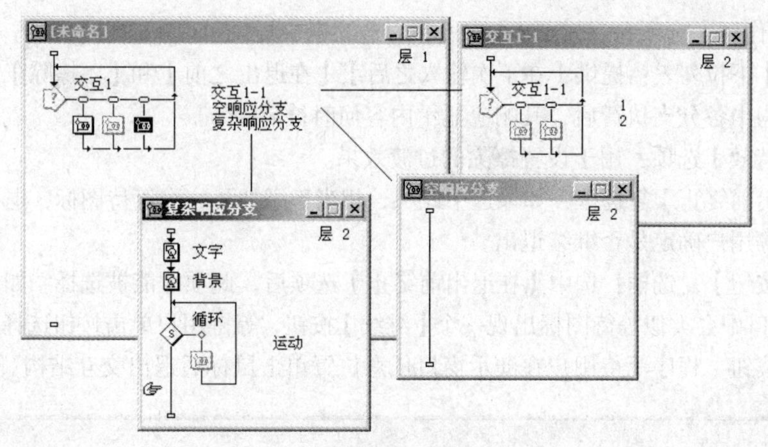

图 6.103　群组图标在交互结构中的运用

4. 响应分支路径

响应分支路径决定了各分支下响应图标执行完后流程线的走向。它是在各交互分支的属性面板中进行设置的，如图 6.104 所示，Authorware 7.0 提供了 4 种分支路径选项：重试、继续、退出和返回。

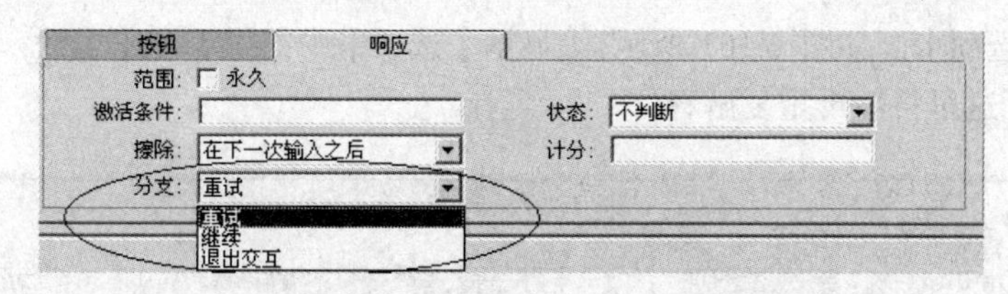

图 6.104　交互分支属性面板中响应标签下选择分支路径

- 【重试】：默认选择。当前分支执行完后，返回交互图标，等待下一次交互输入。
- 【继续】：当前分支执行完后，流程继续执行交互结构中后继分支。
- 【退出交互】：当前分支执行完后，退出该交互结构，继续执行交互结构之后的流程。
- 【返回】：只有当响应分支设为【永久】，才能看到此选项。它表示在当前分支执行完后，返回选择此交互输入前的流程位置继续运行。

图 6.105 给出了 4 种分支方式在设计窗口中不同的流程图表现。

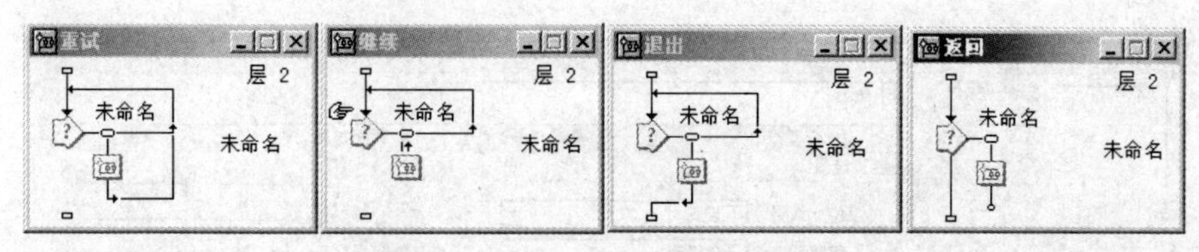

图 6.105　4 种分支路径的流程表现

5. 属性面板

一个交互下可以有多个交互分支，交互图标和各个交互分支有着不同的属性面板，分别提供了相关属性设置。

（1）交互图标的属性面板。

它提供了交互图标及交互结构的基本属性设置，其中包括了 4 个标签。

① 【交互作用】选项卡。如图 6.106 所示，选项卡中提供了以下选项设置。

- 【擦除】下拉列表：提供【在下次输入之后】、【在退出之前】和【不擦除】3 个选择，用于确定交互结构中各分支执行后，其响应显示内容何时被清除。
- 【擦除特效】选项：用于设置擦除的过渡效果。
- 【在退出前终止】复选框：如果选中此项，相当于添加了一个等待图标，退出交互结构时程序会暂停，等用户确定是否继续退出。
- 【显示按钮】复选框：选中【在退出前终止】选项后，此项才能被选择。如果选择【显示按钮】，演示窗口中会类似等待图标出现一个【继续】按钮，等待用户单击按钮选择退出；否则不出现【继续】按钮，程序等待用户在演示窗口任意位置单击鼠标后退出交互结构。

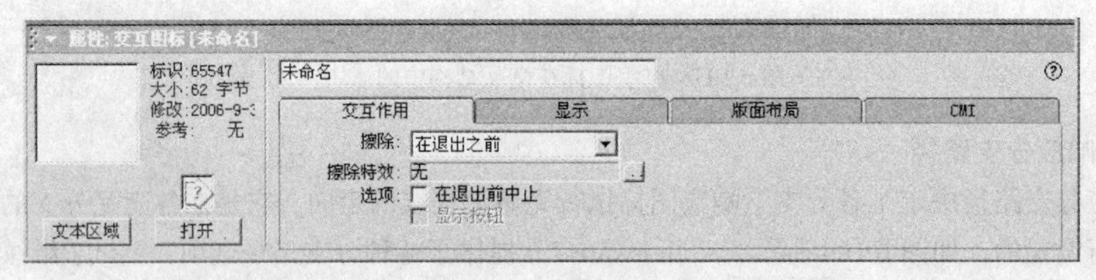

图 6.106 【属性：交互图标】的【交互作用】选项卡

② 【显示】选项卡。如图 6.107 所示，【显示】选项卡中提供了和【属性：显示图标】面板相同的设置选项，这里将不再重复解释。

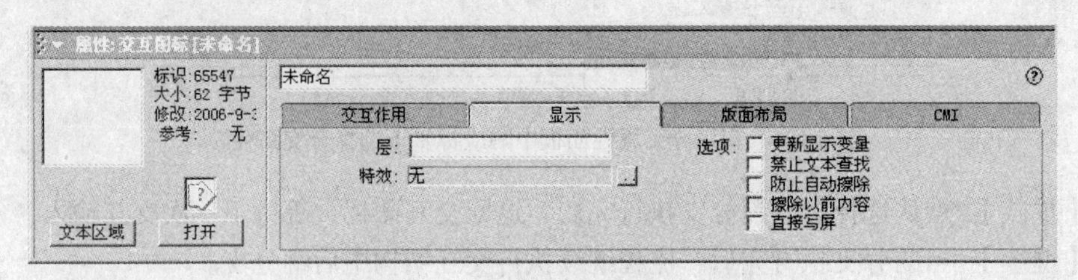

图 6.107 【属性：交互图标】面板的【显示】选项卡

③ 【版面布局】选项卡。

如图 6.108 所示，【版面布局】选项卡中提供的【位置】、【移动属性】等设置选项在显示图标的属性面板也同样有出现。

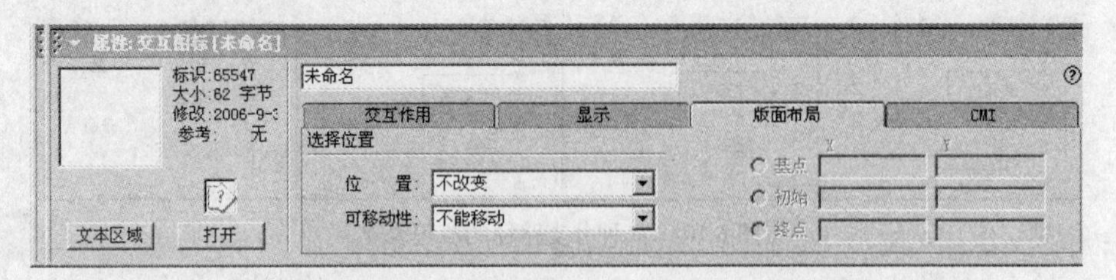

图 6.108 【属性；交互图标】面板的【版面布局】选项卡

④ 【CMI】选项卡。CMI（Computer Managed Instruction）即计算机管理教学，它提供的设置选项主要用于对课件学习者的操作进行跟踪管理，如图 6.109 所示。

（2）交互分支的属性面板。

当双击交互结构各分支上的交互类型小标志，打开的是各交互分支的属性面板。通过属性面板标题栏上的图标名称，用户可以明确当前正在编辑的是哪一个分支。

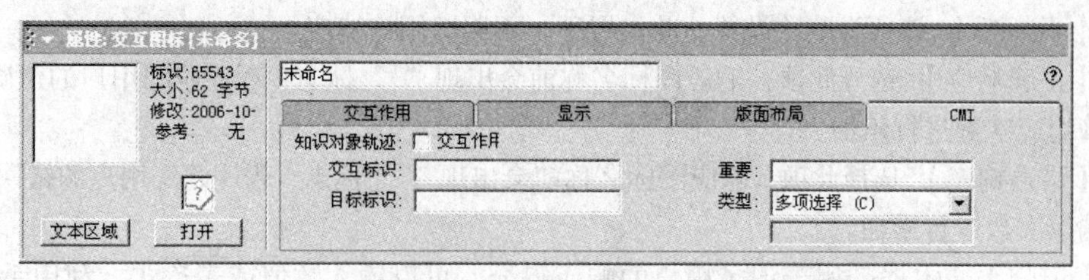

图 6.109 【属性：交互图标】面板的 CMI 选项卡

交互分支的属性面板包括了两个选项卡：第一个选项卡随交互类型的不同，而提供不同的选项设置，如图 6.110 所示，对于按钮交互分支，第一个选项卡名称为【按钮】，同时选项卡中提供了对按钮大小、位置等属性进行设置的选项。

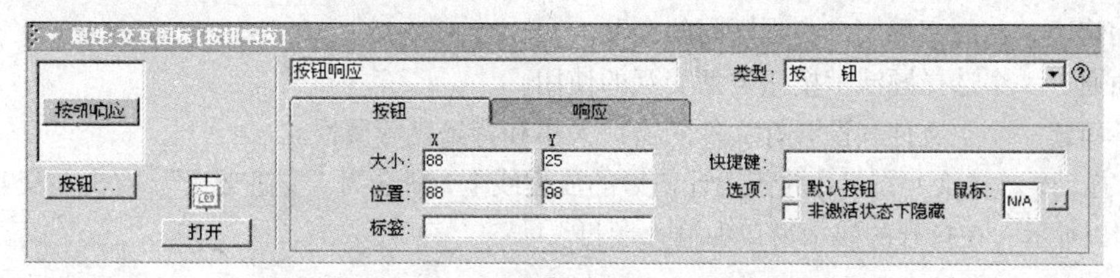

图 6.110 交互分支属性面板的【按钮】选项卡

第二个选项卡【响应】选项卡提供了分支擦除、分支路径、使用范围等选项的设置，这对任何交互类型都是一致的。如图 6.111 所示，选项卡中有以下几个选项设置。

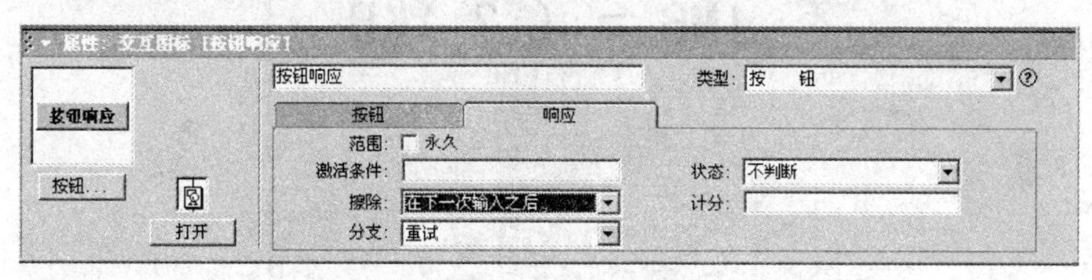

图 6.111 交互分支属性面板中的【响应】选项卡

- 【永久】复选框：选中此项后，表示当前交互在整个程序或程序片段运行期间都是可用的，即使退出交互，也可以不能被交互图标的擦除设置擦除，除非使用擦除图标。
- 【激活条件】文本框：用于设置响应的激活条件，条件可以是常量、变量或表达式，只有当结果为真（True/1），才能使用该响应。
- 【擦除】下拉列表：确定分支响应图标执行完毕后，是否擦除该响应图标在演示窗口中显示的内容，Authorware 7.0 提供了下列 4 种方式。

➢ 【在下一次输入之后】：响应图标执行完后，不是立即擦除显示内容，而等用户选择其他交互后再擦除，这是默认选项。

➢ 【在下一次输入之前】：响应图标执行完后，立即擦除显示内容。

➢ 【在退出时】：响应图标执行内容将一直保留在屏幕上，直到退出交互才擦除显示内容。

➢ 【不擦除】：响应图标执行内容将一直保留在屏幕上，直到使用一个擦除图标将其擦除。

- 【分支】下拉列表：决定分支完成后次序程序的走向，设置会通过流程线的箭头指向直接反映出来，4 种分支类型在第 4 点中已经介绍。

- 【状态】下拉列表：用于跟踪用户响应并判断和记录用户正确和错误响应的次数。

➢ 【不判断】：该项为默认设置，此设置下，不跟踪用户响应。

➢ 【正确响应】：选择此项，响应图标名称前会出现“+”标志，程序跟踪用户的正确响应，并对正确响应次数进行累加。

➢ 【错误响应】：选择此项，响应图标名称前会出现“-”标志，程序跟踪用户的错误响应并对错误响应次数进行累加。

- 【记分】文本框：用于记录用户的响应得分，可以输入数值或表达式。利用系统变量 TotalScore、Authorware 可以对得分进行计算和读取。

6.6.2 按钮交互类型

【按钮】交互是 Windows 应用程序中一种基本的交互方式，通过鼠标单击各个命令按钮可以触发不同响应，从而实现用户和程序间的交互。

下面通过一个选择题演示按钮类型交互的使用。

（1）新建一个空文件，设置好文件的窗口大小和背景色等属性。

（2）拖动一个【交互图标】放到设计窗口的流程线上，命名为“按钮交互”。双击该交互图标，如图 6.112 所示，在打开的演示窗口中输入题目。

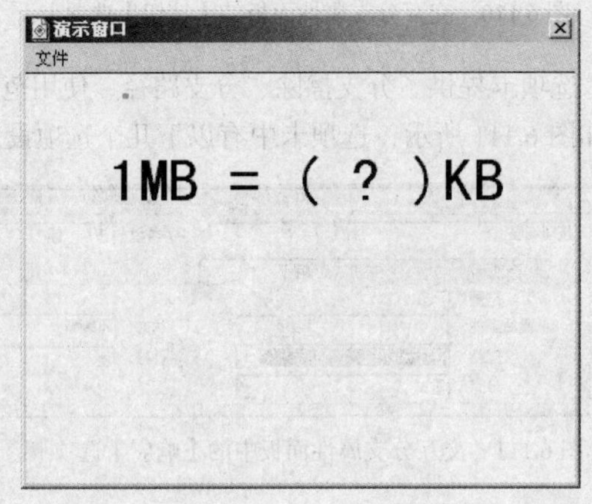

图 6.112 在【交互图标】的演示窗口中添加文本

（3）拖动一个显示图标放置在流程线上交互图标的右侧，从【交互类型】对话框中选择按钮交互并【确定】。将显示图标命名为“1000”，这也是交互按钮上将显示的标签文本。

（4）拖动第二个显示图标，创建交互结构的第二个分支，交互类型将继承上一分支的设置，命名该分支响应为“1024”。

（5）双击设计窗口中的交互图标，如图 6.113 所示，两个按钮将同时出现在演示窗口中。拖动按钮可以调整其在窗口中的位置，拖动按钮上的控制句柄，可以调整按钮的大小。当鼠标单击按钮同时按下【Shift】键，可以同时选中两个按钮对象，再通过【修改】→【排列】菜单命令，打开【排列】工具面板，可以实现两个按钮的快速对齐。

（6）关闭演示窗口，回到设计窗口。双击第一个分支上的按钮类型标志“-ᗜ-”，打开该分支的交互属性面板，如图 6.114 所示，【按钮】选项卡中提供了按钮的大小、位置、选项卡的设定，如果第（5）步已经做好了调整，这里可以不用再更改。

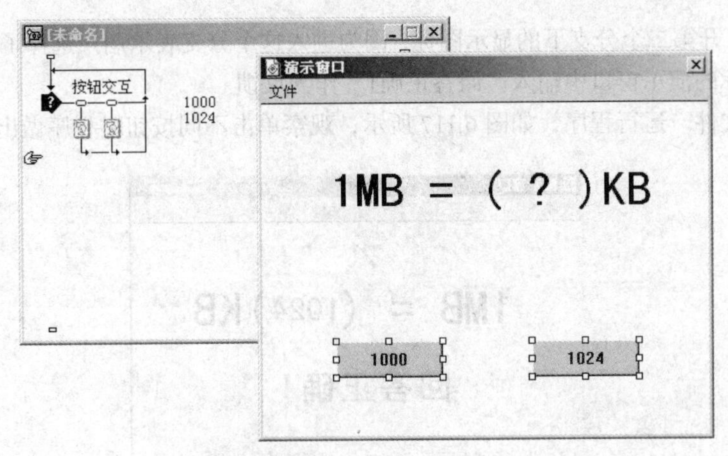

图 6.113　按钮交互

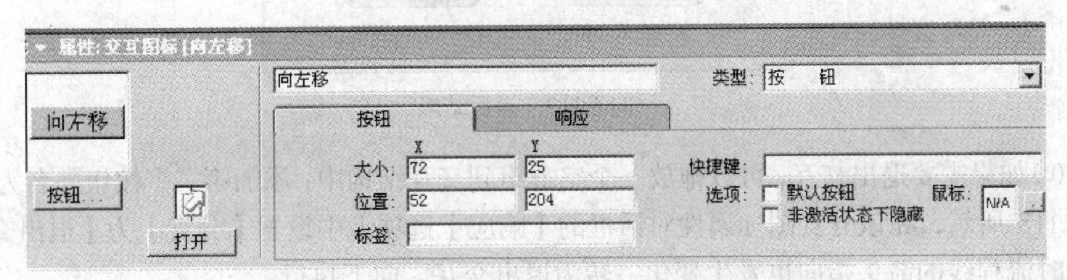

图 6.114 【属性：交互图标】面板【按钮】选项卡

如果对当前按钮的外观不是很满意，单击属性面板左下方的【按钮】命令按钮，打开图 6.115 所示的【按钮】对话框，从显示的列表中可以选择其他系统按钮。通过对话框中的字体和字号的下拉列表，还允许改变系统按钮上所显示文本的字体和大小。

更进一步，用户可以完全放弃系统按钮，通过【添加】按钮打开【按钮编辑】对话框设计自定义按钮。如图 6.116 所示，在【按钮编辑】对话框中的先选择【未按】、【按下】、【在上】、【不允】4 种状态之一，再单击【导入】按钮，从外部文件中导入预先绘制的按钮图片。4 种状态如果导入了不同的图片，按钮在操作时将提供动态变化的效果。

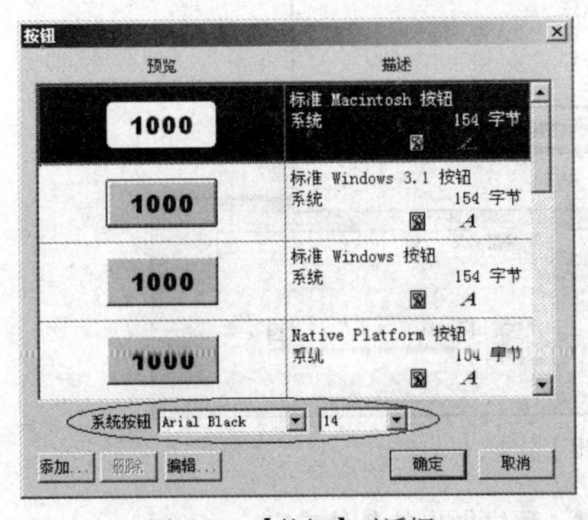

图 6.115 【按钮】对话框

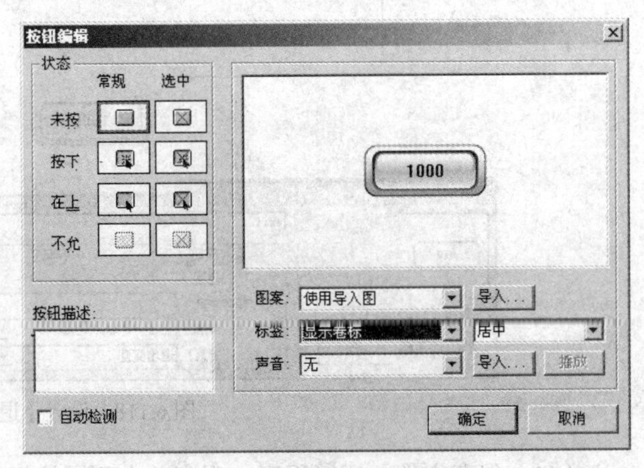

图 6.116 【按钮编辑】对话框

（7）双击打开第一个分支下的显示图标，因为进入这个分支表示用户选择了答案“1000”，所以在该显示图标的演示窗口中输入“回答错误!”作为反馈。

（8）双击打开第二个分支下的显示图标，因为进入这个分支表示用户选择了答案“1024”，所以在该显示图标的演示窗口中输入“回答正确!”作为反馈。

（9）保存文件。运行程序，如图 6.117 所示，观察单击不同按钮时程序做出的不同响应。

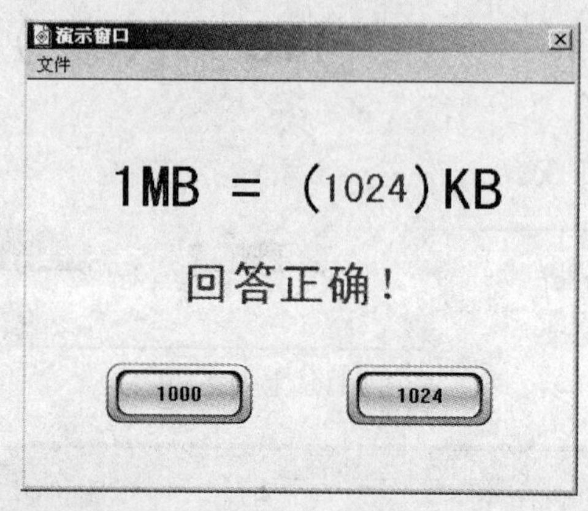

图 6.117　运行结果

（10）如果需要退出交互，可以拖放一个空群组到交互结构中，添加第三个按钮并名为“exit”。如图 6.118 所示，在该分支图标属性对话框的【响应】选项卡中设置【分支】为【退出交互】选项，此时流程线的箭头指向也发生变化，转为退出交互，向下执行。

交互结构中的空群组表示单击【exit】交互按钮后，程序不做任何响应，直接退出交互。注意：除了空群组，交互分支中不能出现任何其他空图标，否则程序无法执行。

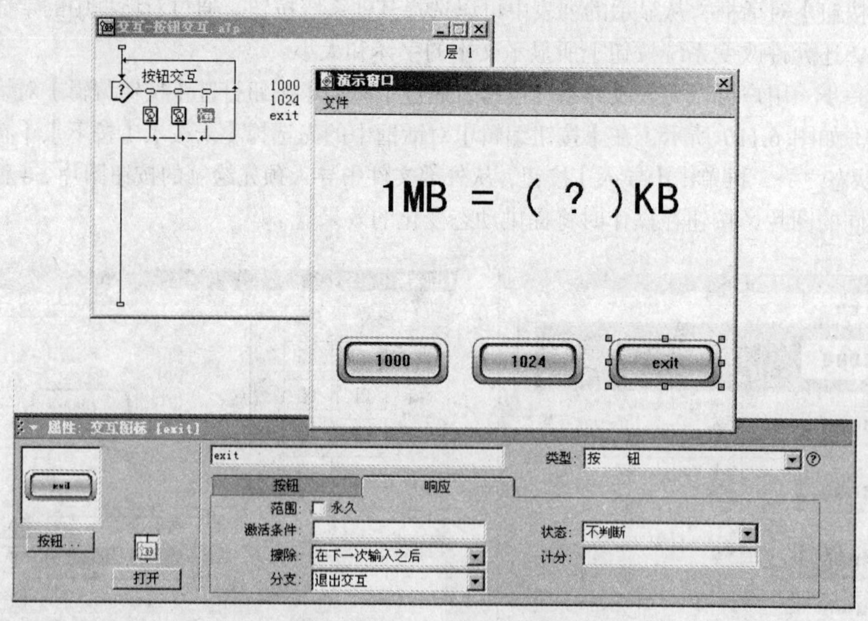

图 6.118　设置【退出】分支

（11）保存文件。运行程序，观察单击不同按钮时，程序做出的各种响应。

6.6.3　热区域交互类型

【热区域】交互即在屏幕上设定一个或多个矩形区域，当用户在某个矩形区中进行单击或双击等操作时，会触发交互进而执行对应分支下的响应内容。

下面通过一个看图识别动物小程序的设计，演示热区域交互的应用。

（1）新建一个空文件，设置好文件的窗口大小和背景色等属性。

（2）从图标面板上拖动一个【交互图标】放到流程线上，双击交互图标，在打开的演示窗口中添加两幅鸟类的图片，如图 6.119 所示。

（3）拖动一个显示图标放到流程线上交互图标的右侧，从【交互类型】对话框中，选择【热区域】交互，单击【确定】按钮，创建第一个交互分支，命名为"Robin"。

（4）再拖动一个新显示图标放到交互结构第一个分支的右方，命名为"Kingfisher"，交互类型将默认为前一分支的【热区域】交互类型。

图 6.119　看图识别动物

（5）要设置【热区域】交互，首先要指定作为热区的矩形区域。双击交互图标，打开演示窗口，可以看到有两个带名字的虚线框，它们是分别表示两个热区的矩形。拖动线框周围的控制句柄，调整使虚线框分别包围住两个图片，如图 6.19 演示窗口中所示虚线框。

（6）双击第一个分支下的显示图标，在演示窗口中输入文字"Robin"，作为对用户单击左边图片热区后的响应。

（7）双击第二个分支下的显示图标，在演示窗口中输入文字"Kingfisher"，作为对用户单击右边图片热区后的响应。

（8）保存文件。运行程序，当用户在两个热区中单击，可以看到如图 6.120 所示的不同执行结果。

图 6.120　程序运行结果

6.6.4 热对象交互类型

【热对象】响应和热区响应很相似，不同之处在于热区只能定义一个矩形区域，而热对象定义的是一个对象所在区域，它可以有不规则的边界。

下面的例子演示了热对象交互的应用。

（1）新建一个空文件，设置好文件的窗口大小和背景色等属性。

（2）按图 6.121 设计窗口所示，先分别在两个显示图标内插入两张体育运动的图片（图片背景预先处理为白色），并设置【模式】为【透明】设置。

这里要注意，对象必须分别放置在不同的显示图标中，因为同一个显示图标中所有对象会被【热对象】交互当作一个整体看待。

（3）拖动一个交互图标到流程线上，并在交互右方添加两个显示图标，交互类型设为【热对象】交互。如图 6.121 设计窗口所示，将两个响应分支分别命名为“橄榄球”和“棒球”。

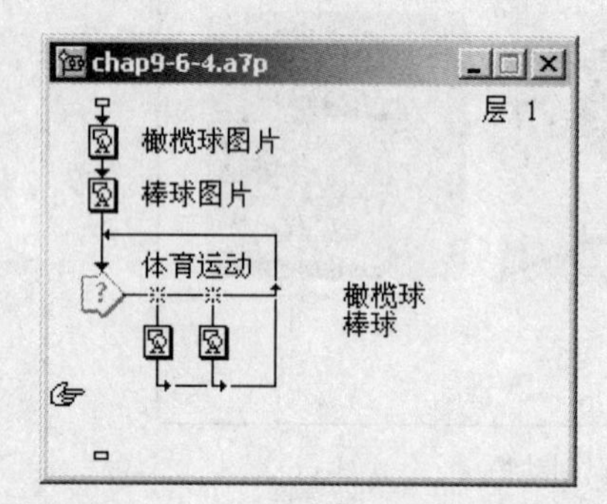

图 6.121　设计窗口中的流程组织

（4）因为【热对象交互】的分支属性还未设置，此时按下【Ctrl+k】运行，程序遇到未编辑的交互分支时会暂停执行，自动打开该交互的属性设置面板。如图 6.122 所示，本例先在第一个分支【橄榄球】分支暂停。按属性面板上的提示信息，首先单击演示窗口中的橄榄球运动员图片，确定【橄榄球】分支的热对象。

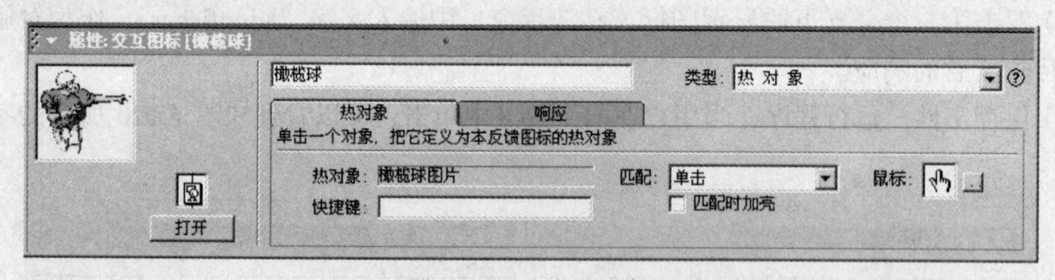

图 6.122　指定热对象

在属性面板中，【匹配】下拉列表选项用于设置以什么鼠标操作触发热对象交互。

- 【单击】：默认设置，当用户在热对象上单击鼠标，触发响应。
- 【双击】：当用户在热对象上双击鼠标，触发响应。
- 【指针在对象上】：当用户光标移动到热对象上，就会触发响应。

在属性面板中，【鼠标】选项提供了不同的光标选择，单击【鼠标】选项右侧的扩展按钮 ，从打开的【鼠标指针】对话框中选择“手型”光标，运行时，鼠标落在热对象上时，光标形状的就会改变为指定的光标形状。

由于【热区域】和【热对象】交互不像【按钮】交互那样有明显的按钮选项，要了解窗口中是否存在热区或热对象，通常都是通过设置光标的变化来提示用户。

（5）同步骤（4）操作，设置【棒球】分支的热对象为演示窗口中的棒球运动员图片。

（6）将【橄榄球】和【棒球】分支下的两个响应显示图标分别打开，输入各自热对象的提示文字。

（7）保存文件。运行程序，如图 6.123 所示，当鼠标在不同对象上单击时，可以看到不同的文字解释。

运行时还可以观察到，因为图片的白色背景被设为【透明】模式，所以只有当光标放置在人物之上，形状才会变为手型，即热对象的边界可以是不规则的。

图 6.123 热对象实例运行结果

6.6.5 目标区交互类型

【目标区】交互中，如果设定了某个目标区，当用户用拖动指定对象到这个区域，程序要做出对应的响应。

下面通过一个填空题演示目标区交互的应用。

（1）新建一个空文件，设置好文件的窗口大小和背景色等属性。

（2）如图 6.124 所示，先在流程线上添加 3 个显示图标，并分别命名。在“题目”显示图标中输入填空题的题目；在“选项一”显示图标中输入文本“红色”；在“选项二”显示图标中输入文本“蓝色”。

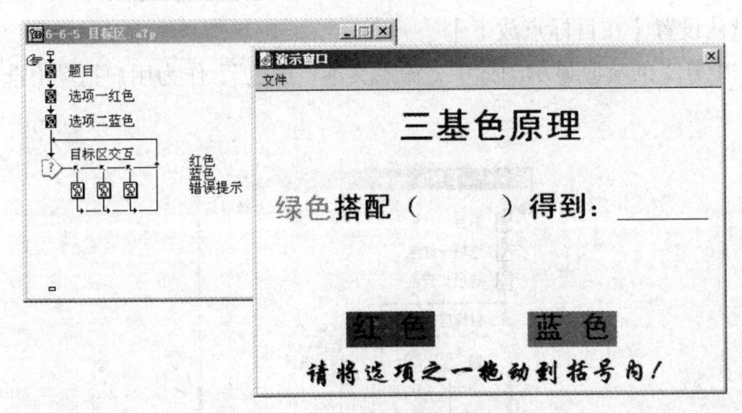

图 6.124 准备题目和拖动的对象

（3）在 3 个显示图标之后，添加一个交互图标，命名为“目标区交互”。拖动 3 个显示图标到交互图标右侧，创建 3 个【目标区】响应分支；如图 6.124 设计窗口所示分别命名为“红色”、“蓝色”和“错误提示”。

（4）保存文件。运行程序，当执行到交互结构的第一个分支，因为尚未设置，程序会暂停，打开图 6.125 所示的第一个交互分支属性面板。

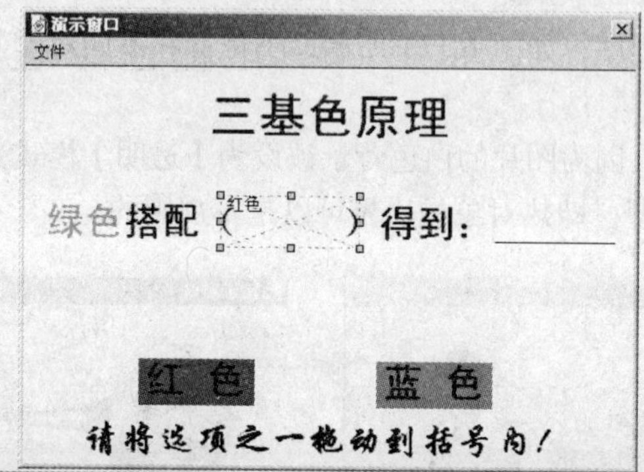

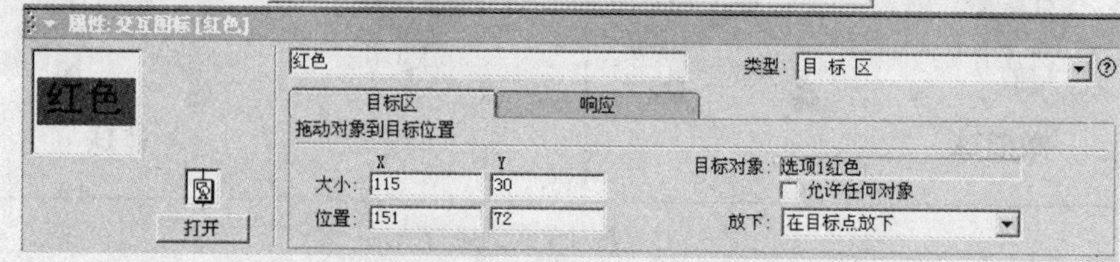

图 6.125 【红色】目标区交互分支的图标属性面板

按属性面板【目标区】选项卡中的提示，首先在演示窗口中单击，选择要拖动的对象。因为第一个分支命名为“红色”，所以这里对于选择“红色”文本块作为被拖动的对象。在目标对象栏及预览区中看到正确的图标名和显示内容后，接着依据选项卡上的提示信息，拖动所选对象到括号内，调整好目标区虚线框的大小，如图 6.126 演示窗口中所示。

> 属性面板中【放下】下拉列表提供了 3 个选择，如下所示。
> - 【在目标点放下】：拖动对象到目标区后，对象就在该点放下，这是默认选项。
> - 【返回】：拖动对象到目标区后，对象返回到拖动前的起始位置。
> - 【在中心定位】：拖动对象到目标区后，对象的中心自动和目标区中心对齐放置。

本例选择默认设置【在目标点放下】。

（5）在第一个分支的响应显示图标中，输入文本“黄色”，作为用户拖动【选项一红色】到括号内的反馈。

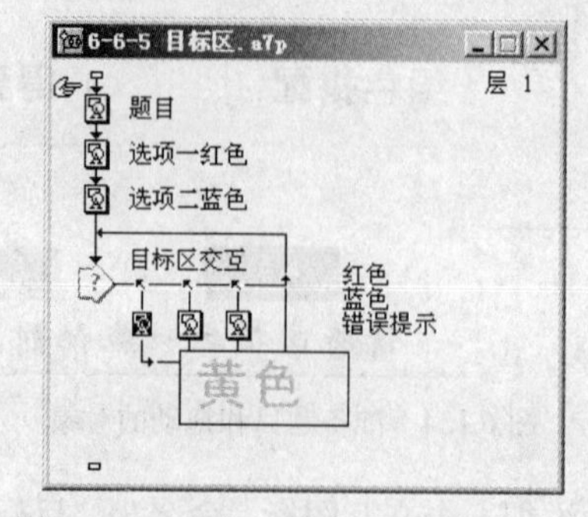

图 6.126 “红色”响应显示图标的内容

（6）再次运行程序，如图 6.127 所示，按步骤④相同的操作，设置第二个分支的属性面板和目标区域。

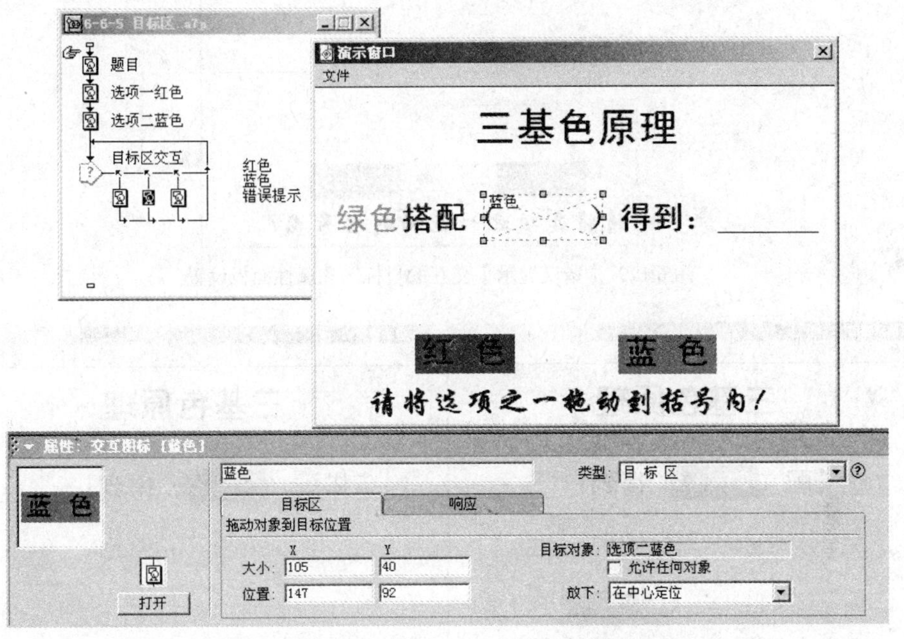

图 6.127 【蓝色】目标区交互分支的图标属性面板

（7）在第二个分支的响应显示图标中，输入文本“青色”，作为用户拖动【选项二蓝色】到括号内的反馈。

（8）第三个分支的设定是为了提示用户拖动选项到括号外的区域都是错误的操作。本例中拖动选项到括号外的任何位置都是属于不合理的操作，所以这里将目标区域设定为整个窗口大小；虽然这也包含了括号区域，但因为区域匹配的判别是按分支从左向右依次进行，所以如果拖动选项到括号中，流程只会进入前两个分支之一。

运行程序，当执行遇到未编辑的第三个分支会暂停并等待设置。如图 6.128 所示属性面板，先将【目标对象】设为【允许任何对象】，这表示不论是【选项一】还是【选项二】，对象都具有相同的目标区域和相同的响应分支。另外，【放下】选项被设置为【返回】。

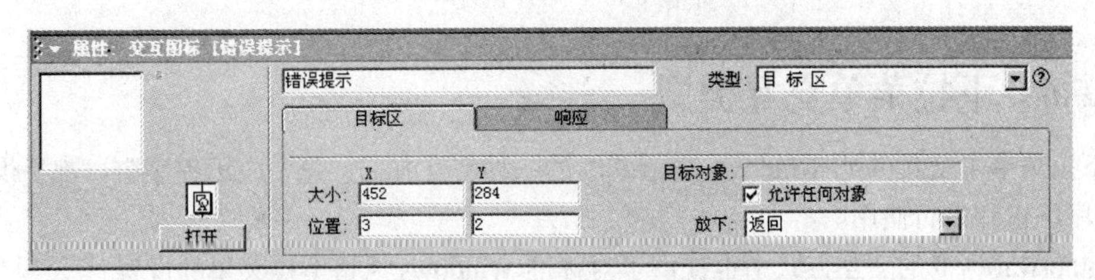

图 6.128 【错误提示】交互的目标区和属性面板设置

然后依据图 6.129 演示窗口所示，设置错误操作的目标区位置和大小。

（9）在第三个分支的响应显示图标中，输入提示文本“选项必须拖动到括号内！”。

（10）保存文件。运行程序，如图 6.130 所示，拖动不同选项放置到不同的位置，程序都会给出对应提示。

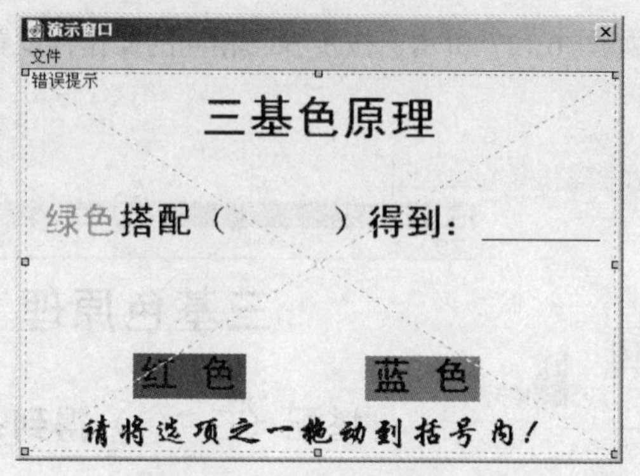

图 6.129 【错误提示】交互的目标区和属性面板设置

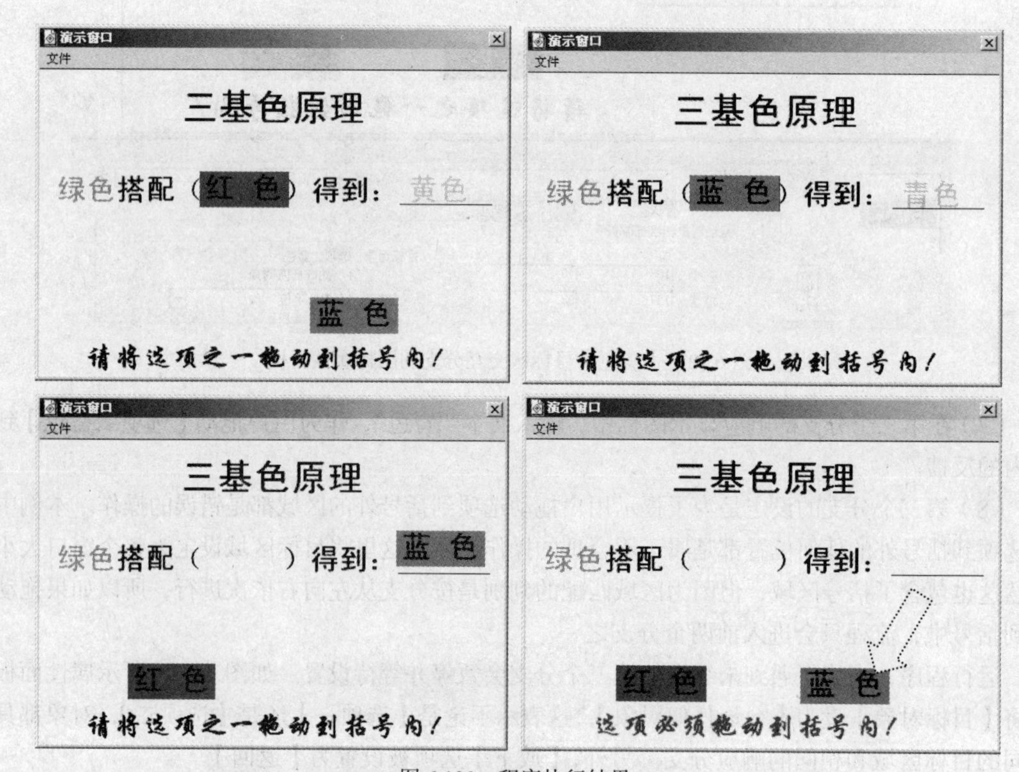

图 6.130　程序执行结果

6.6.6　下拉菜单交互类型

【下拉菜单】交互也是 Windows 中最基本的一种交互方式，每个应用程序窗口都提供菜单命令供程序编辑和运行使用。

Authorware 7.0 的交互方式中也提供了对标准 Windows 风格下拉菜单的设置。

（1）新建一个空文件，设置好文件的窗口大小和背景色等属性，保存文件。

注意：【文件属性】面板中【显示菜单栏】选项一定要选中，否则演示窗口中无法看到设置的下拉菜单。

（2）拖动一个显示图标到流程线上，命名为“标题”。如图 6.131 所示，在显示图标的演示窗口中输入标题文字“动物世界”。

（3）拖动一个交互图标放在显示图标之后，命名为“食肉动物”。

（4）拖动一个显示图标放在交互图标右侧，作为交互结构的第一个分支响应，在【类型】列表框中选择【下拉菜单】选项。如图 6.131 设计窗口所示，将分支中的响应图标命名为“狮子”，并在显示图标中导入一张狮子图片。

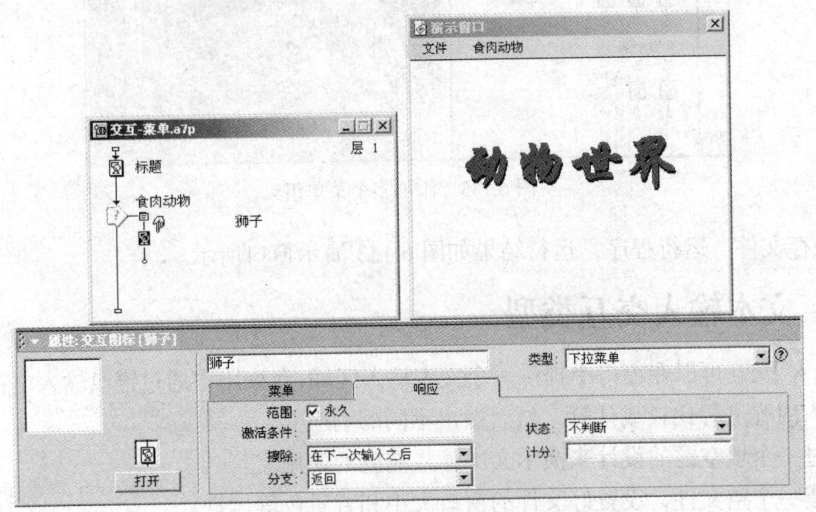

图 6.131　设置【菜单】交互

（5）双击响应类型标记（-⊟-）打开交互分支的属性面板，为了保证菜单在应用程序执行期间是始终可用，选中【响应】选项卡中的【永久】选项。

（6）将【响应】选项卡中的【分支】选项设置为【返回】，因为菜单在程序运行期永久可用，如果用户在交互结构外流程的任何一处位置选择了菜单命令，【返回】设置告诉程序先执行该菜单分支下的响应，然后返回之前的流程位置继续运行。

（7）继续拖动两个空显示图标添加到交互结构中，创建第二个和第三个分支。如图 6.132 所示，对两个显示图标分别命名为“老虎”和“山猫”，并导入相关图片。

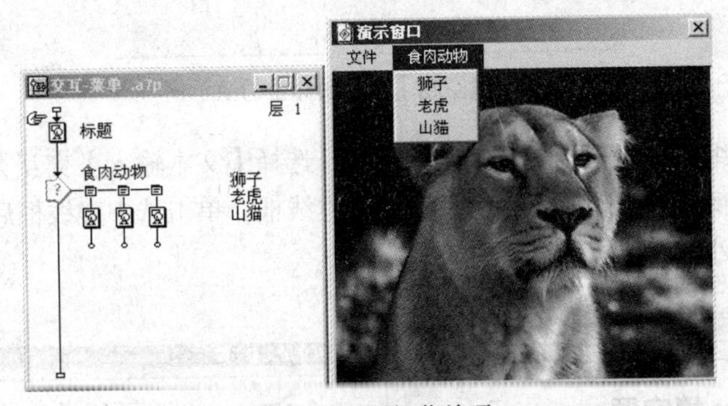

图 6.132　添加菜单项

（8）保存文件。运行程序，菜单栏上除了默认的【文件】菜单组，还可以看到添加的【食肉动物】菜单组。

（9）如果还要添加新的菜单组，可以创建新的交互结构来进行设置。如图 6.133 所示，拖动一个新的交互图标放置到流程上，命名为“食草动物”，然后按（4）~（7）步骤中的操作创建两个分支响应，依此类推，可以在菜单栏上添加多组菜单命令。

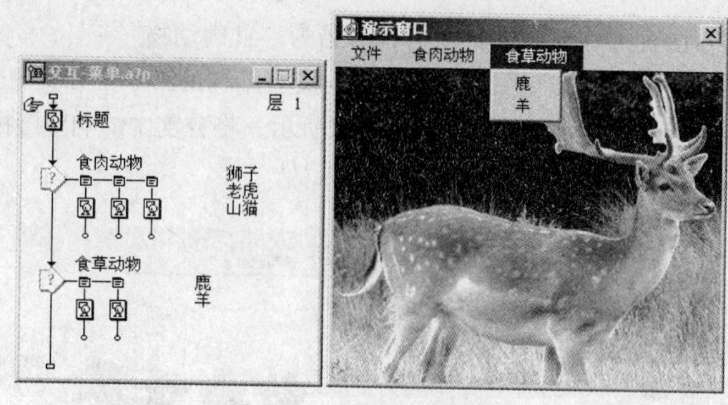

图 6.133　添加多个菜单组

（10）保存文件。运行程序，运行结果如图 6.133 演示窗口所示。

6.6.7　文本输入交互类型

【文本输入】交互可以在窗口中提供一个文本输入区域，允许用户通过键盘输入字符串和数据，程序根据输入内容进行比较或计算，然后做出不同的响应。

下面通过一个填空题的设计来演示文本输入响应的使用。

（1）新建一个空文件，设置好文件的窗口大小和背景色等属性。

（2）在流程线上添加一个【交互图标】，命名为“填空”。双击该交互图标，如图 6.134 所示，在演示窗口中输入题目内容。

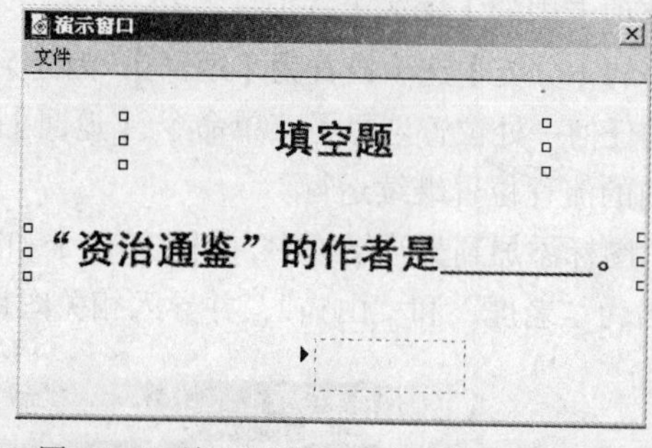

图 6.134　填空题【交互图标】的演示窗口

（3）拖动一个群组图标放置到交互图标的右侧，选择【文本输入】交互类型。再次双击交互图标，可以看到演示窗口中出现一个带黑色三角的虚线框；单击选中虚线框后，如图 6.135 所示拖动调整其位置和大小。

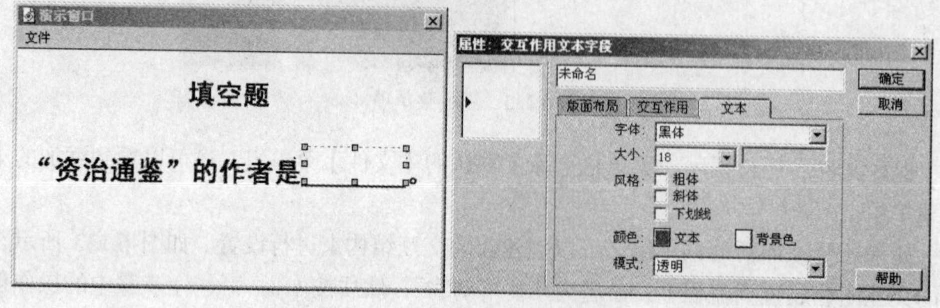

图 6.135　文本输入区域的设置

双击虚线框，还会打开【交互作用文本字段】属性对话框，通过其中的属性选项可以改变文本框的大小、位置、输入文字的字体、字号、颜色等属性。

（4）为第一个分支的响应图标命名为“正确答案”。双击流程线上的【文本输入】的交互类型标志（-▸...-），打开图 6.136 所示的分支交互图标属性面板。

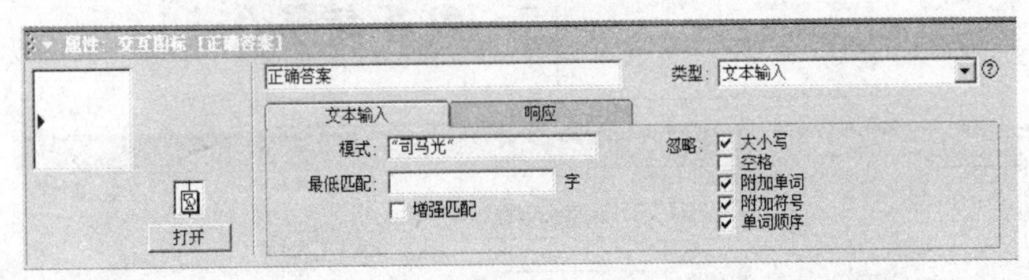

图 6.136 【文本输入】属性面板

（5）在【文本输入】选项卡中，【模式】文本框用于设置要匹配的文本内容，只有当用户的输入和此文本框中的设置相匹配，程序才会执行当前分支中的响应图标。此处【模式】文本框中输入“司马光”。

> 【模式】文本框中的字符串必须放置在一对英文双引号之间，模式内容定义中还可以使用下列符号和通配符实现模糊匹配。
>
> - “|”：允许匹配多个字符串中的一个，比如【模式】文本框中输入【“司马光|司马君实”】，那么输入字符串中任何一个都能够正确匹配。
> - “*”通配符：表示任意一个或多个字符。
> - “？”通配符：表示任意一个字符。

（6）打开【正确答案】分支下的群组图标，添加一个新的显示图标，并命名为“提示”；双击打开演示窗口，如图 6.137 所示，输入提示文本“回答正确！”。

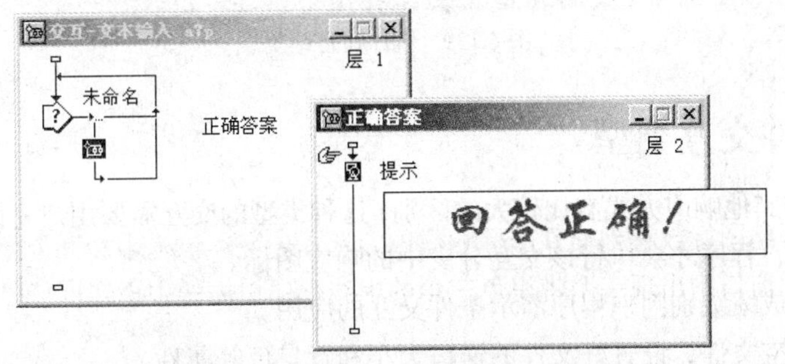

图 6.137　设置【正确答案】响应分支中的提示文本

（7）完善流程应该对用户的错误输入也做出响应。如图 6.138 所示，拖动一个群组图标添加到交互图标右侧，创建第二个分支，命名为“错误答案”。在群组中添加一个现实图标，命名为“提示 2”，显示图标中设置提示文本为“回答错误！”。

（8）如图 6.138 属性对话框所示，将【模式】文本框设置为【“*”】。

通配符“*”，表示匹配任意的输入，这也会包括正确的输入。运行时，程序按流程分支顺序从左向右依次进行模式匹配，如果输入能与第一个分支中的模式匹配，则不会再进入第二个分支，所以只有输入错误的答案才出现“回答错误”的提示。

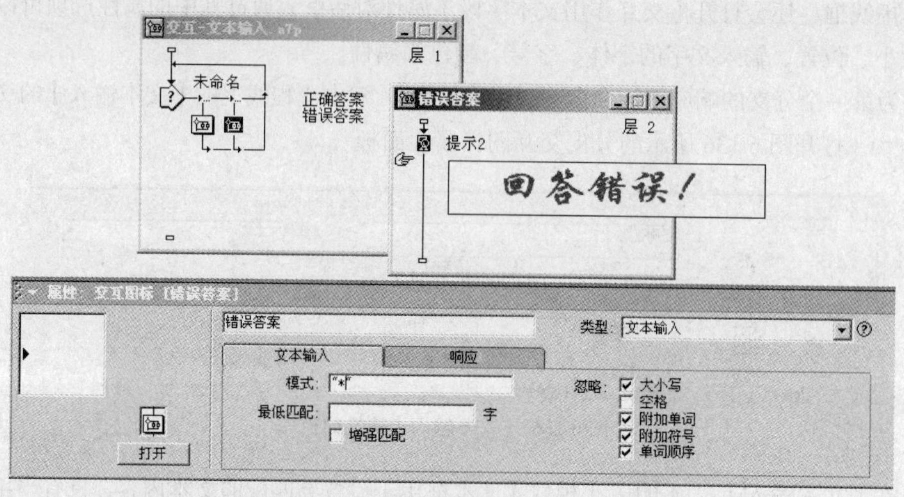

图 6.138　回答错误的匹配模式和分支响应设置

（9）保存文件。运行程序，如图 6.139 所示，输入“司马光”或“司马君实”，程序都会提示“回答正确”；输入其他任何答案，程序会提示“回答错误”。

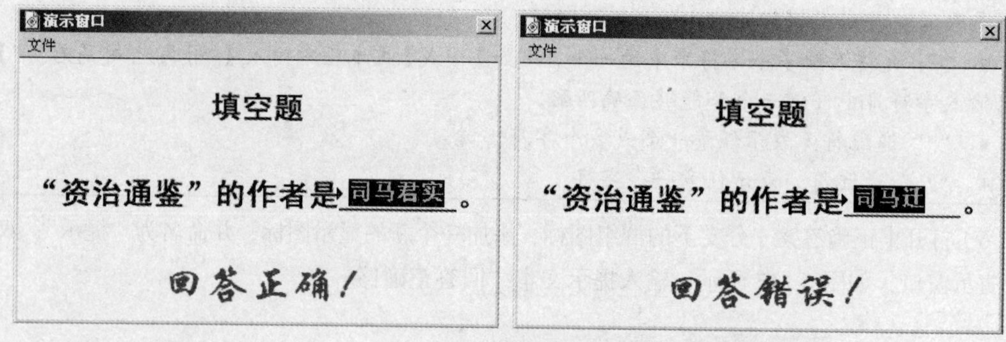

图 6.139　程序运行结果

6.6.8　条件交互类型

【条件】交互与其他响应方式有比较大的区别，这种类型的交互需要用户先设置一个条件表达式；当条件为真时，程序才会执行该交互分支中的响应图标。

下面通过一个成绩级别判别程序演示条件交互的应用。

（1）新建一个空文件，设置好文件的窗口大小和背景色等属性。

（2）拖动一个【交互图标】放到流程线上，命名为“成绩判断”。

（3）拖动一个【计算图标】放到交互图标右侧，选择设置【文本输入】交互类型。如图 6.140 设计窗口中所示，直接以“*”作为该分支响应的名称，这表示不论用户输入任何内容，都会进入该响应分支，执行计算图标。

（4）双击交互图标，如图 6.140 所示，在演示窗口中输入提示信息。

（5）双击响应分支下的计算图标，打开计算窗口，编写表达式以计算平均成绩，这里用到 3 个系统变量 NumEntry、NumEntry2、NumEntry3，它们分别存放用户输入到文本框中的第 1、2、3 个数据，自定义变量 avg 用于存放计算得到的平均成绩。

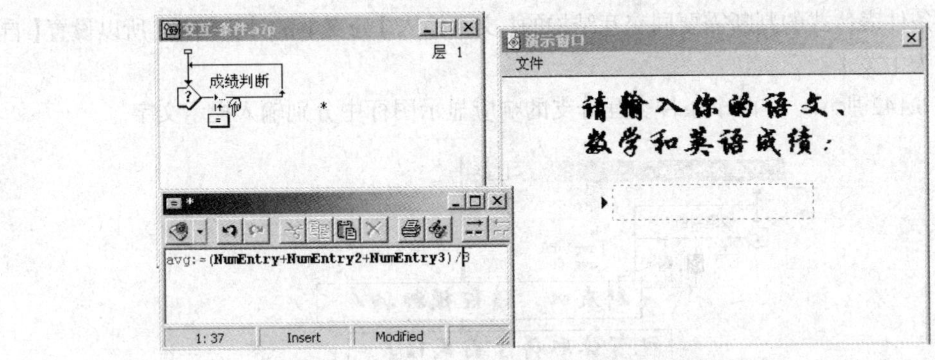

图 6.140　输入成绩并计算平均成绩

（6）注意在【文本输入】交互的分支属性面板中将【分支】路径设为【继续】方式，这样计算图标中计算出的平均成绩可以传递给其右方的分支，用于进行条件判断。

（7）拖动两个新的显示图标添加到交互结构中，创建第二个、第三个分支，修改它们的交互类型为【条件】；如图 6.141 所示，直接用关系表达式分别给两个分支的响应图标命名，属性面板的【响应】选项卡中【分支】选项都设置为【重试】。

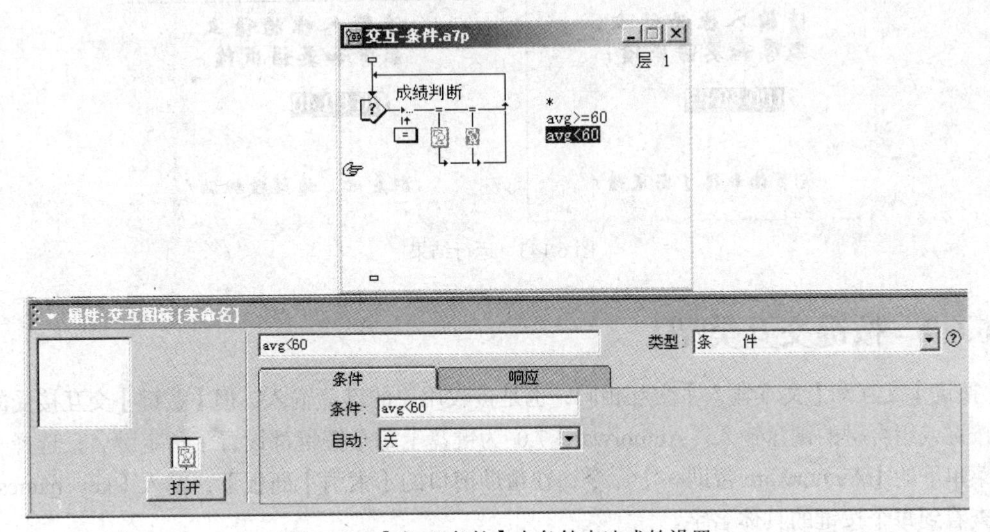

图 6.141　【交互-条件】中条件表达式的设置

在条件交互的属性面板中，【条件】文本框用于输入条件表达式，表达式可以运用关系运算符或逻辑运算符构造。表达式的结果值只有真（True）或假（False）两个结果。只有当表达式结果为真，程序才执行该分支下的响应图标。

【自动】下拉列表用于设置何时启动条件表达式的判断。

- 【关】：即关闭自动判断。选择此项，只有当同一个交互结构中还有其他交互分支，并且它们通过【继续】方式控制流程，将分支的结果传递给右侧的条件类型分支，才能触发这些条件分支中的表达式开始进行判断。
- 【为真】：选择此项，不论交互结构中是否还有其他类型的交互分支，程序进入交互结构后就自动判断条件表达式的真假，一旦条件值为真，则进入该分支，执行分支中的响应图标。
- 【由假为真】：选择此项，程序进入交互结构后一直监视条件表达式的真假，一旦条件值由之前的假值变为真值，则进入分支，执行分支下的响应图标。

本例中在条件表达式的判断需要同交互结构的【文本输入】分支下的计算结果，所以设置【自动】选项设置为【关】。

（8）如图 6.142 所示，在两个条件交互分支的响应显示图标中分别输入提示文字。

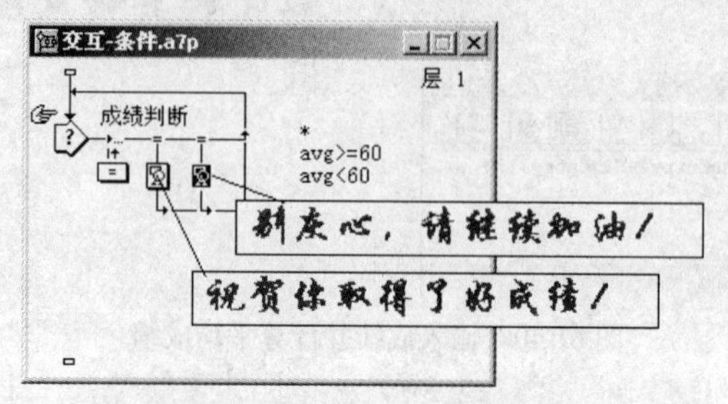

图 6.142 两个条件交互分支中的响应内容

（9）保存文件。运行程序，在文本框中一次输入 3 个成绩（用空格隔开），回车确定后，可以看到程序的执行结果，如图 6.143 所示。

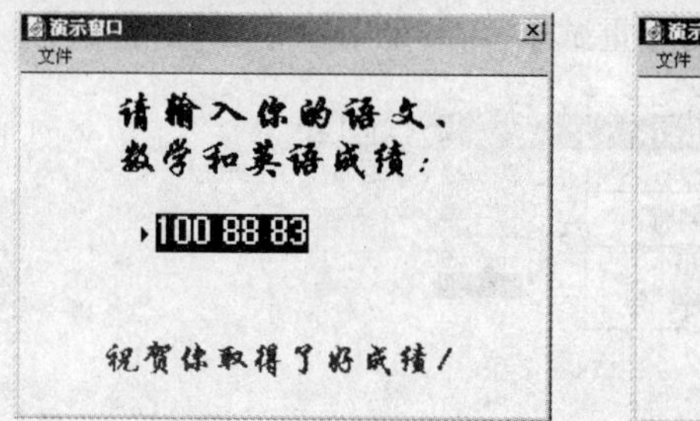

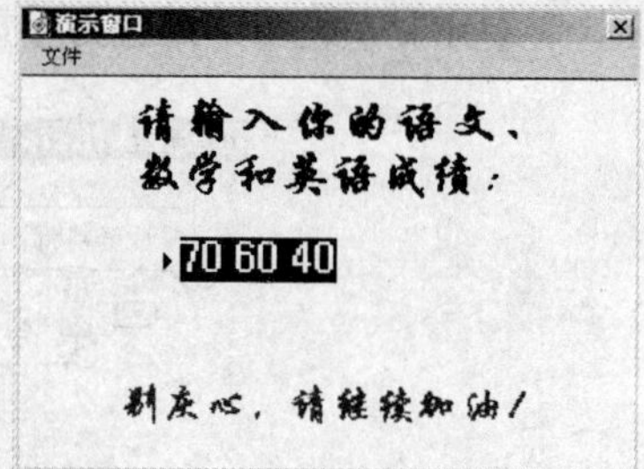

图 6.143 运行结果

6.6.9 按键交互类型

【按键】交互和【文本输入】交互相同，也是接收用户的键盘输入，但【按键】交互接受的是单个按键或组合键的键盘输入。Authorware 7.0 为键盘上每个按键都设置了指定键名，选择【帮助】菜单下的【Authorware 帮助…】命令，在帮助窗口的【索引】面板下，输入【key names】，可以查看到每个按键的具体名字。

下面通过一个“按键控制对象在窗口中移动”的实例，演示按键交互的应用。

（1）新建一个空文件，设置好文件的窗口大小和背景色等属性。

（2）如图 6.144 设计窗口所示，先添加一个显示图标，命名为“小球”，并在其演示窗口中绘制一个小圆。

（3）继续添加一个移动图标，命名为“移动小球”，在属性面板中选择【指向固定区域内的某点】移动类型，并拖动小球创建移动的目标矩形区域。

注意：属性面板中，移动的【目标】位置不再是常量，而是自定义的变量 x 和 y，定义时可以将它们的初始值都设置 50，让小球初始位置设置在区域的正中心。

属性面板中，【执行方式】也必须设置为【永久】选项，这样程序会随时监控变量的变化，即使移动图标执行完毕，如果之后的流程对变量 x、y 进行了更改，移动图标也可以立刻做出反应，将对象从当前位置移动到新位置。

（4）拖动一个交互图标放置到移动图标之后，命名为“键盘控制”。

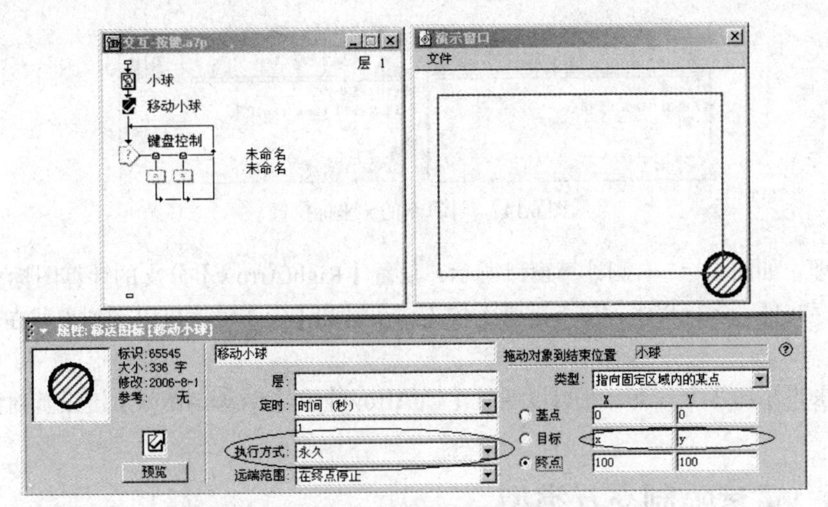

图 6.144　设置【指向固定区域内的某点】移动

（5）如图 6.145 所示，拖动两个计算图标为交互创建两个分支，设置它们为【按键】交互类型，并分别命名为“LeftArrow”和“RightArrow”。

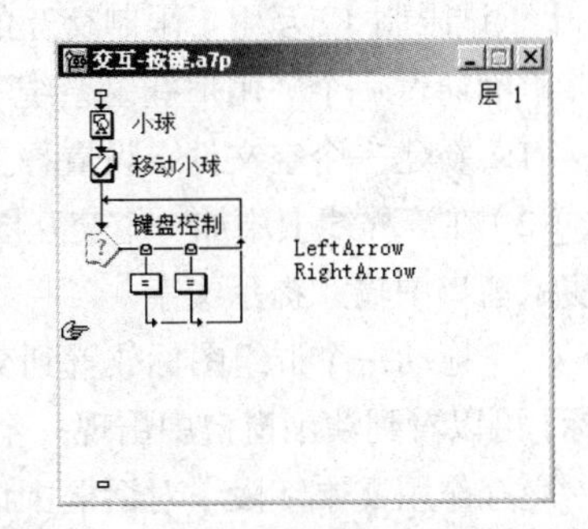

图 6.145　直接通过图标名称设置按键交互

“LeftArrow”和“RightArrow”即 Authorware 为键盘上【←】键和【→】键指定的键名。如果没有使用标准的键名作为响应图标的名称，程序不会对按键做出任何响应。

图 6.146 演示了另外一种设置方式：计算响应图标分别命名为“左移”和“右移”，在属性面板【快捷键】文本框中相应地填入“LeftArrow”和“RightArrow”键名，运行也会得到相同的结果。

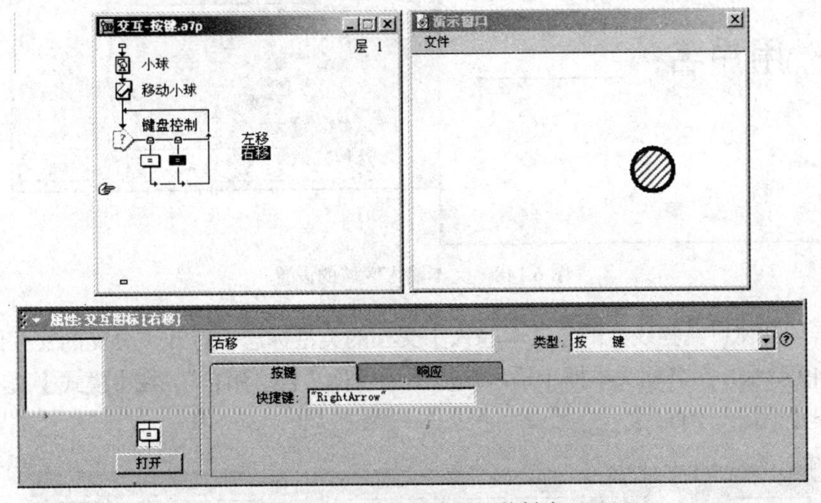

图 6.146　在快捷键中设置按键交互

（6）打开【LeftArrow】分支下的计算图标，如图 6.147 左侧计算窗口所示，在计算窗口中重新计算对象的 x 坐标值，这样用户每按一次【←】键，对象就向左移动 5 个单位，直到遇到区域的左边界为止。

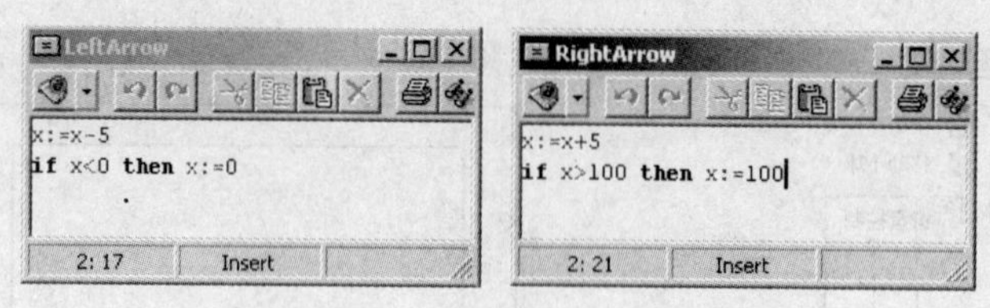

图 6.147　计算新的 x 坐标位置

（7）同理，如图 6.147 右侧计算窗口所示，设置【RightArrow】分支的计算图标。

（8）保存文件。运行程序，按下键盘上的【←】键和【→】键，可以看到小球在区域内左右移动。

（9）如果再添加两个分支，还可以通过【UpArrow】和【DownArrow】键设置对象在区域内上下移动。

6.6.10　重试限制交互类型

【重试限制】交互用于限制交互的输入次数，这种类型的交互一般要和其他类型交互配合使用。下面通过一个“用户登录系统”的设计演示重试限制交互的应用。

（1）新建一个空文件，设置好文件的窗口大小和背景色等属性。

（2）在流程线上添加一个交互图标，命名为“登录验证”。单击该交互图标，如图 6.148 所示，在演示窗口中输入提示文字。

（3）拖动一个群组图标放置到交互图标的右侧，选择【文本输入】交互类型，再次双击交互图标，可以看到演示窗口中出现一个带黑三角的虚线框。调整文本输入框的位置和大小，并在【属性：交互作用文本字段】对话框中设置输入文字的字体、字号和颜色。

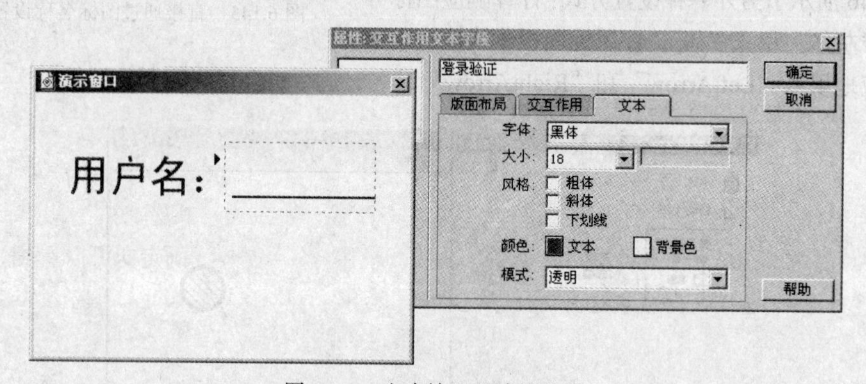

图 6.148　文本输入区域的设置

（4）双击设计窗口流程线上的【文本输入】交互的类型标志，打开该分支的交互图标属性面板。如图 6.149 所示，在名称文本框中输入响应图标名称“合法用户”，在【模式】文本框中输入一个合法用户【“张三|李四”】。

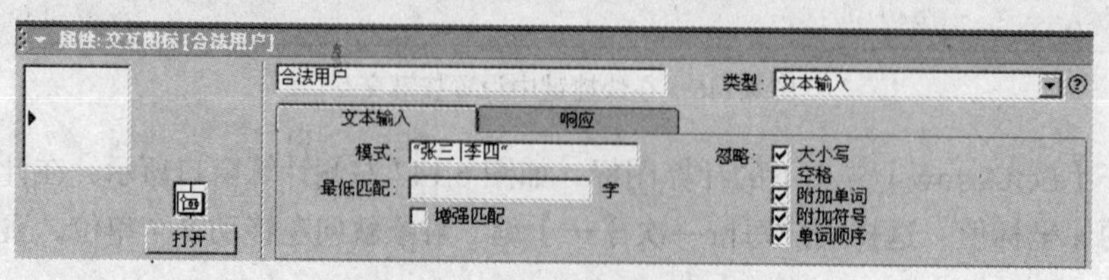

图 6.149　文本输入属性面板

（5）打开【合法用户】分支下的群组图标，添加显示图标并命名为“提示”，如图 6.150 所示，在【提示】显示图标中设置提示文本，用于对合法用户的登录做出响应。

图 6.150　设置合法用户登录后的提示文本

（6）要对错误的输入做出响应，添加一个新的显示图标放在交互结构中，创建第二个分支，如图 6.151 所示对属性面板和显示图标进行设置。

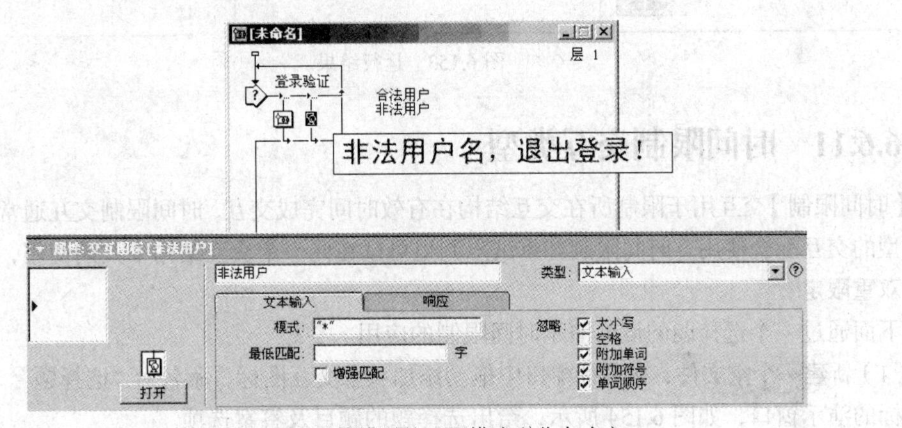

图 6.151　回答错误的匹配模式和分支响应

（7）如果只允许用户尝试 3 次，则应创建第三个分支。如图 6.152 设计窗口中所示，第三个分支命名为“3 次机会”，交互类型重新设置为【重试限制】。从流程线的走向可以看到，【重试限制】自动设置【分支】方式为【退出交互】选项。

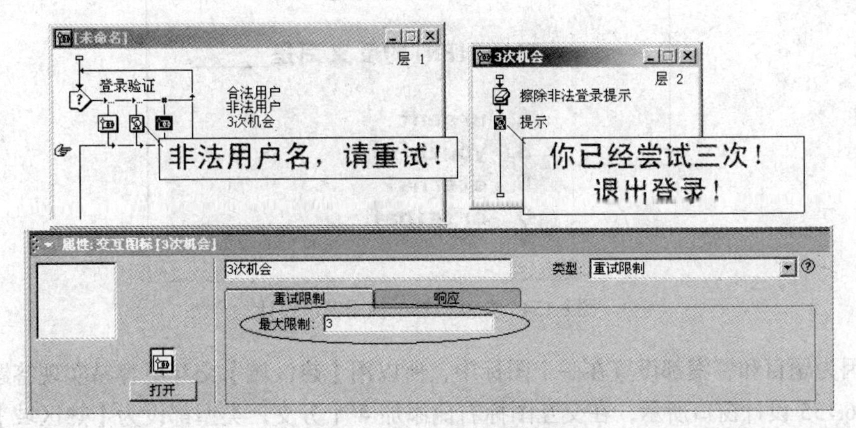

图 6.152　设置【重试限制】交互

（8）双击流程线上【重试限制】的响应类型标记（-#-），在属性面板的【重试限制】标签中设置【最大限制】为 3。

（9）打开第三个分支下的响应群组图标，添加擦除图标和显示图标。擦除图标用于擦去之前非法用户登录时显示的提示信息；显示图标用于显示 3 次登录尝试失败后的提示信息，如图 6.153 所示。

（10）保存文件。运行程序，如果在 3 次机会内输入了正确的用户名，则窗口显示欢迎画面；如果 3 次都输入错误，则显示失败提示，并退出当前交互结构。

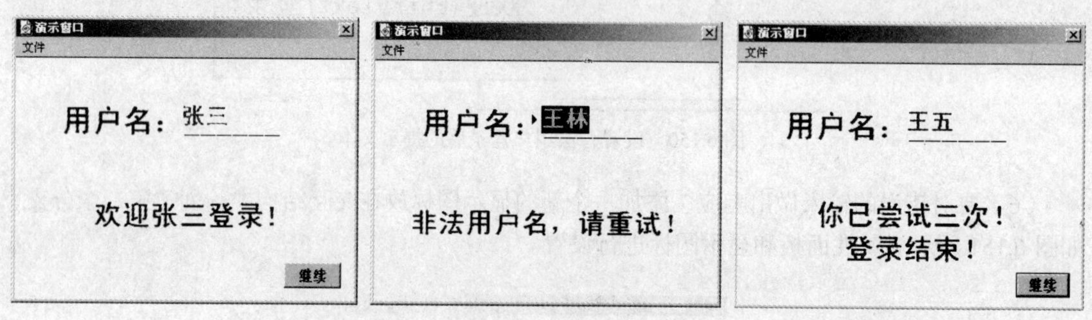

图 6.153　运行结果

6.6.11　时间限制交互类型

【时间限制】交互用于限制所在交互结构在有效时间完成交互，时间限制交互通常也需要和其他类型的交互配合使用。时间限制和重试限制也可以在同一个交互结构中共同使用，对交互输入进行双重限定。

下面通过一个选择题的设计演示时间限制的应用。

（1）新建一个空文件，在设计窗口中拖动添加一个交互图标，命名为“选择题”。双击打开交互图标的演示窗口，如图 6.154 所示，给出选择题的题目及答案选项。

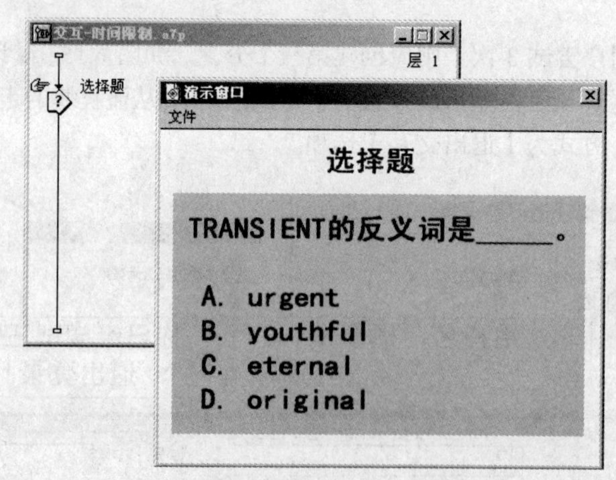

图 6.154　交互图标的演示窗口设计

（2）因为题目和答案都设置在一个图标中，所以用【热区域】交互更容易实现答题选项的设置。如图 6.155 设计窗口所示，在交互图标右侧添加 4 个分支，类型都设为【热区域】交互。双击交互图标，如图 6.155 演示窗口所示，调整设置好 4 个分支选项的热区域。

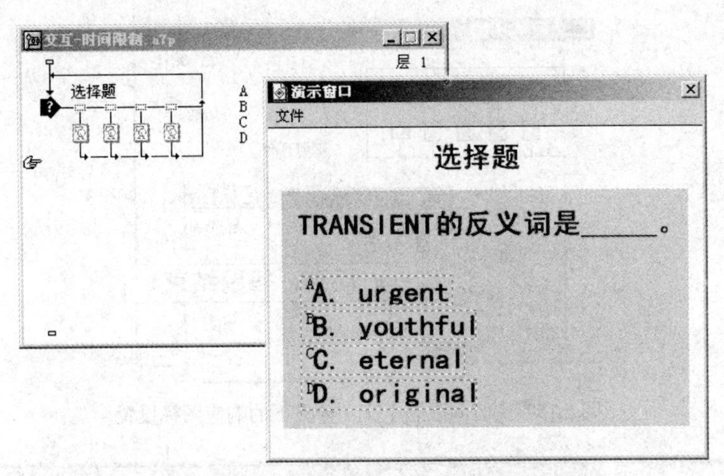

图 6.155 热区域分支和分支区域的布局

（3）因为选项 C 是正确答案，所以将 A、B、D 3 个分支的响应显示图标都设置“回答错误!”的提示信息，只有 C 分支响应图标中设置“回答正确!”提示。

（4）因为回答正确就不需要再重试，所以对于 C 分支，可以设置其【分支】选项为【退出交互】。

（5）现在为这个小测试添加时间限制，要求 10 秒内必须给出答案。

拖动一个群组图标到交互图标右侧，为交互结构添加第 5 个分支。双击该分支上的交互类型标志，在属性面板中将修改【类型】设置为【时间限制】。

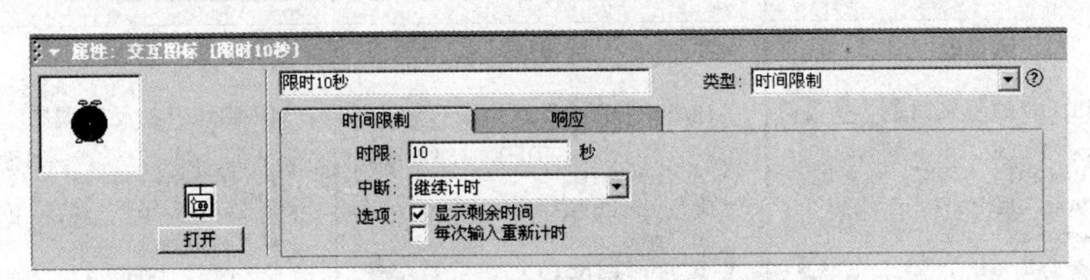

图 6.156 【属性：时间限制】面板的设置

> 如图 6.156 所示，属性面板提供了以下几种选项设置。
>
> - 【时限】文本框：设置时间限制的具体时间值，单位为“秒”。
> - 【中断】下拉列表：提供【继续计时】、【暂停，在返回时恢复计时】、【暂停，在返回时重新开始计时】、【暂停，如运行时重新开始计时】多种计时方式，用于设置当计时被具有【永久】类型的交互中断时，该如何继续计算剩余时间。
> - 【显示剩余时间】选项：选择此复选框后，演示窗口中将显示一个倒计时的小闹钟图标，动态地反映剩余时间。
> - 【每次输入重新计算】选项：选择此复选框后，用户每次进行交互输入时都重新开始计时。

（6）如图 6.156 所示，设置【时限】为 10 秒，并选中【显示剩余时间】复选框。

（7）如图 6.157 所示，双击名称为“限时 10 秒”的群组图标，在其设计窗口中添加一个命名为“提示”的显示图标，显示图标中输入“时间到，答题结束!”提示文本。

（8）为了保证在退出交互前有足够的时间查看分支响应下的提示信息，双击交互图标打开其属性面板，如图 6.158 所示，选中【在退出前中止】和【显示按钮】复选框。

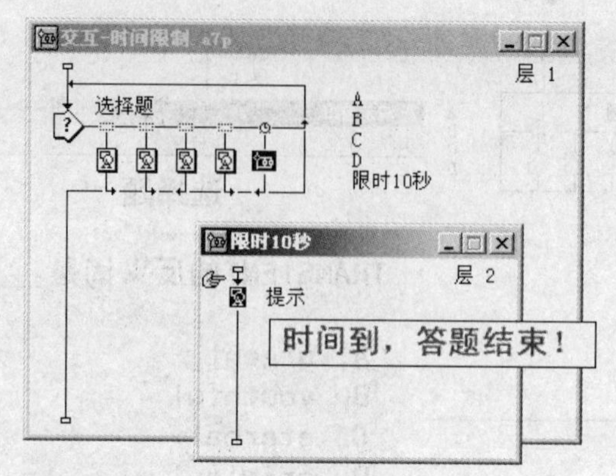

图 6.157 【时间限制】交互分支下的响应图标设置

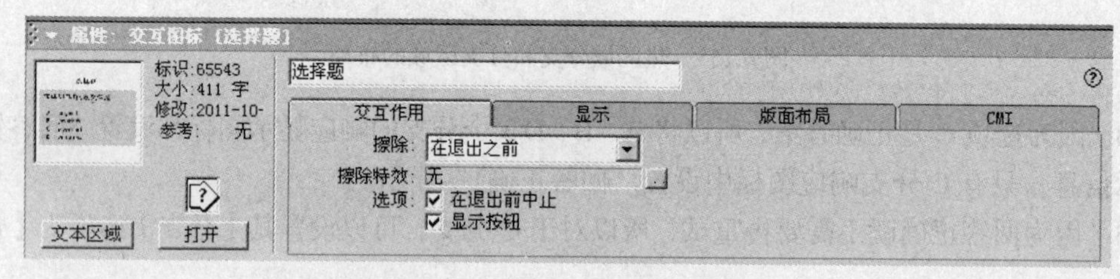

图 6.158 【交互图标属性面板】选项设置

（9）保存文件。运行程序，执行结果如图 6.159 所示。

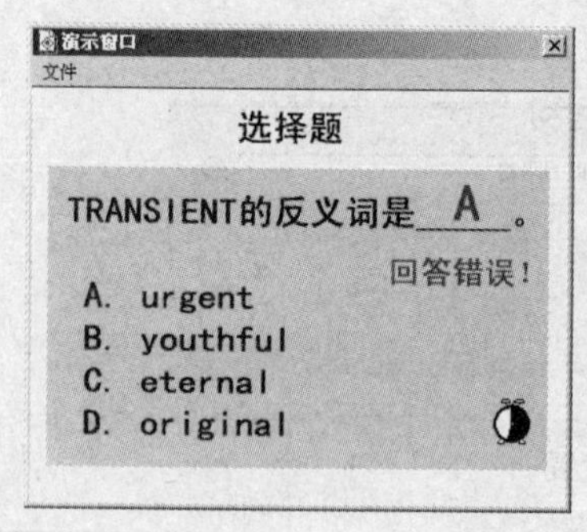

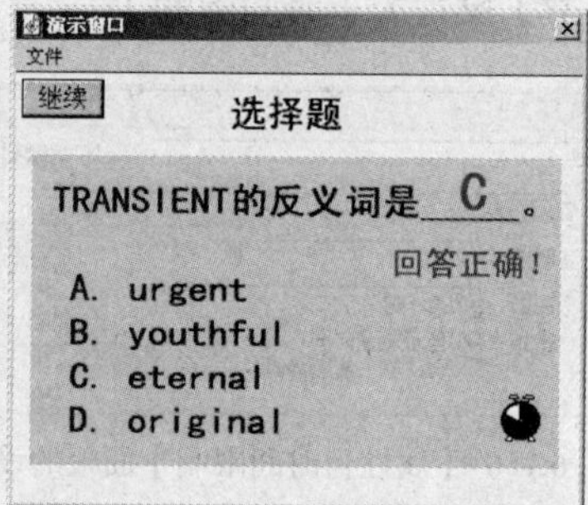

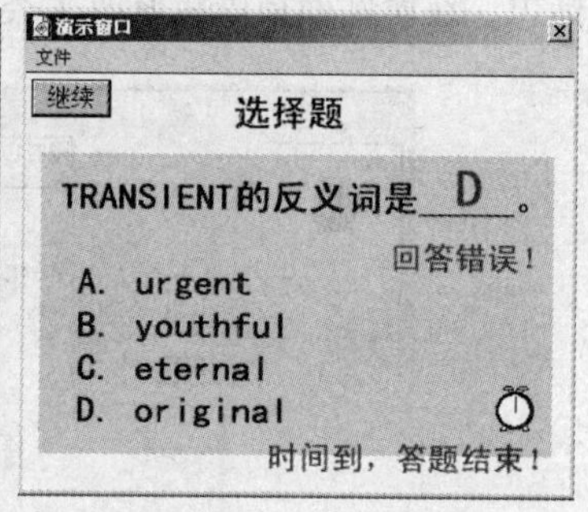

图 6.159 运行结果

6.6.12 事件交互类型

Windows“事件”简单来讲指某种行为动作，比如鼠标单击、键盘输入等。Authorware 7.0 通过【事件】交互可以向 ActiveX 控件等插件发送消息，从而实现对控件的控制和使用。

下面的例子通过对日历控件进行设置，演示了事件类型交互的应用。

（1）新建一个空文件，设置好文件的窗口大小和背景色等属性。

（2）选择【插入】→【控件】→【ActiveX...】命令，打开【选择 ActiveX 控件】对话框，如图 6.160 所示，从列表中选择添加一个【Calendar 控件】选项。

（3）单击【OK】按钮后，如图 6.161 所示，窗口中会出现日历控件的属性对话框，对话框中显示了控件的各种属性设置，列出了可以使用的方法，以及对哪些事件会做出反应等有关信息。

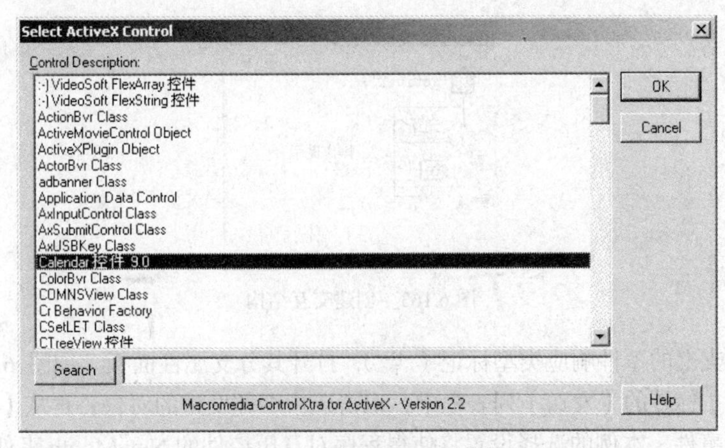

图 6.160　选择 ActiveX 控件

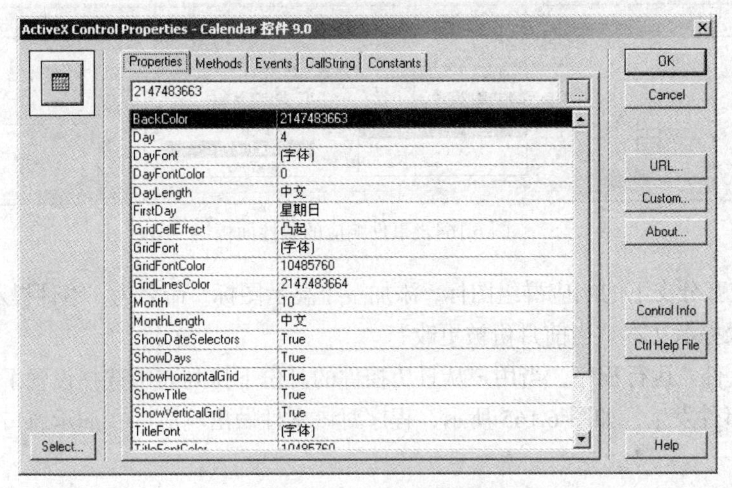

图 6.161 【日历控件的属性】对话框

（4）单击控件属性对话框中的【OK】按钮后，如图 6.162 所示，演示窗口中添加了一个日历控件对象。选中该对象并调整为合适的大小，关闭演示窗口，准备进一步的流程设计。

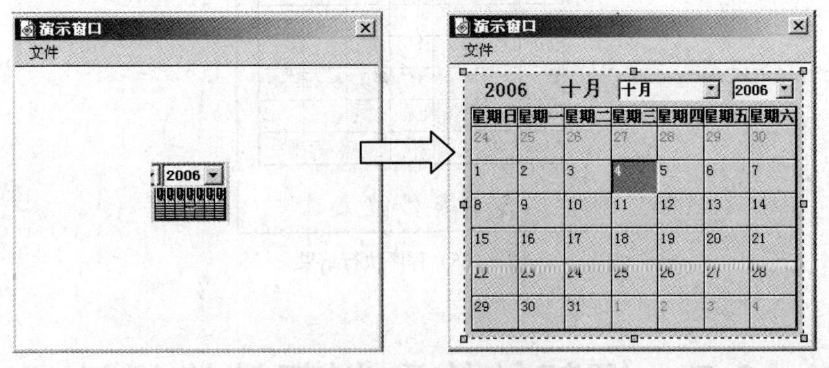

图 6.162　调整日历控件的位置和大小

（5）拖动一个交互图标放在控件图标之后，命名为“交互”。再拖动一个群组图标作为交互的分支响应图标，如图 6.163 所示，设置该分支为【事件】交互类型。

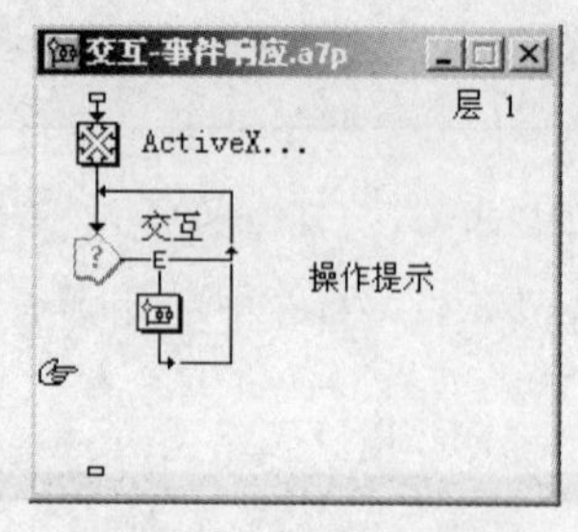

图 6.163　创建交互结构

（6）双击分支上的事件响应类型标记（-E-），打开其分支属性面板。如图 6.164 所示，先从属性面板【事件】标签的【发送】列表框中，双击选中事件发送的对象；再从【事件】列表中双击选中要设置的事件。本例的选择设置将使得程序对日历控件的 NewMonth 事件做出响应。

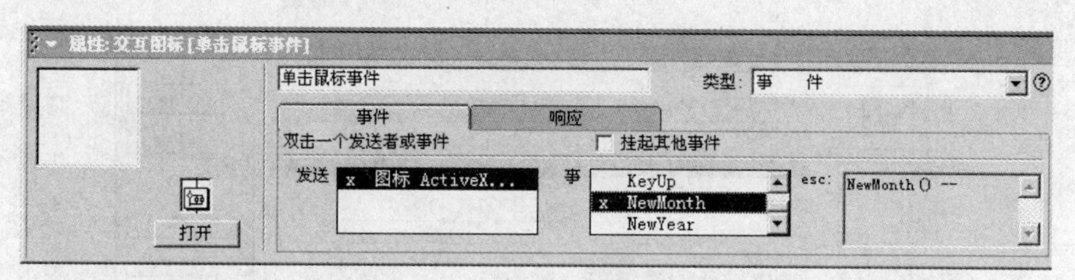

图 6.164　事件响应的属性面板

（7）打开交互分支下的响应群组图标，添加一个显示图标，命名为“事件提示”。双击打开其演示窗口，输入提示文本“当前月份被更改”。

（8）保存文件。运行程序，当用户从日历控件的月份下拉列表中选择设置了新月份后，说明有 NewMonth 事件发生，如图 6.165 所示，程序对该事件做出响应，在演示窗口下方显示出对应的提示文字。

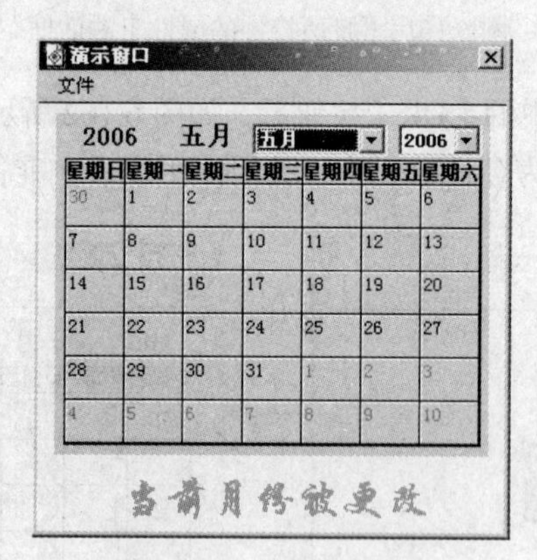

图 6.165　程序执行结果

6.7　框架结构和判断结构设计

在 Authorware 7.0 的流程构成中，除了交互结构外，程序的流程还可以设计为框架结构或判断结构。

6.7.1　框架图标、导航图标和框架结构

框架结构（也称为导航结构）可以让用户自己选择要执行的分支页面，它主要是通过【导航图标】和【框架图标】共同构造。其中，【框架图标】引出带有多个分支页面的框架结构，然后由【导航图标】设置流程从一个页面跳转到另外一个页面。

通常，【导航图标】在框架结构内使用，但它也可以在框架外单独使用，不过其导航指向的对象只能是某个框架内的一个页面。

1. 基本框架结构

（1）新建一个空文件，在设计窗口的流程线上放置一个显示图标，命名为“标题”。双击打开该图标的演示窗口，输入标题文字“风景欣赏”，并绘制黑边灰底的矩形作为背景框。

（2）在设计窗口中添加一个框架图标，命名为“页面结构”。拖动 3 个显示图标放置到框架图标的右侧，建立 3 个页面分支，如图 6.166 所示分别命名。然后在这 3 个显示图标内分别添加页码文字并插入图片。

图 6.166　框架结构及“风景 1”页面的演示

（3）实际上到这一步框架结构已经建立。运行程序，演示窗口右上角会自动提供 8 个交互按钮。通过这 8 个按钮，用户可以在 3 个页面之间进行随意跳转。

（4）双击设计窗口中的框架图标，如图 6.167 所示，屏幕上将打开一个新的设计窗口，即框架图标的设计窗口。

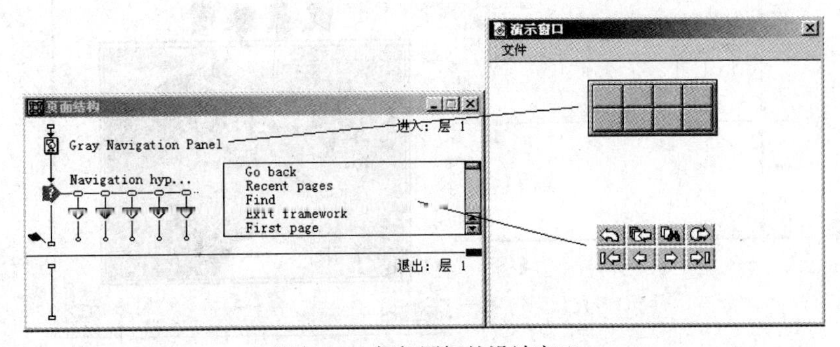

图 6.167　框架图标的设计窗口

（5）框架图标设计窗口分上下两个部分：上半部是【进入】流程，下半部是【退出】流程，它们分别在进入框架时和退出框架前执行。

【进入】流程中默认包含有一个显示图标和一个交互结构，它们提供了一个灰色面板和 8 个交互按钮，它们就是图 6.166 在演示窗口中由框架默认给出的 8 个按钮。

从图 6.167 中可以看出，所有交互分支的响应图标都是【导航图标】。要了解导航图标如何设置到页面的跳转，单击交互结构中任何一个导航图标，打开图 6.168 所示的导航图标的属性面板。

图 6.168 导航图标的属性面板

在导航图标属性面板中，【目的地】下拉列表提供了以下 5 种不同的选择。

- 【最近】：提供【返回】和【最近页列表】导航跳转选择。
- 【附近】：提供【前一页】、【下一页】、【第一页】、【最末页】和【退出框架】导航跳转选择。
- 【任意位置】：选择此选项，属性框中会出现【页】列表框，根据【框架】下拉列表中的选择，【页】列表框会列出某个框架或所有框架下的所有页面，程序可以选择其中之一作为导航跳转的目的地，跳转不再局限在当前框架中。
- 【计算】：根据【图标表达式】文本框中输入的表达式，计算要跳转到哪个目的页面。
- 【查找】：选择此选项，程序运行时将出现一个【查找】对话框，用户输入希望查找的文本，程序将包含该文本的页面的图标名称列在对话框中，双击列表中某个图标名，可以直接跳到该页面执行。

（6）程序运行时，【进入】流程上图标设置的显示内容会在该框架所有页面中出现，所以如果有信息需要在每个页面中显示，应该在【进入】流程中设置添加。本例就可以将框架外的【标题】显示图标移动到【进入】流程，保证标题文字出现在所有页面中。

（7）默认的【进入】流程可以灵活修改。例如 8 个按钮中【Previous page】、【Next page】和【Exit Framework】是最常用的 3 个交互按钮，简单的程序可以选择将其他 5 个按钮删除，重新调整好按钮的布局后，程序运行将如图 6.169 演示窗口所示。

图 6.169 修改后框架流程和导航按钮

（8）保存文件。运行程序，演示窗口按流程顺序，先执行框架窗口【进入】流程上的图标，然后进入框架，执行第一个分支页面。之后，根据框架提供的导航按钮，再由用户决定下一步该跳转到哪个页面执行。

2. 超文本的使用

在浏览网页时，经常可以通过单击某些文本对象，跳转到相关的信息资源上，这种文本被称为超文本。在 Authorware 7.0 中也提供了对超文本的支持，设计中可以看到，实现超文本的本质就是使用【导航图标】设置跳转。

下面将在之前已经创建的基本框架之上再添加超文本设置。

（1）打开之前制作好的"风景欣赏"作品文件。因为进入框架后，第一个分支页面会首先执行并显示，如果第一页设置为目录，会使作品结构更清晰。如图 6.170 所示，添加一个新显示图标作为框架结构的第一页，命名为"目录"。

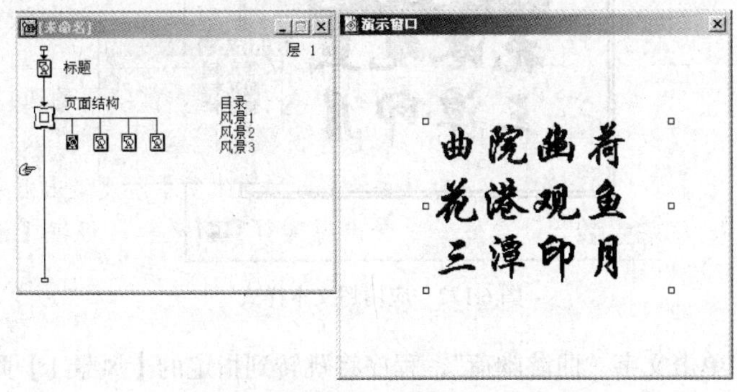

图 6.170 添加【目录】页面为第一页

（2）双击"目录"显示图标，如图 6.170 演示窗口所示，输入文字内容。

（3）选择【文本】→【定义样式...】命令，打开【定义风格】对话框。

（4）如图 6.171 所示，在【定义风格】对话框中单击【添加】按钮，添加一个新样式，更改其名称为【超文本 1】，然后在对话框中选定设置文本的字体、字号、颜色等属性。

（5）在【定义风格】对话框右侧【交互性】属性组中，选择【单击】为触发交互的行为，确定选中【导航到】复选框。如图 6.171 所示，单击【导航到】选项右侧的小图标，在弹出的【导航风格属性】对话框中选择导航跳转的目的页面为框架结构中的【风景 1】页面。

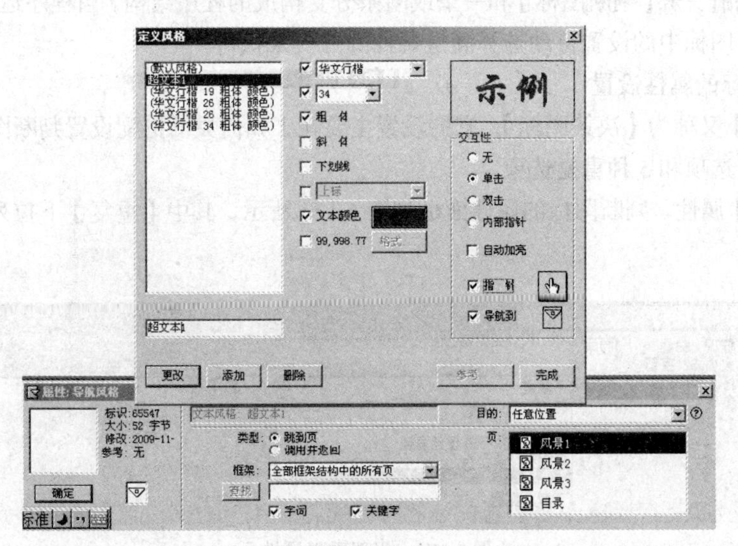

图 6.171 定义超文本

（6）在【导航风格属性】对话框中，单击【确认】按钮，确定超文本的导航设置。

（7）在【定义风格】对话框中，单击【更改】按钮，保存“超文本 1”风格的各项属性设置。单击【完成】按钮，关闭【定义风格】对话框。

（8）在演示窗口中选中要定义的文本，选择【文本】→【应用样式】菜单命令，如图 6.172 所示，在打开的【应用样式】对话框中选择刚定义的“超文本 1”样式。

图 6.172　应用超文本样式

（9）运行程序，单击文字“曲院幽荷”，程序将跳转到指定的【风景 1】页面。

（10）按同样的方法设置“超文本 2”和“超文本 3”样式，设置它们分别导航指向【风景 2】和【风景 3】页面。再将两个新样式分别应用在“花港观鱼”和“三潭印月”文本上，这样就可以通过超文本实现由【目录】页面到其他内容页面的跳转。

（11）可以在框架窗口的【进入】流程中添加导航到【第一页】交互按钮，这样程序随时可以由其他页面跳转返回到第一页【目录】页面。

（12）保存文件。运行程序，观察执行结果。

6.7.2　判断图标和判断结构

判断结构是由一个【判断图标】和一条或多条分支构成的程序结构，当程序运行到判断结构，流程会根据判断图标中的设置自动选择满足条件的分支来执行。

1. 判断图标的属性设置

【判断图标】又称为【决策图标】，它的设置主要在于如何灵活搭配设置判断图标属性面板中提供的 4 种分支选项和 5 种重复选项。

（1）【重复】属性。判断图标的属性面板如图 6.173 所示，其中【重复】下拉列表提供了以下 5 种重复方式。

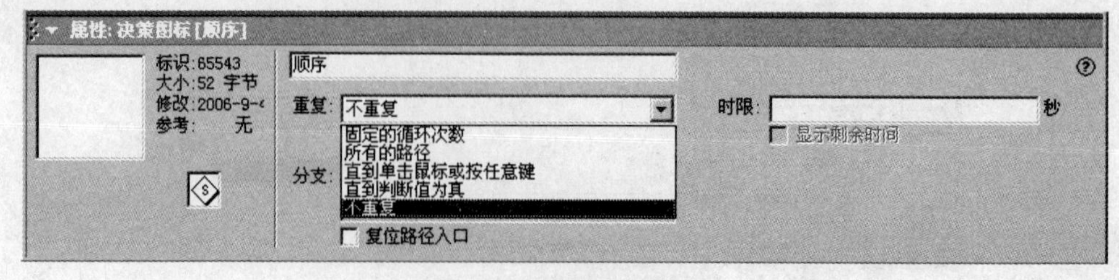

图 6.173　设置重复属性

- 【固定的循环次数】：根据输入的数值、变量或表达式，确定分支循环执行的次数。如果输入数值小于 1，则不执行任何分支。如果输入数值小于当前判断结构的分支数，则执行完指定数目的分支后就退出判断。如果输入数值大于当前判断结构的分支数，则重复执行分支，直到执行完指定分支数。
- 【所有的路径】：直到所有分支都执行过一次，程序才退出判断结构。
- 【直到单击鼠标或按任意键】：程序将不断执行当前结构中的分支，直到用户单击鼠标或按下键盘上任意键才退出判断结构。
- 【直到判断值为真】：根据输入的变量或表达式条件进行判断，如果条件为【假】，就一直循环执行结构中的分支，如果条件为【真】，就退出判断结构。
- 【不重复】：不循环，只执行一个分支后就退出判断。至于选择哪个分支执行，由【分支】属性设置的分支类型确定。

（2）【分支】属性。【重复】属性确定了执行多少次分支，而具体选择哪些分支来执行是由【分支】属性来确定。如图 6.174 所示，判断图标的属性面板提供了以下 4 种【分支】路径选项。

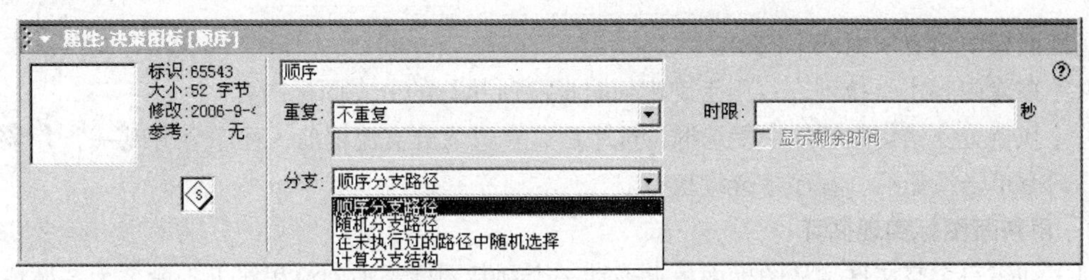

图 6.174　设置【分支】属性

- 【顺序分支路径】：程序从左到右按顺序执行每个分支，默认设置。
- 【随机分支路径】：每次程序随机选择任意一个分支执行，每个分支被执行的次数可能不等，有可能某些分支被反复选中执行，而某些分支却从未执行。
- 【在未执行过的路径中随机选择】：每次程序从未被执行过的分支中随机选择一个分支执行。
- 【计算分支结构】：根据用户输入的变量或表达式的值来确定要执行哪个分支。

如图 6.175 所示，每种分支有不同的判断图标标记和流程结构形式。

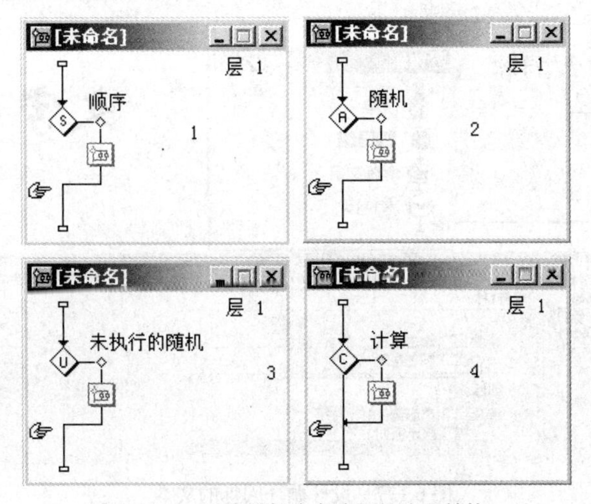

图 6.175　4 种判断分支路径的流程结构

（3）【时限】属性。判断图标的属性面板中，【时限】文本框用于设定当前判断结构的执行时间，当指定时间一到，程序马上退出判断结构。

2. 判断路径的属性设置

在每个分支路径上都有一个菱形小标志，单击该标志，可以打开分支路径的属性面板，用于对各个分支执行进行设置，如图 6.176 所示。

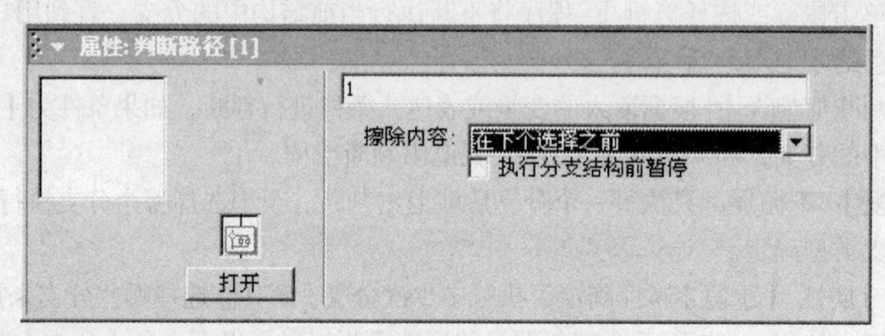

图 6.176 【属性：判断路径】面板

属性面板中只有下面两个选项。

- 【擦除内容】下拉列表：用于确定何时擦除所执行的分支图标内容。
- 【执行分支结构前暂停】复选框：选中后，在进入分支流程前，程序会出现一个【继续】按钮，只有单击按钮后，程序才继续执行。

3. 用判断图标实现循环

（1）创建一个空文件，从图标面板上拖动一个判断图标添加到流程线上，命名为“循环”。

（2）拖动一个群组放置在判断图标右侧，命名为“闪烁”，如图 6.177 设计窗口所示，设置重复方式为【直到单击鼠标或按任意键】。

（3）打开【闪烁】群组图标，在其流程线上添加一个显示图标，命名为“文字”，然后在显示图标中输入文本。

（4）在“闪烁”群组中添加一个等待图标，命名为“等待 1 秒”。如图 6.177 属性面板所示，关闭【单击鼠标】和【按任意键】的事件选项，设置等待【时限】为 1 秒。

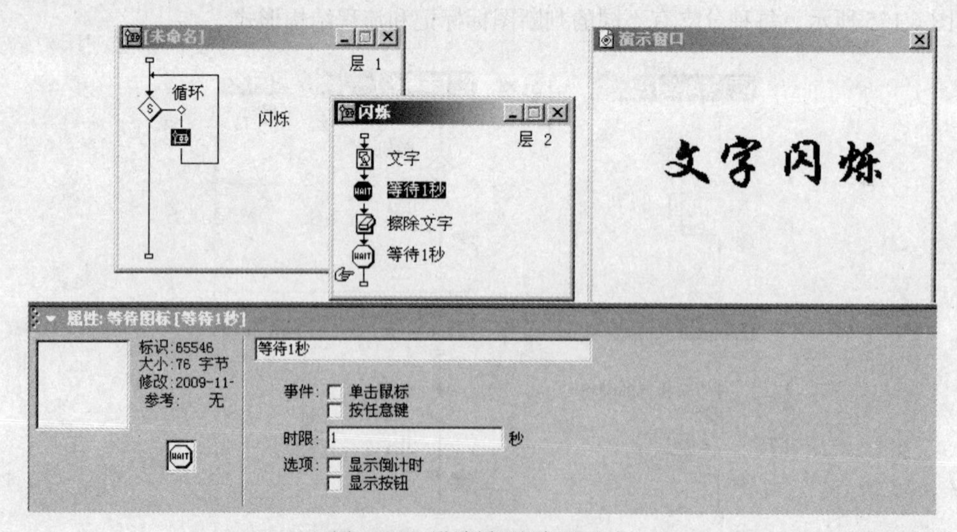

图 6.177 设计循环闪烁的文本

（5）继续在“闪烁”群组中添加一个擦除图标，命名为“擦除文字”。双击该擦除图标，在演示窗口中单击选中“文字”图标作为被擦除对象。

（6）复制【等待 1 秒】等待图标，粘贴到擦除图标之后。两个等待图标在流程中用于调节文字闪烁的速度。

（7）保存文件。运行程序，可以看到窗口内的文字内容不停地闪动，直到用户操作鼠标或键盘后才退出循环。

4. 用判断图标实现级别判断

（1）创建一个空文件，从图标面板上拖动一个交互图标到流程线上，命名为“输入评分”。

（2）拖动一个群组放置在判断图标右侧，命名为“*”。 双击设计窗口中的交互图标，如图 6.178 所示，在交互图标的演示窗口中输入提示文字。

（3）设置当前交互分支的【分支】选项为【退出交互】，群组中不用添加任何内容。

（4）拖动添加一个判断图标到流程线交互结构之后，命名为“级别判断”。

（5）拖动 3 个显示图标放在【级别判断】图标的右侧，如图 6.179 所示分别命名。

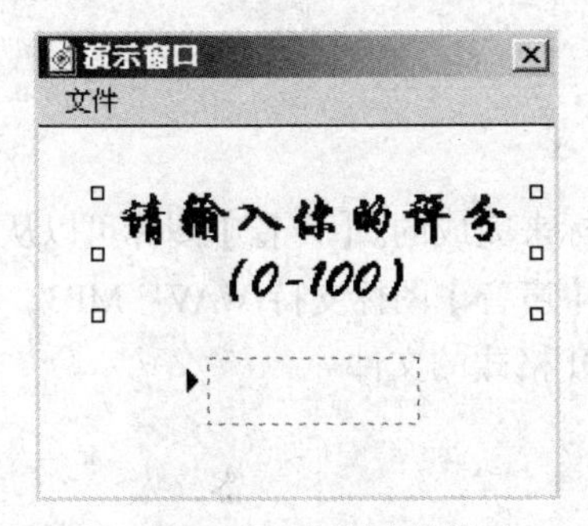

图 6.178　交互图标中的提示

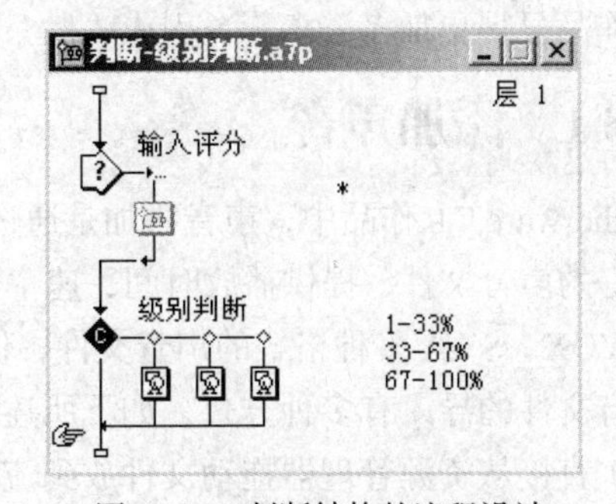

图 6.179　判断结构的流程设计

0～100 的评分在这里被均分为优、中、差 3 个等级，分别给予不同的提示。

（6）双击判断图标，如图 6.180 所示，在判断图标属性面板中设置【重复】方式为【不重复】选项，【分支】类型为【计算分支结构】。

在【分支】选项下的文本框中输入表达式“（NumEntry/34）+1”。其中，NumEntry 是系统变量，存放了用户在文本交互中输入的数据，表达式将确定选择执行哪个分支。例如，用户输入分值 55，表达式的计算结果为 2.62，这样，判断图标会取结果的整数部分，选择执行第二条分支路径执行。

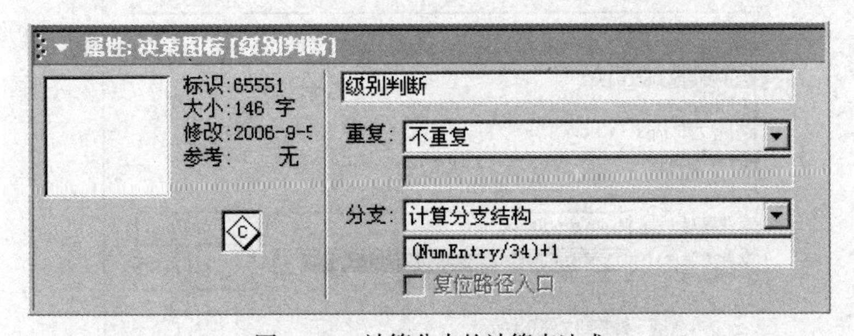

图 6.180　计算分支的计算表达式

（7）保存文件。运行程序，输入 0～100 间的不同数据，运行结果如图 6.181 所示。

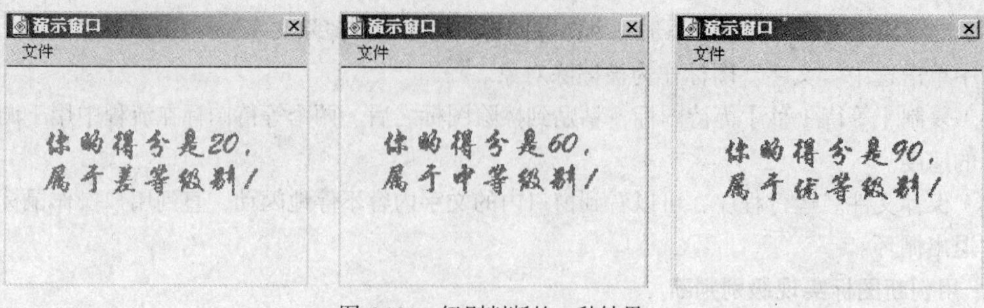

图 6.181　级别判断的 3 种结果

6.8　声音、数字电影和动画的添加

真正的多媒体作品不会仅仅只有文本、图形和图像这些静态素材，声音、动画和视频素材通常会使作品显得更加多姿多彩、引人入胜。

6.8.1　添加声音

Authorware 7.0 作品中，声音添加是通过【声音】图标来完成的。【声音】图标可以从外部导入制作好的声音文件，提供播放时间、速率等属性设置。【声音】图标支持 WAV、MP3、PCM、AIFF、VOX、SWA 多种格式的声音文件，但不支持 MIDI 格式的文件。

声音文件的导入有多种方式，如下所述。

（1）直接从资源管理器拖动文件放到流程线上。

（2）使用【文件】→【导入和导出】→【导入媒体...】命令导入声音文件。

（3）使用声音图标属性面板上的【导入】按钮导入声音文件。

1. 设置声音图标属性

（1）创建一个空文件，从图标面板上拖动声音图标放在流程线上。

（2）单击声音图标属性面板上的【导入】按钮，打开【导入哪个文件？】对话框，从文件列表中选择一个声音文件，然后单击对话框中的【导入】按钮，载入文件，如图 6.182 所示。

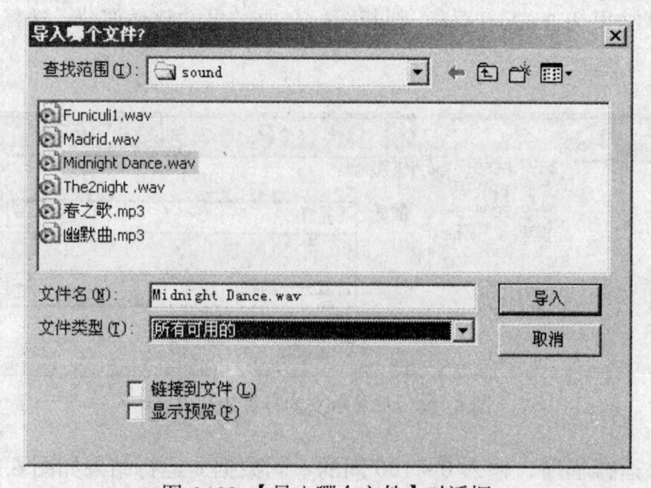

图 6.182　【导入哪个文件】对话框

在声音图标的属性面板中可以看到被载入的文件信息，如图 6.183 所示。

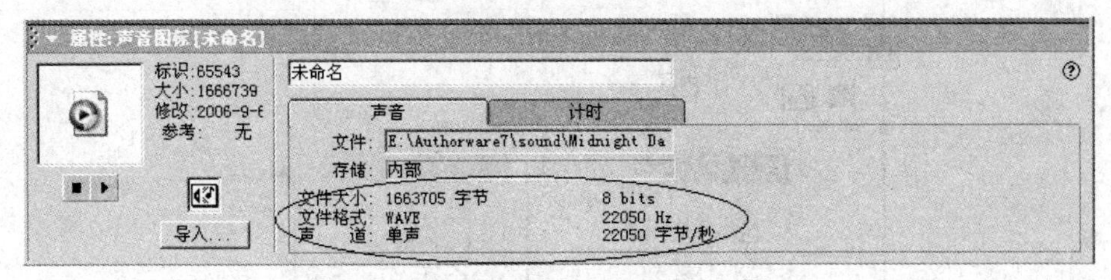

图 6.183　声音文件的信息

（3）进入【计时】选项卡，如图 6.184 所示，对声音文件的主要设置就集中在这个选项卡上。

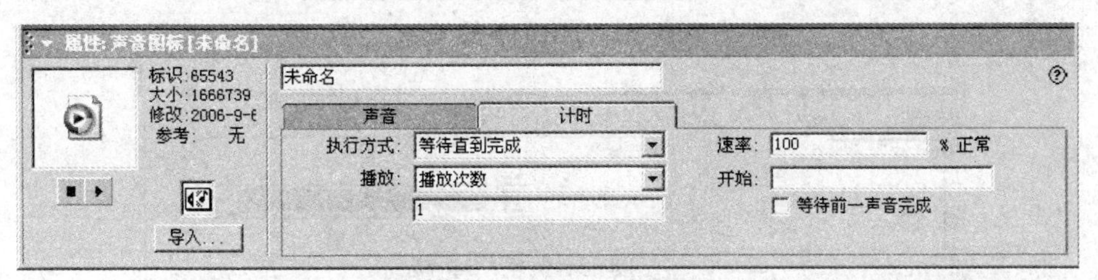

图 6.184 【属性：声音图标】面板的【计时】选项卡

● 【执行方式】：用于设置声音图标执行时和流程线上其他图标的同步关系。

➢ 【等待直到完成】：默认选项，当声音图标执行完毕后，再向下执行其他图标。

➢ 【同时】：声音图标执行的同时，继续向下执行其他图标。当需要声音作为背景音乐或画面解说时，常选择此项。

➢ 【永久】：声音图标执行完毕后，继续监视【开始】项中值的真假，如果为真，立即播放声音，同时执行其他图标；如果为假则退出声音图标。

● 【播放】：设置声音文件的播放次数。

➢ 【播放次数】：用数值、变量或表达式指定声音文件的播放次数。

➢ 【直到为真】：设置条件，当条件变量或表达式结果为真时，停止声音文件的播放。

● 【速率】：通过输入的数值或变量设置声音播放的速度，标准速度为 100%，如果值大于标准速度，则快速播放文件；如果值小于标准速度，则慢速播放。

● 【开始】：用于设置声音文件播放的起始时间，当输入的数值、变量或表达式的值为真时，开始播放声音文件。

（4）设置【速率】为 50%。

（5）保存文件，运行程序，可以比较与正常速率的播放差别。

2. 媒体同步

媒体同步，指在播放声音或数字电影的同时，播放其他文本、图形图像内容。

（1）创建一个空文件，在流程线上添加声音图标，并导入声音文件，保持声音图标属性面板中的默认设置。

（2）先后拖动两个群组放置到声音图标的右侧，分别命名为“片头”和“内容”，然后在群组中编辑具体的流程，如图 6.185 所示。

（3）单击分支上小闹钟形状的小标志，可以打开对应分支流程的【属性：媒体同步】面板，如图 6.186 和图 6.187 所示。

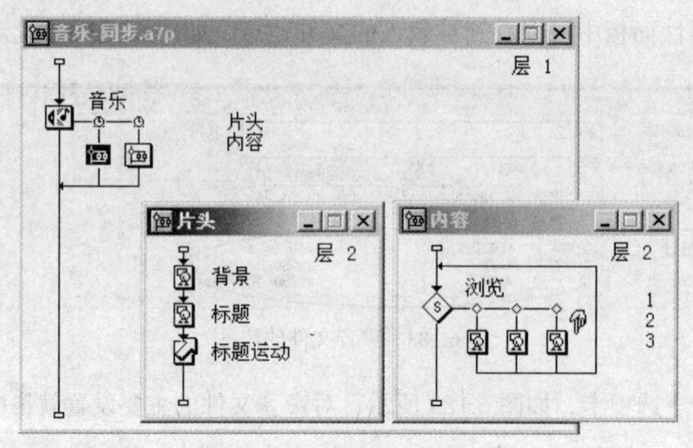

图 6.185　媒体同步的制作

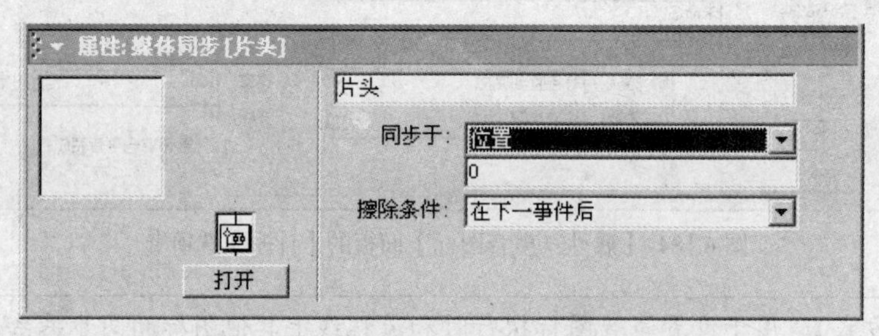

图 6.186 【片头】分支的媒体同步设置

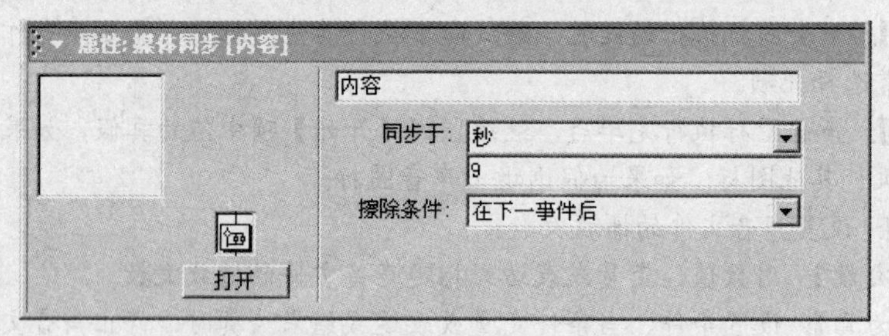

图 6.187 【内容】分支的媒体同步设置

媒体同步属性面板中几个选项设置的含义如下所述。

- 【同步于】下拉列表：用于设置分支和声音图标之间的同步方式。

➢ 【位置】：根据媒体位置设置同步时机，声音以毫秒（ms）为单位，影像以帧数（frame）为单位。

➢ 【秒】：根据媒体播放时间设置同步时机，单位为秒（s）。

- 【擦除条件】：用于设置何时擦除分支图标的显示内容，类似交互图标的擦除设置。

（4）按媒体同步属性面板中的设置，当开始播放声音图标时，片头动画同时开始执行，9 秒钟后，擦除片头群组的显示，开始执行"内容"群组。

（5）保存文件。运行程序，观察执行结果。

6.8.2　添加数字电影

数字电影是多媒体的一种重要表现形式，使用 Authorware 7.0 提供的【数字电影】图标可以很容易地导入二维、三维的影像文件，并可以对播放速度、重复播放、播放启始帧等有关属性进行设置。

【数字电影】图标支持 AVI、MOV、MPG、DIR、FLC、FLI、Bitmap Sequence 等多种格式的视频文件。但只有少数格式可以内嵌到 Authorware 7.0 的程序中，如 PIC、FLC/FLI 等格式；大多数的格式，如 DIR、MOV、AVI、MPG 等，只能以外部链接方式存放。

内嵌式数字电影执行速度快，可以使用擦除效果，但会增加可执行文件大小。作品发布时不需要打包内嵌数字电影文件。

外置式数字电影将文件单独存放，不会增加可执行文件的大小，但不能使用擦除效果。作品发布时，需要将这些数字电影文件一起打包发布。

数字电影文件的导入有多种方式，如下所述。

（1）直接从资源管理器拖动文件放到流程线上。

（2）使用【文件】→【导入和导出】→【导入媒体...】命令导入影像文件。

（3）使用【数字电影】图标属性面板上的【导入】按钮导入影像文件。

1. 设置【数字电影】图标属性

（1）创建一个空文件，从图标面板上拖动【数字电影】图标放在流程线上。

（2）单击图标属性面板上的【导入】按钮，打开【导入哪个文件？】对话框，如图 6.188 所示，从文件列表中选择一个影像文件，然后单击对话框中【导入】按钮，载入文件。

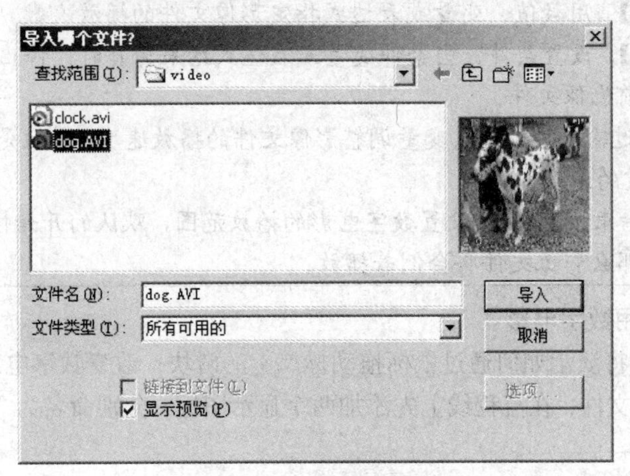

图 6.188　导入数字电影

（3）单击数字电影图标，如图 6.189 所示，在属性面板中提供了预览播放控制，并可以看到当前帧数和总帧数等基本信息；面板右侧还提供擦除、防止自动擦除、同步播放声音等属性设置选项。

图 6.189 【属性数字电影图标】面板

（4）对影像的主要控制是在属性面板的【计时】面板中，如图 6.190 所示。

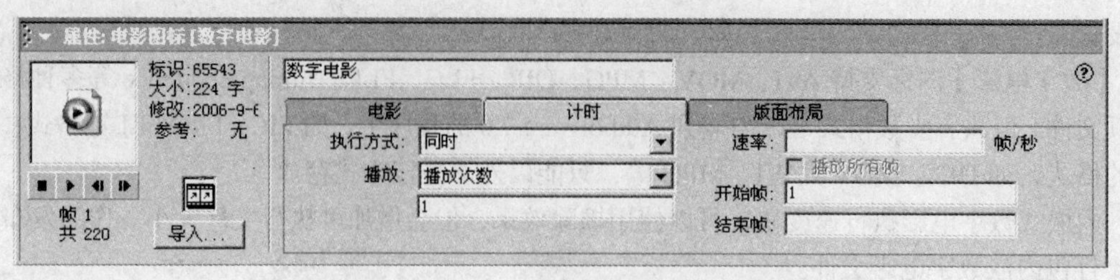

图 6.190 【数字电影属性】面板的【计时】面板

【数字电影属性】面板【计时】选项卡中的选项如下所述。

- 【执行方式】：用于设置和流程线上其他图标的同步关系。
  - 【等待直到完成】：当数字电影图标执行完毕后，再向下执行其他图标。
  - 【同时】：默认选项，数字电影图标执行的同时，继续向下执行其他图标。
  - 【永久】：数字电影图标执行完毕后，继续监视属性对话框中的有关变量，一旦变量值发生变化，立即在播放中反映出来。
- 【播放】：设置数字电影文件的播放方式。
  - 【重复】：自动重复播放影像，直到擦除图标将其擦除，或调用系统函数 MediaPause() 停止它的执行。
  - 【播放次数】：用数值、变量或表达式指定影像文件的播放次数。
  - 【直到为真】：设置条件，当条件变量或表达式结果为真时，停止声音文件的播放，否则一直重复播放当前影像文件。
- 【速率】：通过输入的数值或变量调整影像文件的播放速度，单位是【帧/秒】，一般 20~30 帧/秒是比较正常的速度。
- 【开始帧和结束帧】：用于设置数字电影的播放范围，默认的开始帧为 1。如果结束帧的值要小于开始帧，那么影像文件将会倒着播放。

2. 在作品中使用数字电影

下面给出的例子将演示如何通过鼠标拖动标尺上的滑块，改变数字电影的播放速度。

（1）新建一个空文件，在流程线上先添加两个显示图标，分别命名为“滑杆”和“滑块”，如图 6.191 所示。

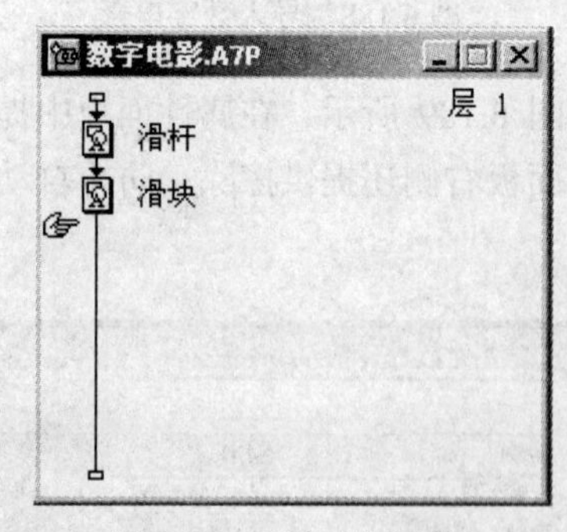

图 6.191 添加显示图标

（2）如图 6.192 所示，利用【绘图工具】在两个显示图标中分别绘制带刻度的滑杆和滑块。

（3）要使用鼠标拖动滑块沿滑杆移动，需要在显示图标的属性面板中设置【位置】和【活动】两个属性；此时先运行程序，当滑杆和滑块同时出现后，进入暂停状态。

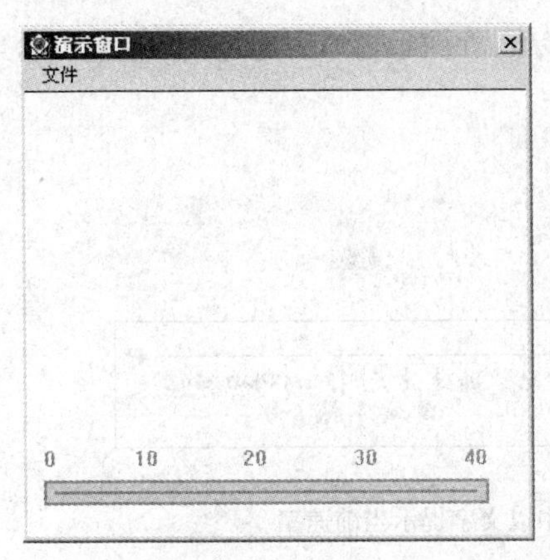

图 6.192　设计两个显示图标的内容

（4）如图 6.193 所示，先在显示图标的属性面板中设置【位置】和【活动】属性均为【在路径上】，再根据面板中的提示，在演示窗口中，对滑块对象先执行【拖动对象以创建路径】，然后执行【拖动对象以扩展路径】。

此方式下，类似移动图标中对对象移动路径的创建，在显示图标中创建的路径可以也是折线或弧线；当前实例中只沿着滑杆设置了一个直线路径，如果要调整路径的位置和形状，拖动路径上的小三角标记可以实现；这样在运行时，滑块只能在当前设置的路径上进行拖动。

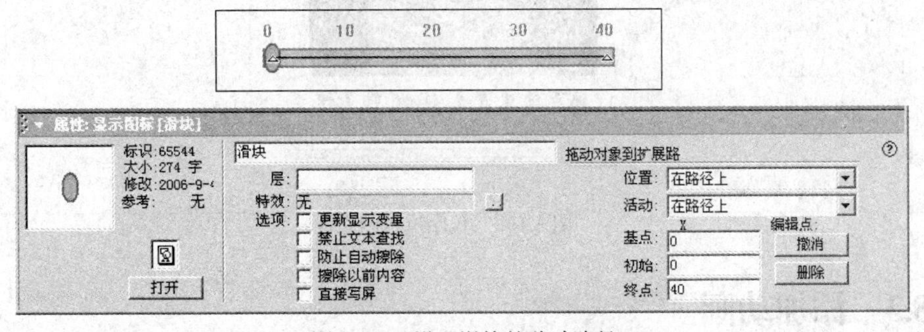

图 6.193　设置滑块的移动路径

（5）在属性面板中，路径的【基点】、【初值】和【终点】也要给出取值，如图 6.193 属性面板所示，设置【基点】值为 0，【终点】值为 40，保证取值范围和滑杆上的刻度范围一致。

（6）拖动【数字电影】图标放在流程线上两个显示图标之后，导入一段 AVI 影片；如图 6.194 所示，在属性面板中设置【永久】执行方式【重复】播放，特别是【速率】的设置是通过系统变量 PathPosition 来控制，【PathPosition@“滑块”】返回的是【滑块】对象在所设路径上的当前位置。

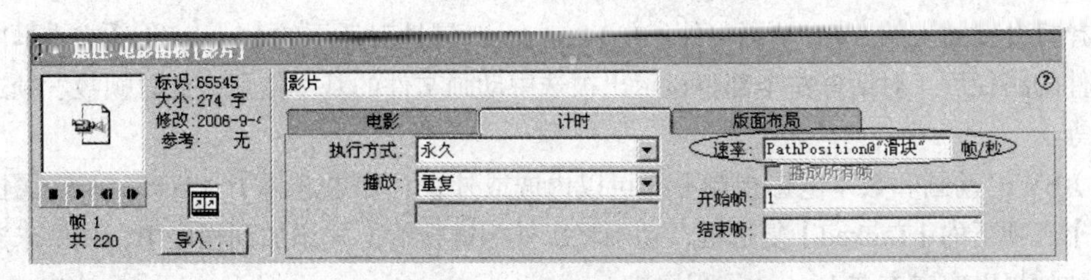

图 6.194　设置【数字电影属性】面板

（7）最后添加一个显示图标，如图 6.195 所示，在演示窗口中通过文本信息提示当前视频的播放速率。

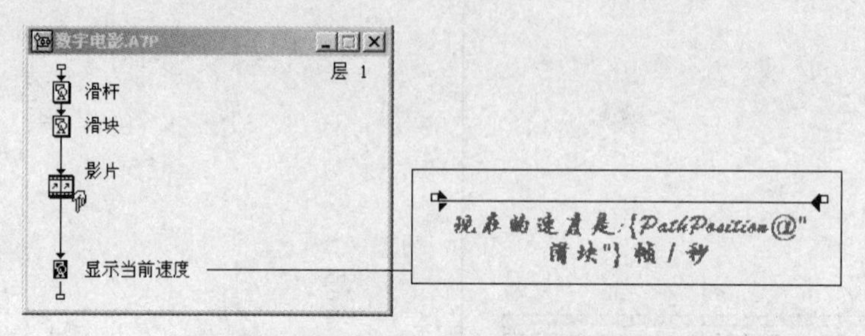

图 6.195　在显示图标中以文字提示当前速率

（8）保存文件。执行程序，用鼠标拖动滑块，改变其在滑杆上的位置，可以看到如图 6.196 所示的结果。

图 6.196　程序执行结果

6.8.3　添加动画

虽然 Authorware 7.0 提供了多种运动方式可以操纵对象进行移动，但是在动画的表现上远远不及专业动画软件制作的效果，通过【插入】菜单提供的几项命令，Authorware 可以在程序中添加 GIF、SWF、AVI 格式的动画，扩展了作品的表现能力。下面以添加 Flash 动画（SWF 格式）为例，介绍动画的添加过程。

（1）新建一个空文件，选择【插入】→【媒体】→【Flash Movie】菜单命令，打开如图 6.197 所示的对话框。

（2）单击对话框中的【Browse】按钮，在打开的【Open Shockwave Flash Movie】对话框中找到并选择打开要插入的 SWF 动画文件。在 Flash Asset 属性对话框的【Link File】文本框中确定要插入文件的路径后，对话框左半部将显示出被选中动画文件的基本信息，如总帧数、帧速、帧画面大小等。

（3）SWF 动画和数字电影视频一样可以内嵌或外置，如果选择了 Flash Asset 属性对话框【Media】选项下的【Linked】复选框，动画将以外部链接的方式添加到程序中，如果未选中该复选框，动画将以内嵌方式 Import 到程序中。

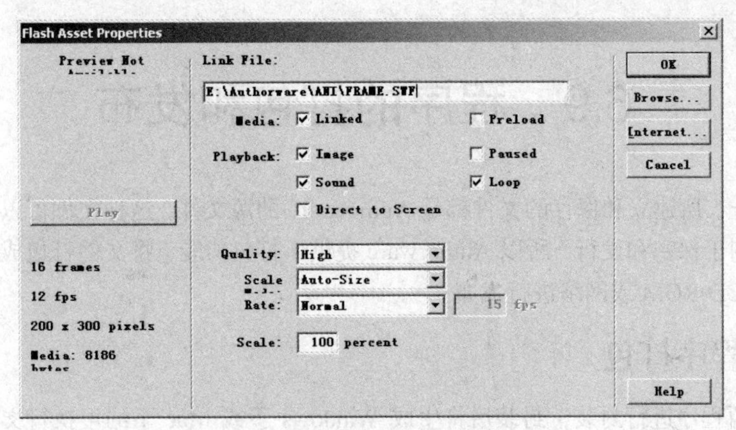

图 6.197　Flash Asset 属性对话框

（4）【Playback】系列的复选框提供了动画播放时的各种播放属性。

- 【Image】复选框：选中后，显示动画的图像内容，否则不显示。
- 【Sound】复选框：选中后，播放动画的声音，否则不播放声音。
- 【Pause】复选框：选中后，动画显示将停留在第一帧，只有调用 CallSprite 函数才能开始播放该动画；如果不选择该项，动画在演示窗口中一出现，就自动开始播放。
- 【Loop】复选框：选中后，动画将自动循环播放，否则动画文件只播放一次。
- 【Direct to Screen】复选框：选中后，动画将直接显示在演示窗口，而不必先在内存中先和其他对象进行复合；这种方式下 Flash 动画显示速度快，但是只能以【Opaque】不透明模式显示。

（5）【Quality】下拉列表提供了 High、Low、Auto-High 和 Auto-Low 4 种不同的播放质量。

（6）【Scale Model】下拉列表可以选择 SWF 动画在演示窗口中的显示比例。

（7）【Rate】下拉列表可以选择 Flash 动画文件的播放速度。

（8）【Scale】文本框用于显示或输入当前 Flash 动画文件实际播放大小和原始播放大小的百分比。

（9）设置好对话框中的有关属性后，单击【OK】关闭对话框，设计窗口中将添加一个【Flash Movie】图标，单击该图标，还可以展开该图标的属性窗口，类似显示图标的属性设置，设置动画的显示和版面布局等属性。

（10）保存文件。运行程序，可以看到如图 6.198 所示的显示结果。

图 6.198　设计窗口中的动画 Sprite 图标和演示结果

6.9 程序的打包和发布

到目前为止，所建立和保存的文件都是 Authorware 的源文件，这种文件可以被其他人随意打开和修改，不利于保密和发行，所以 Authorware 提供了打包功能，将文件打包成可独立运行的执行文件，通过 CD-ROM 或网络进行发布。

6.9.1 程序打包

打包即对源程序进行封装，封装后将生成 Windows 下或 Mac 下的可执行文件，该文件可以脱离 Authorware 的环境运行。

（1）打开一个 A7P 的源程序。

（2）选择【文件】→【发布】→【打包】菜单命令，打开【打包文件】对话框，如图 6.199 所示。

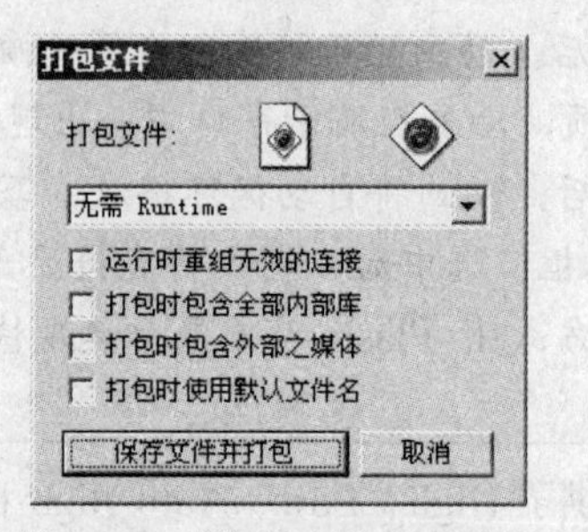

图 6.199 【打包文件】对话框

首先，下拉列表列出了两种打包选择，如下所述。打包文件后生成的两种文件格式见图 6.200。

• 【无需 Runtime】：选择此项，打包后将生成【.a7r】文件，这种文件通常较小，但它的运行需要 Authorware 提供的 Runtime 文件（即 runa7w32.exe）的支持。

图 6.200 打包文件后生成的两种文件格式

• 【应用平台 Windows XP，NT 和 98】：选择此项，打包后将生成【.exe】可执行文件，它可以独立运行。

对话框还提供了 4 个复选框选项，如下所述。

• 【运行时重组无效链接】：选择此项，如果遇到断开的链接，程序自动去寻找并尽量恢复断链，避免错误情况出现。

• 【打包时包含全部库】：选择此项，打包时将与程序有链接关系的库全部打包到程序中，这可以避免库文件的单独打包，防止遗漏文件，但是会增加文件的大小。

• 【打包时包含外部媒体】：选择此项，打包程序时会将外部链接方式导入的数字电影和声音文件变为嵌入的文件，这可以减少发行时的文件数目，但会增加文件的大小。

- 【打包时使用默认文件名】：选择此项，Authorware 自动生成一个与源程序文件名相同、路径相同的打包文件。

（3）按需要设置以上各选项后，单击【保存文件并打包】按钮，打包操作会开始执行，生成的文件在打包时指定的目录下可以找到。

6.9.2　程序的发布

1. 单机发布

单机版的发布只需要将打包后的执行文件和相关文件一起发布就可以了。

程序的执行并不仅仅只涉及源文件，还和其他文件有关，所以要使发布的文件能正常无误地执行，必须注意附带以下基本文件。

（1）相关的素材文件。如果打包时没有将外部媒体一起打包到执行文件中，那么一定要注意将所有外部的素材都一同发布。

（2）相关的库。同样，如果库文件没有打包到执行文件中，发布时也要一同附带。

（3）相关的 Xtras 文件。Xtras 是能扩展 Authorware 7.0 功能的一些软件模块，比如某些过渡效果就是由 Xtras 实现的。它们被专门存放在 Authorware 安装目录的【Xtras】目录下。

如果发布作品时没有提供相关的 Xtras 文件支持，运行时，程序会提示无法找到相关文件，不能实现预定的特效和功能；只要发布时在发布文件目录下也设置一个【Xtras】目录，将 Xtras 文件放置其中，就可以解决这个问题。

但通常一个程序运行时只用到小部分 Xtras，所以发布时不需要附带所有的 Xtras 文件。选择【命令】→【查找 Xtras】命令，可以打开一个【Find Xtras】对话框，如图 6.201 所示。在其中单击【查找】按钮，对话框中将列出当前程序使用的所有 Xtras 插件；再单击【复制】按钮，可以将列出的 Xtras 插件复制到指定的【Xtras】目录下。

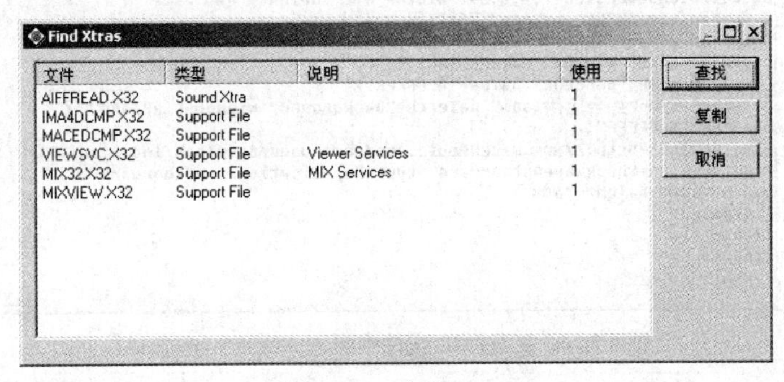

图 6.201　查找 Xtras

（4）程序运行需要的 UCD 文件。

（5）相关的驱动程序，如 MPEG 视频文件的驱动文件【a7mpeg32.xmo】。

2. 网络发布

如果想将 Authorware 作品嵌入网页在网络上发布，对前面打包后生成的文件还需要进行网络打包。

选择【文件】→【发布】→【Web 打包】菜单命令，打开【Authorware Web Packager】程序窗口。选择要进行网络打包的 A7R 或 A7E 文件，确定打包将生成的 AAM 文件名后，Web 打包会将文件分解为多个小文件，如图 6.202 所示，便于网络的发布。

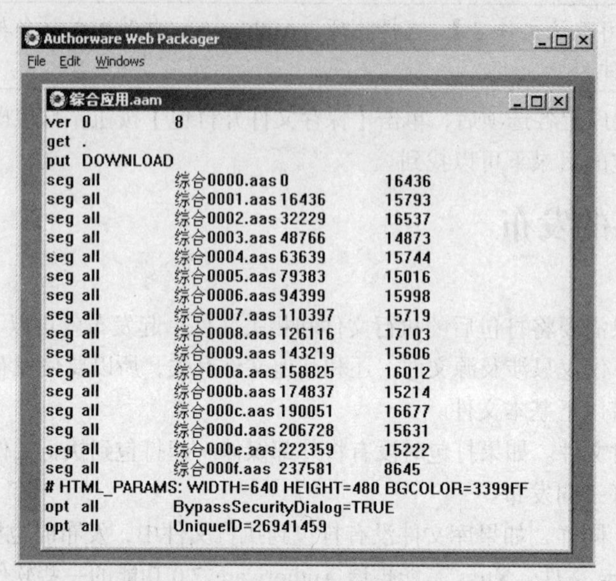

```
Authorware Web Packager
File Edit Windows
综合应用.aam
ver 0        8
get .
put DOWNLOAD
seg all      综合0000.aas 0       16436
seg all      综合0001.aas 16436   15793
seg all      综合0002.aas 32229   16537
seg all      综合0003.aas 48766   14873
seg all      综合0004.aas 63639   15744
seg all      综合0005.aas 79383   15016
seg all      综合0006.aas 94399   15998
seg all      综合0007.aas 110397  15719
seg all      综合0008.aas 126116  17103
seg all      综合0009.aas 143219  15606
seg all      综合000a.aas 158825  16012
seg all      综合000b.aas 174837  15214
seg all      综合000c.aas 190051  16677
seg all      综合000d.aas 206728  15631
seg all      综合000e.aas 222359  15222
seg all      综合000f.aas 237581  8645
# HTML_PARAMS: WIDTH=640 HEIGHT=480 BGCOLOR=3399FF
opt all      BypassSecurityDialog=TRUE
opt all      UniqueID=26941459
```

图 6.202　Web 打包

如图 6.203 所示，将生成的 AAM 文件通过 EMBED 选项卡嵌入 HTML 网页，可以实现作品的网络发布。

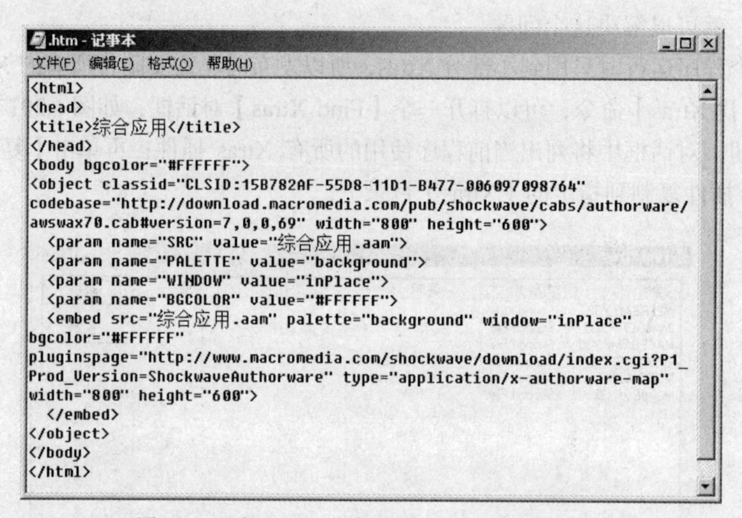

```
.htm - 记事本
文件(F) 编辑(E) 格式(O) 帮助(H)
<html>
<head>
<title>综合应用</title>
</head>
<body bgcolor="#FFFFFF">
<object classid="CLSID:15B782AF-55D8-11D1-B477-006097098764"
codebase="http://download.macromedia.com/pub/shockwave/cabs/authorware/
awswax70.cab#version=7,0,0,69" width="800" height="600">
  <param name="SRC" value="综合应用.aam">
  <param name="PALETTE" value="background">
  <param name="WINDOW" value="inPlace">
  <param name="BGCOLOR" value="#FFFFFF">
  <embed src="综合应用.aam" palette="background" window="inPlace"
bgcolor="#FFFFFF"
pluginspage="http://www.macromedia.com/shockwave/download/index.cgi?P1_
Prod_Version=ShockwaveAuthorware" type="application/x-authorware-map"
width="800" height="600">
  </embed>
</object>
</body>
</html>
```

图 6.203　在 HTML 文件中嵌入 Authorware 作品

3. 一键发布

从前面的内容可以看到，打包和发布过程中要进行众多的设置，并且还要注意发布时不要遗漏相关的各种文件，这样不但操作麻烦，也容易出错。为了简化发布操作，Authorware 7.0 提供了【一键发布】的功能。

选择【文件】→【发布】→【发布设置】菜单命令，打开【一键发布】对话框，如图 6.204 所示。

在对话框的各选项卡中提供了单机发布和网络发布打包时需要设置的各种选项，对话框中还会将与发布相关的文件全部列出（Files 选项卡），并且允许对文件进行增删。

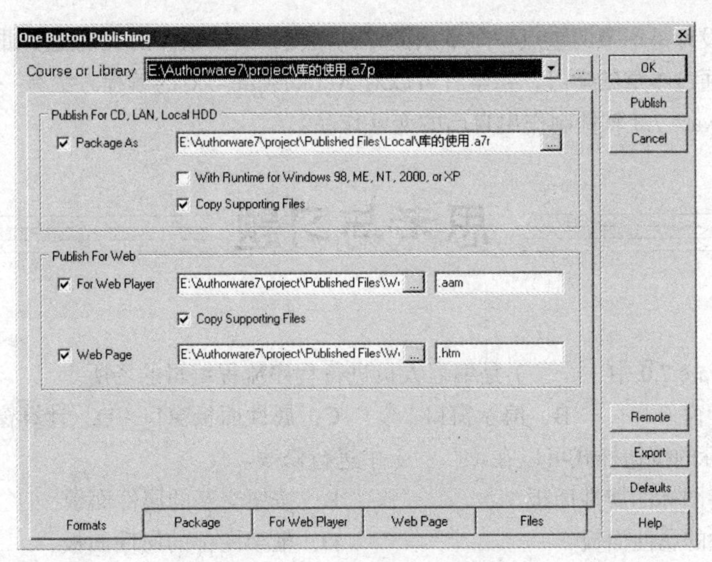

图 6.204 “一键发布”对话框

如果对各选项卡做好了各项设置，单击【Publish】按钮，Authorware 7.0 将进行打包操作。打包完成后，在指定的目标路径下可以找到一个【Published Files】目录，如图 6.205 所示，打包生成的单机发布文件和网络发布文件分别放在这个目录下的【Local】和【Web】子目录中。最后，直接将【Local】或【Web】的整个目录进行发布，就能够避免文件的遗漏、断链或其他错误的出现。

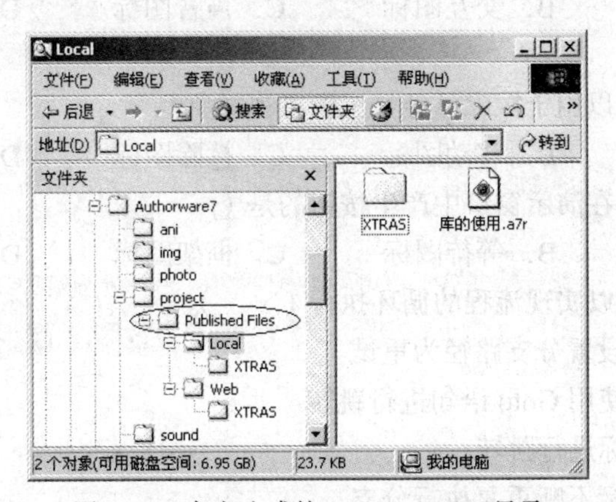

图 6.205 打包生成的 Published Files 目录

如果选择【文件】→【发布】→【一键发布】菜单命令，Authorware 不会打开【一键发布】对话框，而是按默认设置直接对文件进行打包；打包后在源文件所在目录下同样会创建一个【Published Files】目录，用于保存单机和网络发布相关文件。

本章小结

本章主要介绍了如何使用 Authorware 7.0 软件制作交互式的多媒体程序，包括了解 Authorware 7.0 的功能特点，掌握程序的制作、调试、打包和发布。其中各个功能图标的基本功能和使用方法，以及程序的结构设计是章节的重点。全章从简单到繁复，给出众多的实例逐步讲解了每个图标的各种不同应用。通过本章的学习，初学者可以对 Authorware 7.0 的编程方法有一个基础的认识，并能使用 Authorware 7.0 软件制作出自己的交互作品。

思考与习题

1. 单选题

（1）Authorware 7.0 中（　　）是编程人员进行程序流程编辑的场所。

A．设计窗口　　B．演示窗口　　C．属性面板窗口　D．计算窗口

（2）等待图标的按钮样式可以在（　　）中进行修改。

A．等待图标的属性面板　　B．按钮交互的属性面板

C．文件的属性面板　　D．框架图标的属性面板

（3）为了给交互图标添加一个无任何内容的分支，则该分支的响应图标最好是（　　）。

A．显示图标　　B．运动图标　　C．框架图标　　D．群组图标

（4）超文本的创建是通过【文本】菜单下的（　　）命令来实现的。

A．定义样式　　B．应用样式

C．风格和定义样式　　D．定义样式和应用样式

（5）下列哪种图标在库文件中不能保存（　　）。

A．显示图标　　B．交互图标　　C．声音图标　　D．群组图标

2. 多选题

（1）下列哪些图标可以用于擦除已经显示的可视对象？

A．显示图标　　B．移动图标　　C．擦除图标　　D．等待图标

（2）下列图标中可以在演示窗口中产生按钮的是（　　）。

A．运动图标　　B．等待图标　　C．框架图标　　D．交互图标

（3）下列哪些方式可以实现流程的循环执行（　　）。

A．交互结构中设置分支路径为重试

B．计算图标中使用 Goto 语句进行跳转

C．使用导航图标进行跳转

D．使用判断图标不断重复执行分支

（4）下列哪些是变量的应用场合（　　）。

A．属性对话框的文本输入框中　　B．显示图标的演示窗口中

C．计算图标的计算窗口　　D．交互图标的演示窗口中

（5）Authorware7.0 源文件被打包后可以生成（　　）格式的文件。

A．EXE　　B．A7R　　C．A7L　　D．A7E

3. 问答题

（1）简述 Authorware 7.0 提供了哪些调试程序的方法。

（2）为什么说 Authorware 是基于图标和流程的多媒体创作工具。

（3）试比较 Authorware 和 PowerPoint 两个工具的功能特点。

（4）什么是媒体同步？哪些图标可以设置媒体同步？

（5）请解释库、模块和知识对象的概念、区别和功能特点。

实　验

实验 1

实验目的：

- 掌握 Authorware 7.0 流程线编辑的基本操作。
- 掌握 Authorware 程序的调试和运行方法。

实验内容：

使用显示、等待、擦除和群组 4 个图标制作一个顺序流程的小作品，介绍自己生活的城市，作品包括片头、内容和片尾 3 大部分。

提示：

- 使用群组图标组织，使得流程结构更清晰。
- 使用显示图标和擦除图标中的【特效】属性设置，使得作品更生动。

实验 2

实验目的：

- 掌握如何在显示图标中添加和编辑图形、图像、文本等显示对象。
- 掌握一个显示图标中，多个对象的排列、群组以及层次设置。
- 掌握多个显示图标中不同显示内容的对齐、层设置以及属性面板中其他的属性设置。

实验内容：

利用显示图标实现逐帧动画制作，例如一句话逐字排成一行出现在窗口中，或一个动作接着一个动作表现出一个跳舞的小人等。

提示：

- 应用等待图标的【时限】设置让画面自动变换。
- 交叉应用擦除图标和显示图标可以实现闪烁效果。

实验 3

实验目的：

- 掌握如何使用移动图标制作运动的对象。
- 掌握多个移动同时执行时，移动图标的执行方式设置和层次设置。

实验内容：

制作一个显示两个小球同时以相同的速度运动的小程序，蓝色小球以一个小三角为圆心做圆形轨迹运动，红色小球绕一个柱体环绕转动（体现三维空间中的深度感）。

提示：

- 相同的移动速度可以通过设置相同“速率”来实现。
- 红色小球绕柱体旋转时，要体现三维空间的深度感，即要求小球从柱体前转动到柱体后，制作时可以将一个环绕分解为两个部分，然后设置不同“层”号来控制，使得小球时而出现在柱体前，时而出现在柱体后。

实验 4

实验目的：

- 掌握交互图标的 11 种不同交互方式的基本设置。
- 尝试多种交互的组合和嵌套，实现更丰富的变化控制。

实验内容：

制作一个小测试程序，给出 3 道题目分别是单选、多选和填空题，如果 3 题都答对，显示成绩为“优”，答对两题显示成绩为“良”，答对一题显示成绩为“中”，一题未答对显示成绩“差”。

提示：

- 单选题可以用按钮、热区、热对象等交互方式之一来实现，多选题可以通过按钮交互中的单选按钮控制，填空题可以选择目标区交互或文本交互之一来实现。
- 成绩判断可以先通过【响应】选项卡中的【计分】选项统计得分，再通过条件交互判断其优良中差的基本。

实验 5

实验目的：

- 掌握框架图标和导航图标的基本操作和应用。
- 掌握超文本的设置和应用。

实验内容：

制作一个小课件，将某个设备（比如电器）或物种（比如动物）知识解释描述清楚。课件分模块构成，比如术语+结构+功能+小测验模块或种属+外观+习性+小测验模块，要求有主菜单或目录页面，从主菜单到各个模块可以随时相互跳转。

提示：

- 主菜单页面可以用超文本也可以用热区或其他交互实现。
- 要从各个模块的页面随时回到主菜单，应该在框架图标的“进入”流程中设置一个永久交互选项，通过导航图标回到主菜单页面。

实验 6

实验目的：

- 掌握决策/判断图标的基本设置操作和应用。
- 掌握多种流程结构的嵌套和综合应用。

实验内容：

设计一个风景欣赏的小演示程序，要求提供“自动浏览”和“手动浏览”两种不同的浏览方式。

提示：

- 自动浏览方式可以通过决策图标设置实现。
- 手动浏览的方式可以通过框架图标设置实现。
- 通过交互结构，提供不同浏览方式的选择。

实验 7

实验目的：

- 掌握声音和数字电影多媒体素材的添加和控制。
- 掌握媒体同步的设置和应用。

实验内容：

制作一个小诗歌欣赏的小程序，在朗读者朗诵诗歌的同时，诗词逐句同步于朗读，出现在窗口中，如果有相关的视频或动画素材，也可以在朗诵的同时，以数字电影或动画媒体为诗句做出更形象的展现。

提示：

通过媒体同步设置，让诗句同步于朗诵，出现在窗口中。

实验 8

实验目的：

- 综合各个基本图标，制作一个结构完整的交互式多媒体作品。
- 掌握程序的打包和发布。

实验内容：

选择自己专业中的某门课程，设计一个交互式多媒体课件，包括教学目标、课程重点、课程内容、内容小结、习题等多个教学步骤。要求结构清晰合理、声图文并茂、具有灵活的交互控制。最后，课件通过打包后提交到指定地址。

第7章 Dreamweaver使用方法

Dreamweaver 是网页设计中常用且高效的工具，由它产生的网页文件简洁短小，并且网站设计工具齐全易用，被越来越多的网站设计人员所青睐。

本章简要介绍了使用 Dreamweaver 创建网站、设计网页、发布网站以及实例讲解等内容，详细介绍了在设计网页中加入多种媒体对象的方法，并着重介绍了 Dreamweaver 中极具特色的层、行为、时间轴等概念。

本章学习重点：

- 了解 Dreamweaver 的特点。
- 掌握 Dreamweaver 中插入多种媒体的方法，包括文字、图像、声音、flash 等。
- 掌握超级链接的设置。
- 掌握 Dreamweaver 中表格的基本操作。
- 掌握 Dreamweaver 中布局表格的使用技巧。
- 掌握 Dreamweaver 中框架的操作。
- 掌握 Dreamweaver 的层、行为、时间轴的概念。
- 了解网站发布的基本方法。

7.1 Dreamweaver 简介

Dreamweaver 是美国 Macromedia 公司（因 Adobe 和 Macromedia 合二为一，即新的 Adobe 公司）开发的集网页制作和网站管理于一身的所见即所得网页编辑器，它是第一套针对专业网页设计师特别发展的视觉化网页开发工具，利用它可以轻而易举地制作出跨越平台限制和跨越浏览器限制的充满动感的网页。而且 Macromedia 公司的另两件产品 Fireworks 和 Flash 分别能针对图像和动画进行设计，因此和 Dreamweaver 合称网页制作三剑客。

7.1.1 Dreamweaver 的特点

作为制作网页的专业软件 Dreamweaver 具有很多优点，如下所述。

1. 操作简单

Dreamweaver 具有“所见即所得”的特点。“所见即所得”网页编辑器的优点就是直观性，使用方便且容易上手。在“所见即所得”网页编辑器进行网页制作，感觉与在 Word 中进行文本编辑几乎没有什么区别。利用它可以轻而易举地制作出跨越平台限制和跨越浏览器限制的充满动感的网页。

2. 多媒体处理功能强

Dreamweaver 可以用最快速的方式将 Fireworks 和 Flash 等文件移到网页上。由于是同一公司的产品，因而在功能上有着非常紧密的结合。它利用 Java 小程序和 DHTML 语言代码可以轻松地实现网页元素的动作和交互操作，它还可以对内部的 HTML 编辑器进行方便、实时的访问。

3. 灵活轻便

操作窗口呈浮动状态，可以方便地插入多种对象和插件。而且利用 Dreamweaver 设计出的网页所对应的代码更加简洁稳定，更加适合网页上传输。

4. 建站方便

使用网站地图可以快速地制作网站雏形，设计、更新和重组网页。改变网页位置或文档名称，Dreamweaver 会自动更新所有链接。使用资源文字、HTML 代码、HTML 属性标签和一般语法的搜寻及置换功能，可使复杂的网站更新变得迅速又简单。在 Dreamweaver 定义的一个站点内，设计者可以将重复使用的内容（例如 Header、Footer 等）独立定义。这样设计者在需要这些内容的地方只需做一个简单的插入就可以了。而且当元素库中定义的内容被修改后，整个站点中设计同样内容的地方将统一发生变化而无需再逐一修改。

7.1.2 Dreamweaver 的安装

自从 1997 年开始登场以来，Macromedia Dreamweaver 已成为专业 Web 开发所用的行业标准解决方案。如今，有超过 3200 万的 Web 专业人士借助 Dreamweaver 进行 Web 开发。常见的 Dreamweaver 的版本有 Dreamweaver 1.0，Dreamweaver 2.0，Dreamweaver 3.0、Dreamweaver UltraDev 1.0，Dreamweaver 4.0、Dreamweaver UltraDev 4.0。以及 2002 年 5 月，Macromedia 发布了 Dreamweaver MX（6.0），2003 推出 Dreamweaver MX 2004（7.0、7.01），一直到现在的 Dreamweaver 8.0。本章以现在最常用的 Dreamweaver MX 2004 为例进行介绍。

1. 系统要求

以下硬件和软件是运行 Dreamweaver MX 2004 所必需的。

（1）Microsoft Windows 的系统要求如下。

Intel Pentium Ⅲ 600 MHz 或更快的处理器或等效处理器。

Windows 98、Windows 2000、Windows XP 或 Windows .NET Server 2003。

至少 128 MB 的可用内存（RAM）（建议采用 256 MB 内存）。

至少 275 MB 可用磁盘空间。

能达到 1024×768 像素分辨率的 16 位（数千种颜色）或更高分辨率的显示器（建议选择百万种颜色的显示器）。

（2）Apple Macintosh 系统要求。

500 MHz 或更快的 Power Macintosh G3 或更新型号的处理器。

Mac OS X 10.2.6。

至少 128 MB 的可用内存（RAM）（建议采用 256 MB 内存）。

至少 275 MB 可用磁盘空间。

能达到 1024×768 像素分辨率的 16 位（数千种颜色）或更高分辨率的监视器（建议选择百万种颜色的监视器）。

2. 安装步骤

要安装 Dreamweaver MX 2004，可以执行以下操作。

（1）将 Dreamweaver CD 插入计算机的 CD-ROM 驱动器。

（2）双击 Dreamweaver MX 2004 安装程序图标，会弹出如图 7.1 所示的安装窗口。

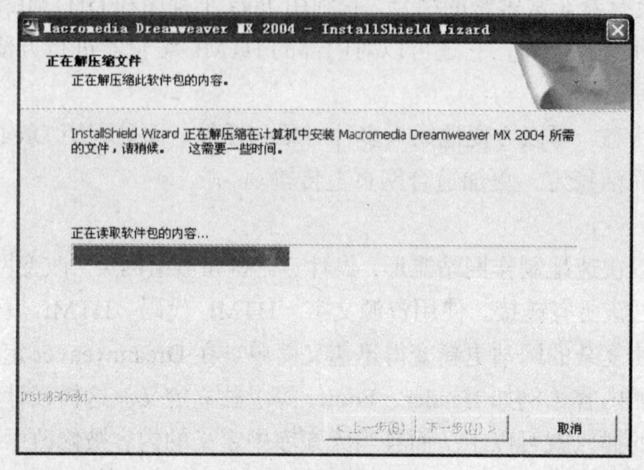

图 7.1 安装窗口

（3）按照屏幕上的指导执行，用户在执行时若出现如图 7.2 所示的选择路径的窗口，可以单击【浏览】按钮，选择 Dreamweaver MX 2004 安装的目的地。

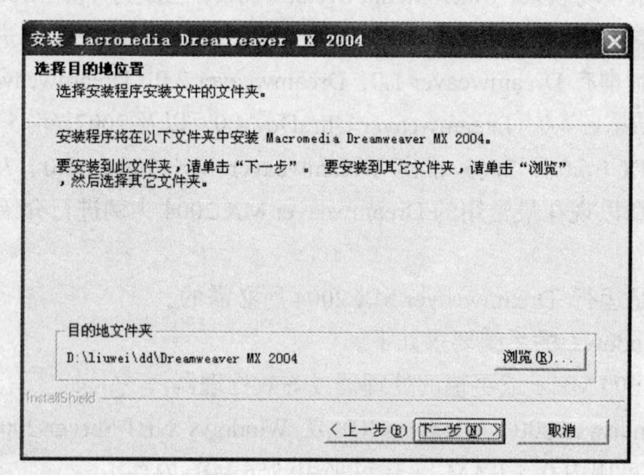

图 7.2 安装路径选择窗口

（4）如果出现重新启动提示，则重新启动计算机，完成安装。

（5）依次执行【开始】→【程序】→【Macromedia】→【Dreamweaver MX 2004】命令启动新安装的 Dreamweaver MX 2004，在弹出的激活窗口中输入序列号完成激活。

7.1.3 Dreamweaver 界面简介

1. 工作区布局选择

安装完成 Dreamweaver MX 2004 后，用户可以依次执行【开始】→【程序】→【Macromedia】→【Dreamweaver MX 2004】命令，启动 Dreamweaver MX 2004。将会弹出选择工作区布局窗口，如图 7.3 所示。在 Windows 中首次启动 Dreamweaver 时，就会出现此对话框，用户可以从中选择一种工作区布局。如果用户以后改变了主意，可以使用【首选参数】对话框切换到另一种不同的工作区，方法是依次执行【编辑】→【首选参数】→【常规】→【更改工作区】命令。

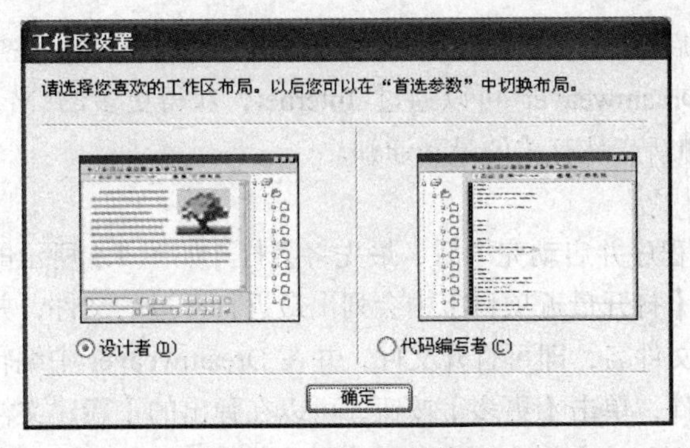

图 7.3　工作区布局窗口

两种工作区的主要特点如下所述。

设计人员工作区是一个使用 MDI（多文档界面）的集成工作区，其中全部【文档】窗口和面板被集成在一个更大的应用程序窗口中，并将面板组停靠在右侧。本章的界面都使用此类工作区。

编码人员工作区是同样的集成工作区，但是将面板组停靠在左侧，布局类似于 Macromedia HomeSite 和 Macromedia ColdFusion Studio 所用的布局，而且【文档】窗口在默认情况下显示【代码】视图。建议 HomeSite 或 ColdFusion Studio 用户以及其他需要使用熟悉的工作区布局的手工编码人员使用这种布局。

2. 激活 Dreamweaver

用户可以在试用期内（30 天内）随时激活此产品。在试用期内，产品的性能与全功能版本的产品相同。当试用期结束时，用户需要激活 Dreamweaver 才能继续使用它。若要在线购买该产品，请单击【购买】按钮。

如果需要激活 Dreamweaver，必须使用有效的序列号才能激活此产品。Dreamweaver 序列号包含在随购买的产品提供的材料中。如果是在线订购，Dreamweaver 序列号将会发送到购买者的电子邮件中。购买者也可以通过 Internet 激活，或者采用电话激活的方式使用 Dreamweaver。购买 Dreamweaver 的序列号后，可以依次执行菜单【帮助】→【激活】→【激活产品】命令，在出现的如图 7.4 所示的激活对话框中输入获得的序列号，激活产品。

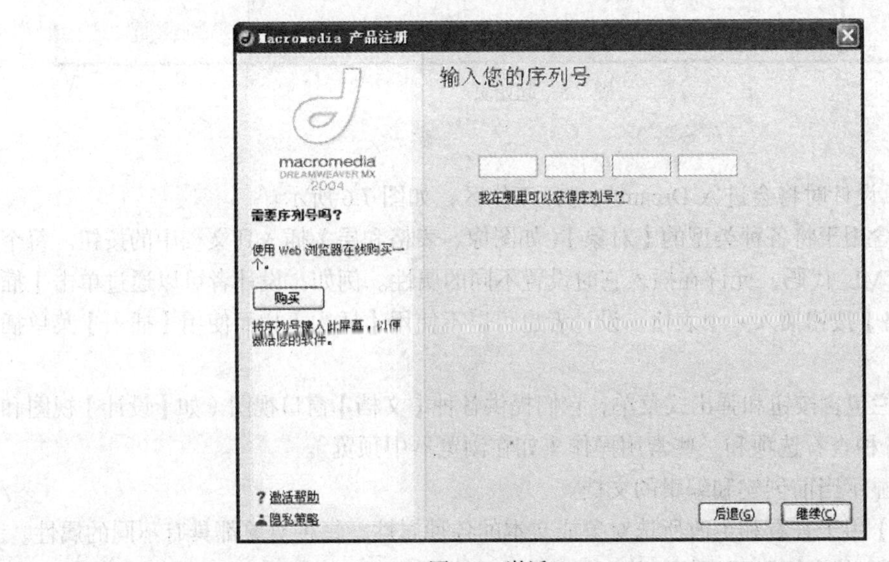

图 7.4　激活 Dreamweaver

激活 Dreamweaver 后，用户可以执行菜单【帮助】→【激活】→【联机注册】命令，对 Dreamweaver 进行注册，注册后的 Dreamweaver 可以通过 Internet，获得更多的 Macromedia 支持，接收与 Macromedia 升级产品和新产品有关的最新通知。

3. 起始页项目

运行 Dreamweaver 程序并启动完毕后，最先将会打开如图 7.5 所示的起始页。在起始页中有很多的快捷方式，如在【打开最近项目】中会列出最近打开过的文件，并按时间顺序从上向下排列，直接单击要打开的文件名，即可打开文件，并在 Dreamweaver 中编辑。在【创建新项目】中可以创建多种类型的文件，单击【更多】按钮，可以在弹出的【新建文档】窗口中选择新建更多种类的文档。在【从范例创建】栏中可以创建多种文档。

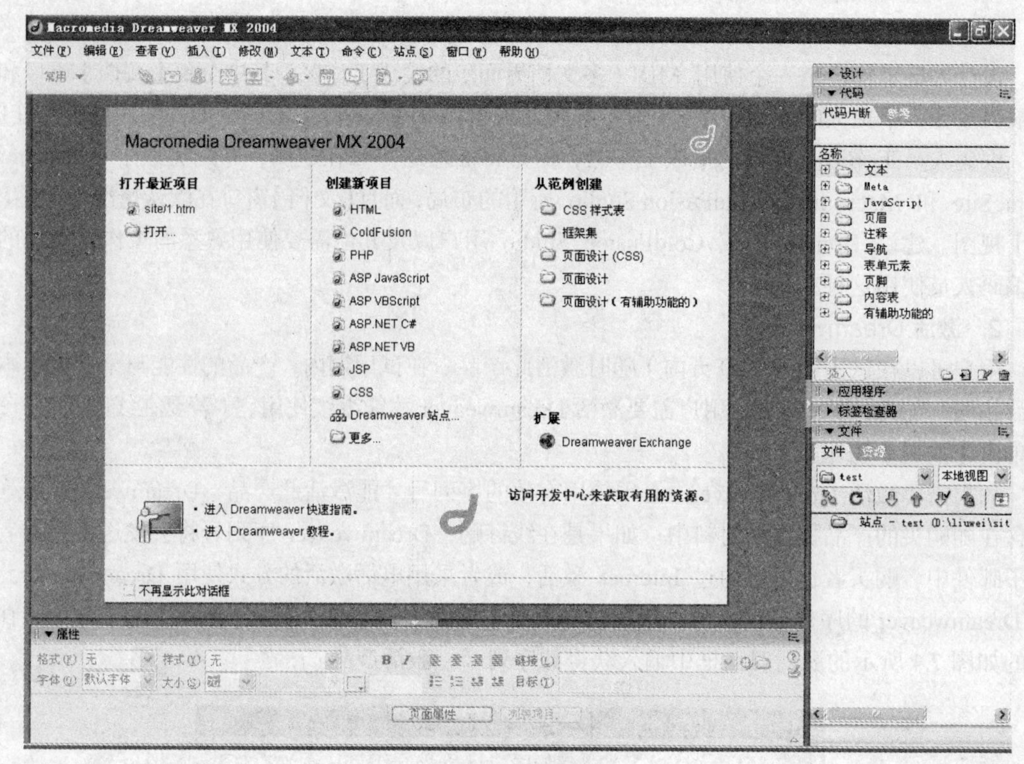

图 7.5 起始页

4. 工作区

用户进行网页设计时将会进入 Dreamweaver 工作区，如图 7.6 所示。

【插入】栏包含用于将各种类型的【对象】（如图像、表格和层）插入到文档中的按钮。每个对象都是一段 HTML 代码，允许在插入它时设置不同的属性。例如，设计者可以通过单击【插入】栏中的【表格】按钮插入一个表格。设计者也可以不使用【插入】栏而使用【插入】菜单插入对象。

【文档】工具栏包含按钮和弹出式菜单，它们提供各种【文档】窗口视图（如【设计】视图和【代码】视图）、各种查看选项和一些常用操作（如在浏览器中预览）。

【文档】窗口显示当前创建和编辑的文档。

【属性检查器】用于查看和更改所选对象或文本的各种属性，每种对象都具有不同的属性。

面板组是分组在某个标题下面的相关面板的集合。若要展开一个面板组，请单击组名称左侧的展开箭头；若要取消停靠一个面板组，请拖动该组标题条左边的手柄。

【文件】面板用于帮助用户管理文件和文件夹，无论它们是 Dreamweaver 站点的一部分还是在远程服务器上。使用【文件】面板还可以访问本地磁盘上的全部文件，非常类似于 Windows 资源管理器（Windows）或 Finder（Macintosh）。

Dreamweaver 提供了多种此处未说明的其他面板、检查器和窗口，例如【CSS 样式】面板和【标记检查器】。若要打开 Dreamweaver 面板、检查器和窗口，可以使用【窗口】菜单。

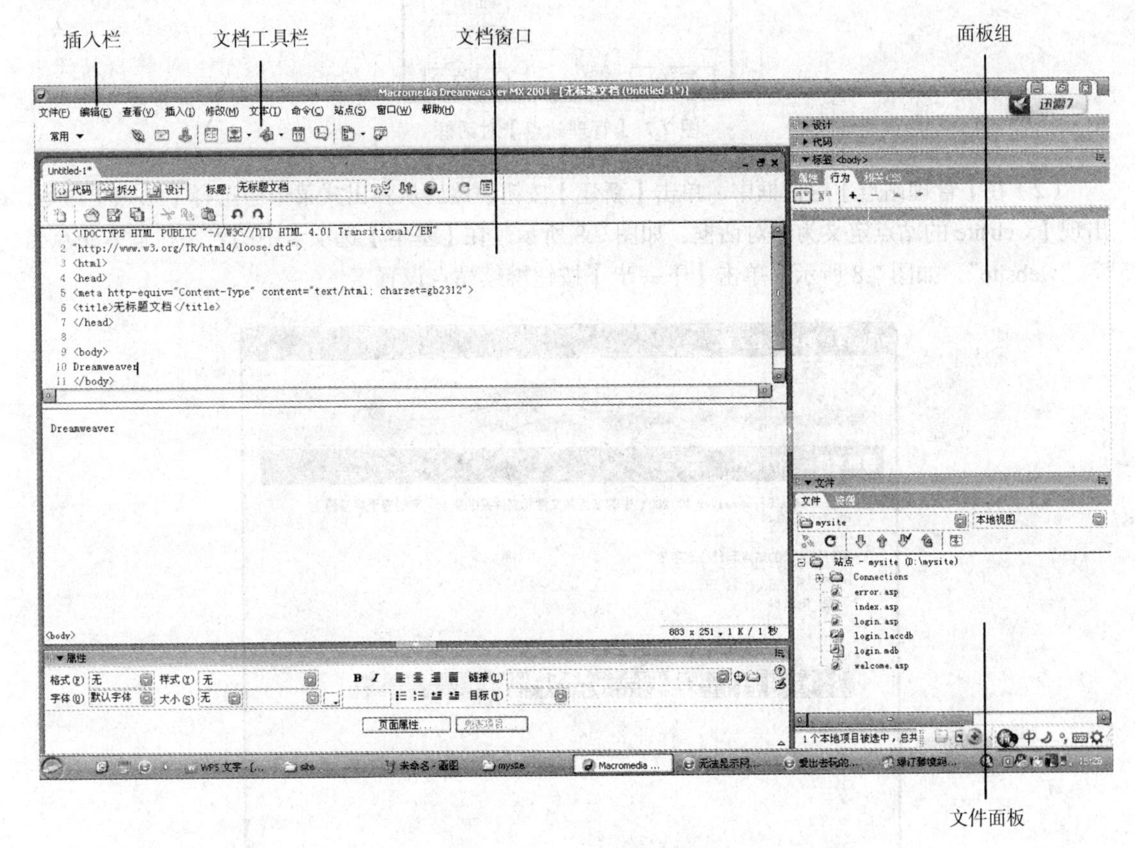

图 7.6　Dreamweaver 工作区

7.1.4　站点的应用与管理

在 Dreamweaver 中，用户可以仅仅进行网页的编辑，但是 Dreamweaver 的强大功能体现在对网站的维护和管理上。尤其是 Dreamweaver 中的很多功能只用在网站中才能体现，例如：使用模板自动更新、使用库自动更新等。

在 Dreamweaver 中包括两种站点，如下所述。

- 远程站点：服务器上组成 Web 站点的文件，用于使用者进行网上浏览。
- 本地站点：与远程站点上的文件对应的本地磁盘上的文件。在最常见的 Dreamweaver 工作流程中，用户在本地磁盘上编辑文件，然后将它们上传到远程站点。

1. 创建站点

创建站点的步骤如下所述。

（1）启动 Dreamweaver：选择【站点】→【管理站点】命令，出现【管理站点】对话框，如

图 7.7 所示。

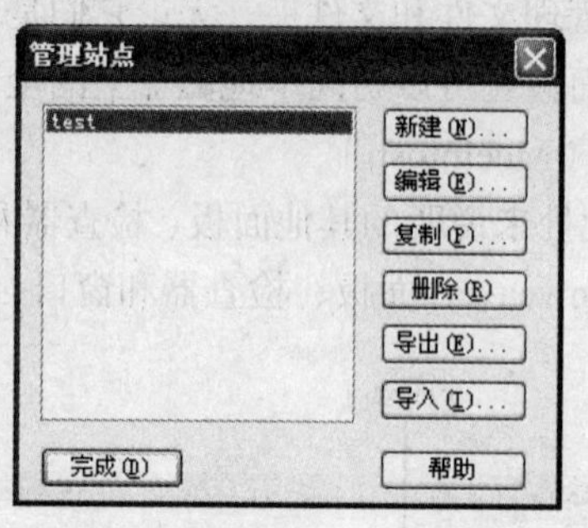

图 7.7 【管理站点】对话框

（2）在【管理站点】对话框中，单击【新建】按钮，然后从弹出式菜单中选择【站点】命令，出现【website 的站点定义为】对话框，如图 7.8 所示。在【基本】选项卡中的名字栏输入站点名字“website”，如图 7.8 所示，单击【下一步】按钮继续站点设置。

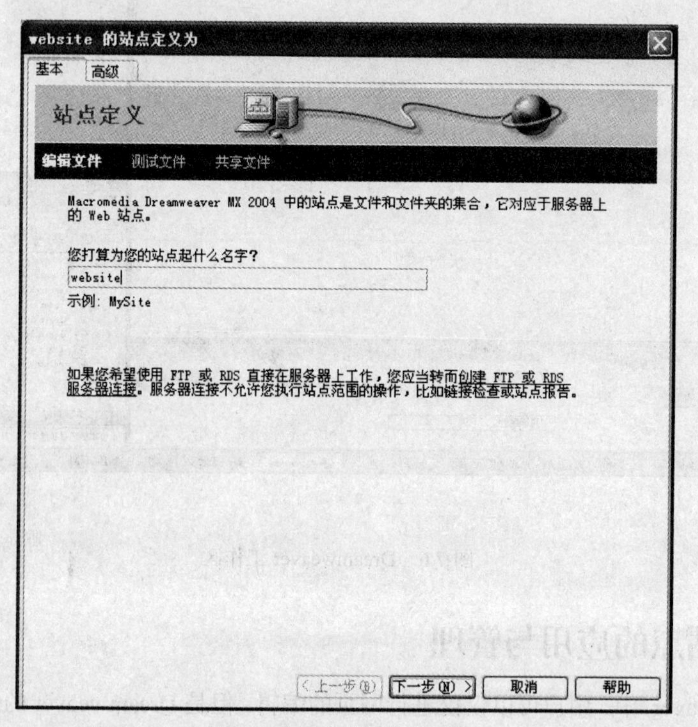

图 7.8 【站点定义】对话框

（3）在【站点定义】对话框第 2 部分中选择【否】选项，指示目前该站点是一个静态站点，没有动态页，如图 7.9 所示。

（4）如果要设置站点来创建 Web 应用程序，则需要选择动态文档类型，例如 Macromedia ColdFusion、Microsoft Active Server Page（ASP）、Microsoft ASP.NET、Sun JavaServer Page （JSP）或 PHP：Hypertext Preprocessor（PHP），然后提供有关应用程序服务器的信息。单击【下一步】按钮进入下一个步骤。

（5）出现【站点定义】的下一个界面，询问要如何使用文件。选择标有【编辑我的计算机上的本地副本，完成后再上传到服务器（推荐）】的选项，并设置本地站点存放的文件夹。单击该文本框旁边的文件夹图标。该文本框可以在本地磁盘上指定文件夹，让 Dreamweaver 存储站点文件的本地版本，但如果用户是浏览到该文件夹而不是键入路径，则更易于指定准确的文件夹名称。

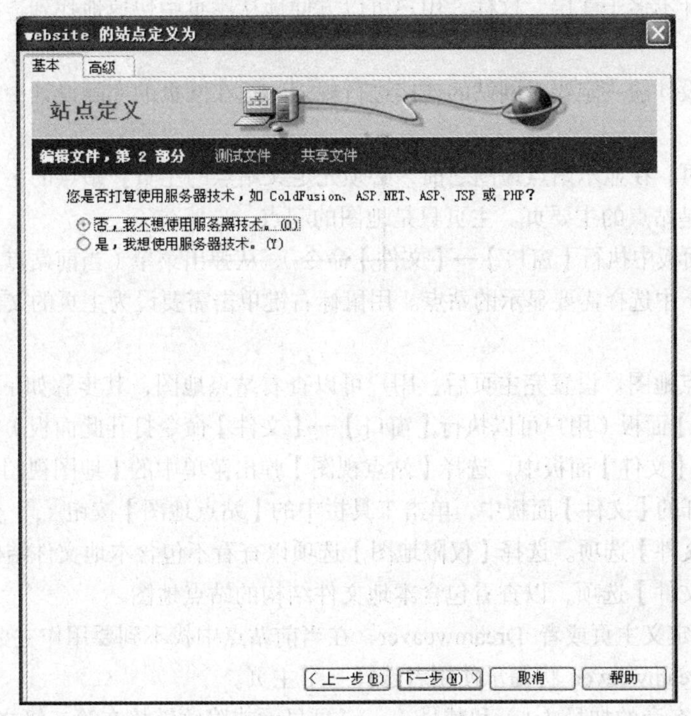

图 7.9 【站点定义】对话框第 2 部分

（6）单击【下一步】按钮进入下一个步骤，询问将如何连接到远程服务器，本例从下拉式菜单中选择【无】选项。

（7）单击【下一步】按钮进入下一个步骤，该向导的下一个屏幕将出现，其中显示网站的设置概要。单击【完成】按钮完成设置，随即出现【管理站点】对话框，显示新站点。

（8）单击【完成】按钮关闭【管理站点】对话框。此时【文件】面板显示当前站点的新本地根文件夹。【文件】面板中的文件列表将充当文件管理器，允许复制、粘贴、删除、移动和打开文件，就像在计算机桌面上一样，如图 7.10 所示。

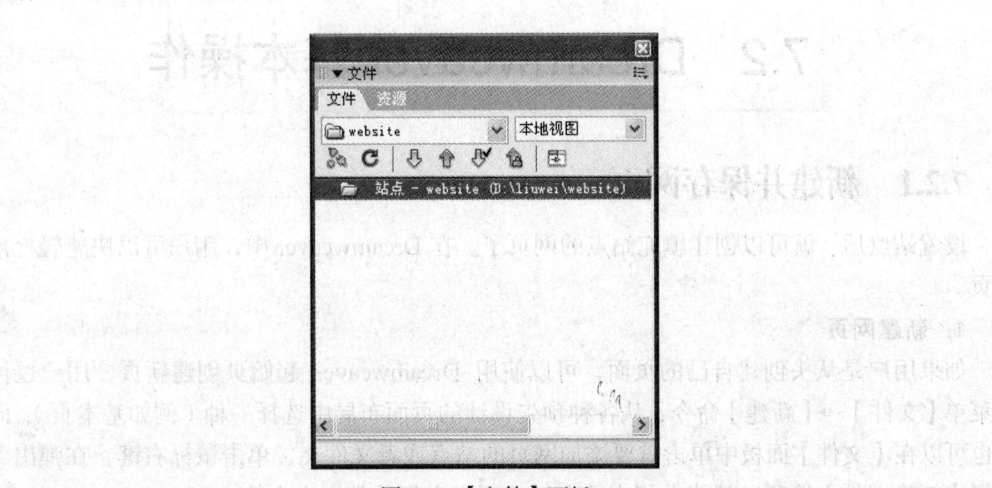

图 7.10 【文件】面板

2．站点布局

网站设计初始需要设计人员对网站的主题进行规划，网站必须主题鲜明，有层次感。一般的网站中的网页设计不多于 3 层，这样，用户可以方便地从主页中快速地找到连接网站中的其他网页的途径。

因此在网站设计前一定要对网站的连接进行规划，这在网页的实际设计中就表现在站点地图上。

（1）设置主页。在显示站点地图之前，必须先定义站点的主页。站点的主页可以是站点中的任意页，它不必是站点的主要页。主页只是地图的起点。

在【文件】面板中执行【窗口】→【文件】命令），从弹出菜单（当前站点、服务器或驱动器显示在该菜单中）中选择需要显示的站点。用鼠标右键单击需要设为主页的文件，然后选择【设置为主页】选项。

（2）查看站点地图。设置完主页后，用户可以查看站点地图，其步骤如下。

① 在【文件】面板（用户可以执行【窗口】→【文件】命令打开此面板）中，执行以下操作之一：在折叠的【文件】面板中，选择【站点视图】弹出菜单中的【地图视图】选项，如图 7.11 所示；或者在展开的【文件】面板中，单击工具栏中的【站点地图】按钮，然后选择【仅限地图】或【地图和文件】选项。选择【仅限地图】选项以查看不包含本地文件结构的站点地图，或者选择【地图和文件】选项，以查看包含本地文件结构的站点地图。

② 如果尚未定义主页或者 Dreamweaver，在当前站点中找不到要用作主页的 index.html 或 index.htm 页，Dreamweaver 将提示使用者选择一个主页。

③ 单击文件名旁的加号（+）和减号（–），可显示或隐藏链接在第二级之下的页。其中站点地图中的颜色分为红色、蓝色、绿色等，其含义如下。

以红色显示的文本指示断开的链接。

以蓝色显示并标有地球图标的文本指示其他站点上的文件或特殊链接（如电子邮件或脚本链接）。

绿色选中标记指示已取出的文件。

红色选中标记指示他人取出的文件。

锁形图标指示只读的文件。

图 7.11 地图视图

7.2 Dreamweaver 基本操作

7.2.1 新建并保存网页

设置站点后，就可以创建填充站点的网页了。在 Dreamweaver 中，用户可以快速轻松地创建网页。

1．新建网页

如果用户是从头创建自己的页面，可以使用 Dreamweaver 起始页创建新页，用户也可以选择菜单【文件】→【新建】命令，从各种预先设计的页面布局中选择一种（例如基本页），同样用户也可以在【文件】面板中单击需要添加网页的站点或者文件夹，单击鼠标右键，在弹出菜单中选择【新建文件】选项，就能在相应的文件夹下产生新的基本页文件。

2. 打开网页

在【文件】面板中，选择文件夹或站点，然后双击需要打开的文件。

选中的网页将出现在新的【文档】窗口中。

3. 保存网页

选择菜单【文件】→【另存为】命令。可以打开【另存为】对话框，如图 7.12 所示。在【另存为】对话框中，选择相应的文件夹，并在【文件名】栏中输入相应的文件名称。其中本地根文件夹是在使用站点定义向导定义本地文件夹中设置站点时创建的文件夹。输入文件名“index.html”，单击【保存】按钮将文件保存到站点的相应文件夹中。

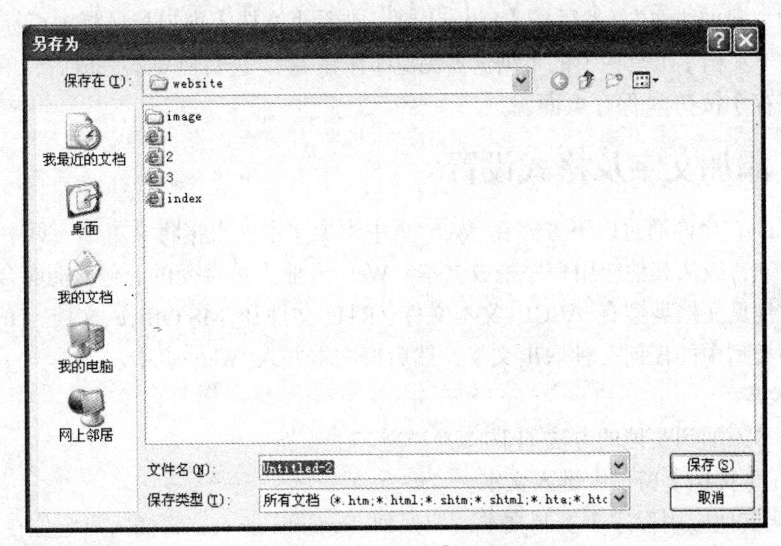

图 7.12 【另存为】对话框

7.2.2 设置页标题

用户可以设置页面的多种属性，包括其标题、背景颜色、文本颜色等。若要设置页面属性，请选择菜单【修改】→【页面属性】命令在弹出的如图 7.13 所示的对话框中进行设置。

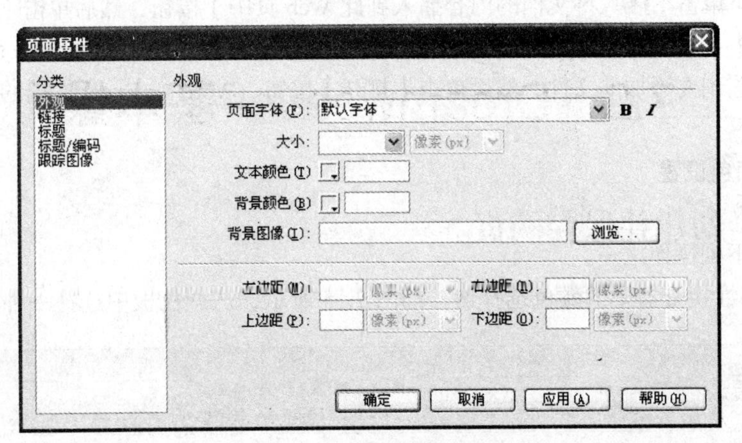

图 7.13 【页面属性】设置对话框

但是如果只想设置页面标题（显示在浏览器标题条中的标题），则可以在【文档】工具栏中完成该操作。

设置页标题的步骤如下所述。

（1）如果【文档】工具栏未显示，请选择菜单【插入】→【工具栏】→【文档】命令，如图 7.14 所示的【文档】工具栏将出现在【文档】窗口的顶部。

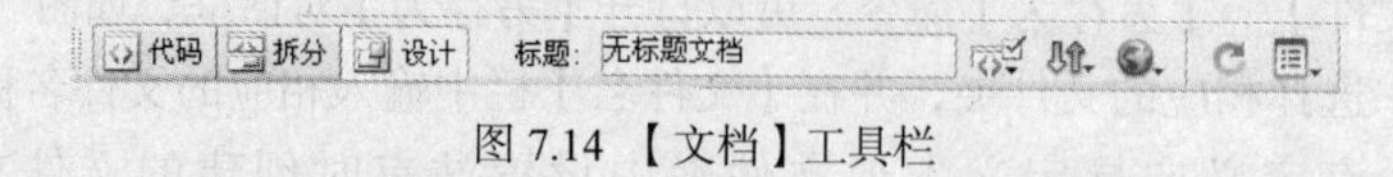

图 7.14 【文档】工具栏

（2）在【标题】文本框中，选择文本“无标题文本”，然后按【Backspace】键，接着键入该页的标题，如“我的主页”。然后按【Enter】键，查看【文档】窗口标题栏中页标题的更新。用户也可以单击【文档】工具栏上的【浏览器浏览】按钮，进行浏览。完成后，单击【文档】工具栏上的【保存】按钮保存页面。

7.2.3 添加文字及格式设置

Dreamweaver 允许通过以下方式在 Web 页中添加文本：直接将文本键入页中；从其他文档复制和粘贴文本；或从其他应用程序拖放文本。Web 专业人员接受的、包含能够合并到 Web 页的文本内容的常见文档类型有 ASCII 文本文件、RTF 文件和 MS Office 文档。Dreamweaver 可以从这些文档类型中的任何一种取出文本，然后将文本并入 Web 页中。

1. 添加文字

（1）将文本添加到文档的方法如下。

① 直接在【文档】窗口中键入文本。

② 或者从其他应用程序中复制文本，切换到 Dreamweaver，将插入点定位在【文档】窗口的【设计】视图中，然后选择【编辑】→【粘贴】命令。

但是 Dreamweaver 不保留在其他应用程序中应用的文本格式，仅保留换行符。

（2）将 Word 或 Excel 文档的内容添加到新的或现有的 Web 页中的方法如下。

打开自己要将 Word 或 Excel 文件的内容复制到的目标 Web 页。执行以下操作之一以选择文件：将文件从当前位置拖放到希望在其中显示内容的页中。出现【插入 Microsoft Word 或 Excel 文档】对话框，单击【插入将文档的内容插入到此 Web 页中】按钮，然后单击【确定】按钮，或者选择【文件】→【导入】→【Word 文档或文件】→【导入】→【Excel 文档】命令。在【打开】对话框中，浏览到要添加的文件，然后单击【打开】按钮。Word 或 Excel 文档的内容将出现在页面中。

2. 文字颜色设置

（1）选择文本。

（2）执行下列操作之一。

① 单击属性检查器中的颜色选择器，如图 7.15 所示，从调色板中选择一种颜色。

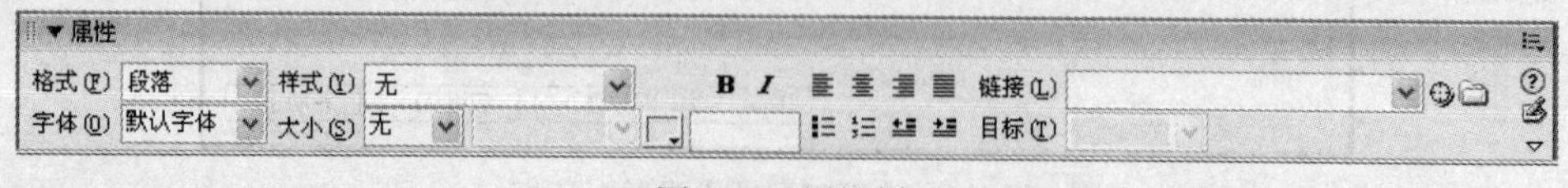

图 7.15 属性栏

② 选择【文本】→【颜色】命令，出现【系统颜色选择器】对话框。选择一种颜色，然后单

击【确定】按钮。

③ 直接在属性检查器域中输入颜色名称或十六进制数字。

④ 若要定义默认的文本颜色，请使用【修改】→【页面属性】命令。

3. 设置或更改字体

（1）选择文本。如果未选择文本，更改将应用于随后键入的文本。

（2）从以下选项中选择。

① 若要更改字体，请从属性检查器或【文本】→【字体】子菜单中选择字体组合。如果字体列表中没有所需要的字体时，可以选择【编辑字体列表……】选项，在出现的如图 7.16 所示的【编辑字体列表】对话框中添加所需要的字体。

图 7.16　编辑字体

② 若要更改字体样式，单击属性检查器中的【粗体】或【斜体】按钮，或者从【文本】→【样式】子菜单中选择字体样式（如【粗体】、【斜体】、【下划线】等）。

③ 若要更改字体大小，可以从属性检查器或【文本】→【大小】子菜单中选择大小（从 1 到 7）。 HTML 字体大小是相对而不是特定的点数。用户为他们的浏览器设置默认字体的点数；这是用户在属性检查器或【文本】→【大小】子菜单中选择【默认】或【3】时所看到的字体大小。大小 1 和 2 显得比默认字体小；大小 4 到 7 显得比默认字体大。

7.2.4　添加图像

虽然存在很多种图形文件格式，但 Web 页中通常使用的只有 3 种，即 GIF、JPEG 和 PNG。目前，GIF 和 JPEG 文件格式的支持情况最好，大多数浏览器都可以查看它们。这 3 种文件的特点如下。

（1）GIF（图形交换格式）文件最多使用 256 种颜色，最适合显示色调不连续或具有大面积单一颜色的图像，例如导航条、按钮、图标、徽标或其他具有统一色彩和色调的图像。

（2）JPEG（联合图像专家组标准）文件格式是用于摄影或连续色调图像的高级格式，这是因为 JPEG 文件可以包含数百万种颜色。随着 JPEG 文件品质的提高，文件的大小和下载时间也会随之增加。通常可以通过压缩 JPEG 文件在图像品质和文件大小之间达到良好的平衡。

（3）PNG（可移植网络图形）文件格式是一种替代 GIF 格式的无专利权限制的格式，它包括对索引色、灰度、真彩色图像以及 Alpha 通道透明的支持。PNG 是 Macromedia Fireworks 固有的文件格式。PNG 文件可保留所有原始层、矢量、颜色和效果信息（例如阴影），并且在任何时候，所有元素都是可以完全编辑的。文件必须具有 .png 文件扩展名才能被 Dreamweaver 识别为 PNG 文件。

1. 插入图像占位符

顾名思义，图像占位符是在准备好将最终图形添加到 Web 页之前使用的临时图形。使用它可以在没有理想图形的情况下先行制作 Web 页面——在需要使用图形的地方插入一个占位图形先占领着位置。

插入步骤如下。

（1）将光标定位在需要插入图形的地方；单击插入【图像占位符】按钮 即出现图像占位符对话框，如图 7.17 所示。

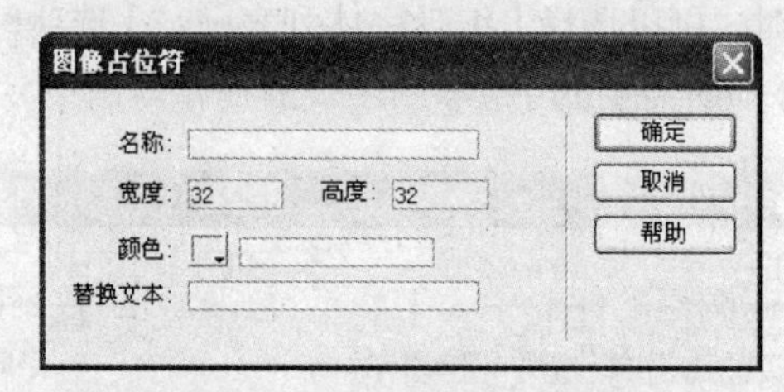

图 7.17 【图像占位符】对话框

（2）设定好各项参数后，单击【确定】按钮即将占位图形插入到了页面中。上面显示了名称和大小。查看源代码发现增加了一个包含空 src 属性的图像标签。

2. 替换占位符，插入图像

当页面设计好以后，就需要使用适当的图形来替换到占位符。在用 Dreamweaver MX 2004 中可以选中占位符并打开属性面板，单击【创建】按钮，就会启动 Fireworks MX，并自动建立好一个和占位图形同样大小的空白画布等待图形设计者的设计。在 Fireworks MX 中，制作好所需的图形后，单击画布上边的【完成】按钮。在出现的【另存为】对话框中给存档的 png 文件取一个文件名然后保存；在弹出的【导出】对话框中做好相关设定后保存该文件。当设计者切换至 Dreamweaver MX 后，占位图形就被替换成图片了。

用户也可以直接在占位符处插入图像，方法见本节的第三点。

3. 直接插入图像

用户可以从工具栏中单击【图像】按钮 ，在弹出的如图 7.18 所示的【选择图像源文件】对话框中选择图像的文件，并插入图像。

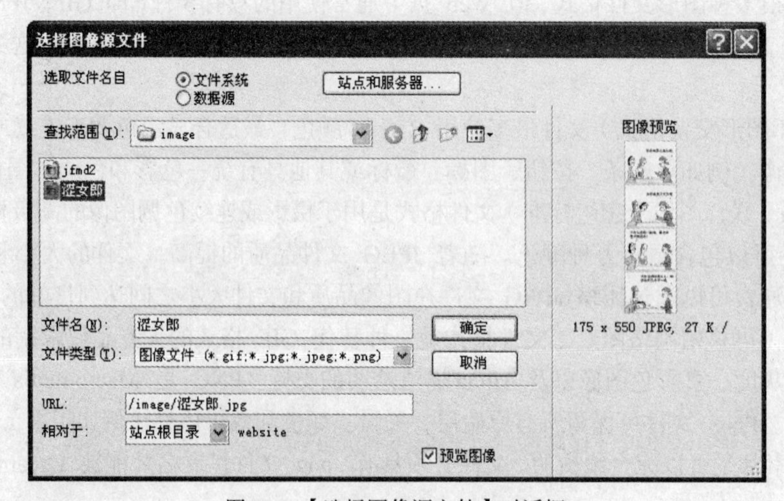

图 7.18 【选择图像源文件】对话框

4. 调整图像

在 Dreamweaver 中重新调整图像的大小时，用户可以对图像进行重新取样，以容纳其新尺寸。重新取样位图对象时，会在图像中添加或删除像素，以使其变大或变小。重新取样图像以取得更高的分辨率一般不会导致品质下降，但重新取样以取得较低的分辨率，总会导致数据丢失，并且通常会使品质下降。

（1）【裁剪】（属性窗口中的 按钮）可让用户通过减小图像区域编辑图像。通常，使用者可能需要裁剪图像以强调图像的主题，并删除图像中强调部分周围不需要的部分。

（2）【亮度/对比度】（属性窗口中的 按钮）修改图像中像素的亮度或对比度。这将影响图像的高亮显示、阴影和中间色调。修正过暗或过亮的图像时通常使用【亮度/对比度】。

（3）【锐化】（属性窗口中的 按钮）可通过增加图像中边缘的对比度来调整图像的焦点。扫描图像或拍摄数码照片时，大多数图像捕获软件的默认操作是柔化图像中各对象的边缘，这可以防止特别精细的细节从组成数码图像的像素中丢失。不过，要显示数码图像文件中的细节，经常需要锐化图像，从而提高边缘的对比度，使图像更清晰。

7.2.5　设置超级链接

1. 创建链接

在一个文档中可以创建几种类型的链接，如下所述。

（1）链接到其他文档或文件（如图形、影片、PDF 或声音文件）的链接。在文档编辑窗口中选中要变成超级链接的文字，然后单击文本属性面板中【链接】输入框右边的按钮，并按住不放，拖曳光标时会出现一个箭头。拖曳的光标箭头一直指向【文件】面板上站点中的文件，此时释放鼠标，完成链接到本站点中的超级链接。

用户也可以单击按钮，在计算机中选择需要链接的文件，如图 7.19 所示，用户可以选择是相对于【文档】或者相对于【站点根目录】，并在查找范围中选择链接的文件，单击确定完成超级链接的设定。

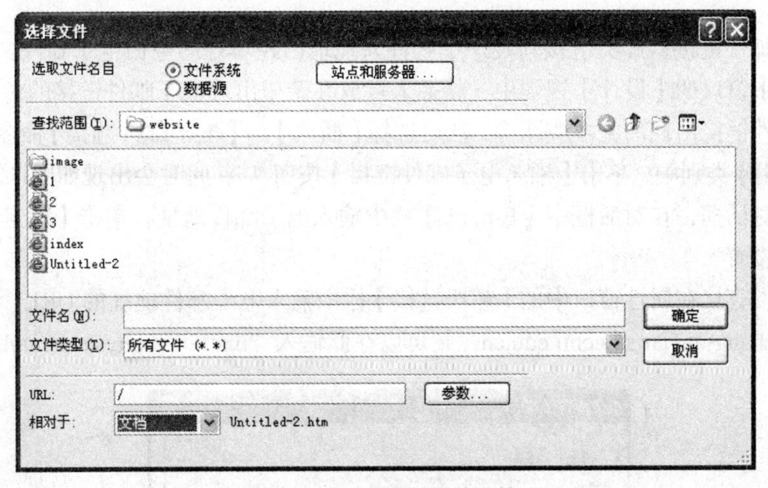

图 7.19　选择超级链接文档

（2）命名锚记链接，此类链接跳转至文档内的特定位置。

首先要创建命名锚记，其步骤如下。

① 在【文档】窗口的【设计】视图中，将插入点放在需要命名锚记的地方。

② 选择【插入】→【命名锚记】命令，或者按下【Control+Alt+A】快捷组合键，或者单击【命名锚记】按钮，会弹出【命名锚记】对话框，如图 7.20 所示。

③ 在【锚记名称】文本框中，键入锚记的名称，并单击【确定】按钮。

图 7.20 【命名锚记】对话框

然后，设定超级链接步骤如下。

① 在【文档】窗口的【设计】视图中，选择要从其创建链接的文本或图像。

② 在属性检查器的【链接】文本框中，键入一个数字符号（#）和锚记名称。例如：若要链接到当前文档中的名为【top】的锚记，请键入“#top”；若要链接到同一文件夹内其他文档中的名为【top】的锚记，请键入“filename.html#top”。

③ 用户也可以单击工具栏上的按钮，在弹出的对话框中，如图 7.21 所示，设置链接的锚记信息。

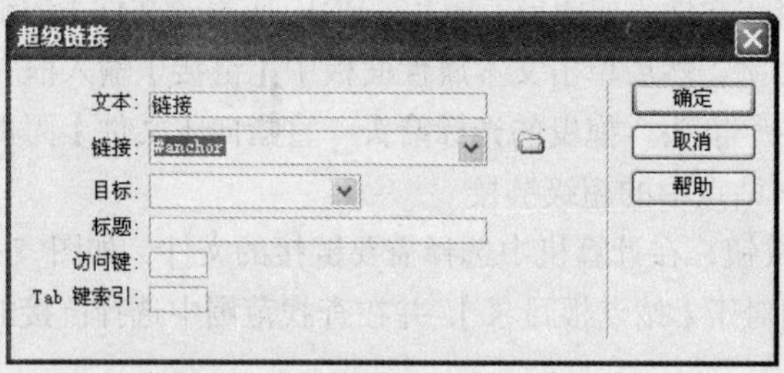

图 7.21 【超级链接】设置对话框

（3）电子邮件链接，此类链接新建一个收件人地址已经填好的空白电子邮件。

在【文档】窗口的【设计】视图中，将插入点放在希望出现电子邮件链接的位置，或者选择要作为电子邮件链接出现的文本或图像，然后选择【插入】→【电子邮件链接】命令，或者在【插入】栏的【常用】类别中，单击【插入电子邮件链接】按钮，此时会出现如图 7.22 所示的【电子邮件链接】对话框，在对话框中【E-mail:】栏中输入电子邮件地址，单击【确定】按钮完成电子邮件链接的设置。

用户也可以直接在属性窗口中的【超级链接】栏中输入电子邮件地址的 URL，例如如果电子邮件地址是：zhangsan@mail.ccnu.edu.cn，则可以在此输入“mailto: zhangsan@mail.ccnu.edu.cn”。

图 7.22 【电子邮件链接】对话框

（4）空链接和脚本链接，此类链接使用户能够在对象上附加行为，或者创建执行 Java

Script 代码的链接。

2. 链接的字体显示

对网页中的超级链接的字体进行设置，可以选择【修改】→【页面属性】→【链接】菜单命令，在弹出的【页面属性】对话框中设置颜色，如图 7.23 所示，这样通过设定的超级链接的文字，可以明确标志出已经访问过的链接，活动的链接等。

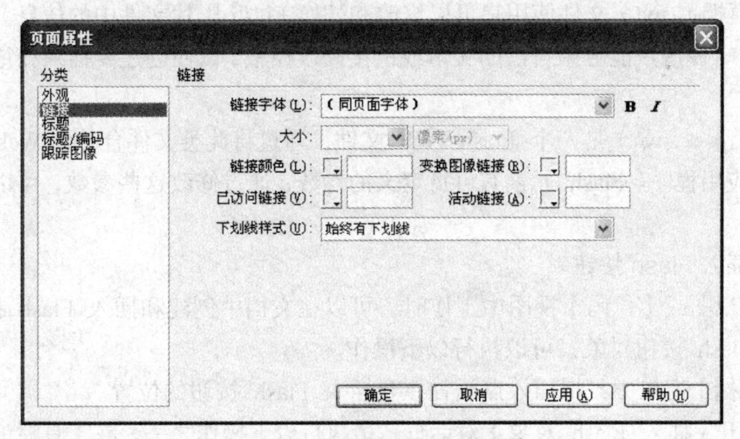

图 7.23 超级链接颜色设置

3. 为图片设置超级链接

图像地图指已被分为多个区域（或称【热点】）的图像；当用户单击某个热点时，会发生某种操作（例如，打开一个新文件），其步骤如下。

（1）在【文档】窗口中选择图像。

（2）在属性检查器中，单击右下角的展开箭头，查看所有属性如图 7.24 所示。

（3）在【地图】文本框中为该图像地图输入唯一的名称。 注意，如果在同一文档中使用多个图像地图，要确保每个地图都有唯一的名称。

（4）若要定义图像地图区域，请执行下列操作之一。

① 选择【圆形工具】，并将鼠标指针拖至图像上，创建一个圆形热点。

② 选择【矩形工具】，并将鼠标指针拖至图像上，创建一个矩形热点。

③ 选择【多边形工具】，在各个顶点上单击一下，定义一个不规则形状的热点，然后单击箭头工具封闭此形状。

（5）创建热点后，出现热点属性检查器，完成热点属性检查器中的有关内容。

图 7.24 图像地图

7.2.6 插入 Flash 对象

Dreamweaver 附带了 Flash 对象，无论计算机上是否安装了 Flash，都可以使用这些对象。Flash 文件有以下 4 种不同的文件类型。

（1）Flash 文件（.fla）是所有项目的源文件，在 Flash 程序中创建。此类型的文件只能在 Flash 中打开（而不是在 Dreamweaver 或浏览器中打开）。

（2）Flash SWF 文件（.swf）是 Flash（.fla）文件的压缩版本，已进行了优化以便于在 Web 上查看。此文件可以在浏览器中播放，并且可以在 Dreamweaver 中进行预览，但不能在 Flash 中编辑此文件。这是 Flash 按钮和 Flash 文本对象时创建的文件类型。

（3）Flash 模板（.swt）文件使用户可以修改和替换 Flash 影片文件中的信息。这些文件用于 Flash 按钮对象中，使用户能够用自己的文本或链接修改模板，以便创建要插入在用户的文档中的自定义 SWF。

（4）Flash 元素（.swc）是一个 Flash SWF 文件，通过将此类文件合并到 Web 页，用来创建丰富的 Internet 应用程序。Flash 元素有可自定义的参数，通过修改这些参数，可以执行不同的应用程序功能。

1. 创建和插入 Flash 按钮

在【设计】视图或【代码】视图中工作时，可以在文档中创建和插入 Flash 按钮。

若要插入 Flash 按钮对象，可以执行以下操作。

（1）在【文档】窗口中，将插入点放置在要插入 Flash 按钮的位置。

（2）若要打开【插入 Flash 对象】对话框，请执行以下操作之一。在工具栏的【插入】栏的【常用】类别中，选择【媒体】选项，如图 7.25 所示，然后单击【Flash 按钮】图标，或者选择【插入】→【媒体】→【Flash 按钮】命令，即会出现如图 7.26 所示的【插入 Flash 按钮】对话框。

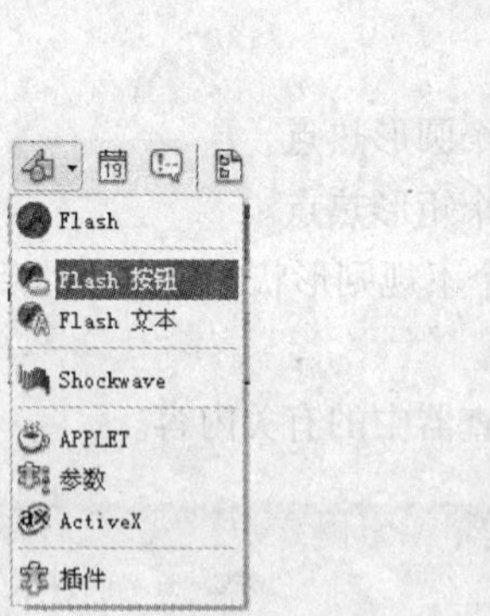

图 7.25 插入 Flash 按钮

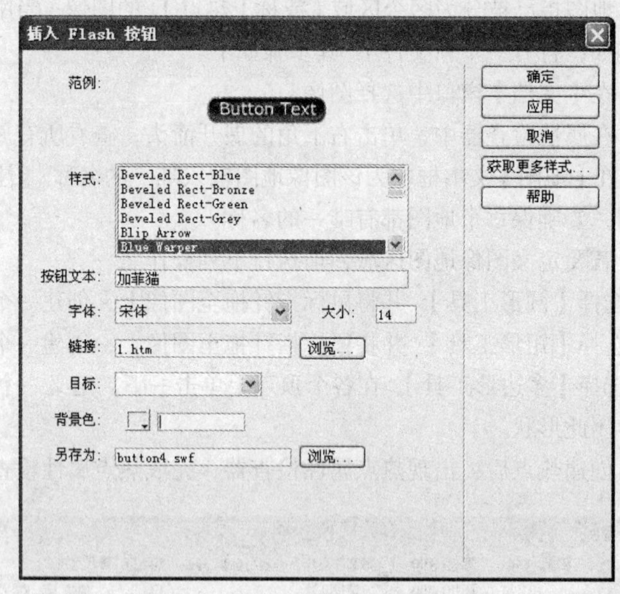

图 7.26 【插入 Flash 按钮】对话框

（3）在对话框中选择合适的样式，填写文本，以及按钮将要链接的网页等信息，完成【插入 Flash 按钮】对话框，然后单击【应用】或【确定】按钮，将 Flash 按钮插入【文档】窗口中。

2. 插入 Flash 文本对象

插入 Flash 文本对象就是在网页中创建和插入只包含文本的 Flash 影片。插入 Flash 文本对象的步骤如下。

（1）在【文档】窗口中，将插入点放置在要插入 Flash 文本的地方。

（2）在【插入】栏的【常用】类别中，选择【媒体】选项，如图 7.25 所示，然后单击【Flash 文本】图标，或者选择【插入】→【媒体】→【Flash 文本】。

（3）在出现的【插入 Flash 文本】对话框中，如图 7.27 所示，选择字体、字号、对齐方式等，设置颜色和翻转颜色，这样当鼠标滑动到文本时将会有颜色变化。如图 7.27 所示完成【插入 Flash 文本】对话框的设置，然后单击【应用】或【确定】按钮，将 Flash 文本插入【文档】窗口中。单击【在浏览器中预览/调试】按钮查看效果。

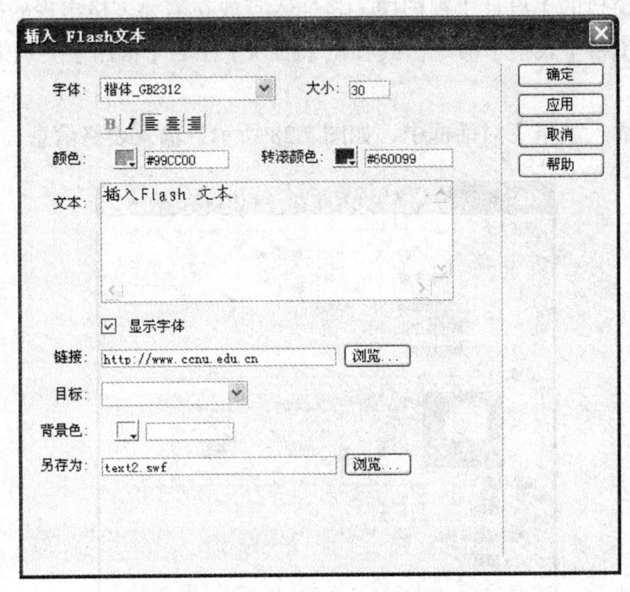

图 7.27 【插入 Flash 文本】对话框

3. 插入 Flash 影片

可以使用 Dreamweaver 将 Flash 影片插入到页面中。

插入 SWF 文件的步骤如下。

（1）在【文档】窗口的【设计】视图中，将插入点放置在需要插入影片的地方。

（2）在【插入】栏的【常用】类别中，选择【媒体】选项，然后单击【插入 Flash】图标，或者选择【插入】→【媒体】→【Flash】命令。

（3）在显示的对话框中，选择需要加入的 Flash 文件（.swf），Flash 占位符随即出现在【文档】窗口中。

（4）在【文档】窗口中，单击 Flash 占位符以选择要预览的 Flash 影片。

在属性检查器中，单击【播放】按钮［播放］进行播放。单击【停止】按钮［停止］可以结束预览。

4. 插入 Flash 元素

使用 Dreamweaver，设计者可以在文档中插入 Flash 元素。Flash 元素使设计者可以快速、方便地使用预置元素构建丰富的 Internet 应用程序。

若要插入 Flash 元素，执行以下操作。

在【文档】窗口中，将插入点放置在要插入 Flash 元素的地方，在【插入】栏的【Flash 元素】类别中，单击要插入的 Flash 元素的图标。在出现的【选择文件】对话框中，完成设置后，Flash 元素占位符即出现在文档中，就可以使用标签和属性检查器来修改 Flash 元素的属性。

7.2.7 表格的应用

1. 插入表格

在网页中可以方便地插入表格，并对表格进行编辑。用户可以在表格中方便地添加文档和图像等媒体。

插入表格的方法如下。

（1）在【文档】窗口的【设计】视图中，将插入点放在需要表格出现的位置。

（2）选择【插入】→【表格】命令，或者在【插入】栏的【常用】类别中，单击【表格】按钮 。

（3）在弹出的【插入表格】对话框中，如图 7.28 所示，输入表格信息，完成后确认。

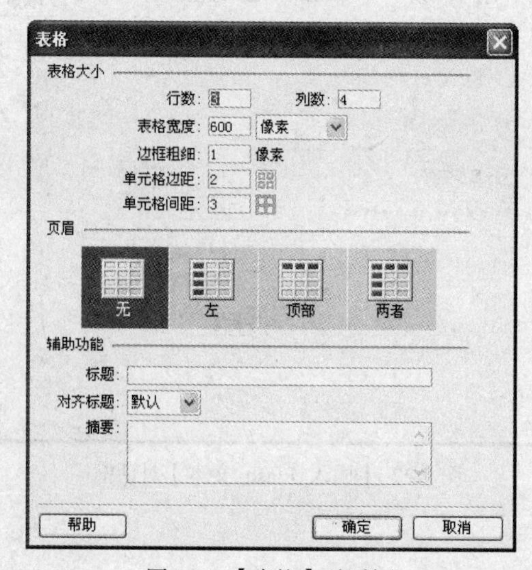

图 7.28 【表格】对话框

其中对话框中的各项含义是：行数和列数确定表格具有的行列数目；表格宽度以像素为单位或按占浏览器窗口宽度的百分比指定表格的宽度，像素为单位时不随浏览器的窗口大小而变，而百分比则按照浏览器窗口大小改变而改变；边框粗细指定表格边框的宽度（以像素为单位）；单元格边距确定单元格边框和单元格内容之间的像素数；单元格间距确定相邻的表格单元格之间的像素数。

2. 设置表格属性

用户选定表格时，属性面板的设置可以用于更改在新建表格时的属性或者单元格的属性，表格属性面板如图 7.29 所示。

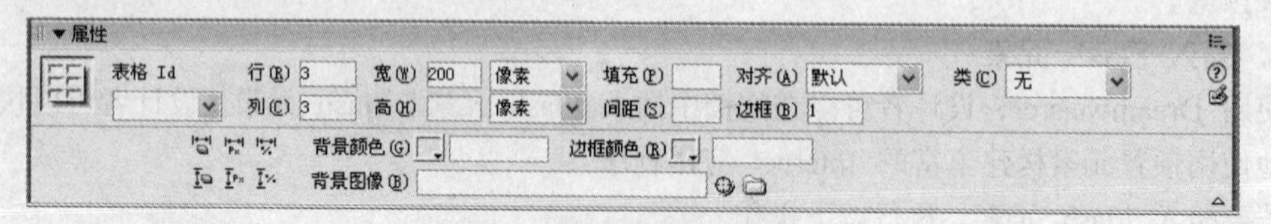

图 7.29 表格属性面板

表格属性面板各项的含义如下。

表格 ID：是表格的 ID。

行和列：表格中行和列的数目。

宽和高：以像素为单位或按占浏览器窗口宽度的百分比计算的表格宽度和高度。

单元格边距：单元格内容和单元格边框之间的像素数。

单元格间距：相邻的表格单元格之间的像素数。

对齐：确定表格相对于同一段落中其他元素（例如文本或图像）的显示位置。【左对齐】沿其他元素的左侧对齐表格（因此同一段落中的文本在表格的右侧换行）；【右对齐】沿其他元素的右侧对齐表格（文本在表格的左侧换行）；【居中对齐】将表格居中（文本显示在表格的上方和/或下方）。【缺省】指示浏览器应该使用其默认对齐方式。

边框：指定表格边框的宽度（以像素为单位）。

清除列宽和清除行高：按钮从表格中删除所有明确指定的行高或列宽。

将表格宽度转换成像素和将表格高度转换成像素：按钮将表格中每列的宽度或高度设置为以像素为单位的当前宽度（还将整个表格的宽度设置为以像素为单位的当前宽度）。

将表格宽度转换成百分比和将表格高度转换成百分比：按钮将表格中每列的宽度或高度设置为按占【文档】窗口宽度百分比表示的当前宽度（还将整个表格的宽度设置为按占【文档】窗口宽度百分比表示的当前宽度）。

背景颜色：表格的背景颜色。

边框颜色：表格边框的颜色。

背景图像：表格的背景图像。

3. 拆分和合并单元格

插入的表格可能与最后所需要的表格的样式有所差异，所以使用时会需要对已有的单元格进行拆分或者合并操作。

合并操作的步骤如下。

（1）选择连续行中形状为矩形的单元格。

（2）选择【修改】→【表格】→【合并单元格】命令。

（3）在展开的属性检查器（执行【窗口】→【属性】命令）中，单击【合并单元格】按钮。如果没有看到按钮，可以单击属性检查器右下角的箭头，以便看到所有选项。单个单元格的内容放置在最终的合并单元格中。所选的第一个单元格的属性将应用于合并的单元格。

拆分单元格的步骤如下。

（1）单击单元格。

（2）选择【修改】→【表格】→【拆分单元格】命令。

（3）在展开的属性检查器（执行【窗口】→【属性】命令）中，单击【拆分单元格】按钮。

（4）在【拆分单元格】对话框中如图 7.30 所示，指定如何拆分单元格，即将单元格分为若干行和列。

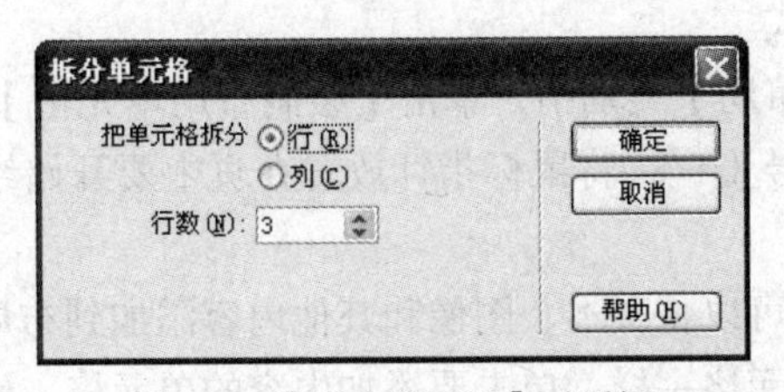

图 7.30 【拆分单元格】对话框

例如：对图 7.28【插入表格】对话框创建的 3 行×4 列的表格，如图 7.31 所示，选择第一列的 3 个单元格进行合并后，再拆分为两列单元格后，如图 7.32 所示。

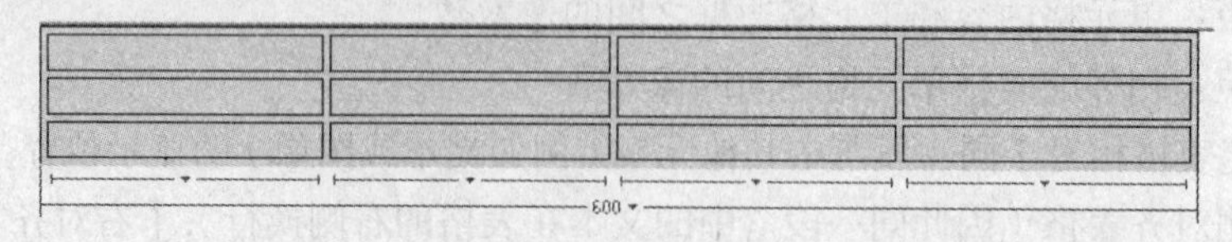

图 7.31　原始表格

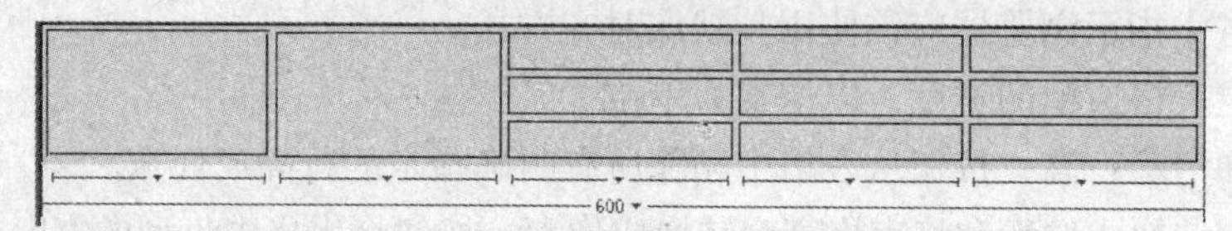

图 7.32　合并拆分后的表格

4. 布局模式

用户还可以使用表格进行网页的布局。为了简化使用表格进行页面布局的过程，Macromedia Dreamweaver MX 2004 提供了【布局】模式。

在【布局】模式中，可以使用表格作为基础结构来设计网页，同时避免使用传统的方法创建基于表格的设计时经常出现的一些问题。

（1）切换到【布局】模式。若要切换到【布局】模式，执行以下操作。

在【设计】视图选择【查看】→【表格模式】→【布局模式】命令，或者在【插入】栏的【布局】类别中选择【布局模式】选项。

同样，也可以用相似的方法从【布局】模式切换到【标准】模式。

（2）绘制布局表格。在【布局】模式中，用户可以在网页上绘制布局单元格和表格。其中布局单元格不能存在于布局表格之外。

绘制布局表格的方法如下。

① 切换到【布局】模式。

② 执行【插入】→【布局对象】→【布局表格】命令，或者在如图 7.33 所示的【插入】栏中单击【布局表格】按钮。

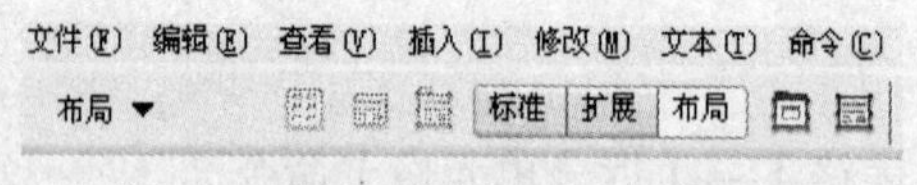

图 7.33 【插入】栏的【布局】类别

③ 当鼠标指针变为加号（+），将鼠标指针放置在页上，然后拖动指针以创建布局表格。

（3）绘制布局单元格。绘制布局单元格的步骤如下。

① 切换到【布局】模式。

② 在【插入】栏的【布局】类别中，单击【绘制布局单元格】按钮。

③ 当鼠标指针变为加号（+），将鼠标指针放置在页中要开始绘制单元格的位置，然后拖动指针以创建布局单元格。

在【布局】模式中用户可以将文本、图像和其他内容添加到布局单元格中，就像在【标准】模式中将内容添加到表格单元格一样。单击要添加内容的单元格，然后键入文本或插入其他内容即可。

7.2.8　框架在网页上的应用

框架提供将一个浏览器窗口划分为多个区域、每个区域都可以显示不同 HTML 文档的方法。使用框架的最常见情况就是，一个框架显示包含导航控件的文档，而另一个框架显示含有内容的文档。

1. 创建框架

在 Dreamweaver 中有两种创建框架集的方法：既可以从若干预定义的框架集中选择，也可以自己设计框架集。

（1）要创建新的空预定义框架集，执行以下操作。

选择【文件】→【新建】命令，在【新建文档】对话框中，选择【框架集】类别，如图 7.34 所示，从【框架集】列表中选择框架集，单击【创建】按钮。

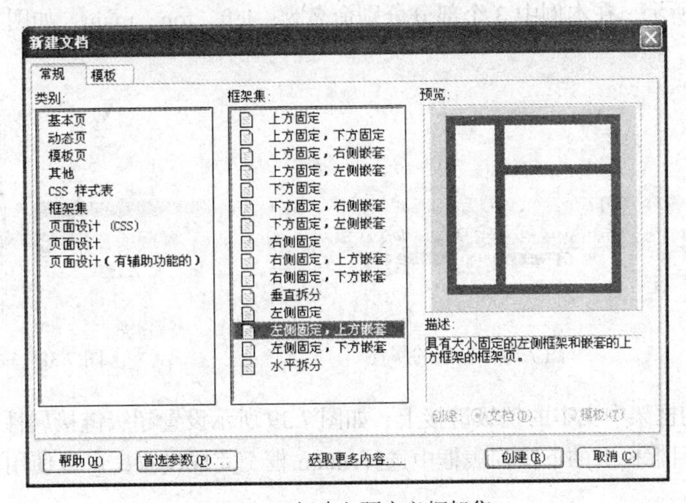

图 7.34　新建空预定义框架集

（2）设计框架集。

也可以通过向窗口添加【拆分器】，在 Dreamweaver 中设计自己定义的框架集。

创建框架集的步骤如下。

① 选择【修改】→【框架集】命令，然后从子菜单选择拆分项（例如【拆分左框架】或【拆分右框架】）。如果要继续拆分，可以将鼠标放置在框架的边缘，此时鼠标变成⇕形状，拖动鼠标进行拆分。

② 如果仅对一个部分进行拆分，可以利用嵌套的方法完成。

③ 选择菜单栏的【窗口】→【框架】命令，将显示如图 7.35 所示的【框架】面板。用户表选择需要进行拆分的框架部分，然后用鼠标在文档窗口中拖动要调整的框架边框，完成拆分对某一框架的操作，其框架图如图 7.36 所示。

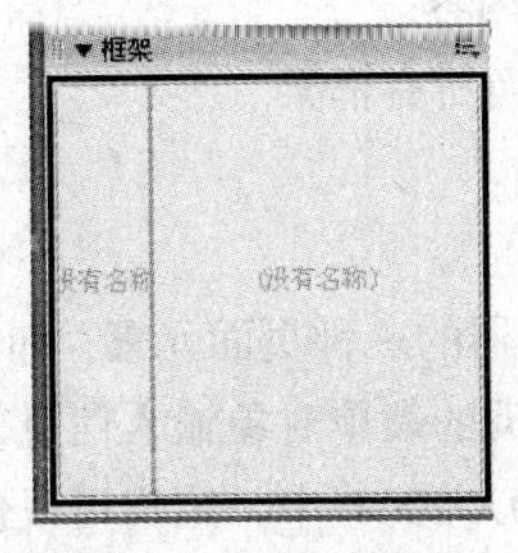

图 7.35　【框架】面板

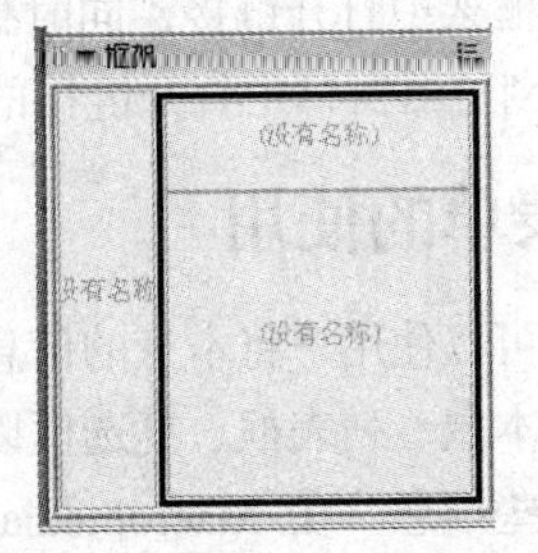

图 7.36　拆分后的【框架】面板

若要删除一个框架，只需使用鼠标将边框框架拖离页面，或拖到父框架的边框上。如果要删除的框架中的文档有未保存的内容，则 Dreamweaver 将提示保存该文档。

2. 控制具有链接的框架内容

要在一个框架中使用链接以打开另一个框架中的文档，必须设置链接目标。链接的 target 属性指定在其中打开链接的内容的框架或窗口。

例如，如果超级链接位于左框架，并且希望链接的材料显示在右侧的主要内容框架中，则必须将主要内容框架的名称指定为每个导航条链接的目标。当访问者单击导航链接时，将在主框架中打开指定的内容。

步骤如下。

（1）单击【框架】面板的各个部分，为每一个框架命名，即在框架的属性窗口中输入框架的名称，如图 7.37 所示，在本例中 3 个部分分别命名为：left、top、main，如图 7.38 的【框架】面板所示。

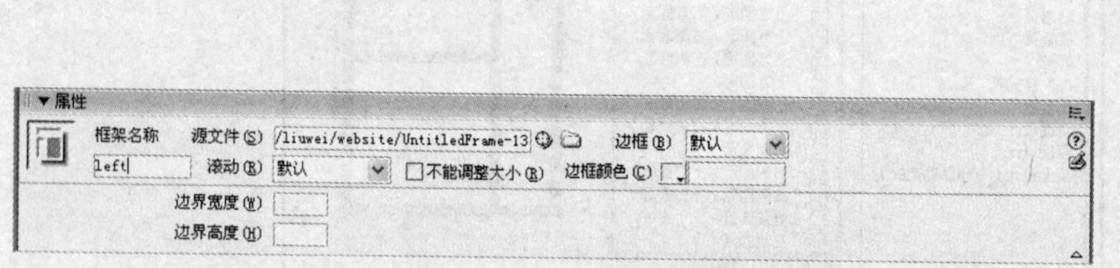

图 7.37 框架的属性

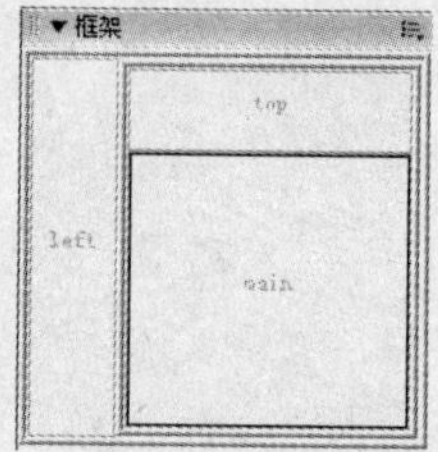

图 7.38 命名后的【框架】面板

（2）在左侧的框架中文本的超级链接上，如图 7.39 所示设置超级链接属性。在链接栏上输入链接的 URL，在目标栏上的下拉列表框中选择 main 框，完成设置，可以使用在浏览器预览中查看效果。

当用鼠标点击左侧框架上的超级链接时，在下面的 main 框架中将显示华中师范大学的主页。

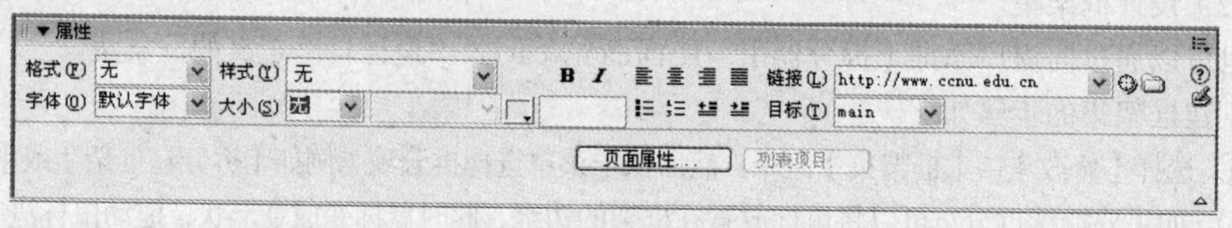

图 7.39 超级链接属性

在目标的下拉列表框中有以下 4 个固有选项，其含义如下。

blank 在新的浏览器窗口中打开链接的文档，同时保持当前窗口不变。

parent 在显示链接的框架的父框架集中打开链接的文档，同时替换整个框架集。

self 在当前框架中打开链接，同时替换该框架中的内容。

top 在当前浏览器窗口中打开链接的文档，同时替换所有框架。

7.2.9 表单的使用

表单是一种可以使用户将本身的信息交给 Web 服务器的一种页面元素。加入表单后，访问者可以使用诸如文本域、列表框、复选框以及单选按钮之类的表单对象输入信息，然后单击确认或提交按钮提交这些信息。在 Macromedia Dreamweaver MX 2004 中，用户可以创建带有文本域、密码域、单选按钮、复选框、弹出菜单、按钮以及其他表单对象的表单。Dreamweaver 还可以编写用于验证访问者所提供的信息的代码。例如，可以检查用户输入的电子邮件地址是否包含【@】符号，或者某个必须填写的文本域是否包含了一个值。

1. 表单对象介绍

在 Dreamweaver 中，表单输入类型称为表单对象。表单对象是允许用户输入数据的机制如图 7.40 所示。用户可以在表单中添加以下表单对象。

（1）文本字段。文本字段接受任何类型的字母数字文本输入内容。文本可以单行或多行显示，也可以以密码域的方式显示，在密码域方式下，输入文本将被替换为星号或项目符号，以避免旁观者看到这些文本。

但是使用密码域发送到服务器的密码及其他信息并未进行加密处理。所传输的数据可能会以字母数字文本形式被截获并被读取。

（2）隐藏域。隐藏域是存储用户输入的信息，如姓名、电子邮件地址或偏爱的查看方式，并在该用户下次访问此站点时使用这些数据。

（3）按钮。在单击时执行操作。通常，这些操作包括提交或重置表单。用户可以为按钮添加自定义名称或标签，也可以使用预定义的【提交】或【重置】标签之一。

（4）复选框。复选框允许在一组选项中选择多个选项。用户可以选择任意多个适用的选项。例如用户可以拥有多个兴趣爱好，可以在多个复选框中打钩。

（5）单选按钮。单选按钮代表互相排斥的选择。在某单选按钮组（由两个或多个共享同一名称的按钮组成）中选择一个按钮，就会取消选择该组中的所有其他按钮。例如，性别栏中仅能够选择男或者女。

（6）列表/菜单。【列表】，在一个滚动列表中显示选项值，用户可以从该滚动列表中选择多个选项；【菜单】，在一个菜单中显示选项值，用户只能从中选择单个选项。

（7）跳转菜单。是可以导航的列表或弹出菜单，它使用户可以插入一种菜单，这种菜单中的每个选项都链接到某个文档或文件。

（8）文件域。使用户可以浏览到其计算机上的某个文件，并将该文件作为表单数据上传。

（9）图像域。使用户可以在表单中插入一个图像，图像域可用于生成图形化按钮。

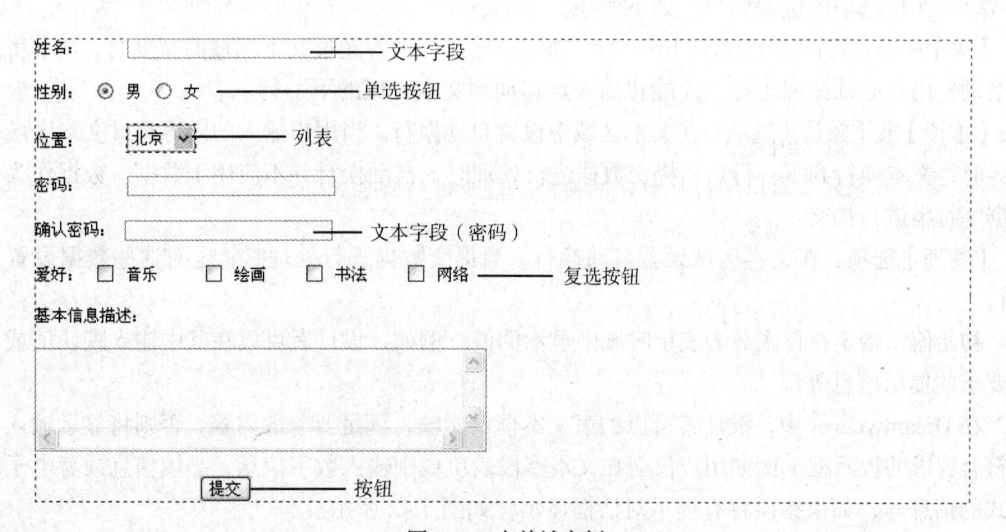

图 7.40 表单域实例

2. 插入表单对象

通过 Dreamweaver 的【插入】菜单，用户可以方便地插入多种表单对象。本节以文本字段、单选按钮、复选按钮等为例，进行介绍。

（1）表单区域

在插入各种表单对象之前，需要插入表单区域，步骤如下。

① 将光标定位在插入点。

② 选择菜单栏【插入】→【表单】→【表单】命令。

③ 在插入点处就会出现红色的虚线矩形框，完成表单区域插入操作。

（2）文本字段

① 将插入点放在表单轮廓内。

② 选择【插入】→【表单】→【文本域】命令。

③ 在插入点处会出现蓝色虚线框，此时已经插入文本字段对象。

同时在【属性】面板中，如图 7.41 所示，用户可以根据需要设置文本字段的属性。

图 7.41　文本字段的【属性】面板

文本字段的属性面板的含义如下所述。

字符宽度：设置域中最多可显示的字符数。当用户输入的内容超过字符宽度时，仅能显示部分信息。

最多字符数：设置单行文本域中最多可输入的字符数。

类型：指定域为单行、多行还是密码域。

行数：当类型设置为多行时，文本域的域高度。

换行：用于设定当用户输入的信息较多时，无法在定义的文本区域内显示用户输入信息的显示效果。换行选项中包含四个，如下所述。

【关】选项：防止文本换行到下一行。当用户输入的内容超过文本区域的宽度时，文本将向左侧滚动。用户必须按回车键，才能将插入点移动到文本区域的下一行。

【虚拟】或【默认】选项：在文本区域中设置自动换行。当用户输入的内容超过文本区域的右边界时，文本换行到下一行。当提交数据进行处理时，自动换行并不应用于数据。数据作为一个数据字符串进行提交。

【物理】选项：在文本区域设置自动换行，当提交数据进行处理时，也对这些数据设置自动换行。

初始值：指定在首次载入表单时域中显示的值。例如，设计者可以在其中输入默认值或者输入要求的提示信息等。

在 Dreamweaver 中，设计者可以约束文本框仅能输入满足要求的内容，否则将显示输入内容不符合要求的提示框。例如用户仅能在文本字段表单域中输入数字信息、必填信息或者电子邮件格式的信息等，如果错误将有提示对话框显示，如图 7.42 所示。

图 7.42　提示要求输入电子邮件格式的文本信息

如果要设置验证表单数据的文本字段表单域，可以执行以下操作。

① 按照本节中所述的方法创建一个文本字段表单域和一个【提交】按钮（添加的方法见本节的第 4 点）的 HTML 表单。

② 为文本字段表单域设定一个名称。

③ 单击【提交】按钮，在【行为】面板（可以执行菜单【窗口】→【行为】命令打开此面板）中，单击加号（+）按钮，然后从列表中选择【检查表单】选项。

④ 在出现的【检查表单】对话框中，如图 7.43 所示，设置文本字段表单域的信息是必需的，或是信息的内容是数字或文本，等等。

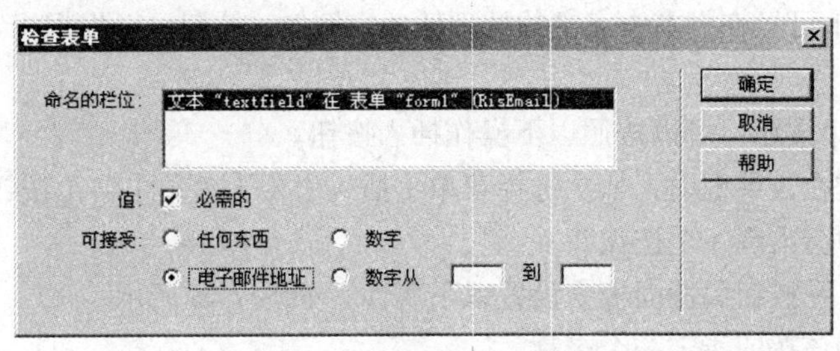

图 7.43 【检查表单】对话框

（3）单选按钮

单选按钮用于在多项选择中选择唯一的一个选项的环境中，如果要插入一组单选按钮，可以按照以下操作方法执行。

① 将插入点放在表单框内。

② 选择菜单【插入】→【表单】→【单选按钮组】命令，弹出如图 7.44 所示的【单选按钮组】对话框。

③ 添加【单选按钮组】对话框中的单选按钮，然后单击【确定】按钮，完成单选按钮组的加入。

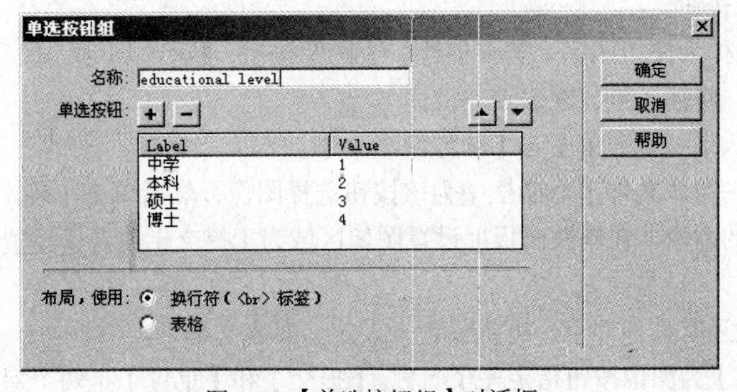

图 7.44 【单选按钮组】对话框

也可以针对单个单选按钮进行单选按钮的属性设置，如图 7.45 所示，其属性的含义如下。

图 7.45 单选按钮【属性】面板

① 选定值设置在该单选按钮被选中时发送给服务器的值。例如，用 1 表示选择为中学学历，2 表示本科学历，3 表示硕士研究生学历，4 表示博士研究生学历。

② 初始状态确定在浏览器中载入表单时，该单选按钮是否被选中，在一组中仅能设置一个为选中状态。

③ 类可以将 CSS 规则应用于单选按钮对象上。

（4）按钮。

使用按钮可将用户填写在表单的数据提交到服务器，或者重置该表单（将表单的信息清空，以方便用户再次填写表单信息）。标准表单按钮通常带有【提交】、【重置】或【发送】选项卡。设计者还可以分配其他已经在脚本中定义的处理任务。例如，按钮可以根据指定的值计算所选商品的总价。

如果要创建一个按钮，可以按照以下操作插入按钮。

① 将插入点放在表单框内，依次选择菜单【插入】→【表单】→【按钮】命令。

② 在表单框中会出现一个按钮。

③ 选中按钮，在按钮属性面板中设置以下属性，如图 7.46 所示。

【按钮名称】为该按钮指定一个名称。

【标签】文字确定按钮上显示的文本。

【动作】确定单击该按钮时发生的操作，标准动作包含【提交表单】和【重设表单】。【提交表单】通知表单将表单数据提交给处理应用程序或脚本，【重置表单】将所有表单域重置为其原始值。

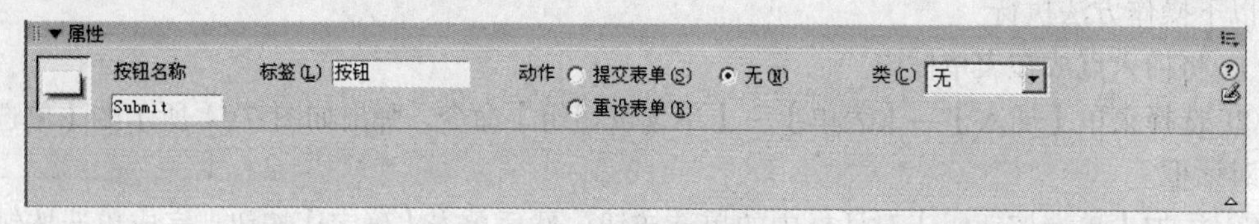

图 7.46 按钮【属性】面板

（5）插入图像按钮。

可以使用图像作为按钮图标。若要创建一个图像按钮，执行以下操作。

① 在文档中，将插入点放在表单轮廓内。

② 选择【插入】→【表单】→【图像域】命令。

③ 在【选择图像源文件】对话框中为该按钮选择图像，然后单击【确定】按钮。

④ 选中插入的图像，在属性面板上设置图像区域为【提交】或者【重置】，完成图像按钮的插入。

图像域的属性还有其他几个，可供设计者设定，其含义如下。

①【图像区域】为图像按钮指定一个名称。【提交】和【重置】是两个保留名称，【提交】通知表单将表单数据提交给处理应用程序或脚本，【重置】将所有表单域重置为其原始值。

②【源文件】指定要为该按钮使用的图像。

③【替代】用于输入描述性文本，一旦图像在浏览器中载入失败，将显示这些文本。

④【对齐】设置对象的对齐属性，如顶端、居中、底部、左对齐、右对齐，等等。

⑤【编辑图像】可以打开默认的图像编辑器，以便设计者对该图像文件进行编辑。

⑥【类】可以将 CSS 规则应用于此对象。

（6）复选框。

复选框用于提供多个选项供网页浏览者选择，浏览者可以选择任意选项。设计者可以很方便地插入复选框，其方法如下。

① 将插入点放在表单框内。依次选择菜单【插入】→【表单】→【复选框】命令，即可插入一个复选框，反复插入，完成一组复选框的插入，设计者可以在各个复选框的旁边键入选项卡的文字，用以区别。

② 设计者还可根据自己的要求对复选按钮进行属性设置。

7.2.10 层的概念

在 Dreamweaver 中可以使用层来设计页面的布局。将层前后放置，以隐藏某些层而显示其他层，或者在屏幕上用鼠标或行为等移动层。例如可以在一个层中放置背景图像，然后在该层的前面放置第二个层，它包含带有透明背景的文本。层是非常灵活方便的布局工具，它在早期的浏览器中不能显示，即 Microsoft Internet Explorer 4.0 和 Netscape Navigator 4.0 之前版本的 Web 浏览器无法显示层，但是在现在常用的系统中都能正确支持层。

1. 插入层

若要在文档中的特定位置插入层，执行以下操作。

（1）将插入点放置在【文档】窗口中，然后选择【插入】→【布局对象】→【层】命令。

（2）用鼠标选中时，层对象的周围有 8 个黑点，左上角有一个回形的标志，层对象可以用鼠标放置在页面中的任何地方，如图 7.47 所示在空白页面中添加的层。

2. 使用【层】面板

通过【层】面板可以管理文档中的层。使用【层】面板可防止重叠，更改层的可见性，将层嵌套或堆叠，以及选择一个或多个层，如图 7.48【层】面板所示。

图 7.47 页面中的层对象

（1）打开【层】面板的方法：选择【窗口】→【层】命令。

（2）【层】面板各项的意义如下。

① 列：表示可见性。

可见性指定该层最初是否是可见的。从以下选项中选择。

【默认】（没有标志）不指定可见性属性。

当未指定可见性时，大多数浏览器都会默认为【继承】。

【继承】（没有标志）使用该层父级的可见性属性。

【可见】（标志）显示该层的内容，而不管父级的值是什么。

【隐藏】（标志）隐藏层的内容，而不管父级的值是什么。

② z 列：显示为按 z 轴顺序排列的名称列表；首先创建的层出现在列表的底部，最新创建的层出现列表的顶部。用户可以在此单击 Z 列的值，更改数值，调节层次重叠顺序。

③ 嵌套层：若要显示或隐藏嵌套层，可以单击层名称旁边的加号（+）或减号（–）按钮，进行显示，如图 7-48【层】面板中的 Layer4 和 Layer3 所示。用户也可以更改子层的可见性。

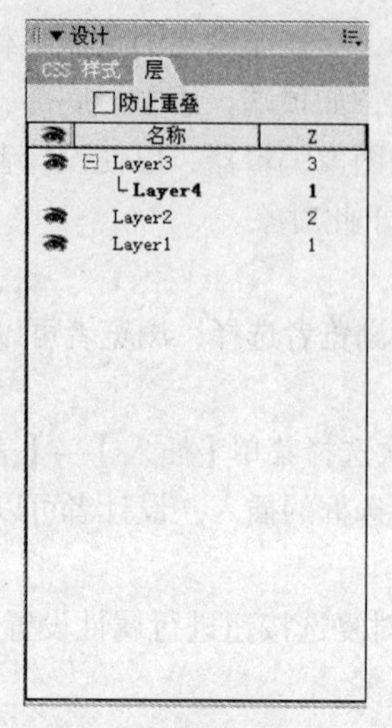

图 7.48 【层】面板

3. 对齐层

使用【层对齐】命令可按最后一个选定层的边框来对齐一个或多个层。

当对层进行对齐时，未选定的子层可能会因为其父层被选定并移动而移动。若要避免这种情况，不要使用嵌套层。

若要对齐两个或更多个层，执行以下操作。

（1）在【设计】视图中，选择该层，或者利用【层】面板选择多个层。

（2）选择菜单【修改】→【对齐】命令，然后选择一个对齐选项，如【左对齐】、【右对齐】、【对齐上缘】、【对齐下缘】、【设成宽度相同】、【设成高度相同】等。

4. 在层和表格之间转换

Dreamweaver 可以让用户随意使用表格和层进行布局，也可以使用层创建布局，然后将层转换为表，以使用户的布局可以在较早的浏览器中进行查看，或者使用表布局再改为使用表进行布局。

（1）层转换为表格。

① 将【层】面板中的【防止重叠】复选框选中，且各层相互没有重叠。

② 选择【修改】→【转换】→【层到表格】命令，即可显示【将层转换为表】对话框，如图 7.49 所示。

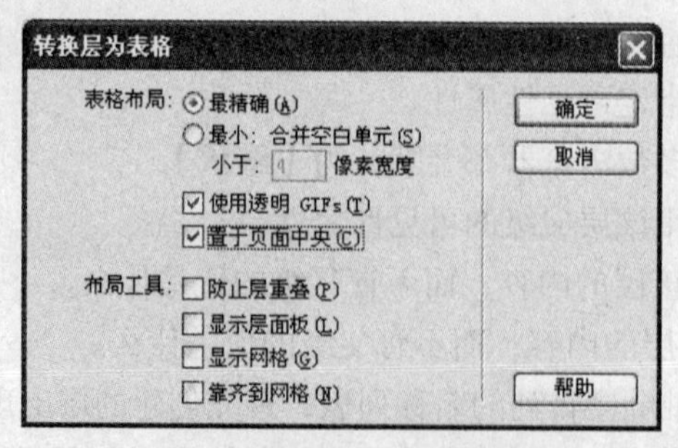

图 7.49 【转换层为表格】对话框

③ 选择所需的选项，可以将网页中的层改为表格布局，如图 7.50 所示。

图 7.50 【转换层为表格】的网页布局

④ 单击【确定】按钮，完成将层转换为一个表。

(2) 表转换为层的步骤如下。

① 选择【修改】→【转换】→【表格到层】命令。

② 即可显示【将表转换为层】对话框，如图 7.51 所示，选择所需的选项。

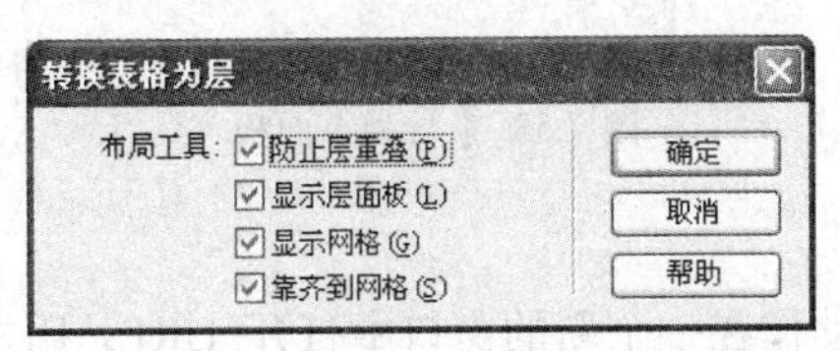

图 7.51 【表转换为层】对话框

③ 单击【确定】按钮，完成表转换为层，其效果如图 7.52 所示。

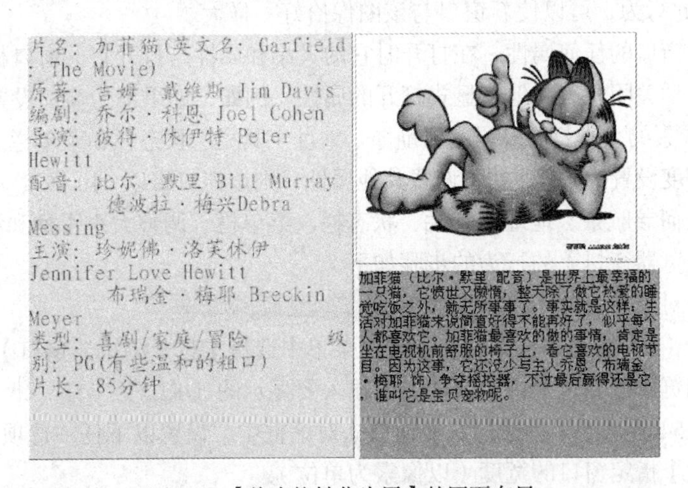

图 7.52 【将表格转化为层】的网页布局

7.2.11 利用行为制作动态效果

行为是 Dreamweaver 中内置的 JavaScript 程序库，使用行为可以使网页制作人员不用编写脚本程序而实现一些动作，例如，播放声音、打开浏览器窗口、弹出消息框、控制 Flash 播放，等等。

1. 播放声音

使用【播放声音】动作来播放声音。例如，设计者要求在每次鼠标指针滑过某个链接时播放一段声音效果，或在页载入时播放音乐剪辑。

若要使用【播放声音】动作，执行以下操作。

（1）选择菜单【窗口】→【行为】命令，打开 【行为】面板。

（2）单击加号 +. 按钮，并从【动作】弹出菜单中选择【播放声音】命令。（有些行为低版本的浏览器是不能支持的，因此，使用前应该确信浏览器的版本，并设定浏览器的类型和版本。方法是，在弹出的快捷菜单中，选择【显示事件】选项选择浏览器类型和版本。）

（3）单击【浏览】按钮选择一个声音文件，或在【播放声音】文本框中输入路径和文件名。

（4）单击【确定】按钮。

（5）检查默认事件是否是所需的事件。如果不是，请从弹出菜单中选择另一个事件。如果未列出所需的事件，则在【显示事件】弹出菜单中更改目标浏览器。如图 7.53 所示的【行为】面板。

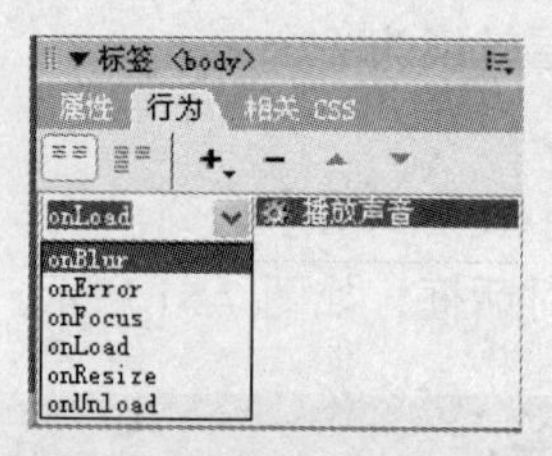

图 7.53 【行为】面板

2. 打开浏览器窗口

使用【打开浏览器窗口】动作在一个新的窗口中打开 URL。用户可以指定新窗口的属性（包括其大小）、特性（它是否可以调整大小、是否具有菜单栏等）和名称。例如，用户可以使用此行为在访问者单击缩略图时，在一个单独的窗口中打开一个较大的图像（常见的购物车网页中常使用此技巧）；使用此行为，可以使新窗口与该图像恰好一样大。

如果不指定该窗口的任何属性，在打开时它的大小和属性与打开它的窗口相同。指定窗口的任何属性，都将自动关闭所有其他未显式打开的属性。例如，如果不为窗口设置任何属性，它将以 640 像素×480 像素的大小打开并具有导航条、地址工具栏、状态栏和菜单栏。如果将宽度显式设置为 640、将高度设置为 480，并不设置其他属性，则该窗口将以 640 像素×480 像素的大小打开，并且不具有任何导航条、地址工具栏、状态栏、菜单栏、调整大小手柄和滚动条。

设置【打开浏览器窗口】的行为的步骤如下。

（1）选择一个对象并打开【行为】面板。

（2）单击加号（+）按钮并从【动作】弹出菜单中选择【打开浏览器窗口】选项。

（3）单击【浏览】按钮选择一个文件，或输入要显示的 URL。

（4）在如图 7.54 所示的【打开浏览器窗口】对话框中，设置以下任一选项。

①【窗口宽度】指定窗口的宽度（以像素为单位）。

②【窗口高度】指定窗口的高度（以像素为单位）。

③【导航工具栏】是一行浏览器按钮（包括【后退】、【前进】、【主页】和【重新载入】）。

④【地址工具栏】是一行浏览器选项（包括地址文本框）。

⑤【状态栏】是位于浏览器窗口底部的区域，在该区域中显示消息（例如剩余的载入时间以及与链接关联的 URL）。

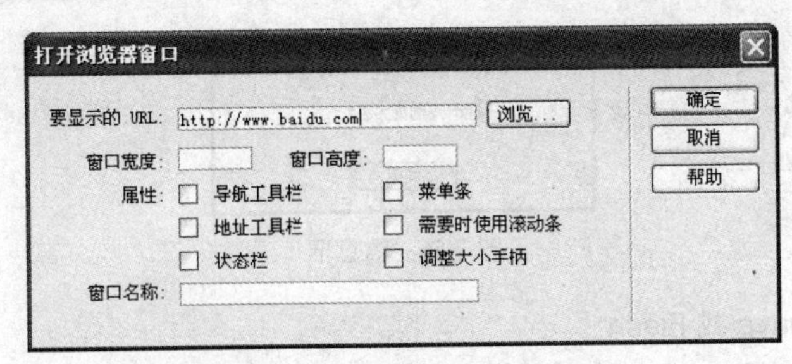

图 7.54 【打开浏览器窗口】对话框

⑥【菜单栏】是浏览器窗口（Windows）上显示菜单（例如【文件】、【编辑】、【查看】、【转到】和【帮助】）的区域。如果要让访问者能够从新窗口导航，应该显式设置此选项。如果不设置此选项，则在新窗口中用户只能关闭或最小化窗口（Windows）。

⑦ 需要时显示滚动条，指定如果内容超出可视区域应该显示滚动条。如果不显式设置此选项，则不显示滚动条。如果【调整大小手柄】选项也关闭，则访问者将不容易看到超出窗口原始大小以外的内容。（虽然他们可以拖动窗口的边缘使窗口滚动。）

⑧ 调整大小手柄指定用户应该能够调整窗口的大小，方法是拖动窗口的右下角或单击右上角的最大化按钮 （Windows）。如果未显式设置此选项，则调整大小控件将不可用，右下角也不能拖动。

⑨ 窗口名称是新窗口的名称。如果要通过 JavaScript 使用链接指向新窗口或控制新窗口，则应该对新窗口进行命名。此名称不能包含空格或特殊字符。

（5）单击【确定】按钮。

（6）检查默认事件是否是所需的事件。如果不是，请从弹出菜单中选择另一个事件。如果未列出所需的事件，则在【显示事件】弹出菜单中更改目标浏览器。

3. 弹出消息框

【弹出消息】动作显示一个带有指定消息的 JavaScript 警告。因为 JavaScript 警告只有一个按钮（【确定】），所以使用此动作可以提供信息，而不能为用户提供选择。

设置【弹出消息】动作的步骤如下。

（1）选择一个对象，并打开【行为】面板。

（2）单击加号（+）按钮，并从【动作】弹出菜单中选择【弹出消息】选项。

（3）在【消息】文本框中输入消息，如图 7.55 所示。

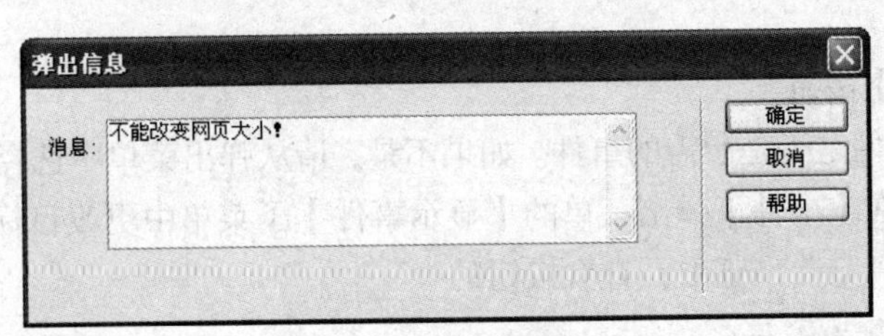

图 7.55 【消息】文本框

（4）单击【确定】按钮。

（5）检查默认事件是否是所需的事件。 如果不是，请从弹出菜单中选择另一个事件。如果未列出所需的事件，则在【显示事件】弹出菜单中更改目标浏览器。在本例中选择 onResize 事件。

（6）在浏览器中浏览时，改变浏览器大小时，将会弹出如图 7.56 所示的消息框。

图 7.56　消息框

4. 控制 Shockwave 或 Flash

使用【控制 Shockwave 或 Flash】动作来播放、停止、倒带或转到 Macromedia Shockwave 或 Macromedia Flash SWF 文件中的某一帧。

【控制 Shockwave 或 Flash】的步骤如下。

（1）选择【插入】→【媒体】→【Shockwave】命令或【插入】→【媒体】→【Flash】命令分别插入 Shockwave 或 Flash SWF 文件。

（2）选择【窗口】→【属性】命令并在上面左边的文本框（在 Shockwave 或 Flash 图标旁边）中输入影片的名称。若要用【控制 Shockwave 或 Flash】动作对影片进行控制，必须对该影片进行命名。

（3）选择要用于控制 Shockwave 或 Flash SWF 文件的项。例如，插入【播放】按钮 flash 按钮，则选择该按钮。

（4）打开【行为】面板（执行【窗口】→【行为】命令）。

（5）单击加号（+）按钮，并从【动作】弹出菜单中选择【控制 Shockwave 或 Flash】命令，出现一个参数对话框，如图 7.57 所示。

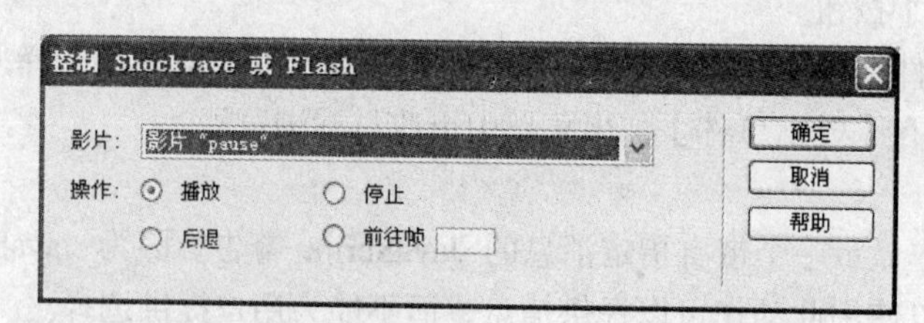

图 7.57【控制 Shockwave 或 Flash】对话框

（6）从【影片】弹出菜单中选择一个影片。

（7）Dreamweaver 自动列出当前文档中所有 Shockwave 和 Flash SWF 文件的名称。

（8）选择是否播放、停止、后退或转到影片中的帧。【播放】选项从动作发生的帧开始播放影片。

（9）单击【确定】按钮。

（10）检查默认事件是否是所需的事件。如果不是，请从弹出菜单中选择另一个事件。如果未列出所需的事件，则在【事件】弹出菜单的【显示事件】子菜单中更改目标浏览器。

完成设置后，在浏览器预览中，查看按钮的

7.2.12　使用时间轴制作 DHTML

【时间轴】是 Dreamweaver 中的特殊功能，常常用于在网页上显示飘浮的图片信息，这种飘浮的图片往往很显眼，可以用【时间轴】功能来实现。

【时间轴】只能对【层】发生作用。所以，如果要产生动画效果，首先要创建层，再将图像、文本等内容插入到层中，然后通过移动层来移动这些元素。

但是时间轴功能在 Dreamweaver MX 2004 的 8.0.0 版本中不存在，而在 8.0.1 版本中，Macromedia 公司又再度加入了此功能。用户可以通过选择【帮助】→【关于 Dreamweaver】命令，在如图 7.58 所示的 Dreamweaver MX 2004 版本信息中查看版本号。

图 7.58　Dreamweaver MX 2004 的版本信息

使用时间轴的步骤如下。

（1）将插入点放置在【文档】窗口中，然后选择【插入】→【布局对象】→【层】命令，添加层对象在网页上。

（2）在层对象中单击，从工具栏中选择【图像】按钮，在弹出【插入图像】对话框中选择图像的文件，并插入要飘浮的图片文件，调节图片和层的大小。

（3）选择菜单【窗口】→【时间轴】命令，打开【时间轴】面板，如图 7.59 所示。

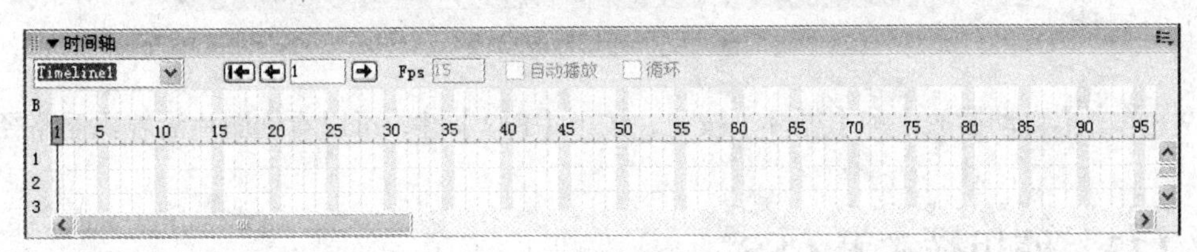

图 7.59　【时间轴】面板

（4）选择插入的层的回形标志，按下鼠标左键，并拖动到时间轴面板中，释放鼠标，这时会弹出如图 7.60 所示的提示框。

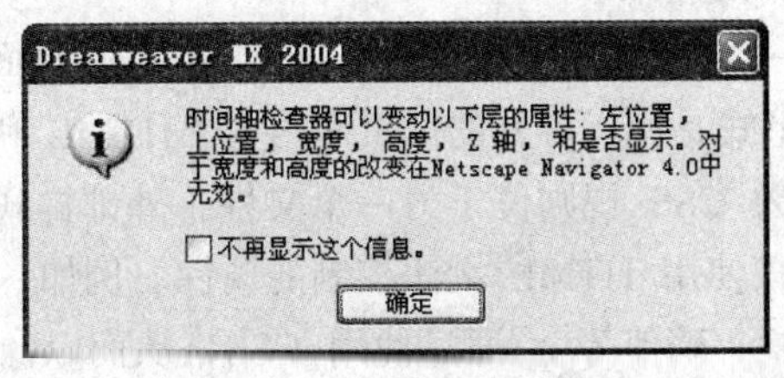

图 7.60　时间轴提示框

（5）插入后，将会在【时间轴】面板上出现一个层时间线，此线的两端各显示一个圆圈，显示起始关键帧和结束关键帧。

（6）用鼠标选定结束关键帧的圆圈，并拖曳使结束关键帧的位置调整至 80 帧处。

（7）用鼠标定位到 20 帧处，单击鼠标右键，在弹出的菜单中选择【增加关键帧】选项，移动图层到相应的位置。

（8）用同样的方法在 40 帧、60 帧等处加入关键帧，【时间轴】面板如图 7.61 所示。

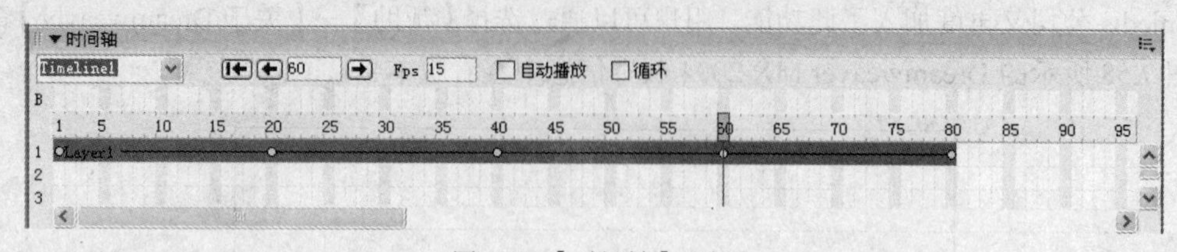

图 7.61 【时间轴】面板

完成时间轴动画后，网页中会留有图层在动画中飘浮的痕迹，效果如图 7.62 所示。

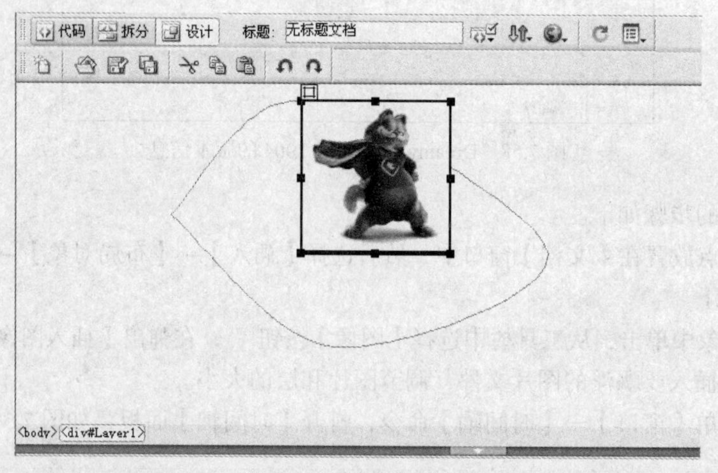

图 7.62 图层漂浮路线

（9）单击【自动播放】和【循环】按钮，按下【F12】键，可以看到图片沿着飘浮路径往返飘浮。

7.2.13 使用样式表 CSS

现代网页制作的复杂效果离不开 CSS 技术，采用 CSS 技术可以有效地对页面的布局、字体、颜色、背景和其他效果实现更加精确的控制。它不仅可以做出美观工整、令浏览者赏心悦目的网页，还能给网页添加许多特殊的效果。

层叠样式表（CSS）是一系列格式设置规则，它们控制 Web 页面内容的外观。使用 CSS 设置页面格式时，内容与表现形式是相互分开的。页面内容（HTML 代码）位于自身的 HTML 文件中，而定义代码表现形式的 CSS 规则位于另一个文件（外部样式表）或 HTML 文档的另一部分中。CSS 可以控制许多仅使用 HTML 无法控制的属性。例如，利用它可以为所选文本指定不同的字体大小和单位（像素、磅值等）。通过使用 CSS，从而以像素为单位设置字体大小，还可以确保在多个浏览器中以更一致的方式处理页面布局和外观。

创建 CSS 样式表的过程就是对各种 CSS 属性的设置过程，这些属性分为：类型、背景、区块、方框、边框、列表、定位、扩展等 8 个部分。

1. 创建新的 CSS 样式表

（1）将插入点放在文档中，然后执行以下操作之一，打开【新建 CSS 样式】对话框。

在如图 7.63 所示的【CSS 样式】面板（如果没有出现，可以执行菜单【窗口】→【CSS 样式】命令）中，单击面板右下角的【新建 CSS 样式】按钮，可以弹出如图 7.63 所示的对话框。

或者依次打开菜单【文本】→【CSS 样式】命令，从【CSS 样式】弹出式菜单中选择【管理样式】，然后如图 7.64 所示的对话框中单击【新建】按钮，也可以弹出如图 7.65 所示的对话框。

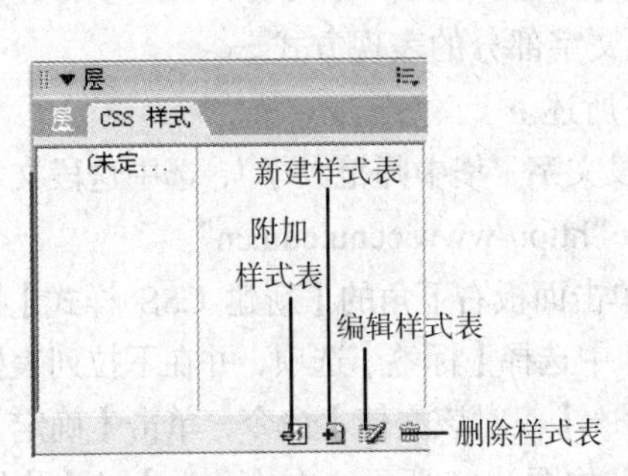

图 7.63　CSS 样式表面板

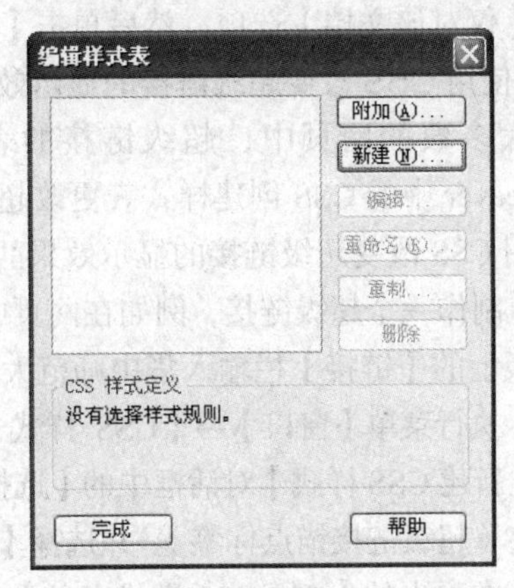

图 7.64　【编辑样式表】对话框

或者依次选择菜单【窗口】→【标签检查器】命令，然后进入【相关 CSS】选项卡，在【相关 CSS】选项卡中单击鼠标右键，然后从【上下文】菜单中选择【新建规则】选项。

同样也可通过选择【文本】菜单→【CSS 样式】→【新建（N）...】命令等多种方法，弹出如图 7.65 所示的【新建 CSS 样式表】对话框。

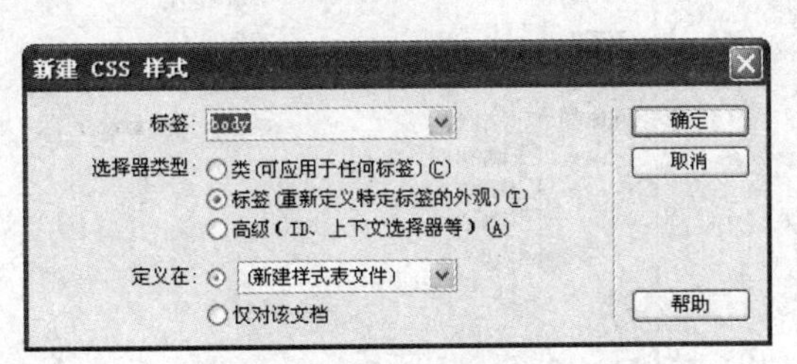

图 7.65　【新建 CSS 样式表】对话框

（2）定义 CSS 样式的类型。

若要创建可作为 Class 属性应用于文本范围或文本块的自定义样式，请选择【创建自定义样式（Class）】，然后在【名称】文本框中输入样式名称。类名称必须以句点开头，并且可以包含任何字母和数字组合（例如.mycss）。如果没有输入开头的句点，Dreamweaver MX 2004 将自动加上句点。

若要重定义特定 HTML 标签的默认格式，可以选择【标签（重新定义特定标签的外观）】选项，然后在【标签】字段中输入一个 HTML 标签，或从弹出式菜单中选择一个标签。

若要为具体某个标签组合或所有包含特定 Id 属性的标签定义格式，可以选择【高级（ID、上下文选择器等）】选项，然后在【选择器】文本框中输入一个或多个 HTML 标签，或从弹出式菜单中选择一个标签。弹出式菜单中提供的选择器（称作伪类选择器）包括 a:active、a:hover、a:link 和 a:visited。

它们的含义如下。

a:link：未访问的链接。

a:visited：已访问的链接。

a:active：激活时（链接获得焦点时）的链接。

a:hover：鼠标移到链接上时。

（3）选择定义样式的位置。

若要创建外部样式表，可以选择【新建样式表文件】选项；若要在当前文档中嵌入样式，可以选择【仅对该文档】选项，然后单击【确定】按钮。

2. 使用 CSS 改变超级链接的显示效果

在大多数的网页中，超级链接的表现方法是蓝色的加下划线的方式。用户可以通过 Dreamweaver 中的 CSS 创建样式表更改超级链接的文字部分的表现方式。

使用 CSS 改变超级链接的显示效果的方法如下所述。

（1）制作一个超级链接，例如在网页中输入一段文字“华中师范大学”，选中这段文字，并在属性面板上的【链接】栏输入华中师范大学的网址“http://www.ccnu.edu.cn”。

（2）执行菜单【窗口】→【CSS 样式】命令，单击面板右下角的【新建 CSS 样式】按钮，在弹出的【新建 CSS 样式】对话框中的【选择器类型】中选择【标签】选项，并在下拉列表框中选择【a】标签（超级链接锚点标签）。并选择【定义在】→【仅对该文档】命令，单击【确定】按钮。

（3）在弹出的【a 的 CSS 样式定义】对话框中，如图 7.66 所示，在【分类】的【修饰】区域中选择【无】复选项，并设置自己喜欢的颜色，超级链接的原效果修饰被去掉。

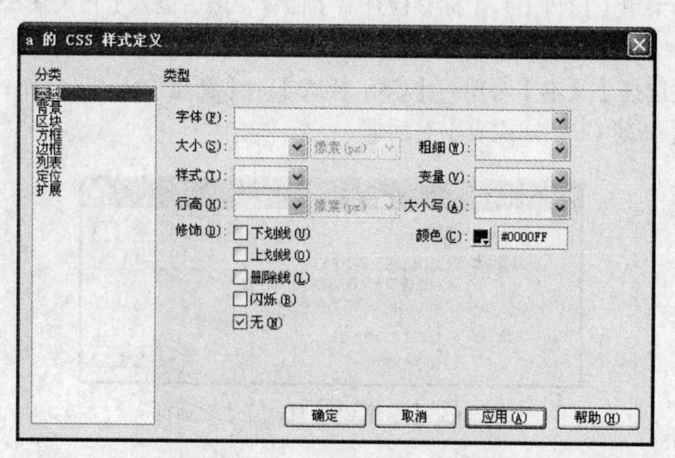

图 7.66 【a 的 CSS 样式定义】对话框

（4）执行菜单【窗口】→【CSS 样式】命令，单击面板右下角的【新建 CSS 样式】按钮，在弹出的【新建 CSS 样式】对话框中的【选择器类型】区域中，选择【高级】单选项，并在【选择器】列表框中选择【a:hover】，如图 7.67 所示，再单击【确定】按钮。

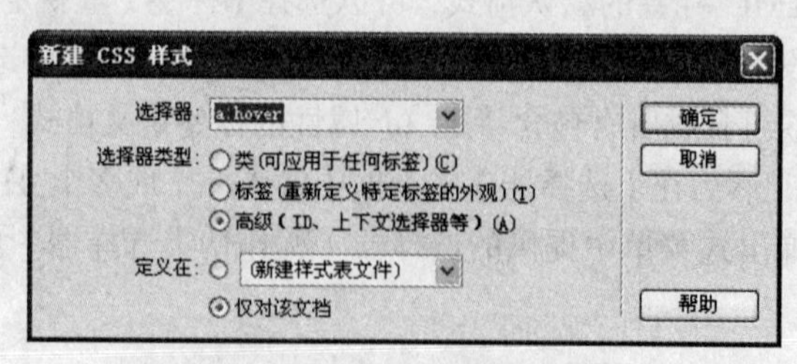

图 7.67 【新建 CSS 样式】对话框

（5）在弹出的如图 7.68 所示的对话框中，分别针对类型、背景、区块、方框、边框、列表、定位、扩展等 8 个部分对样式进行设置。设置后，按【F12】键，在浏览器中用鼠标扫过有超级链接的文字部位，可以看出超级链接的显示效果。

（6）用同样的方法可以对 a:active、a:hover、a:link 和 a:visited 几个样式进行设置，对超级链接进行自行设置。

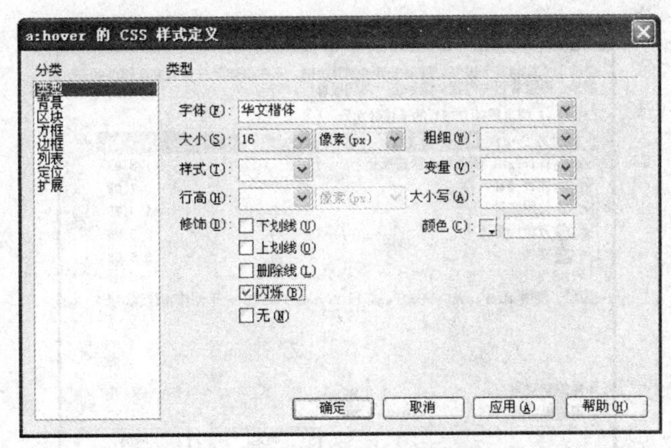

图 7.68 【CSS 样式定义】对话框

7.3　创建自己的站点

7.3.1　在本机上设置站点

很多读者并没有远程的网站，或者希望仅在本地实验，再上传到目标网站上，这是设计并测试自己网站的常用步骤，因此本节将介绍如何利用 Windows 自带的工具 IIS（Internet Information Server）来设置平地网站的方法。

设置本地网站的方法。

1. 确认安装 IIS

用户可以执行【开始】→【控制面板】→【添加删除程序】命令，并选择【添加删除 windows 组件】选项，将会弹出如图 7.69 所示的对话框。

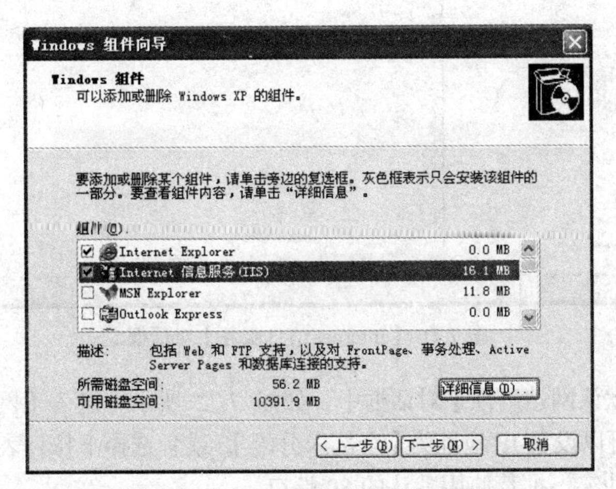

图 7.69 【Windows 组件向导】对话框

在弹出的【Windows 组件向导】对话框中单击【详细信息】按钮，会出现如图 7.70 所示的对话框，如果各选项前的复选框都已选中，则表明已经安装 IIS，否则需要使用 Windows 的安装光盘进行安装。

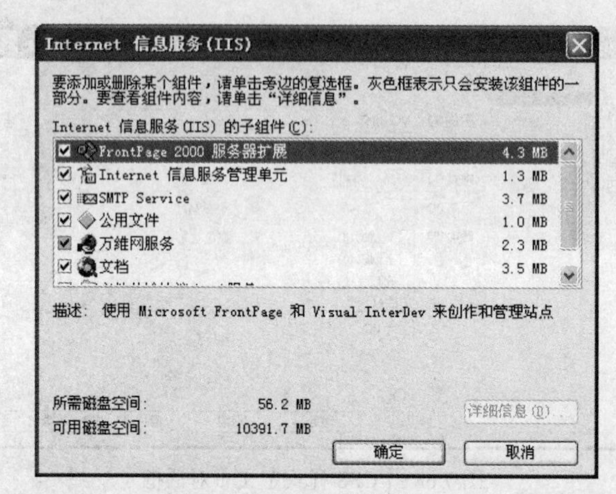

图 7.70　IIS 支持的服务列表

具体方法是选中各个选项，单击【确定】按钮，依据弹出的向导进行安装。

2. 设置 Web 服务器

（1）执行【开始】→【控制面板】→【管理工具】菜单命令，选择【Internet 服务管理器】选项，在弹出的如图 7.71 所示的【Internet 信息服务】对话框中，选择【网站】→【默认的 web 服务器】菜单命令，单击鼠标右键选择【属性】命令。

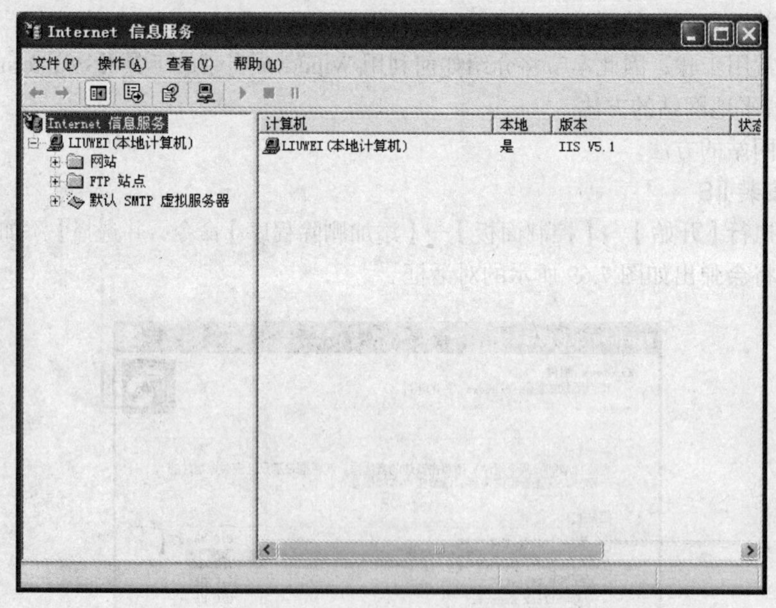

图 7.71 【Internet 信息服务】对话框

（2）在弹出的【默认网站属性】对话框中，如图 7.72 所示，进入【网站】选项卡，设置 IP 地址和端口号。读者可以设置 IP 地址为【全部未分配】，或者选择下拉列表框中本机的 IP 地址信息。端口号如果没有冲突，推荐使用默认的 80 端口。

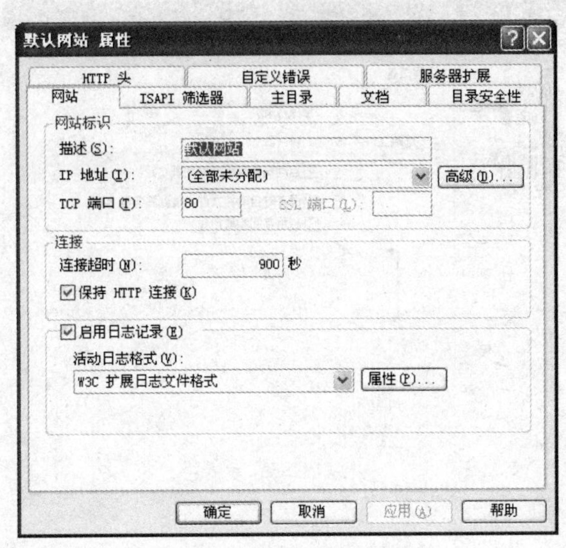

图 7.72　设置【网站】选项卡

（3）进入【主目录】选项卡，设置 Web 站点所处的位置。例如本例中设置主目录为【D:\site】文件夹，保持默认的选项，如图 7.73 所示。

（4）进入【文档】选项卡，读者可以在此设置自己主页的默认名称。

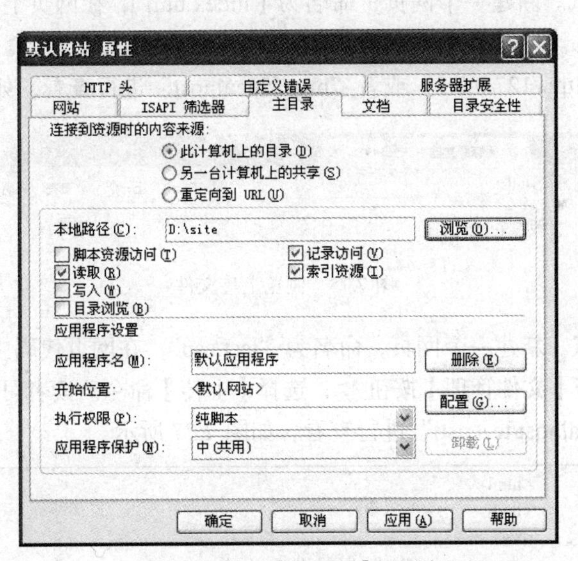

图 7.73　设置【主目录】选项卡

3. 设置站点并浏览

（1）新建站点。按照本章中的 7.1.4 节创建站点，再选择菜单【站点】→【管理站点】命令，在弹出的对话框中选择新建的站点，单击【编辑】按钮。

在弹出的如图 7.74 所示的【站点定义】对话框中，进入【高级】选项卡，在【分类】栏中选择【远程信息】选项，设置【远端文件夹】的地址。

再选中【测试服务器】栏，选择【访问】为【本地/网络】，单击【确定】→【完成】按钮，关闭对话框。

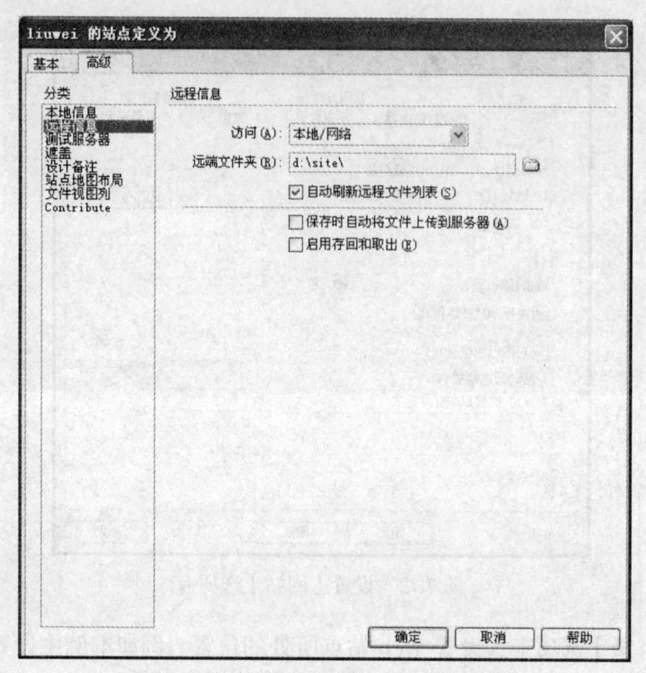

图 7.74　站点对话框的【高级】选项卡

（2）静态网页测试。新建一个网页，命名为【index.htm】，在网页上写上“上传的第一份文件”等文字，保存文件。单击【文件管理】按钮，选择【上传】命令。读者可以打开浏览器，并在地址栏中输入“http://127.0.0.1”或者“http://localhost”进行查看，如图 7.75 所示。

图 7.75　浏览上传文件

（3）动态网页测试。新建一个网页，命名为“test.asp”，在网页代码中写下如图 7.76 所示的代码。保存文件。单击【文件管理】按钮，选择【上传】命令。读者可以打开浏览器，并在地址栏中输入“http://localhost/test.asp”进行查看，如图 7.77 所示。

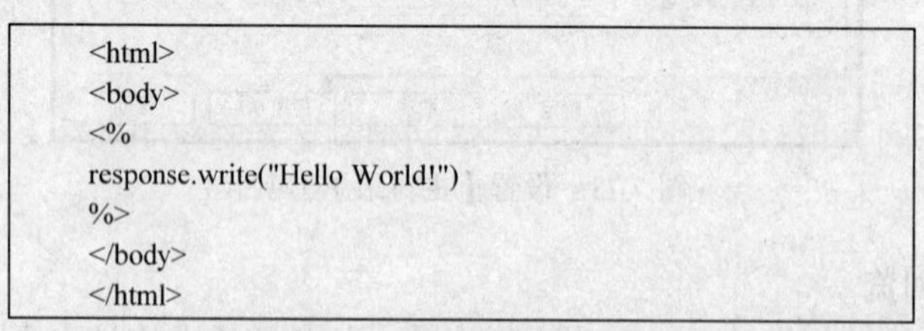

```
<html>
<body>
<%
response.write("Hello World!")
%>
</body>
</html>
```

图 7.76　第一份 asp 代码

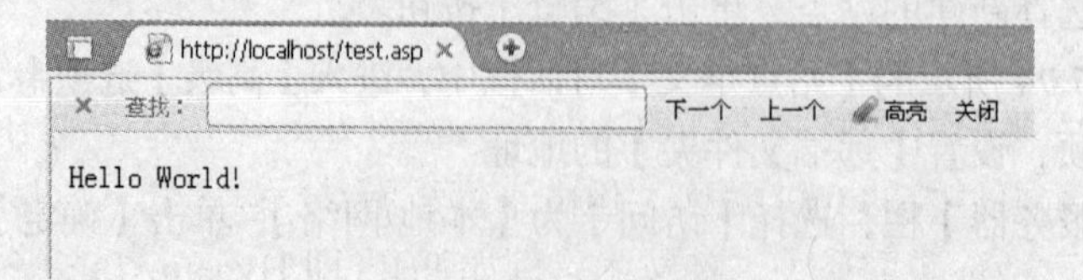

图 7.77　浏览上传文件

7.3.2 将网页上传发布

在本地创建的网站也可以使用 Dreamweaver 上传至远程的服务器上，用户可以使用相同的方法创建站点，并在【管理站点】的【高级】选项卡上选择【远程信息】选项，再有变得【远程信息】栏中单击【访问】下拉列表，并选择【FTP】选项。

在如图 7.78 所示站点的【高级】选项卡对话框中，设置 FTP 主机、主机目录、登录名称和密码等信息（用户上传前必须申请网站资源，可以在相应的网站资源中获得此信息）。

文件上传的方法和本地网站的方式基本相同，在此不再赘述。

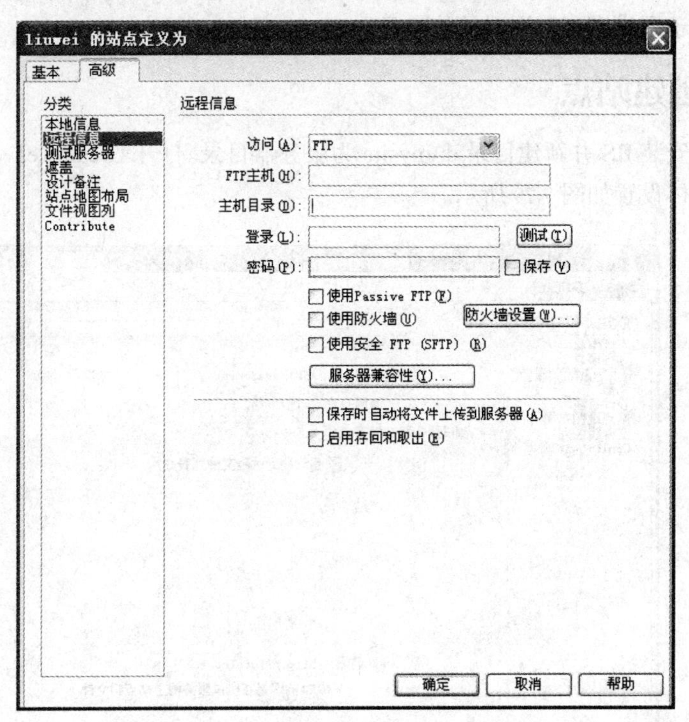

图 7.78 站点对话框的【高级】选项卡

7.4 创建用户登录动态网页

动态网页是与静态网页相对应的网页形式，从网站浏览者的角度来看，无论是动态网页还是静态网页，都可以展示基本的文字和图片信息，用户查阅网页时并没有什么不同，但从网站开发、管理、维护的角度来看就有很大的差别。

动态网页一般以数据库技术为基础，当用户请求时，服务器从数据库中获取信息，并返回一个完整的网页。采用动态网页技术的网站可以实现更多的功能，如用户注册、用户登录、在线调查、用户管理、订单管理等。

早期的动态网页主要采用 CGI 技术，CGI 即 Common Gateway Interface（通用网关接口）。可以使用不同的程序编写适合的 CGI 程序，但由于编程困难、效率低下、修改复杂，所以目前多种新的服务器技术已经逐步取代了这种技术，例如 PHP 即 Hypertext Preprocessor（超文本预处理器），ASP 即 Active Server Pages，它是微软开发的类似脚本语言的服务器端应用程序，但是具有很大的局限性，仅能在微软的操作系统平台上运行，且要求安装 IIS 服务的服务器端程序，JSP 即 Java Server Pages，它是由 Sun Microsystem 公司开发的服务器端应用程序，具有很好的跨平台性能。

本节将以常见的用户注册为例介绍动态网页的设计方法。服务器的架设方法在 7.3 节中已有详细描述，将继续采用 IIS 配置服务器端程序，并使用 ASP 技术设计动态网页，用 Access2000 设计后台数据库。

在这个用户注册网站中包括 4 个网页，index.asp 页面用于用户登录，输入用户名和密码；login.asp 用于用户注册信息的输入；welcome.asp 用于成功登录和成功注册的跳转信息显示；error.asp 页面用于用户密码错误时的信息显示。

7.4.1 创建站点

依据 7.3 节安装 IIS 并新建目录 d:\mysite 为服务器目录。打开 Dreamweave 创建本地站点 site，位于 d:\site，具体设置如图 7.79 所示。

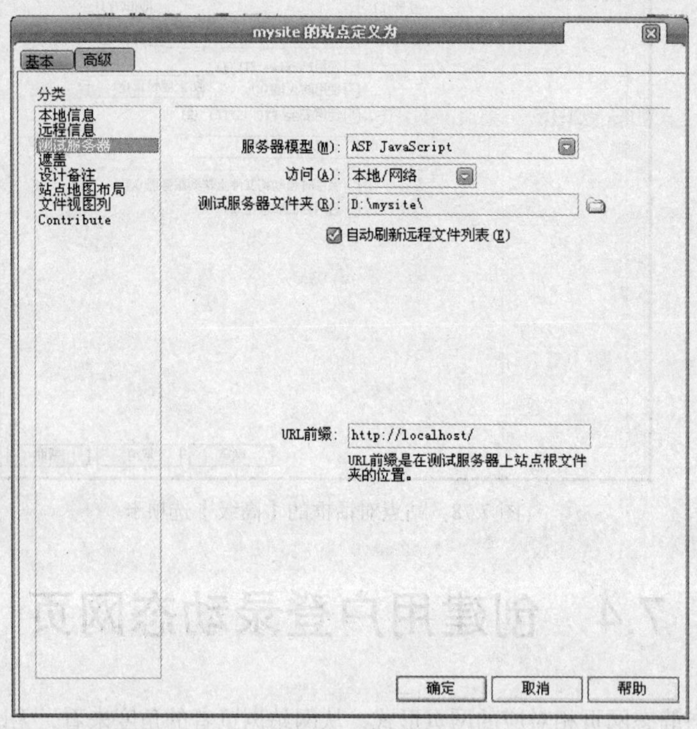

图 7.79　网站设置

7.4.2 创建数据库

使用 Access2000 创建用户信息数据库，是制作用户登录数据库的基础，其中包括用户注册的基本信息。具体方法是打开 Access2000 并新建空数据库，选择“空 Access 数据库（B）”单选项，将新建的数据库命名为“yhxx.mdb”，如图 7.80 所示。

在表对象中选择“使用设计器创建表”创建表 login，表 login 中的字段如图 7.81 所示，并将 name 字段设置为主键。

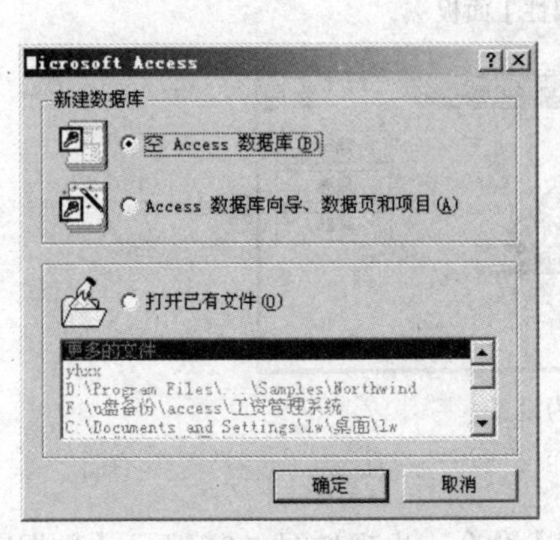

图 7.80　创建数据库 yhxx.mdb

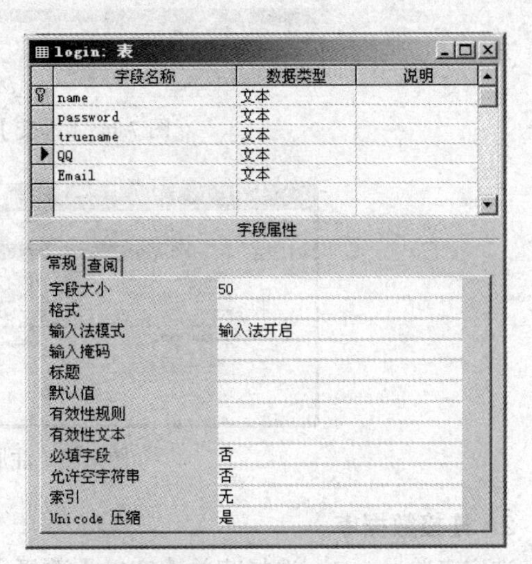

字段名称	数据类型	说明
name	文本	
password	文本	
truename	文本	
QQ	文本	
Email	文本	

字段属性

常规	
字段大小	50
格式	
输入法模式	输入法开启
输入掩码	
标题	
默认值	
有效性规则	
有效性文本	
必填字段	否
允许空字符串	否
索引	无
Unicode 压缩	是

图 7.81　创建数据表 login

打开数据表 login，并在表中输入两条记录，以便后面测试使用，具体内容如图 7.82 所示。

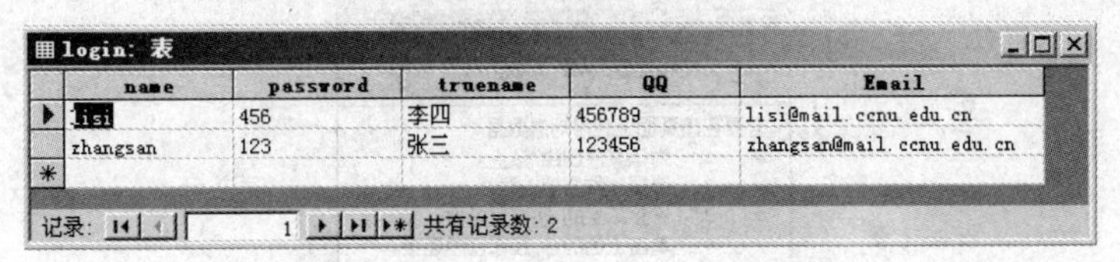

name	password	truename	QQ	Email
lisi	456	李四	456789	lisi@mail.ccnu.edu.cn
zhangsan	123	张三	123456	zhangsan@mail.ccnu.edu.cn

记录：1　共有记录数：2

图 7.82　在数据表 login 中输入数据

7.4.3　登录表单网页设计

1．登录表单的页面设计

登录页面为 index.asp，布局如图 7.83 所示，内设一个表单 form1，其中加入一个 3 行 × 2 列的表格（表格是用来布局的），在表格中加入用户名和密码的文本域。其中用户名文本域的名称为 username，密码文本域的名称设置为 userpassword，以便提交。

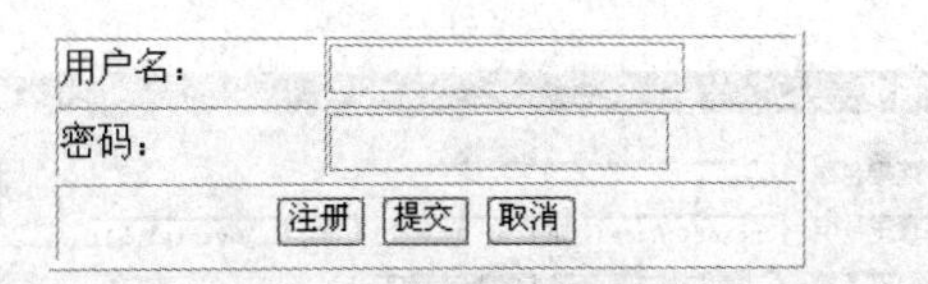

图 7.83　index.asp 网页设计

在第三行中将表格的两列合并成一列，并加入 3 个按钮，依次为【注册】、【提交】和【取消】。对应的名称为：login，submit 和 reset。【提交】按钮的属性设置如图 7.84 所示。点击【取消】按钮时，要求将表单清空，因此对应的【取消】按钮的属性需要将名称改为 reset，动作设置为【重设表单】。单击【注册】按钮时，要求打开新的页面 login.asp，因此【注册】按钮的属性的动作设置为【无】，并选择菜单【窗口】→【行为】命令，打开行为属性面板，添加行为属性信息。单击【行为】面板中的【+】添加行为【转到 URL】，默认为【onclick】事件，并按照图 7.85 所示添加【转到 URL】地址。

图 7.84 【提交】按钮【属性】面板

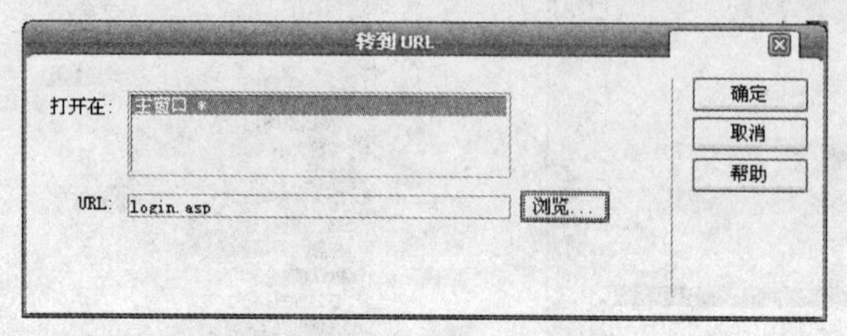

图 7.85 注册按钮行为设置

2. 连接数据库

选定表单 form1，选择菜单【窗口】选择【数据库】命令，出现如图 7.86 所示【数据库】面板。

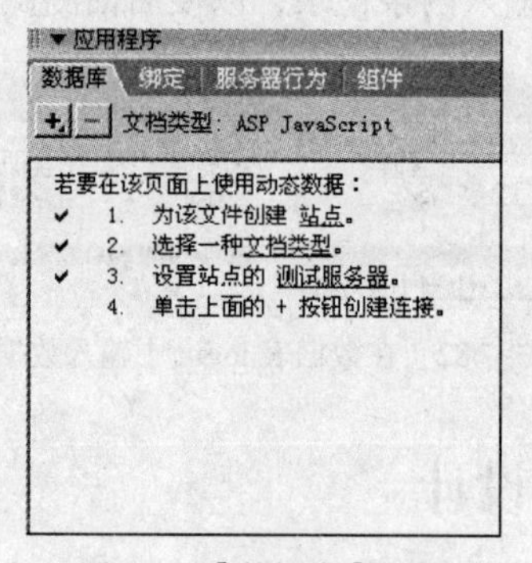

图 7.86 【数据库】面板

在【数据库】面板中单击【+】，在弹出的菜单中选择【自定义连接字符串】命令，设置“连接名称”为“conn”，“连接字符串”为“Driver={Microsoft Access Driver (*.mdb)};DBQ=d:\mysite\yhxx.mdb”，如图 7.87 所示，单击“确定”按钮，可以出现如图 7.88 所示的数据库连接视图。

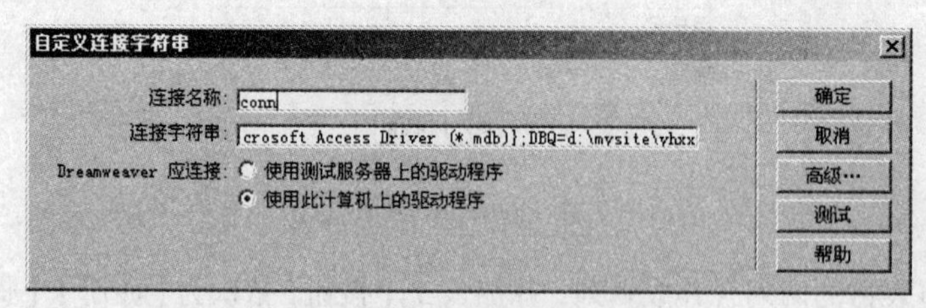

图 7.87 自定义连接字符串设置

3. 登录用户设定

表单 form1 连接数据库后选择服务器行为，如图 7.89 所示，选择【用户身份验证】中的【登录用户】命令，在弹出的【登录用户】对话框中如图 7.90 所示设置【用户名字段】为表单 form1 中的用户名字段的文本域【username】,【密码字段】为对应的【password】。选择连接的数据库 conn 中的表格【login】，并设置对应的表格字段名【name】和【password】。当登录成功时，设置网页转到欢迎页面 welcome.asp，如果登录失败，则转到 error.asp 页面，如图 7.90 所示。

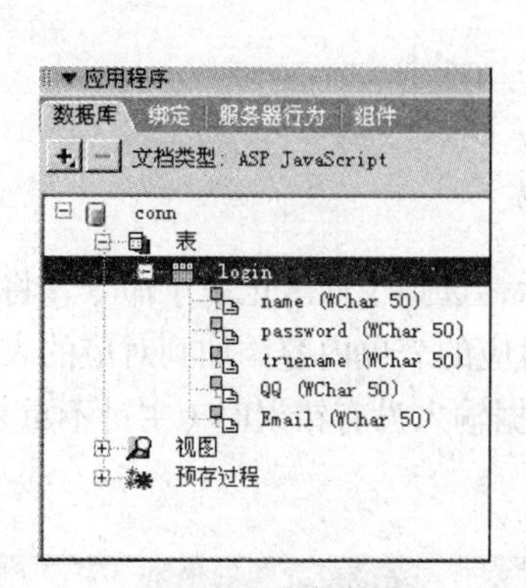

图 7.88 数据库连接

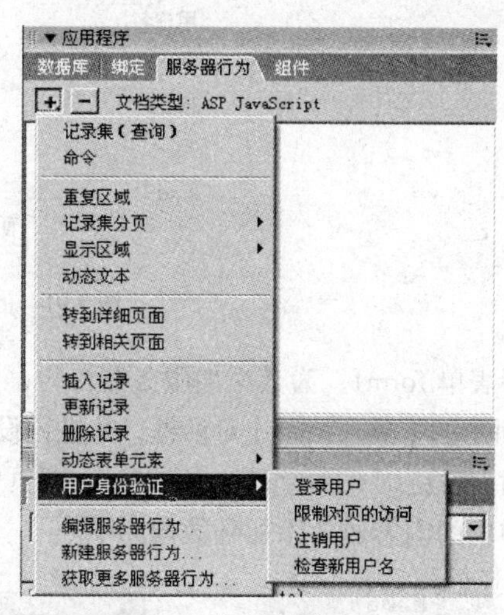

图 7.89 【登录用户】行为设置

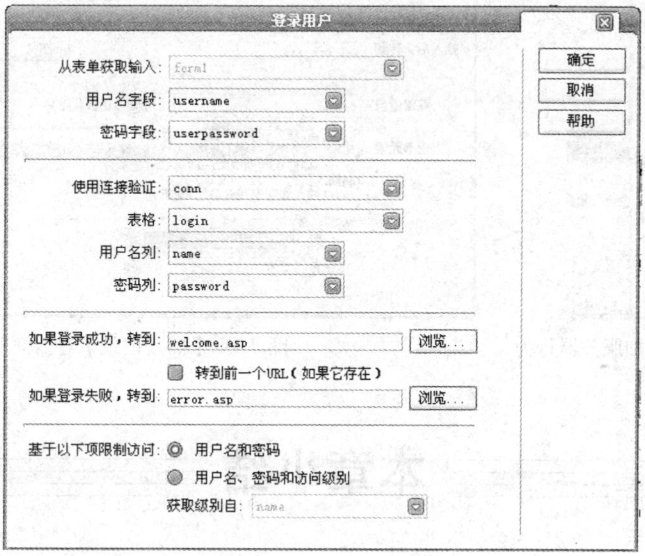

登录用户
从表单获取输入: form1
用户名字段: username
密码字段: userpassword
使用连接验证: conn
表格: login
用户名列: name
密码列: password
如果登录成功，转到: welcome.asp 浏览...
转到前一个URL(如果它存在)
如果登录失败，转到: error.asp 浏览...
基于以下项限制访问: 用户名和密码
用户名、密码和访问级别
获取级别自: name
确定
取消
帮助

图 7.90 【登录用户】面板

7.4.4 注册表单网页设计

当用户选择 index.asp 中的【注册】按钮时，将转到 login.asp 页面。login.asp 页面的设计如图 7-91 所示。加入表单域 form1，并在其中添加一个 6×2 的表格，输入【用户名】、【密码】、【真名】、【QQ】和【Email】，以及两个按钮【提交】和【取消】，对应的布局如图 7.91 所示。

并将【用户名】对应的文本域命名为【username】，【密码】对应的文本域命名为【userpassword】，【真名】对应的文本域的名称为【truename】，【QQ】对应的文本域命名为【qq】，【Email】对应的文本域命名为【email】。

将【提交】按钮的动作设置为【提交表单】，【取消】按钮的动作设置为【重设表单】。

用户名：	
密码：	
真名：	
QQ：	
Email:	
提交 取消	

图 7.91　login.asp 网页布局

选择表单 form1，为其添加服务器行为，如图 7.92 所示，选择【插入记录】命令，将弹出如图 7.93 所示的【插入记录】对话框，并进行设置，要求将对应的表单内容添加到对应的表格的字段中。插入后将网页跳转到 welcome.asp 网页中。这样当数据输入没有错误时（主键不重复），将会把表单中的内容成功添加到数据库中。

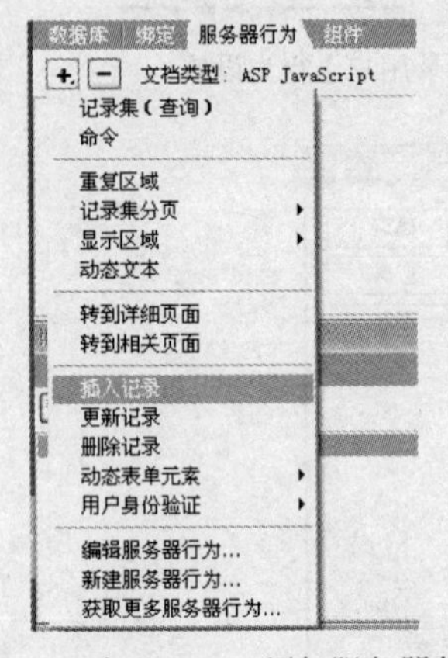

图 7.92　为 login.asp 添加服务器行为

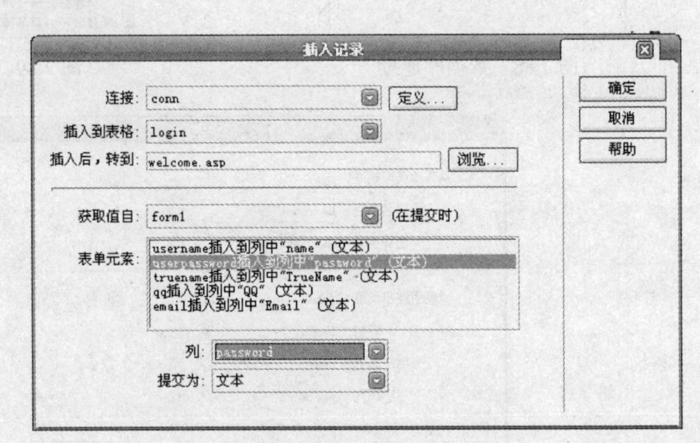

图 7.93　【插入记录】对话框

本章小结

本章介绍了使用 Dreamweaver 的基本操作方法，包括安装、网站的创建、网页元素的添加，并以用户注册为例，简单介绍了动态网页设计的主要元素设置。希望通过本章的学习，能够使读者对 Dreamweaver 的使用有一定的了解，并能够自行设计并实现网站的创建工作。

思考与习题

1．选择题

（1）在 Dreamweaver MX 中，下面关于查找和替换文字说法错误的是：（　　）。

A．可以精确地查找标签中的内容

B．可以在一个文件夹下替换文本

C．可以保存和调入替换条件

D．不可以在 HTML 源代码中进行查找与替换

（2）在 Dreamweaver MX 中，下面关于排版表格属性的说法错误的是（　　）。

A．可以设置宽度

B．可以设置高度

C．可以设置表格的背景颜色

D．可以设置单元格之间的距离，但是不能设置单元格内部的内容和单元格边框之间的距离

（3）在 Dreamweaver MX 中，在设置各分框架属性时，参数 Scroll 是用来设置什么属性的：（　　）。

A．是否进行颜色设置　　B．是否出现滚动条

C．是否设置边框宽度　　D．是否使用默认边框宽度

（4）在 Dreamweaver MX 中下面可以用来做代码编辑器的是（　　）。

A．记事本程序（Notepad）　　B．Photoshop

C．flash　　D．以上都不可以

（5）在 Dreamweaver 中，可以为链接设立目标，表示在新窗口打开网页的是（　　）。

A．_blank　　B．_parent

C．_self　　D．_top

（6）在 Dreamweaver 中，下面关于拖动路径创建时间线的说法正确的是（　　）。

A．可以拖动层的路径来制作动画

B．使用菜单来实现录制路径的操作时，首先要选择该层

C．形成的动画路径完全忠实于拖动的轨迹

D．在编辑状态下，时间线的路径是不可以见的

（7）下面关于 GIF 格式的图像说法错误的是（　　）。

A．是一种索引颜色格式

B．在颜色数很少的情况下，产生的文件极小

C．它能够以动态的面目出现

D．它至少可以支持 256 种颜色

（8）在 Dreamweaver 中，关于用 Z-index 改变层的次序说法正确的是（　　）。

A．Z 值（即 Z-index 的值）越大，这个层的位置就越靠上

B．Z 值（即 Z-index 的值）越大，这个层的位置就越靠下

C．Z 值（即 Z-index 的值）越大，这个层的位置就越靠中央

D．以上说法都错

2．多项选择题

（1）在 Dreamweaver MX 中，中文输入时欲键入空格应该（　　）。

A．在编辑窗口直接输入一个半角空格

B．代码中输入【 】

C．在编辑窗口输入一个全角空格

D．在编辑窗口输入两次空格

（2）在 Dreamweaver 中，下面哪些对象能对其设置超链接的是（　　）。

A．任何文字　　B．图像

C．图像的一部分　　D．Flash 影片

（3）超链接是网站中不可缺少的元素，下面它可以指向的目标是（　　）。

A．同一文件的另一部分　　B．世界另一端的一个文件

C．动画　　D．音乐

（4）在 Dreamweaver 中，下面是使用表单的作用的是（　　）。

A．收集访问者的浏览印象

B．访问者登记注册免费邮件时，可以用表单来收集一些必需的个人资料

C．在电子商场购物时，收集每个网上顾客具体购买的商品信息

D．使用搜索引擎查找信息时，查询的关键词都是通过表单递交到服务器上的

（5）在 DR 中，下面哪些文件类型可以进行编辑的是（　　）。

A．HTML 文件　　B．文本文件（.txt）

C．脚本文件（.js）　　D．样式文件（.css）

3．问答题

（1）在 Dreamweaver 中可以插入的图片格式是什么，各有什么差异？

（2）请简要叙述网站、网页及主页的概念。

（3）什么是布局表格，它有什么作用？

（4）在 Dreamweaver 中有几种超级链接，并请简要介绍如何创建书签的步骤。

（5）表单的作用是什么，如何在 Dreamweaver 中创建仅能输入数字的文本字段域？

实　验

实验 1

实验目的：掌握网站的创建方法，学会建立超链接。

实验内容：

创建网站“实验一”，以环境为主题，讨论水土资源保护问题。网站中应该包含文字和图片。本网站要求内容丰富，多个网页之间可以自由跳转。

实验 2

实验目的：掌握表格布局网页中的内容。

实验内容：

创建网站“实验二”，主题不限，要求使用表格布局网站网页中的内容，要求内容紧凑丰富，单元格中加入文字、图片和 flash 动画等媒体。

实验 3

实验目的：掌握 IIS 创建本地站点的方法。

实验内容：

使用 IIS 创建本地站点，将实验二中的网站上传至站点中，并能够在浏览器中输入地址访问此网站。

第 8 章 CAI 课件设计及实现实例

CAI 技术具有集成性、交互性、可控性、非线性等特点，在课堂教学中利用 CAI，与利用黑板、粉笔、挂图等传统教学方法有本质的区别。CAI 课件特有的优点是它不仅改变了教学手段，而且对传统的教学模式、教学内容、教学方法等产生了深远的影响。本章以“多媒体 CAI 课件制作”这门课程的多媒体课件开发为例，说明课件从设计到制作的整个过程，重点介绍该课件的背景、教学设计、课件软件设计、脚本的撰写以及实现步骤。

学习重点

- 多媒体课件的教学设计方法。
- 多媒体课件的软件设计方法。
- 多媒体课件脚本的撰写方法。
- 多媒体课件的制作流程。

8.1 课件的教学设计

“多媒体 CAI 课件制作”这门课程综合性较强，其目的是让学生掌握创造集教育性、科学性、艺术性于一体的高质量 CAI 课件的方法。

制作“多媒体 CAI 课件制作”课程的课件可达到两个方面的目的。首先，可以为教师的教学环境提供一个可靠的、优秀的教育信息管理平台，为教师教授“多媒体 CAI 课件制作”课程提供良好的教学环境。其次，为学生提供更好的学习条件，该课件注重培养学生的探索、反思与创造能力，让学生在教师的指导和帮助下，创造性地着手解决问题，使其协作能力、探索能力、创造能力得到提高，个性得以发展。

课件的教学设计是一个非常重要的环节，要将教学思想融入其中。教学设计的好坏直接影响到课件的质量。

1. 教学设计原则

以辅助教学为中心的 CAI 课件设计原则可概括如下。

（1）确定教学目标。

（2）分析学习者的特征，包括学习者是否具有学习当前内容所需的预备知识，以及具有哪些认知特点和个性特征等。

（3）根据教学目标确定教学内容和教学顺序。

（4）根据教学内容和对学习者特征的分析确定教学的起点。

（5）制定教学策略，包括教学活动进程的设计和教学方法的选择。

（6）根据教学目标和教学内容的要求选择并设计教学媒体。

（7）进行教学评价，以确定学生达到教学目标的程度，并根据评价所得到的反馈信息，对上述教学设计中的某一个或某几个环节做出修改或调整。

2. 课件内容的组成形式

《多媒体 CAI 课件制作》课件采用超媒体结构。该课件内容的组织采用完整的单元课件的组织形式。

（1）完整的单元课件按课堂教学的课时单元（用于辅助 45 分钟课堂教学）组织内容，辅助教师的课堂教学。

（2）课件素材库是整个课件所用到的多媒体素材。形式主要有文本素材、声音素材、图形素材、动画素材、视频素材。

3. 课件内容组成部分

（1）总体课件结构。

- 课程教学目标与要求。
- 教学进度计划安排。
- 课程知识结构。
- 学习方法。
- 参考资料。
- 教师简介。

（2）单元课件结构。

- 教学目标，以条目形式列出。
- 知识点，以条目列出。
- 教学重点、难点。
- 课堂教学过程中需要展示的各种媒体，及其必要的逻辑联系。
- 练习、思考题。

4. 教学内容知识结构的建立

在教学设计阶段，要建立教学内容知识结构。将教学内容划分成若干个知识单元，并确定每个知识单元知识点的构成及所达到的教学目标。图 8.1 所示的是《多媒体 CAI 课件制作》课件中某一章的教学内容按知识点划分的情况。

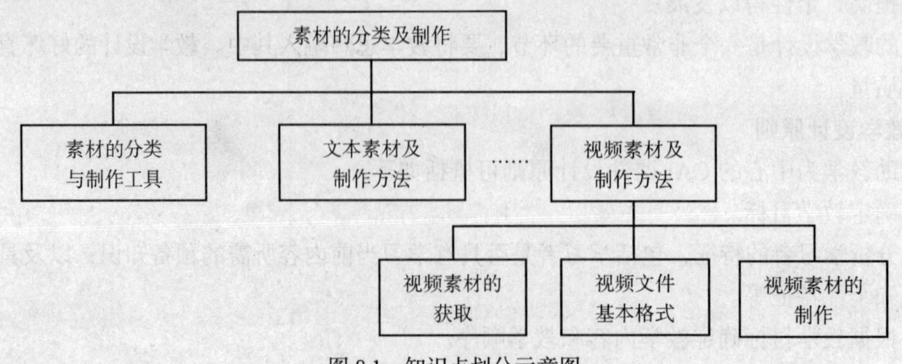

图 8.1　知识点划分示意图

8.2　课件系统设计

1. CAI 课件的开发及运行环境

在确定课件开发工具时，应考虑如下两个方面。

（1）考虑工具的编程环境、超级链接能力、媒体集成能力、动画创作能力等方面的问题，同时注重与媒体素材制作工具（如 Photoshop、3ds Max、Premiere、Fireworks 等软件）的结合，以实现美观、友好、互动的效果。

（2）CAI 课件最终要由用户使用，为方便用户使用，课件必须可以脱离开发平台运行，既不应要求用户在机器上也安装用于开发的系统。本项目要求开发出的 CAI 课件在普通的软硬件环境下运行流畅，兼容性强，并能支持网络运行。

根据上述的原则，该课件采用比较成熟的 CAI 开发工具 Authorware7.0 进行开发。

2. CAI 课件的呈现方式

CAI 课件采用超媒体结构，由类似人类联想记忆结构的非线性网状结构来组织教育信息，没有固定的顺序，也不要求人们按照一定的顺序来提取信息。锚、节点、链、网络是超媒体结构 4 个基本要素。设计该课件的呈现方式考虑了以下几个方面。

（1）设计课件的封面要形象生动，标题要简练，能引起学生兴趣，导言要阐明教学目标与要求，能呈现课件基本结构。《多媒体 CAI 课件制作》课件的封面如图 8.2 所示。

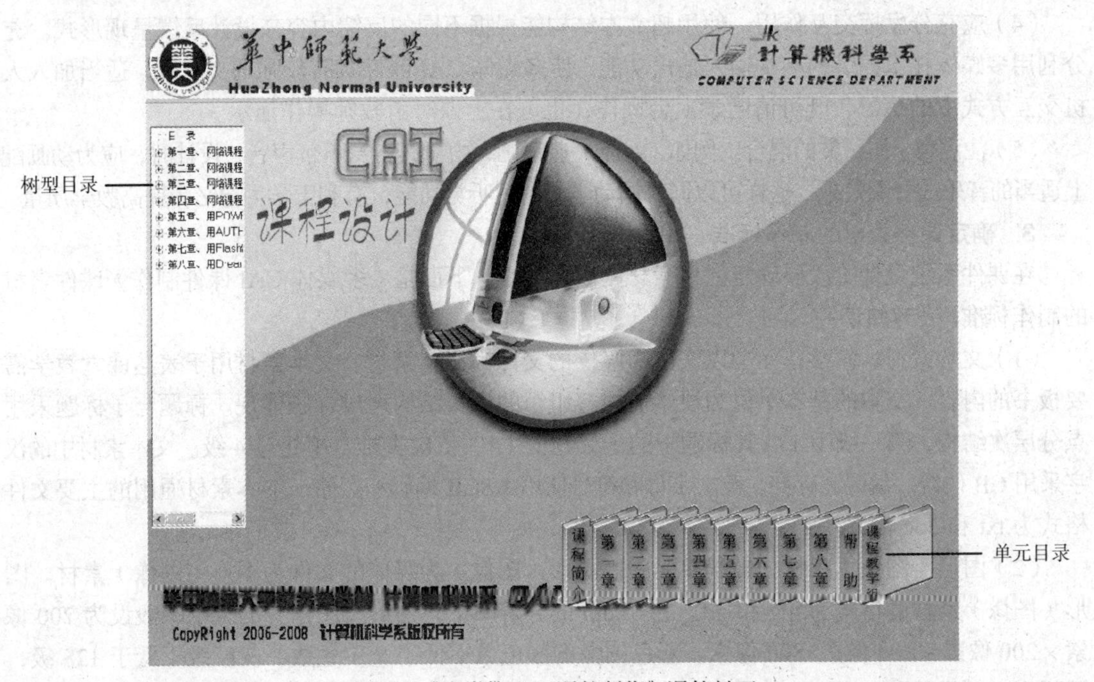

图 8.2 《多媒体 CAI 课件制作》课件封面

（2）根据课件的主要框架及教学功能，确定课件的主菜单和各级子菜单及按钮，实现所表达内容转换的顺利跳转。课件运行过程中应做到随时能结束退出。《多媒体 CAI 课件制作》课件的主要框架如图 8.3 所示。

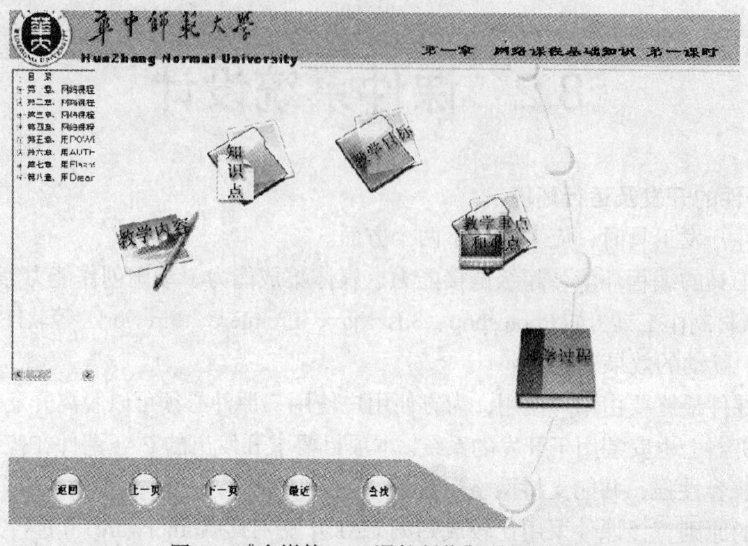

图 8.3 《多媒体 CAI 课件制作》课件框架

（3）根据不同的知识单元，设计相应的界面类型，使相同的知识单元具有相对稳定的界面风格，并考虑每类界面的基本组成要素。界面设计内容既要集中，又要排列有规律，相互联系，融为一体。设计要注重感知效果，用背景把知觉对象衬托出来的方法，可提高感知效果。界面上显示的内容要符合记忆策略，显示出的文字句子要短，语言要精练，意义要明确，重点要突出，界面提示或操作项目不超过 5 项为宜。

（4）应充分发挥交互作用，使用超文本结构能根据不同的反馈内容来设计反馈呈现形式。充分利用多媒体技术提供的多种输入输出功能，使多媒体 CAI 课件具有较强的交互性。适当加入人机交互方式下的练习，既可请同学上台操作，也可在上课时由教师操作演示。

（5）注意声、图、文的混合。例如，对于一些动画，由于其自身不带声音，设计时，应为动画配上适当的音乐或音响效果，这样可以同时调动学生的视听觉功能，有利于学生记忆，提高教学质量。

3. 确定课件素材的制作标准

在课件系统设计阶段要确定课件素材的制作标准。下面是《多媒体 CAI 课件制作》课件素材的制作标准。

（1）文本素材。教学单元中以文字为媒体的文件为文本素材。文本素材用于表达课堂教学需要板书的内容。文本的基本单位为段落。内容组织的逻辑结构通过标题体现。标题与子标题采用点分层次结构，第一级为 1.，其标题下的子标题为 1.1，依次类推，不超过 4 级。文本素材中的汉字采用 GB 码统一编码和存储，英文字母和符号使用 ASCII 编码和存储。文本素材通用的主要文件格式为.txt 和.doc 格式。

（2）图形（图像）素材。教学单元中以图形（图像）为媒体的文件为图形（图像）素材。图形（图像）素材的格式为.jpg 和.gif。在 72dpi 的分辨率下，图形（图像）的大小一般设为 200 像素 × 200 像素 ~ 800 像素×800 像素。彩色图像的颜色数不低于 8 位色数，灰度级不低于 128 级，图形也可以为单色，扫描图像的扫描分辨率不低于 300dpi。文件大小不得大于 5MB，以清晰为原则，视觉效果较好。

（3）音频素材。教学单元中以数字化音频为媒体的文件为音频素材。音频素材（含使用网络播放软件浏览的音频素材）的格式为.mp3。数字化音频的采样频率为 22 ~ 44kHz，量化位数不低于 16 位，声道建议用双声道，文件大小不得超过 50MB。背景噪声以不影响聆听内容为标准。

（4）视频素材。教学单元中以视频为媒体的文件为视频素材。视频素材（含使用网络播放软件浏览的视频素材）的文件格式为 .avi（mpeg4）、.wmv 和.rm。视频素材静帧图像的最大尺寸以像素计算为 352×288。视频素材静帧图像颜色不低于 256 色或灰度不低于 128 级，采样基准频率为 13.5MHz。文件大小不得超过 100MB。

（5）动画素材。教学单元中以动画方式表达教学内容的文件为动画素材。动画素材（含使用网络播放软件浏览的动画素材）的格式为.gif 和.swf。文件大小为：gif 文件不得超过 4MB，swf 文件不得超过 100MB。 动画素材静帧图像的最大尺寸，以像素计算为 640×480 ~ 800×600。

8.3　撰写课件脚本

脚本是教学单元的设计方案的具体体现，包含了对单元教学内容、交互控制方式、声音以及界面美术设计等方面的详细描述，它是教学软件产品成功的关键因素之一。

在脚本中应考虑所呈现的各种信息内容的位置、大小、显示特点（如颜色、闪烁、下划线、黑白翻转、箭头指示、背景色、前景色等），并要考虑信息处理过程中的各种编程方法和技巧。通常，多媒体课件脚本应包含软件系统的结构说明、知识单元分析、界面设计、链接关系的描述等。《多媒体 CAI 课件制作》课件中首页的文字脚本如图 8.4 所示。

"多媒体 CAI 课件制作" 文字脚本

课程名称：多媒体 CAI 课件制作　　　　页　数：1

脚本设计：李　海　　　　完成日期：2006.8

序　号	内　容	媒体类型	呈现方式
1	CAI 课件设计 目录 第一章　基础知识导论 第二章　教学课件的设计方法 第三章　网络教学环境设计方法 第四章　素材的分类及制作 第五章　PowerPoint 应用基础 第六章　Authorware 应用基础 第七章　Flash 制作动画方法 第八章　Dreamweaver 制作网页方法 华中师范大学教务处监制 计算机科学系	文　本	文本＋图像＋音乐
	标志图片	图　像	
	可旋转的计算机	动　画	动画显示
	背景音乐	声　音	

说明：序号：按教学过程的先后顺序编号。

内容：呈现具体知识内容、练习题或答案。

媒体类型：按文本、图形、动画、视频和声音分类。

呈现方式：指各种媒体信息出现的前后次序。

图 8.4 "多媒体 CAI 课件制作" 文字脚本

由文字脚本卡片的内容，可以很方便地设计出对应的制作脚本卡片。"多媒体 CAI 课件制作" 的制作脚本如图 8.5 所示。

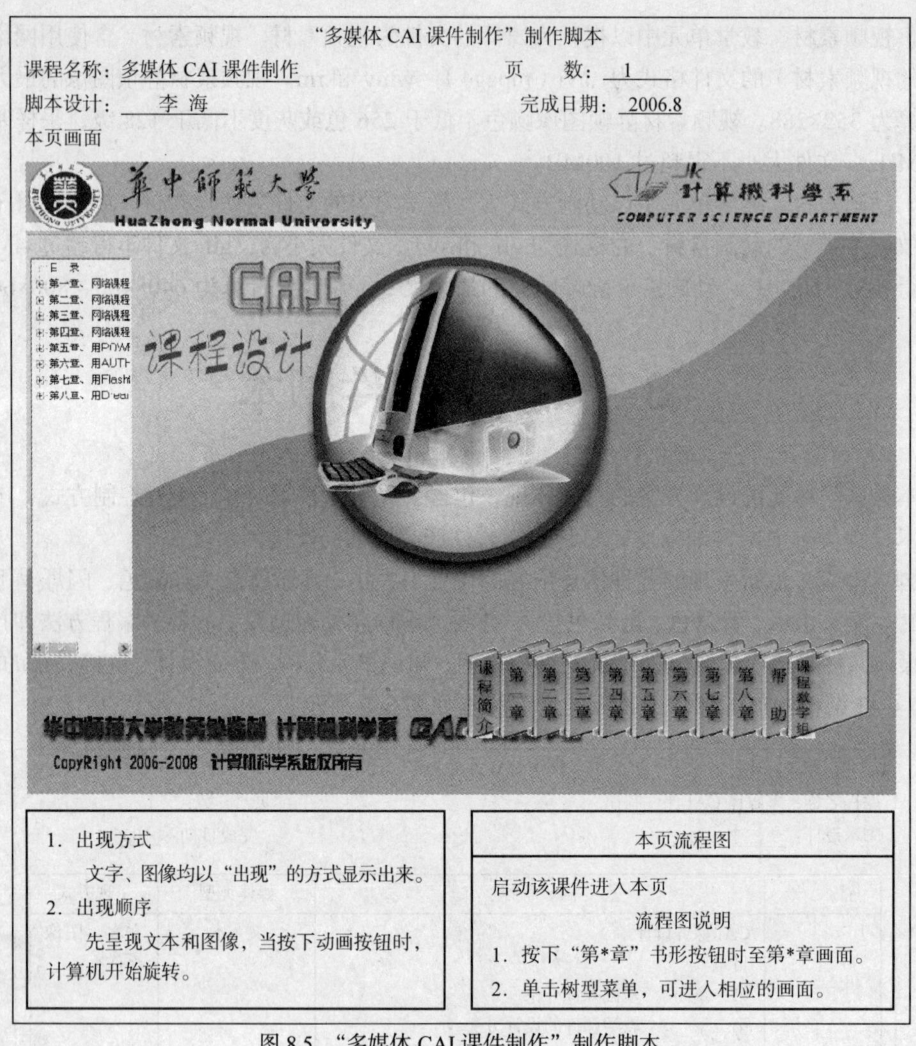

"多媒体 CAI 课件制作"制作脚本

课程名称：多媒体 CAI 课件制作　　页　数：1

脚本设计：李 海　　完成日期：2006.8

本页画面

1. 出现方式

文字、图像均以"出现"的方式显示出来。

2. 出现顺序

先呈现文本和图像，当按下动画按钮时，计算机开始旋转。

本页流程图

启动该课件进入本页

流程图说明

1. 按下"第*章"书形按钮时至第*章画面。
2. 单击树型菜单，可进入相应的画面。

图 8.5 "多媒体 CAI 课件制作"制作脚本

8.4 课 件 制 作

编写好课件脚本后，要准备文字、图形、声音、视频等多种素材，之后可根据脚本的内容进行课件制作。

8.4.1 新建文件夹

在制作 CAI 课件时，首先要为课件创建一个新的文件夹，以后课件制作过程中相关文件都放入其中，以便于管理和打包发布。

（1）启动 Authorware 7.0 应用程序，单击界面上出现的画面。

（2）在弹出的如图 8.6 所示的【新建】对话框中，单击【取消】或者【不选】按钮，创建一个无对象的空文件，如图 8.7 所示。

（3）执行【修改】→【文件】→【属性】命令，打开如图 8.8 所示的【属性：文件】对话框，在对话框中设置演示窗口的大小，取消复选项“显示标题栏”和“显示菜单栏”的勾选，并选中“屏幕居中”复选项。

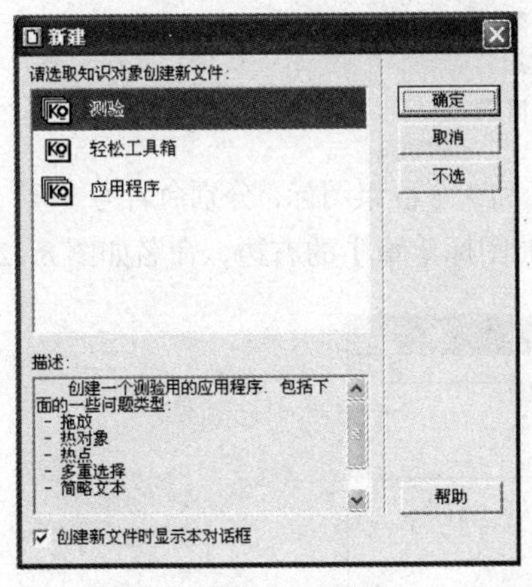

图 8.6 【新建】对话框

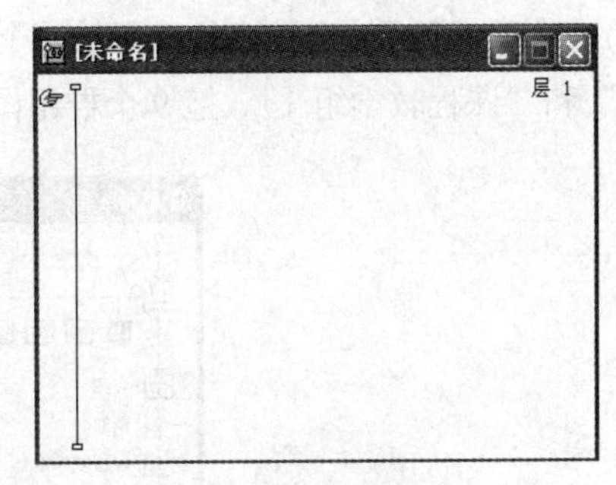

图 8.7　新建的设计窗口

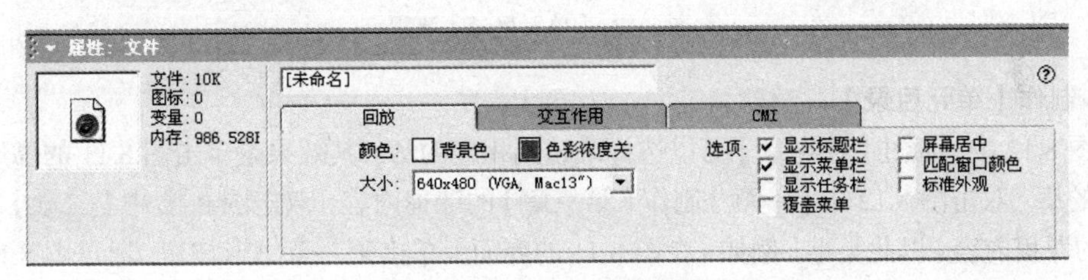

图 8.8 【属性：文件】对话框

8.4.2 搭建总体框架

搭建课件的总体框架时，要根据总体流程的设计完成，总体流程框架如图 8.9 所示。在课件中，通过树型目录和单元目录两种途径都可进入课程内容。

搭建课件的总体框架操作步骤：连续拖 3 个群组图标到主设计窗口的流程线上，依次命名为“树型目录”、“单元目录”和“课件内容”，如图 8.10 所示。

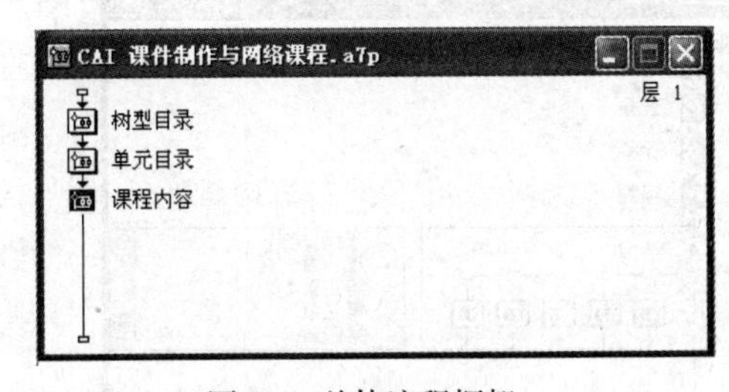

图 8.9　总体流程框架

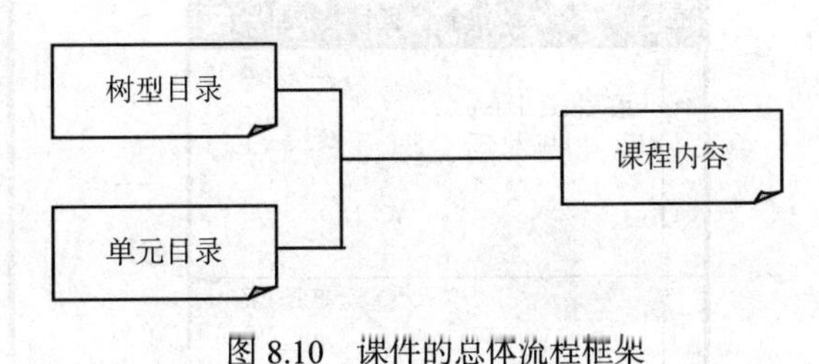

图 8.10　课件的总体流程框架

8.4.3 制作单元目录页面

通过课件中的“单元目录”可以进入相应的章节，单元目录如图 8.11 所示。具体实现步骤如下。

1. 在【单元目录】窗口中设置图标

（1）双击【单元目录】群组图标，打开 2 级设计窗口。

图 8.11　单元目录

（2）在【单元目录】窗口中依次添加一个框架图标和 3 个群组图标，分别命名为“章”、“介绍”、“帮助 1”和“课程教学组 1”。拖 9 个群组图标到导航图标【章】的右边，命名如图 8.12 所示。

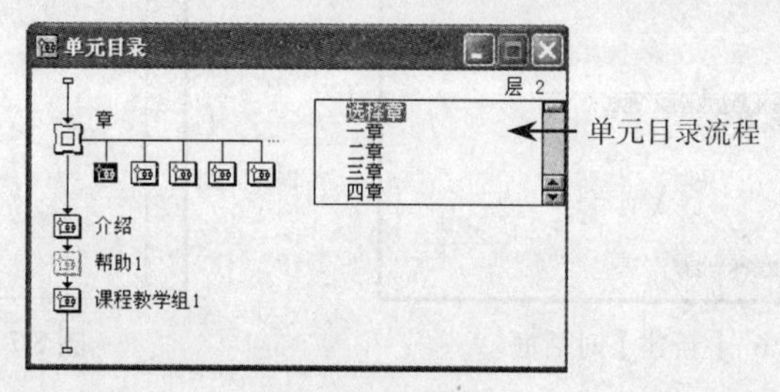

图 8.12 【单元目录】流程

2. 制作【单元目录】

在图 8.12 中，通过【选择章】可以选择跳转到相应的章，其效果是单击图 8.11 的书形按钮进入相应的章。双击图 8.12 中【一章】制作【第一章】的课程内容，双击图 8.12 中【二章】制作【第二章】的课程内容，以此类推。例如，在图 8.11 的界面上单击第一章书形按钮，通过图 8.12 的【选择章】选择跳转到图 8.12 的【一章】，显示出第一章的内容。实际上【选择章】只起到跳转作用，第一章的内容在【一章】中。下面说明实现【选择章】的步骤。

（1）在图 8.12 中，双击【章】框架图标，打开框架并修改为如图 8.13 所示的样式。

（2）在图 8.12 中，双击【选择章】群组图标，打开【选择章】的流程窗口，添加图标并命名，如图 8.14 所示，该群组里主要实现【单元目录】的背景、按钮和单击按钮触发的事件，跳转到对应的章节页面。

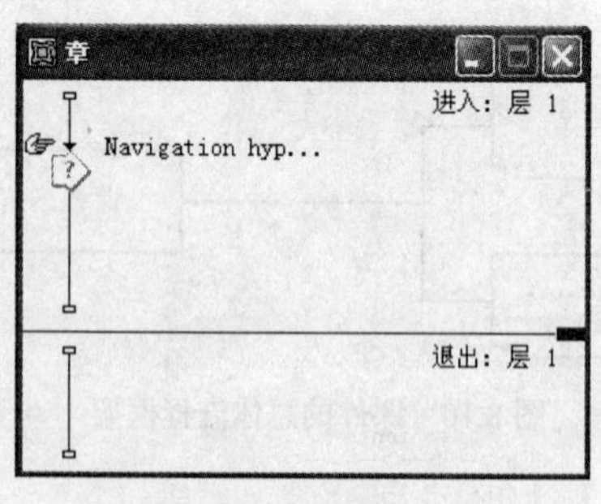

图 8.13 【章】框架结构设置

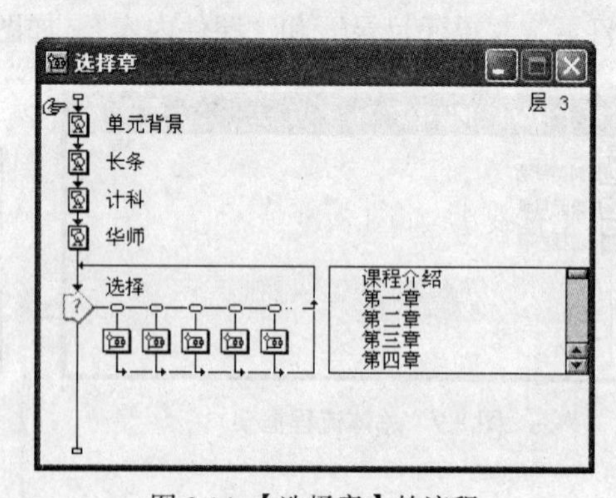

图 8.14 【选择章】的流程

（3）在图 8.14 中，【单元背景】、【长条】、【计科】和【华师】4 个显示图标共同实现【单元目录】页面的背景设置，它们的设置中除了导入的图片不一样外，其他属性设置都一样，在此以【单元背景】为例，通过属性对话框中【打开】按钮，导入背景，并将其放到合适的位置，其他属性采用默认值，如图 8.15 所示。

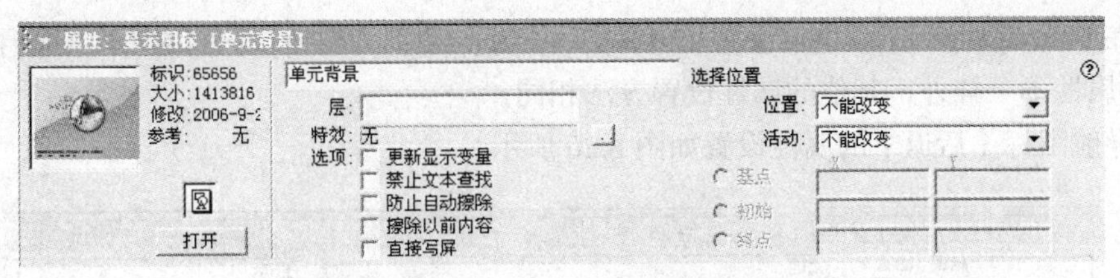

图 8.15 【单元背景】属性设置对话框

（4）在图 8.14 中【选择】交互图标是实现【单元目录】的按钮及其触发事件时的跳转，它的属性设置全采用为默认值。

（5）在图 8.14 中,【课程介绍】和【第一章】等群组的交互类型都为【按钮】，它们的实现方法基本相同，这里只以“课程介绍”为例，在对话框中通过【打开】按钮导入【课程介绍】按钮的图像，在【按钮】选项卡中设置【课程介绍】按钮，其位置的 X 和 Y 坐标值分别为 513 和 431，如图 8.16 所示。

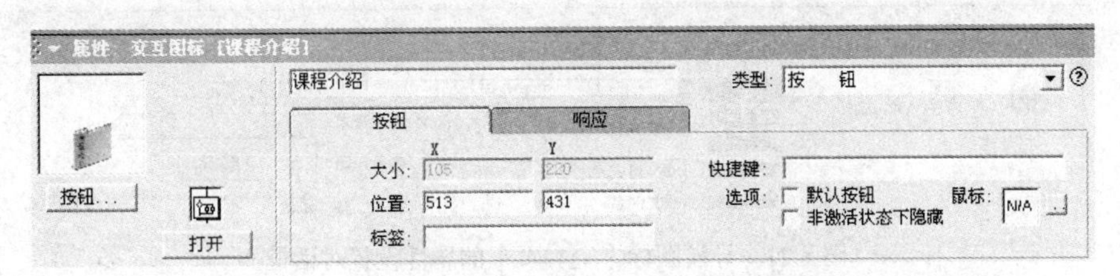

图 8.16 【交互图标】（课程介绍）的属性设置对话框

（6）在图 8.14 中，双击【课程介绍】群组图标，打开 4 级设计窗口，添加【计算】图标并命名为“转移”，如图 8.17 所示。

图 8.17 【课程介绍】的流程

（7）双击【转移】计算图标，输入如下代码。

```
GoTo(IconID@"介绍")
```

该函数的作用是实现单击【课程介绍】按钮时跳转到 ID 为“介绍”的页面去。

（8）在图 8.12 中，双击【介绍】群组图标，打开【介绍】设计窗口，添加图标并命名，如图 8.18 所示。

（9）图 8.18 中的【单元背景】、【长条】、【计科】和【华师】4 个显示图标共同实现【介绍】页面的背景设置，设置方法和图 8.15 的设置方法相同，这里不再重复。

（10）双击【简介】导航图标，在【简介】的每个页面都存在着【后退】、【上一页】、【下一页】、【最近】、【查找】，如图 8.19 所示。

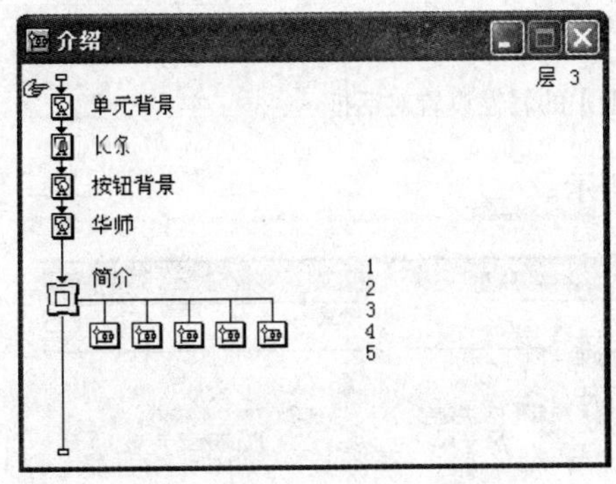

图 8.18 【介绍】设计流程

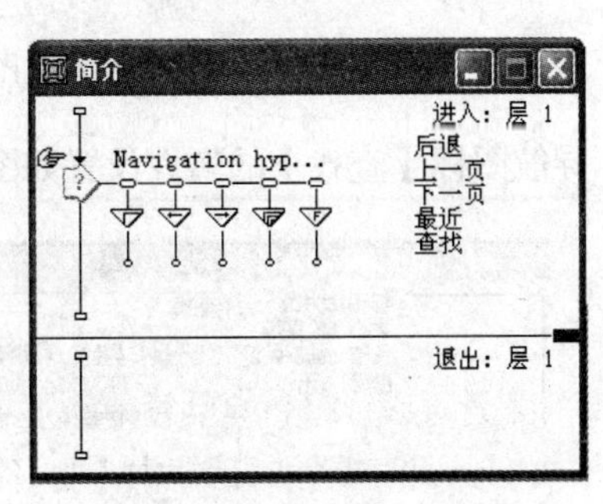

图 8.19 【简介】框架结构设置

① 在【Navigation hyperlinks】交互图标中，交互类型都为按钮，它们的属性中除了按钮标签中的位置属性不一样外，其他的属性设置方法相同。

② 导航图标【后退】的属性设置如图 8.20 所示。

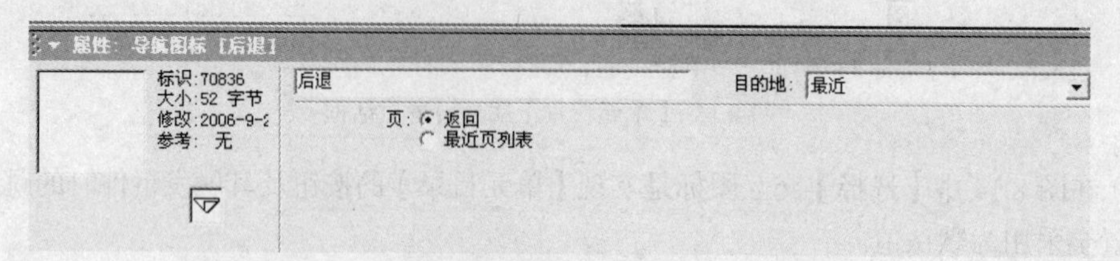

图 8.20　导航图标【后退】的属性设置对话框

③ 导航图标【上一页】的属性设置如图 8.21 所示。

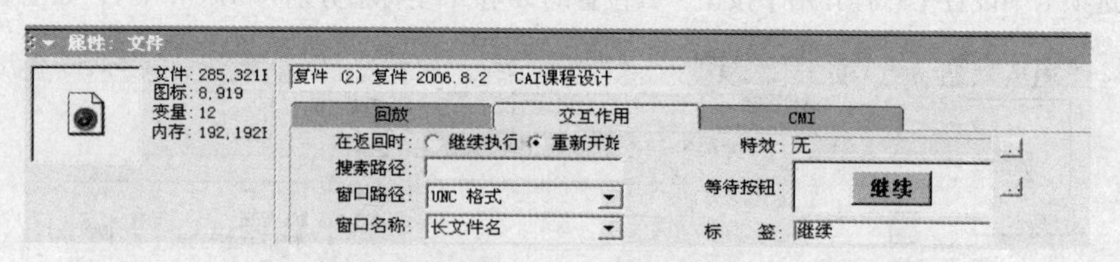

图 8.21　导航图标【上一页】的属性设置对话框

④ 导航图标【下一页】的属性设置如图 8.22 所示。

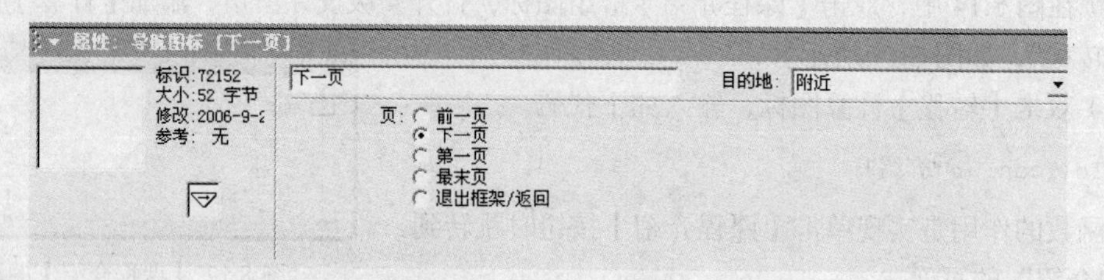

图 8.22　导航图标【下一页】的属性设置对话框

⑤ 导航图标【最近】的属性设置如图 8.23 所示。

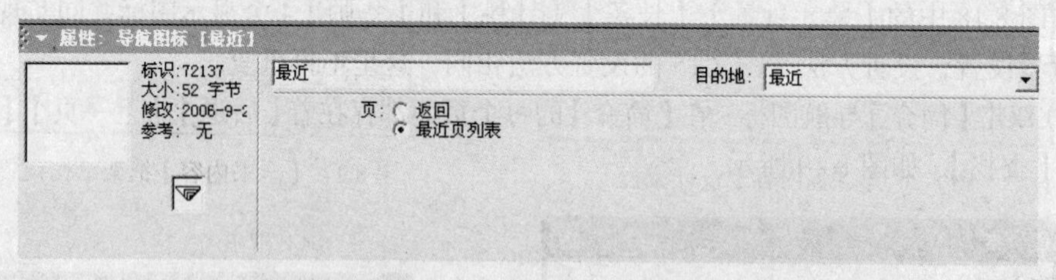

图 8.23　导航图标【最近】的属性设置对话框

⑥ 导航图标【查找】的属性设置如图 8.24 所示。

图 8.24　导航图标【查找】的属性设置对话框

（11）输入“简介”的内容。在 1、2、3、4、5 等 5 个显示图标中输入“简介”内容，具体方法为（以第一页为例）：在图 8.18 中，双击【1】群组图标，在打开的窗口中放置一个显示图标，如图 8.25 所示。

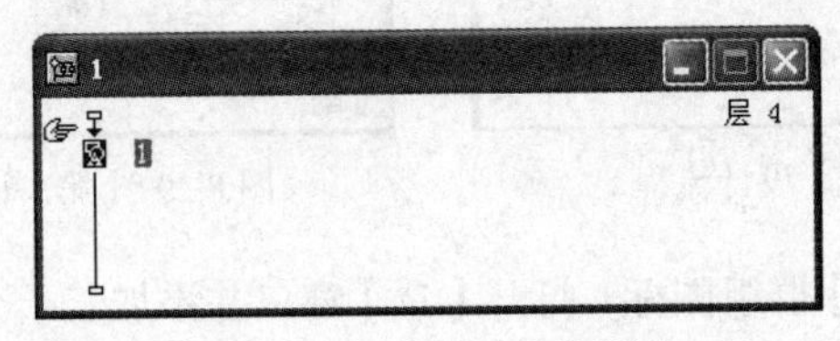

图 8.25 【1】群组流程设计

（12）双击【1】显示图标，选择【文本工具】，在打开的窗口中即可输入【课程简介】的内容。

（13）制作【单元目录】的【帮助 1】和【课程教学组 1】的方法和制作【介绍】的方法一样。

8.4.4 制作课程内容页面

1. 在【在课程内容】窗口中放置图标

（1）在图 8.10 中，双击【课程内容】群组图标，打开【课程内容】设计窗口。

（2）在【课程内容】窗口中添加一个框架图标，命名为“全书内容”，并在其右边放置 20 个群组图标，如图 8.26 所示 。

2. 制作【课程内容】

在该部分主要实现的是教学内容的录入及内容页面之间的跳转，由于制作相似，在此仅介绍实现【unit 1】部分的步骤。

（1）双击【全书内容】框架图标，打开框架默认机构，删除【进入】部分所有图标，修改后如图 8.27 所示。

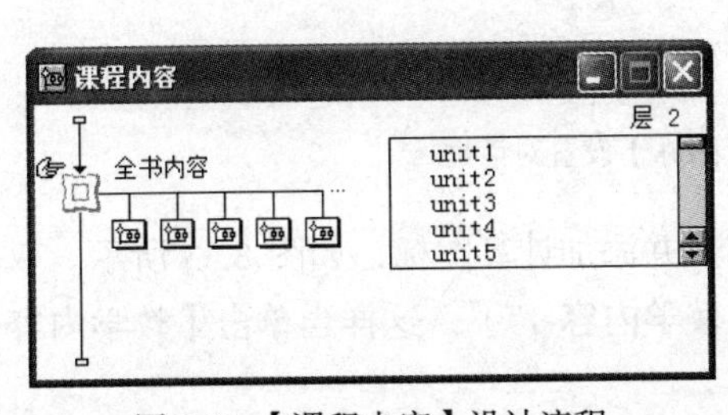

图 8.26 【课程内容】设计流程

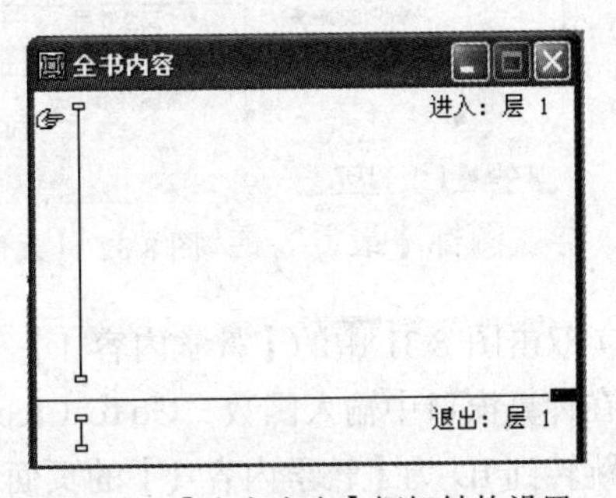

图 8.27 【全书内容】框架结构设置

（2）在图 8.26 中，双击【unit 1】群组图标并添加群组图标，打开如图 8.28 所示的窗口，其中【第一课时】和【第二课时】群组图标实现的功能及步骤相似，这里只讲解【第一课时】群组图标。

（3）双击【第一课时】群组图标，打开【第一课时】窗口，并添加一个框架图标和两个群组图标，如图 8.29 所示。

（4）双击【1】框架图标，打开【1】框架窗口并添加一个显示图标，如图 8.30 所示。因为在【第一课时】的所有页面里都将显示该课时所讲的章节及标题，所以在框架图标里添加了【章标题】显示图标，如图 8.30 所示。

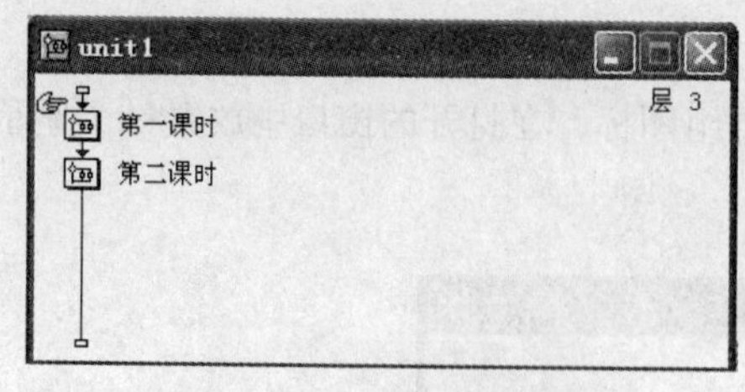

图 8.28 【unit 1】设计流程

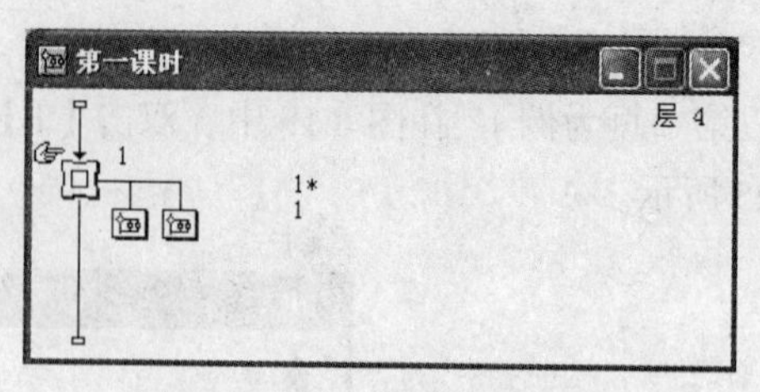

图 8.29 【第一课时】流程设计

（5）双击图 8.29 中【1*】群组图标，打开【1*】窗口并添加若干个图标，如图 8.31 所示，其实现方法和设置与图 8.12 中各个图标相似。

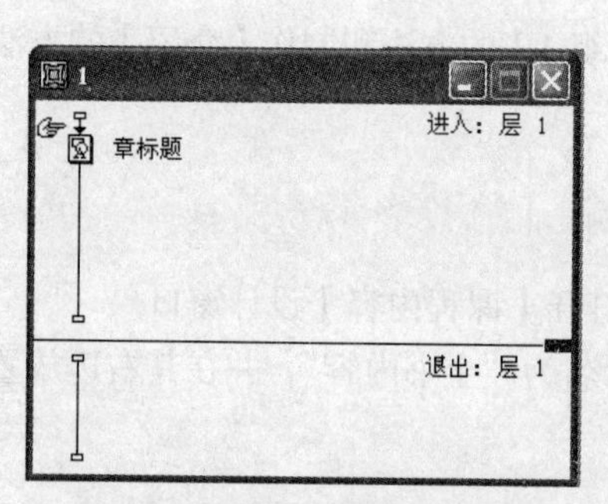

图 8.30 【1】框架流程设计

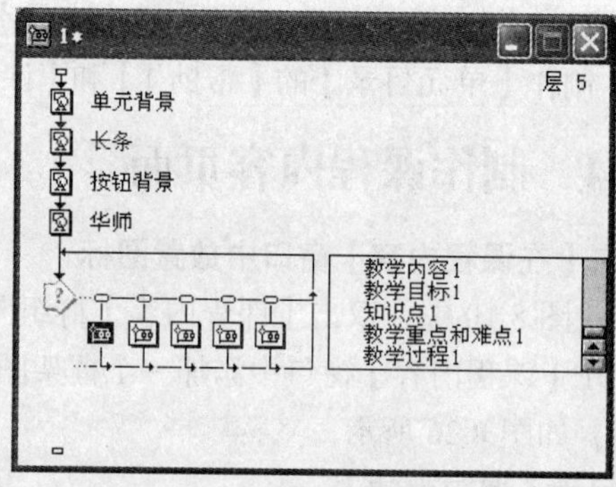

图 8.31 【1*】流程设计

（6）设置图 8.31 中交互图标的属性，如图 8.32 所示。

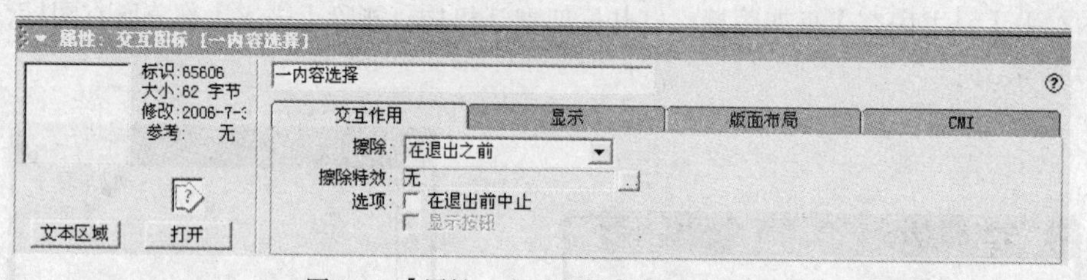

图 8.32 【属性：交互图标】设置对话框

（7）双击图 8.31 中的【教学内容 1】，打开窗口并添加计算图标，如图 8.33 所示。双击计算图标，在计算窗口中输入函数“GoTo（IconID@"教学内容-1"）”，这样当单击【教学内容】按钮时，将跳转到 ID 为【教学内容-1】的页面去。

（8）双击图 8.29 中【1】群组图标，打开如图 8.34 所示的对话框。

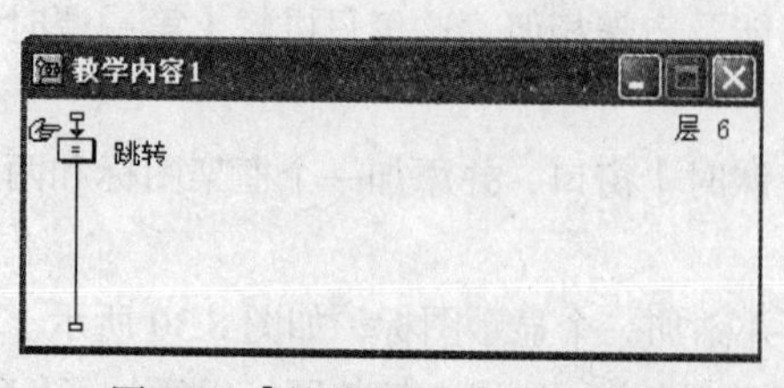

图 8.33 【教学内容 1】流程设计

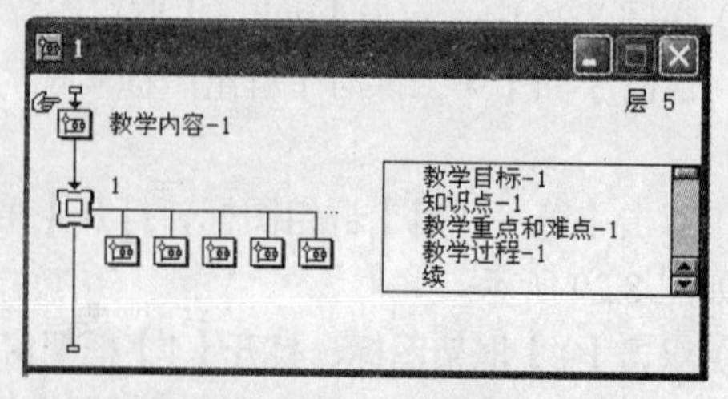

图 8.34 【1】群组的流程设计

（9）双击图 8.34 中【教学内容-1】群组图标，打开窗口并添加图标，如图 8.35 所示。该窗口中实现第一章第一课时教学内容的首页。

（10）双击图 8.34 中【1】框架图标，打开框架默认机构并修改为如图 8.36 所示的内容。其功能是擦除前面页面中的内容，由于后面每页中都有【返回】、【下一页】、【上一页】、【最近】、【查找】按钮，所以在框架图标中一次性实现，这样可以在后面的页面中不再进行重复的工作。

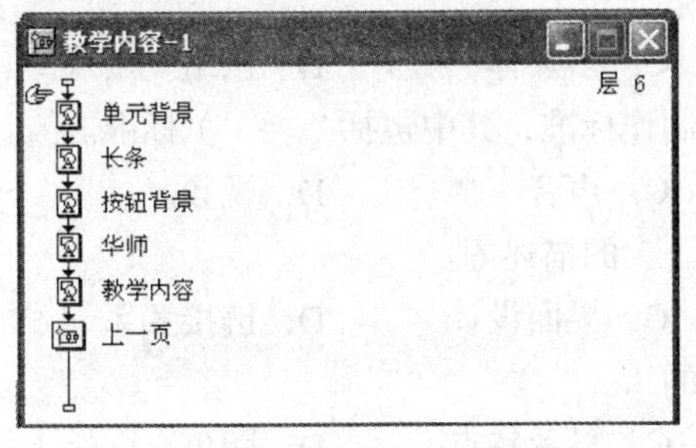

图 8.35 【教学内容-1】流程设计

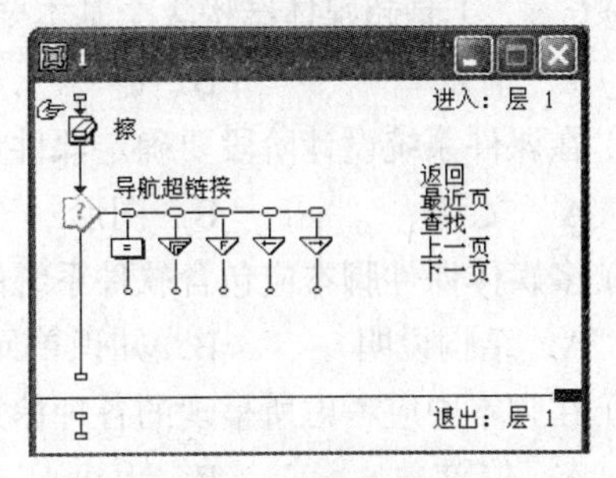

图 8.36　修改后的框架

（11）在图 8.34 中【1】框架图标添加一系列群组图标，以实现第 1 章第一课时的其他教学内容的页面。

本章小结

本章以“多媒体 CAI 课件制作”这门课程的 CAI 制为例，说明 CAI 课件制作的主要过程和实现步骤。制作 CAI 课件首先要进行需求分析，然后进行教学设计和软件设计，教学设计时要将教学思想和教学方法体现在教学设计方案中，软件设计时要将课件的功能及实现方法体现在软件设计中，根据这些设计写出课件脚本，最后进行 CAI 制作。本章还具体介绍了课件框架的实现步骤。

思考与习题

1. 单选题

（1）CAI 课件可以为（　　）提供一个良好的教学平台，也可以为学生提供一个自主的学习环境。

A．学生　　B．教师　　C．用户　　D．职工

（2）课件教学设计是 CAI 课件设计中的一个非常重要的环节，要将（　　）融入其中。

A．教学目的　　B．教学内容　　C．教学过程　　D．教学思想

（3）在教学设计阶段，要建立教学内容知识结构。将教学内容划分成若干个知识单元，并确定每个知识单元的（　　）构成及所达到的教学目标。

A．知识结构　　B．知识点式　　C．知识内容　　D．知识理论

（4）设计课件的封面要（　　），标题要简练，能引起学生兴趣。

A．严肃大方　　B．形象生动　　C．色彩丰富　　D．文字华丽

（5）课件运行过程中应做到随时能（　　）。

A．结束退出　　B．进入　　C．播放音乐　　D．演示动画

2. 多选题

（1）要创造出集教育性、科学性、艺术性于一体的高质量的 CAI 课件，不但要掌握一定的多媒体制作技术，具有扎实的学科功底，还必须掌握相关的（　　）理论知识。

A. 教育学　　B. 教育心理学　　C. 操作系统　　D. 数据库技术

（2）（　　）是超媒体结构 3 个基本要素。

A. 节点　　B. 链　　C. 多媒体　　D. 网络

（3）在课件系统设计阶段要确定课件素材的制作标准，其中包括（　　）标准。

A. 文字　　B. 图形　　C. 声音　　D. 视频

（4）多媒体课件脚本应包含软件系统的（　　）的描述等。

A. 结构说明　　B. 知识单元分析　　C. 界面设计　　D. 链接关系

（5）在脚本中应考虑所呈现的各种信息内容的（　　）。

A. 位置　　B. 大小　　C. 显示特点　　D. 颜色

3. 判断题

（1）屏幕上显示的内容要符合记忆策略，文字输出句子要长。

（2）编写好课件脚本后不需要准备文字、图形、声音、视频等多种素材，便要根据脚本的内容进行课件制作。

（3）制作课件是首先要制作课件封面。

（4）图形（图像）素材在 Internet 上通用的格式为 BMP。

（5）课件不需要交互性。

4. 问答题

（1）请简述课件制作的过程。

（2）请简述在进行课件制作前要准备哪些素材。

实　验

实验目的：掌握课件设计及制作的这个过程。

实验内容：

请以自己专业中的某个章节为题，设计并制作 CAI 课件。